普通高等教育“十一五”国家级规划教材

公差配合与测量技术

第二版

刘越 主编

刘兴国 胡学梅 副主编

化学工业出版社

·北京·

本书主要内容包括极限与配合、测量技术基础、几何公差及其测量、表面粗糙度及其测量、光滑极限量规、滚动轴承的公差与配合、键与花键的公差配合及其测量、圆锥的公差配合及其测量、螺纹的公差配合及其测量、圆柱齿轮传动的公差及其检测、现代检测技术简介。每章后附有思考题与习题。全书在讲清楚概念与基本原理的基础上，突出技术的应用性，以适应课程教学改革的需要。

本书可作为高职高专机械类专业相关课程的教学用书，也可作为专业工程技术人员的参考用书。

图书在版编目（CIP）数据

公差配合与测量技术/刘越主编．—2版．—北京：化学工业出版社，2011.1（2024.1重印）
普通高等教育“十一五”国家级规划教材
ISBN 978-7-122-10198-3

Ⅰ．公… Ⅱ．刘… Ⅲ．①公差-配合-高等学校-教材②测量技术-高等学校-教材 Ⅳ．TG801

中国版本图书馆CIP数据核字（2010）第253682号

责任编辑：高 钰　　文字编辑：项 潋
责任校对：陶燕华　　装帧设计：史利平

出版发行：化学工业出版社（北京市东城区青年湖南街13号 邮政编码100011）
印　　装：三河市延风印装有限公司
787mm×1092mm 1/16 印张15½ 字数395千字 2024年1月北京第2版第12次印刷

购书咨询：010-64518888　　售后服务：010-64518899
网　　址：http://www.cip.com.cn
凡购买本书，如有缺损质量问题，本社销售中心负责调换。

定　　价：48.00元

第二版前言

公差配合与测量技术是高等学校机械类相关专业一门重要的技术基础课程，广泛应用于机械设计、机械制造、产品质量检测与控制、生产组织管理等技术领域。《公差配合与测量技术》自2004年出版发行以来，受到不少学校和读者的关注，先后经过9次印刷并被列为普通高等教育“十一五”国家级规划教材。

此次修订广泛听取了教材使用学校以及读者意见和建议，是在总结课程教学经验，反映课程教学改革成果的基础上，紧跟本学科的技术发展，从而使教材更加彰显其科学性、时代性和应用性。

本次修订主要突出以下特色：

1. 按照当前高职高专“工学结合、学做一体”的教学改革思想，在整体规划、精选内容的基础上，突出体现技术的具体应用，较好地解决知识与能力的融合问题，提高了教材的综合性，适应了当前课程教学改革的需要。

2. 全书围绕机构设计技术参数制订和技术参数检测两方面的内容展开设计与编写，通过教学实施使学生能够解决今后从事机械产品设计、机械零件加工质量检测等工作所面临的技术问题，教材具有较强的岗位针对性。

3. 在保持第一版教材特色和优点的基础上增删了部分内容，如删除原教材中与相关教材内容相重的尺寸链章节，增加现代检测技术简介一章。

4. 全书采用最新颁布的国家标准，按照新的技术标准全面更新了相关内容，注重对新标准的理解与应用。

5. 对教材的部分例题、工程案例、习题等进行了修订。

本次修订编写工作由刘越主编，刘兴国、胡学梅副主编，邹九贵主审。第一章、第二章、第五章由刘越编写；第三章、第六章由胡学梅、郭连湘合作编写；第四章由徐守品、刘越合作编写；第七章、第九章由李振、刘兴国合作编写；第八章、第十章、第十二章由徐守品编写；第十一章由李振、刘越合作编写；全书由刘越负责统稿和定稿。

由于编者水平有限，书中如存在缺点和不足，敬请广大读者批评指正。

编者

2011年2月

第一版前言

本书是根据全国高职教育专门课开发委员会于2001年确立的“高职教育专门课教材建设指南”组织编写的。是依据高职高专机械类专业“公差配合与技术测量”课程教学的基本要求，结合当前相关院校所进行的课程建设与改革的需要编写而成。

本书围绕21世纪高职高专机械类专业人才的培养要求，充分反映高职高专的教育特色，以培养人才的综合素质为宗旨，以提高人才的技术应用能力为原则，力求体现教材的科学性、时代性与实用性。

全书围绕公差配合与技术测量两大内容展开。在内容选择上，突出考虑了机械设计和机械测量对本书的要求，考虑了相关内容的衔接性，形成了比较完整和科学的教材体系，能适应当前课程教学改革的基本要求。

本书采用了最新的国家标准，注意了新标准的宣贯和新技术的推广应用。在技术检测中，除了介绍常用测量器具的应用外，还编入了如光栅技术、激光技术等先进技术在技术测量中的应用。使读者能及时跟踪本学科的发展动态。

公差配合与技术测量是一门实践性很强的课程。编写中，在讲清原理的基础上，着重于技术问题的分析和技术的具体应用。本书附有较多的工程实例，有助于读者较快地掌握相关技术。

与本书配套的还有《公差配合与技术测量实验指导书》及《公差配合与技术测量习题及解答》。

本书可作为高职高专机械设计与制造、模具设计与制造、机电一体化等机械类专业的教学用书，也可供相近专业的师生和从事相关工作的工程技术人员参考。

本书由刘越副教授主编，吴天浩教授主审。其中第一章、第三章、第四章、第五章由刘越编写；第二章、第十二章由胡学梅编写；第六章、第七章由陶绿林编写；第八章、第九章由刘兴国编写；第十章、第十一章由苏有良编写。全书由刘越负责统稿和定稿。

限于编者的学术水平，书中缺点错误在所难免，恳请广大读者批评指正。

编者

2004年3月

目　录

第一章　绪　　论

第一节　几何精度设计与互换性

一、几何精度设计

机械产品的设计都包括运动设计、结构设计、强度设计和几何精度设计等几大部分。任何机械产品都是由零、部件组成，因此，机械零、部件的几何精度（尺寸精度、几何精度、表面粗糙度等）会直接影响机械产品的质量，包括工作精度、耐用度、可靠性、使用寿命等，同时也对机械产品的制造成本产生直接影响。实践证明，结构、材料相同的产品，如果精度不同，它们的质量会有很大的差异。

机械零、部件几何精度设计的任务，就是根据产品的使用要求和制造的经济性，合理地确定零件的尺寸公差、几何精度和表面粗糙度等，用于控制加工误差，从而保证产品的各项性能要求。

二、互换性

1. 互换性的意义

人们在日常生活和工作中，经常会遇到以下情形：灯泡坏了，买一个新的合格产品装上即能满足使用要求；自行车上的螺母磨损了，买一个同规格新的螺母装上，自行车就能正常使用。而在购买灯泡和螺母时，人们并不需要去考虑新旧零件或物品是否为同一家生产厂家生产的。灯泡、螺母之所以能如此方便地被人们所使用，是因为不同的生产厂家均按同一标准生产的，这就是互换性标准。

在机械制造行业中，零件的互换性是指在同一规格的一批零、部件中，可以不经选择、修配或调整，任取一件都能装配在机器上，并能达到规定的使用性能要求。零部件具有的这种性能称为互换性。能够保证具有互换性的生产，称为遵守互换性原则的生产。

互换性是现代化生产中的一个重要技术经济原则，广泛运用于机械制造各行业的设计与制造过程之中，如汽车、摩托车、拖拉机等行业就是运用互换性原理，形成规模经济，取得最佳技术经济效益的。

2. 互换性的分类

互换性按其互换程度可分为完全互换和不完全互换。

完全互换是指一批零、部件装配前不经选择，装配时也不需修配和调整，装配后即可满足预定的使用要求。如螺栓、圆柱销等标准件的装配大都属此类情况。

当装配精度要求很高时，若采用完全互换将使零件的尺寸公差很小，加工困难，成本很高，甚至无法加工。为了便于加工，这时可将其制造公差适当放大，在完工后，再用量仪将零件按实际尺寸分组，按组进行装配。如此，既保证装配精度与使用要求，又降低成本。此时，仅是组内零件可以互换，组与组之间不可互换，因此，叫不完全互换。

有时采用加工或调整某一特定零件的尺寸，以达到其装配精度要求，称为调整法，也属不完全互换。

不完全互换只限于部件或机构制造厂内装配时使用，对厂外协作，则往往要求完全互换。究竟采用哪种方式为宜，要由产品精度、产品复杂程度、生产规模、设备条件及技术水平等一系列因素决定。

一般大量生产和成批生产，如汽车、拖拉机厂大都采用完全互换法生产；精度要求很高的，如轴承工业，常采用分组装配，即不完全互换法；而小批和单件生产，如矿山、冶金等重型机器业，则常采用修配法或调整法。

3. 互换性生产在机械制造业中的作用

按互换性原则组织生产，是现代化生产的重要原则之一，其优点如下：

① 在加工制造过程中，可合理地进行生产分工和专业化协作。便于采用高效专用设备，尤其对计算机辅助制造（CAM）的产品，不但产量和质量高，且加工灵活性大，生产周期短，成本低，便于装配自动化。

② 在生产设计过程中，按互换性要求设计的产品，最便于采用三化（标准化、系列化、通用化）设计和计算机辅助设计（CAD）。

由上可知，互换性原则是用来发展现代化机械工业、提高生产率、保证产品质量、降低成本的重要技术经济原则，是工业发展的必然趋势。

第二节　标准化与优先数系

一、标准化与计量

生产中要实现互换性原则，做好标准化与计量工作是前提，是基础。

1. 标准化的意义与标准的分类

（1）标准化的意义　标准化是组织现代化大生产的重要手段，是实行科学管理的基础，也是对产品设计的基本要求之一。通过对标准化的实施，以获得最佳的社会经济成效。标准化是个总称，包括系列化和通用化的内容。

标准，就是由一定的权威组织对经济、技术和科学中重复出现的共同的技术语言和技术事项等方面规定出来的统一技术准则。它是各方面共同遵守的技术依据，简而言之就是技术法规。

标准化是指以制定标准和贯彻标准为主要内容的全部活动过程。标准化程度的高低是评定产品的指标之一，是我国一项重要的技术政策。

标准一经颁布，即成为技术法规。标准是为标准化而规定的技术文件。

（2）标准的分类　按照标准的适用领域、有效作用范围和发布权力不同，一般分为：国际标准，如 ISO、IEC 分别为国际标准化组织和国际电工委员会制定的标准；区域标准（或国家集团标准），如 EN、ANST、DIN 分别为欧盟、美国、德国制定的标准；国家标准 GB；行业标准（或协会、学会标准），如 JB、YB 为原机械工业部和原冶金部标准；地方标准和企业（公司）标准。

2. 计量工作

我国自 1949 年以后逐步统一计量制度，建立了各种计量器具的传递系统，颁布了计量条例和计量法，使机械制造业的基础工作沿着科学、先进的方向迅速发展，促进了企业计量管理和产品质量水平的不断提高。

目前计量测试仪器制造工业已有了长足的进步和发展，其产品不仅满足国内工业发展的需要，而且还出口到国外市场。我国已能生产机电一体化测试仪器产品，如激光丝杠动态检查仪、三坐标测量机、齿轮整体误差检查仪等达到或接近世界先进水平的精密测量仪器。

二、优先数与优先数系

在产品设计或生产中，为了满足不同要求，同一产品的某一参数，从大到小取不同的值时（形成不同规格的产品系列），应采用的一种科学的数值分级制度，或称为一种科学的统一的数值标准，即优先数和优先数系。如机床主轴转速的分级间距。钻头直径尺寸的分类均符合某一优先数系。

优先数系中的任一个数值均称为优先数。

优先数系是国际上统一的数值分级制度，是一种无量纲的分级数系，适用于各种量值的分级。在确定产品的参数或参数系列时，应最大限度地采用优先数和优先数系。

产品（或零件）的主要参数（或主要尺寸）按优先数形成系列，可使产品（或零件）走上系列化，便于分析参数间的关系，可减小设计计算的工作量。

优先数系由一些十进制等比数列构成，其代号为 Rr（是优先数系创始人 Renard 名字的第一个字母，r 代表 5、10、20、40 等项数）。等比数列的公比为 $qr=\sqrt[r]{10}$，其涵义是在同一个等比数列中，每隔 r 项的后项与前项的比值增大为 10。如 R5：设首项为 a，其依次各项为 $aq5$、$a(q5)^2$、$a(q5)^3$、$a(q5)^4$、$a(q5)^5$，则 $a(q5)^5/a=10$，故 $q5=\sqrt[5]{10}\approx1.6$。

相应各系列公比为：$q10=\sqrt[10]{10}\approx1.25$、$q20=\sqrt[20]{10}\approx1.12$、$q40=\sqrt[40]{10}\approx1.06$ 及补充系列的公比 $q80=\sqrt[80]{10}\approx1.03$。优先数系的基本系列列于表 1-1。

表 1-1 优先数系的基本系列（摘自 GB/T 321—2005）

R5	R10	R20	R40	R5	R10	R20	R40	R5	R10	R20	R40
1.00	1.00	1.00	1.00			2.24	2.24		5.00	5.00	5.00
			1.06				2.36				5.30
		1.12	1.12	2.50	2.50	2.50	2.50			5.60	5.60
			1.18				2.65				6.00
	1.25	1.25	1.25			2.80	2.80	6.30	6.30	6.30	6.30
			1.32				3.00				6.70
		1.40	1.40		3.15	3.15	3.15			7.10	7.10
			1.50				3.35				7.50
1.60	1.60	1.60	1.60			3.55	3.55		8.00	8.00	8.00
			1.70				3.75				8.50
		1.80	1.80	4.00	4.00	4.00	4.00			9.00	9.00
			1.90				4.25				9.50
	2.00	2.00	2.00			4.50	4.50	10.0	10.0	10.0	10.0
			2.12				4.75				

优先数的主要优点是：相邻两项的相对差均匀，疏密适中，运算方便，简单易记。在同一系列中，优先数的积、商、整数乘方仍为优先数。

在制定各项公差标准中，优先数系得到广泛应用，公差标准的许多数值，都是按照优先数系列制定的。例如，国家标准《公差与配合》中的公差等级系数就是按照 R5 优先数系列确定的，而尺寸分段采用了 R10 优先数系列确定。

第三节　零件的加工误差与公差

一、加工误差

工件加工时，任何一种加工方法都不可能把工件加工得绝对准确，一批完工工件的尺寸之间总存在着不同程度的差异。由于工艺系统误差和其他因素的影响，在相同的加工条件下，一批完工工件的尺寸也是各不相同的。通常，称一批工件的尺寸变动为尺寸误差。制造技术水平的提高，可以减少尺寸误差，但永远也不能消除尺寸误差。

从满足产品使用性能要求来看，也不要求一批相同规格的零件尺寸完全相同，而是根据使用要求的不同，允许存在一定的误差。

加工误差一般分为尺寸误差、几何误差和表面粗糙度三种，见图 1-1。

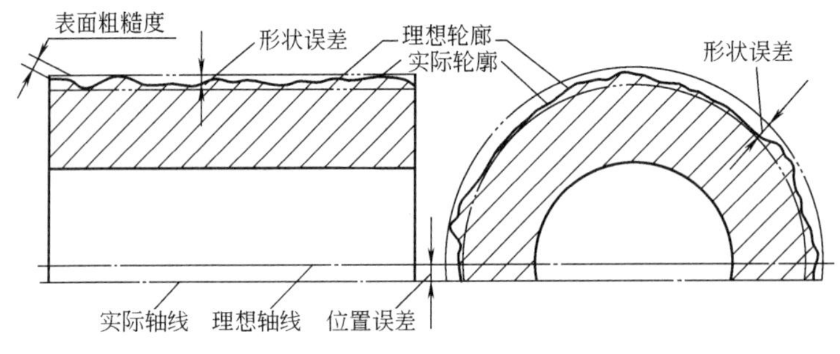

图 1-1　圆柱表面几何参数误差

（1）尺寸误差　指一批工件的尺寸变动，即加工后零件的实际尺寸和理想尺寸之差，如直径误差、孔距误差等。

（2）几何误差

几何误差又可分为形状误差和位置误差。

① 形状误差　指加工后零件的实际表面形状对于其理想形状的差异（或偏离程度），如圆度、直线度等。

② 位置误差　指加工后零件的表面、轴线或对称平面之间的相互位置对于其理想位置的差异（或偏离程度），如同轴度、位置度等。

（3）表面粗糙度　指零件加工表面上具有的较小间距和峰谷所形成的微观几何形状误差。

二、公差

公差是指允许尺寸、几何形状和相互位置误差的变动范围，用以限制加工误差。它是由设计人员根据产品使用性能要求给定的。规定公差的原则是：在保证满足产品使用性能的前提下，给出尽可能大的公差。它反映了一批工件对制造精度与经济性的要求，并体现加工难易程度。公差越小，加工越困难，生产成本越高。公差值不能为零，应是绝对值。

图 1-2 中表示了减速器输出轴的尺寸、几何、表面粗糙度的公差要求，即在加工过程中各要素不能超出所规定的极限值，否则即为废品。

一般而言公差 T 的大小顺序，应为：

$$T_{尺寸} > T_{几何} > 表面粗糙度公差$$

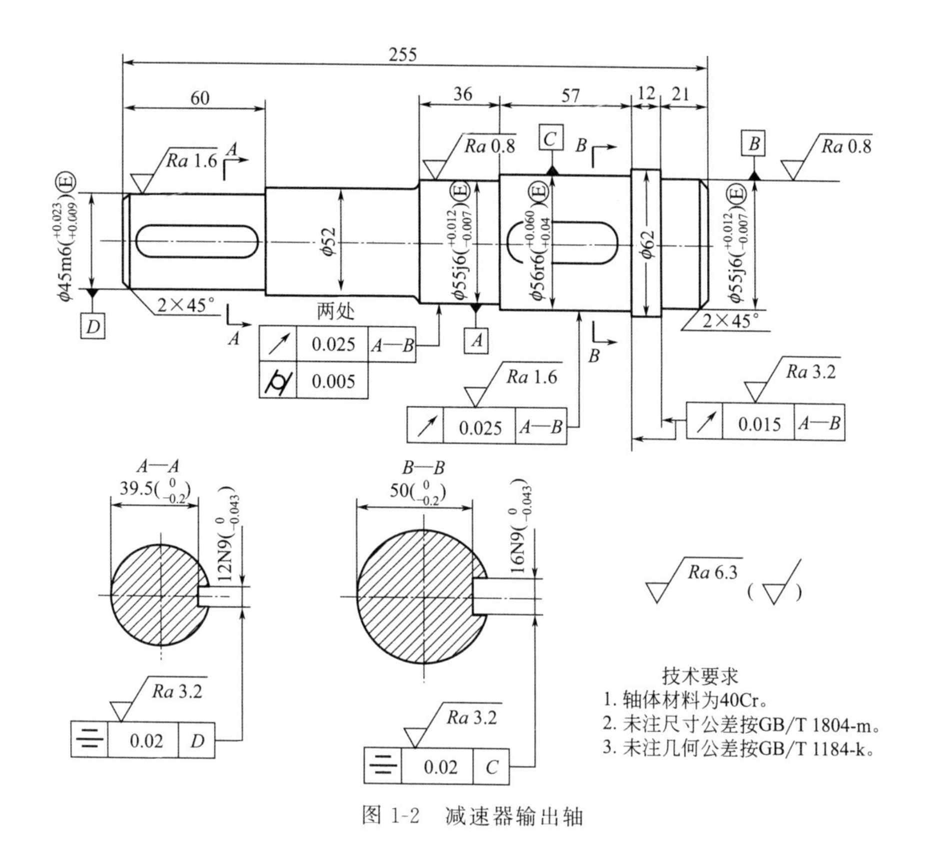

图 1-2　减速器输出轴

第四节　本课程的性质与要求

一、本课程的性质

本课程是机械类和近机械类专业的一门重要的技术基础课，它与机械设计、机械制造等专业课有着密切的联系，它能使学生学到有关精度理论和测量的基本知识与技能。

本课程的内容在生产中应用广泛、实践性强，由“公差配合”与“测量技术”两部分组成，课程的基本理论是精度理论，研究的对象是零、部件几何参数的互换性。课程的特点是术语定义、符号、代号、图形、表格多；公式推导少，经验数据、定性解释多；内容涉及面广，章节之间系统性、连贯性不强。

二、本课程的要求与学习方法

1. 本课程的要求

① 掌握本课程中有关国家标准的内容和原则。

② 初步学会和掌握零件的精度设计及其方法。

③ 能够查用公差表格，并能正确标注图样。

④ 了解各种典型的测量方法，学会使用常用的计量器具。

2. 本课程的学习方法

① 在学习中注意及时总结、归纳，找出各要领、各规定之间的区别和联系，并多做习题。

② 注意实践环节的训练，尽可能独立操作、独立思考，做到理论与实践相结合。

③ 尽可能与相关课程的知识联系，使学到的公差配合理论运用到实际生产中去。

思考题与习题

1-1 试述互换性在机械制造行业的作用，并举出互换性应用实例。

1-2 试述完全互换与不完全互换的区别，并指出它们主要用于什么场合。

1-3 什么是公差？如果没有公差标准，也能按互换性原则进行生产吗？为什么？

1-4 加工误差、公差、互换性三者的关系是什么？

1-5 什么是优先数系？为什么要采用优先数系？我国标准采用了哪些优先数系？各优先数系有什么不同？

第二章　极限与配合

机械产品中的零、部件，在通过结构设计、运动设计和强度设计得到公称尺寸后，为了满足产品的性能要求和加工的经济性，必须对其几何精度进行设计。零件几何精度设计应考虑两方面的问题，一是为了使零件具有互换性，就必须保证零件的尺寸、几何形状和相互位置以及表面粗糙度等的一致性，对于尺寸而言就是要求在某一合理的范围内变动，这就是“极限”问题；二是为了保证产品在装配中各零、部件之间具有正确的相互关系，故在零、部件设计与制造时还需研究它们之间的“配合”问题。

第一节　极限与配合的基本术语和定义

为了研究零件几何参数的互换性，正确掌握有关标准及其应用，统一设计、工艺、检验和管理对标准的理解，须对标准的基本概念、术语及定义作出统一规定。

一、基本术语和定义

1. 孔和轴

孔：通常指圆柱形内表面，也包括非圆柱形内表面（由两平行平面或切平面形成的包容面）。

轴：通常指圆柱形外表面，也包括非圆柱形外表面（由两平行平面或切平面形成的被包容面）。

从装配关系讲，孔为包容面，在它之内无材料，且越加工越大；轴为被包容面，在它之外无材料，且越加工越小。

由此可见，孔、轴具有广泛的含义。不仅表示圆柱形的内、外表面，而且也包括由平行平面或切平面形成的包容面。图 2-1 所示的各表面，如 D_1、D_2、D_3 和 D_4 各尺寸确定的各组平行平面或切平面所形成的包容面都称为孔；如 d_1、d_2、d_3 和 d_4 各尺寸确定的圆柱形外表面和各组平行平面或切平面所形成的被包容面都称为轴。因而孔、轴分别具有包容和被包容的功能。

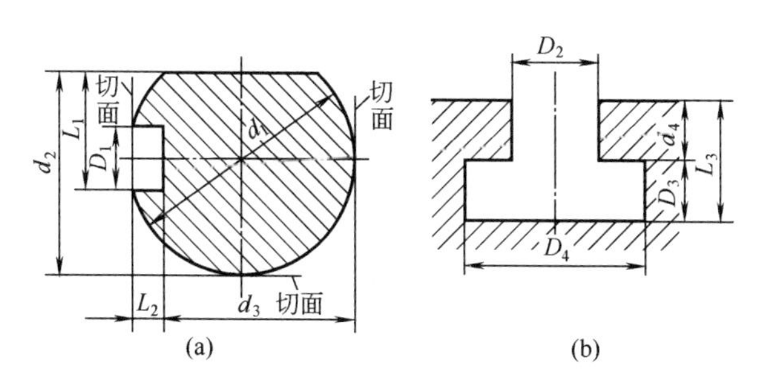

图 2-1　孔和轴

如果两平行平面或切平面既不能形成包容面，也不能形成被包容面，则它们既不是孔也不是轴。如图 2-1 中，由 L_1、L_2 和 L_3 各尺寸确定的各组平行平面和切平面。

2. 有关尺寸的术语

(1) 尺寸　用特定单位表示线性尺寸值的数值。如直径、长度、宽度、高度、中心距等。在机械制造中，常用 mm、μm 作为特定单位。

(2) 公称尺寸　设计给定的尺寸标称值称为公称尺寸，一般要符合标准尺寸系列。孔用 D 表示，轴用 d 表示。

(3) 实际尺寸　通过测量获得的某一孔、轴的尺寸。由于存在测量器具、方式、人员和环境等因素造成的测量误差，所以实际尺寸并非尺寸的真值，且同一表面不同部位的实际尺寸往往也不相同。孔用 D_a 表示，轴用 d_a 表示。

(4) 局部实际尺寸　一个孔或轴的任意横截面中的任一距离，即任何两相对点之间测得的尺寸。

(5) 极限尺寸　一个孔或轴允许的两个极端尺寸。其中较大的一个称为上极限尺寸，较小的一个称为下极限尺寸。孔分别用 D_{max} 和 D_{min} 表示，轴分别用 d_{max} 和 d_{min} 表示。

设计时规定极限尺寸是为了限制工件尺寸的变动，以满足使用要求。在一般情况下，完工零件的合格条件是实际尺寸均不得超出上极限尺寸和下极限尺寸。表达式如下：

对于孔　$$D_{max} \geqslant D_a \geqslant D_{min}$$

对于轴　$$d_{max} \geqslant d_a \geqslant d_{min} \tag{2-1}$$

(6) 最大实体状态和最大实体尺寸　最大实体状态 (MMC) 是指假定实际尺寸处处位于极限尺寸且使其具有实体最大（即材料最多）时的状态。实际要素在最大实体状态下的极限尺寸称为最大实体尺寸 (MMS) 或最大实体极限 (MML)。轴的最大实体尺寸为上极限尺寸 d_{max}，用代号 d_M 表示；孔的最大实体尺寸为下极限尺寸 D_{min}，用代号 D_M 表示。

(7) 最小实体状态和最小实体尺寸　最小实体状态 (LMC) 是指假定实际尺寸处处位于极限尺寸且使其具有实体最小（即材料最少）时的状态。实际要素在最小实体状态下的极限尺寸称为最小实体尺寸 (LMS) 或最小实体极限 (LML)。轴的最小实体尺寸为下极限尺寸 d_{min}，用代号 d_L 表示；孔的最小实体尺寸为上极限尺寸 D_{max}，用代号 D_L 表示。

最大和最小实体状态都是设计规定的合格零件的材料量所具有的两个极限状态，见图 2-2。

3. 有关偏差和公差的术语

(1) 偏差　某一尺寸（实际尺寸、极限尺寸等）减其公称尺寸所得的代数差。

① 实际偏差　实际尺寸减其公称尺寸所得到的代数差。

孔的实际偏差　$$E_a = D_a - D$$

轴的实际偏差　$$e_a = d_a - d \tag{2-2}$$

② 极限偏差　即极限尺寸减其公称尺寸所得的代数差。它包含上极限偏差和下极限偏差。

上极限尺寸减其公称尺寸所得的代数差称为上极限偏差。以公式表示如下：

孔的上极限偏差　$$ES = D_{max} - D$$

轴的上极限偏差　$$es = d_{max} - d \tag{2-3}$$

下极限尺寸减其公称尺寸所得的代数差称为下极限偏差。以公式表示如下：

孔的下极限偏差　$$EI = D_{min} - D$$

轴的下极限偏差　$$ei = d_{min} - d \tag{2-4}$$

完工零件尺寸合格性的条件也可用偏差的关系表示：

对于孔　　$ES \geqslant E_a \geqslant EI$　　(2-5)

对于轴　　$es \geqslant e_a \geqslant ei$

极限偏差与极限尺寸的关系见图 2-3。

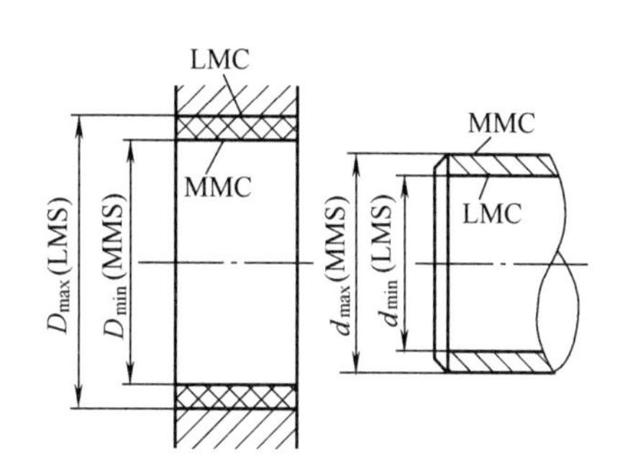

图 2-2　最大和最小实体状态

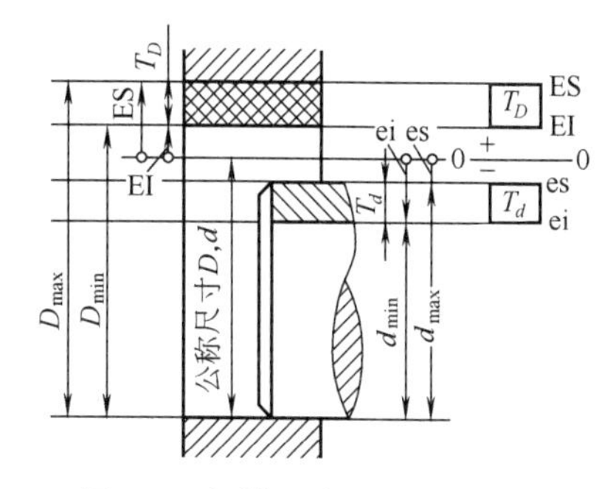

图 2-3　极限尺寸、公差和偏差

(2) 尺寸公差（简称公差）　指上极限尺寸与下极限尺寸之差，或上极限偏差与下极限偏差之差，以公式表示如下：

孔的公差　　$T_D = D_{max} - D_{min} = ES - EI$

轴的公差　　$T_d = d_{max} - d_{min} = es - ei$　　(2-6)

公差表示尺寸允许的变动范围，是无符号的绝对值，不允许为零。尺寸公差是允许的尺寸误差。

尺寸误差是一批零件的实际尺寸相对于理想尺寸的偏差范围。当加工条件一定时，尺寸误差表征了加工方法的精度。尺寸公差则是设计规定的误差允许值，体现了设计者对加工方法精度的要求。通过对一批零件的测量，可以估算出其尺寸误差，而公差是设计给定的，不能通过测量得到。

同样，公差与极限偏差之间也是既有区别又有联系，它们都是由设计规定的。公差表示对一批工件尺寸均匀程度的要求，即其尺寸允许的变动范围。它是工件尺寸精度指标，但不能根据公差来逐一判别工件的合格性。极限偏差表示工件尺寸允许变动的极限值，它原则上与工件尺寸无关，但上、下极限偏差又与精度有关。极限偏差是判别工件尺寸是否合格的依据。

两者之间的联系是，工件尺寸公差是工件尺寸的上、下极限偏差之代数差的绝对值，所以确定了两极限偏差也就确定了公差。

【例题 2-1】　某孔公称尺寸为 $D=50$mm，上极限尺寸 $D_{max}=50.089$mm，下极限尺寸 $D_{min}=50.050$mm，试计算尺寸的上、下极限偏差和公差。

解： $ES = D_{max} - D = 50.089 - 50 = +0.089$ (mm)

$EI = D_{min} - D = 50.050 - 50 = +0.050$ (mm)

$T_D = D_{max} - D_{min} = ES - EI = 50.089 - 50.050 = 0.039$ (mm)

(3) 零线与公差带　由于公差与偏差的数值与尺寸数值相比差别很大，不便用同一比例尺表示，故采用公差与配合图解（简称公差带图）来表示，如图 2-4 所示。

以公称尺寸为零线，以适当的比例画出两极限偏差，以表示尺寸允许变动的范围，称为公差带图。

① 零线　在公差带图中，表示公称尺寸的一条直线，以其为基准确定公差与偏差（图

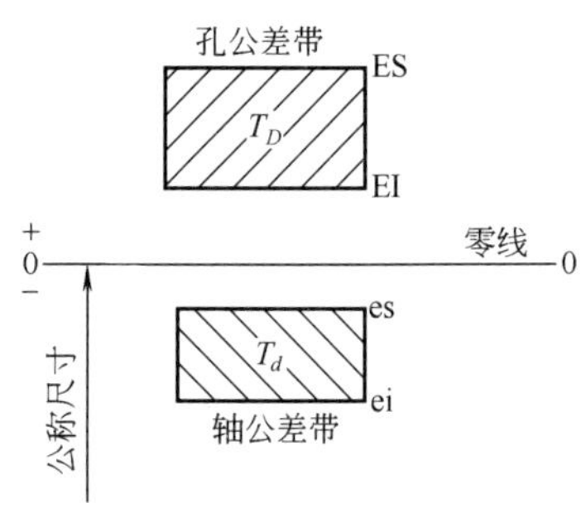

图 2-4 公差带图

2-4)。通常，零线以水平方向绘制，正偏差位于其上，负偏差位于其下。

偏差多以微米（μm）为单位进行标注。

② 公差带 在公差带图中，由代表上极限偏差和下极限偏差，或上极限尺寸和下极限尺寸的两条直线所限定的区域，称为公差带。

在国家标准中，公差带包括了公差带大小与公差带位置两个参数。公差带大小取决于公差数值的大小，公差带相对于零线的位置取决于极限偏差的大小。大小相同而位置不同的公差带，它们对工件的精度要求相同，而对尺寸的大小要求不同。因此，必须既给定公差数值以确定公差带的大小，又给定一个极限偏差（上极限偏差或下极限偏差）以确定公差带位置，才能完整地描述公差带。

二、有关配合的术语和定义

1. 配合

公称尺寸相同，相互结合的孔、轴公差带之间的关系称为配合。这种关系决定结合零件间的松紧程度，如图 2-5 所示。

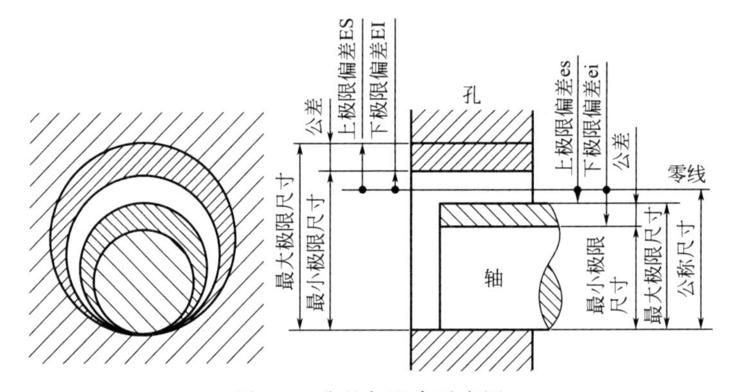

图 2-5 公差与配合示意图

2. 间隙和过盈

相互结合的孔的尺寸减去轴的尺寸所得的代数差，此差值为正时，称为间隙，用 X 表示，其中“+”号代表间隙，数值代表间隙量的大小；此差值为负时，称为过盈，用 Y 表示，其中“−”号代表过盈，数值代表过盈量的大小，如图 2-6 所示。因此，过盈就是负间隙，间隙也就是负过盈。

孔的实际尺寸减去相配合的轴的实际尺寸之差称为实际间隙或实际过盈。

$$\begin{aligned}&\text{实际间隙} \quad X_a = D_a - d_a \\ &\text{实际过盈} \quad Y_a = D_a - d_a\end{aligned} \tag{2-7}$$

孔的极限尺寸减去相配合的轴的极限尺寸之差称为极限间隙（X_{max}和 X_{min}）或极限过盈（Y_{max}和 Y_{min}）。极限间隙或极限过盈分别反映圆柱结合中允许间隙或过盈变动的界限值。

极限间隙、极限过盈与孔、轴的极限尺寸或极限偏差的关系为：

$$\begin{aligned}X_{max}(-Y_{min}) &= D_{max} - d_{min} \\ X_{min}(-Y_{max}) &= D_{min} - d_{max}\end{aligned} \tag{2-8}$$

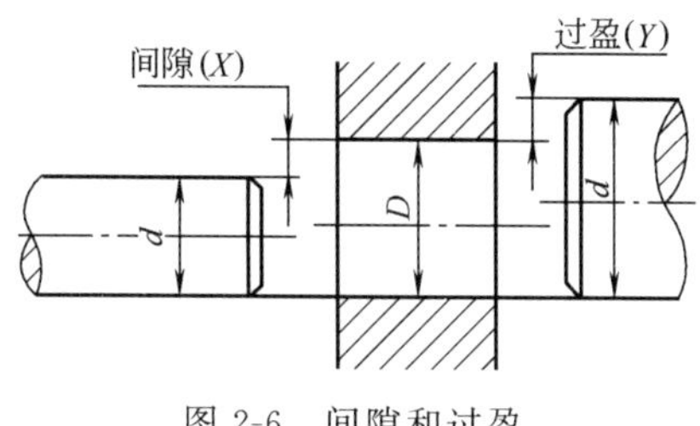

图 2-6　间隙和过盈

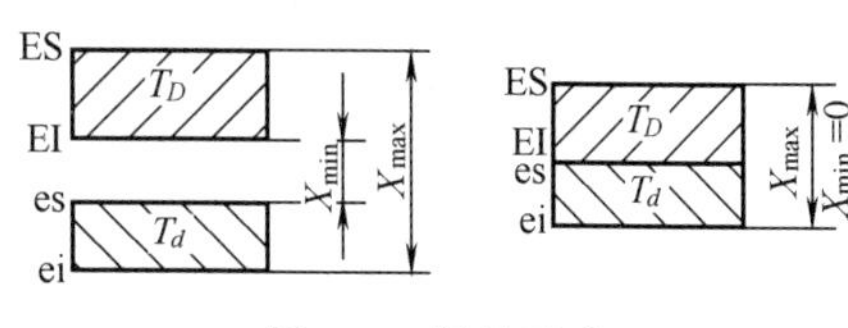

图 2-7　间隙配合

3. 配合的种类

（1）间隙配合　具有间隙（包括最小间隙为零）的配合称为间隙配合。此时，孔的公差带在轴的公差带之上，如图 2-7 所示。

表示间隙配合松紧程度的特征值是最大极限间隙 X_{max} 和最小极限间隙 X_{min}，其值可用下式计算：

$$X_{max}=D_{max}-d_{min}=\mathrm{ES}-\mathrm{ei}$$
$$X_{min}=D_{min}-d_{max}=\mathrm{EI}-\mathrm{es} \tag{2-9}$$

实际生产中，平均间隙更能体现其配合性质：

$$X_{av}=(X_{max}+X_{min})/2 \tag{2-10}$$

【例题 2-2】　试计算孔 $\phi30^{+0.033}_{0}$ mm 与轴 $\phi30^{-0.020}_{-0.041}$ mm 配合的极限间隙、平均间隙，并画出公差带图。

解： 最大极限间隙 $X_{max}=\mathrm{ES}-\mathrm{ei}=+0.033-(-0.041)=+0.074$ (mm)

最小极限间隙 $X_{min}=\mathrm{EI}-\mathrm{es}=0-(-0.020)=+0.020$ (mm)

平均间隙 $X_{av}=(X_{max}+X_{min})/2=(+0.074+0.020)/2=+0.047$ (mm)

其尺寸公差带图如图 2-8 所示。

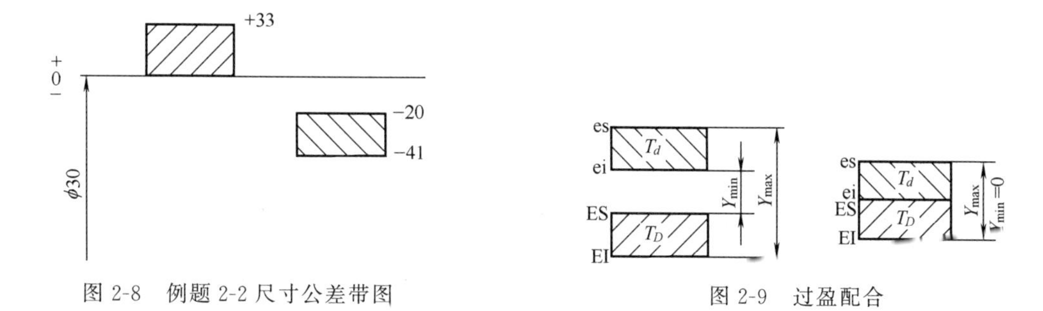

图 2-8　例题 2-2 尺寸公差带图

图 2-9　过盈配合

（2）过盈配合　具有过盈（包括最小过盈等于零）的配合称为过盈配合。此时，孔的公差带在轴的公差带之下，如图 2-9 所示。

表示过盈配合松紧程度的特征值是最大极限过盈 Y_{max} 和最小极限过盈 Y_{min}，其值可用下式计算：

$$Y_{max}=D_{min}-d_{max}=\mathrm{EI}-\mathrm{es}$$
$$Y_{min}=D_{max}-d_{min}=\mathrm{ES}-\mathrm{ei} \tag{2-11}$$

实际生产中，平均过盈更能体现其配合性质：

$$Y_{av}=(Y_{max}+Y_{min})/2 \tag{2-12}$$

【例题 2-3】　试计算孔 $\phi30^{+0.033}_{0}$ mm 与轴 $\phi30^{+0.056}_{+0.035}$ mm 配合的极限过盈、平均过盈、并画出公差带图。

解： 最大极限过盈 $Y_{max}=EI-es=0-(+0.056)=-0.056$ (mm)

最小极限过盈 $Y_{min}=ES-ei=+0.033-(+0.035)=-0.002$ (mm)

平均过盈 $Y_{av}=(Y_{max}+Y_{min})/2=[(-0.056)+(-0.002)]/2=-0.029$ (mm)

其尺寸公差带图如图 2-10 所示。

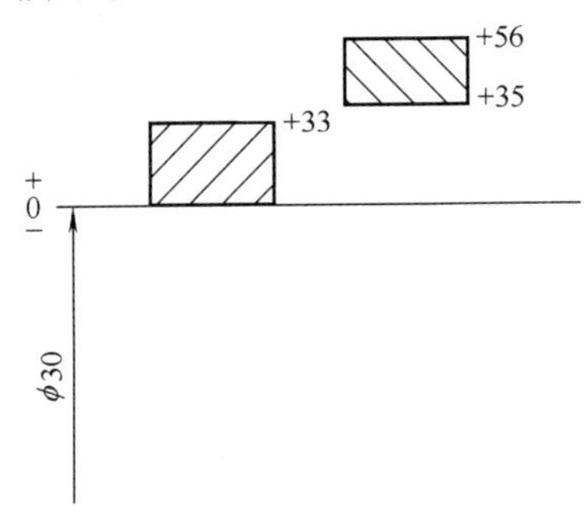

图 2-10 例题 2-3 尺寸公差带图

(3) 过渡配合 可能具有间隙也可能具有过盈的配合称为过渡配合。此时，孔的公差带与轴的公差带相互重叠，如图 2-11 所示。

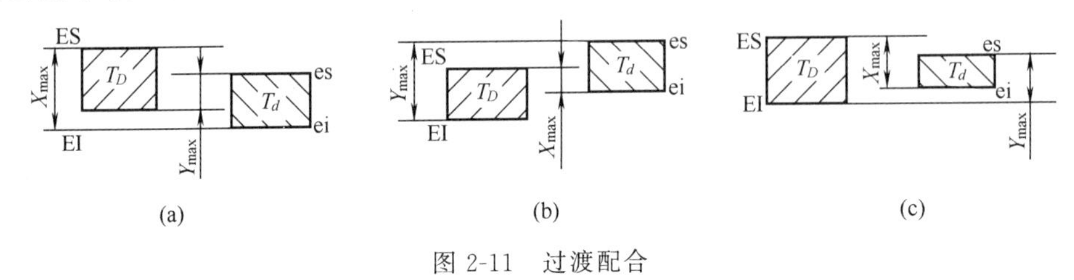

图 2-11 过渡配合

表示过盈配合松紧程度的特征值是最大极限间隙 X_{max} 和最大极限过盈 Y_{max}，其值可用下式计算：

$$X_{max}=D_{max}-d_{min}=ES-ei$$
$$Y_{max}=D_{min}-d_{max}=EI-es \tag{2-13}$$

实际生产中，过渡配合的平均松紧程度可以表示为平均间隙，也可以表示为平均过盈。

$$X_{av}(\text{或 } Y_{av})=(X_{max}+Y_{max})/2 \tag{2-14}$$

【例题 2-4】 试计算孔 $\phi30^{+0.010}_{-0.023}$ mm 与轴 $\phi30^{0}_{-0.021}$ mm 极限间隙（或过盈）、平均间隙（或过盈），并画出公差带图。

解： 最大极限间隙 $X_{max}=ES-ei=+0.010-(-0.021)=+0.031$ (mm)

最大极限过盈 $Y_{max}=EI-es=-0.023-0=-0.023$ (mm)

平均间隙 $X_{av}=(X_{max}+Y_{max})/2=+0.031+(-0.023)=0.004$ (mm)

其尺寸公差带图如图 2-12 所示。

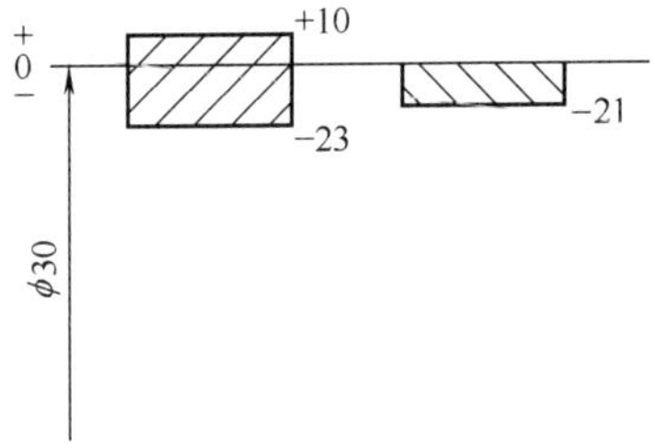

图 2-12 例题 2-4 尺寸公差带图

4. 配合公差

配合公差是指允许间隙或过盈的变动量。它是设计人员根据机器配合部位使用性能的要求对配合松紧变动程度给定的允许值。它反映配合的松紧程度，表示配合精度，是评定配合质量的一个重要的综合指标，用代号 T_f 表示。

在数值上，它是一个没有正、负号，也不能为零的绝对值。它的数值用公式表示为：

对于间隙配合　　$T_f = |X_{max} - X_{min}|$

对于过盈配合　　$T_f = |Y_{max} - Y_{min}|$　　(2-15)

对于过渡配合　　$T_f = |X_{max} - Y_{max}|$

将最大、最小极限间隙和极限过盈分别用孔、轴极限尺寸或极限偏差换算后代入式(2-15)，则得三类配合的配合公差的共同公式为：

$$T_f = T_D + T_h \tag{2-16}$$

根据此公式，配合精度（配合公差）取决于相互配合的孔和轴的尺寸精度（尺寸公差），要减小配合公差，提高配合精度，就必须减小相互配合的孔和轴的公差，而减少零件的制造公差势必增加加工的难度，提高制造成本。两者之间矛盾的协调，正是精度设计所要解决的问题。

5. 配合公差带图

配合公差的特性也可用配合公差带来表示。配合公差带的图示方法，称为配合公差带图。配合公差带图能直观反映配合的特性，其大小和位置反映了设计精度和使用要求。它具有以下特点：

① 零线代表间隙或过盈等于零；零线以上的纵坐标为正值，代表间隙；零线以下的纵坐标为负值，代表过盈。

② 符号“I”代表配合公差带，配合公差带上、下端线所对的纵坐标值，表示孔、轴配合的极限间隙或极限过盈。当配合公差带“I”完全处在零线上方时，是间隙配合；当配合公差带“I”完全处在零线下方时，是过盈配合；当配合公差带“I”跨在零线上时，是过渡配合。

③ 配合公差带图可直观地反映配合的性质和配合的精度。

配合公差带图见图 2-13。

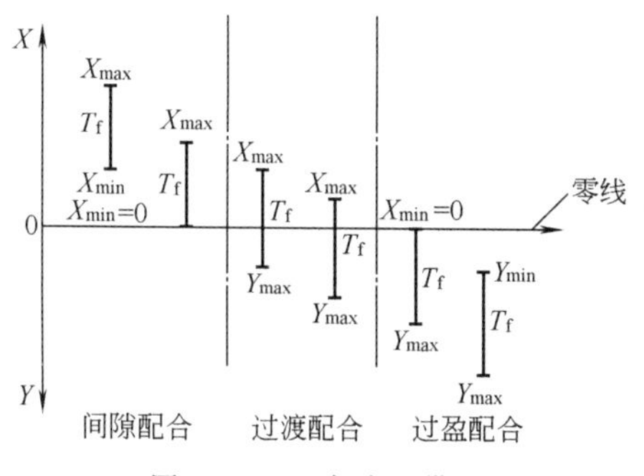

图 2-13　配合公差带图

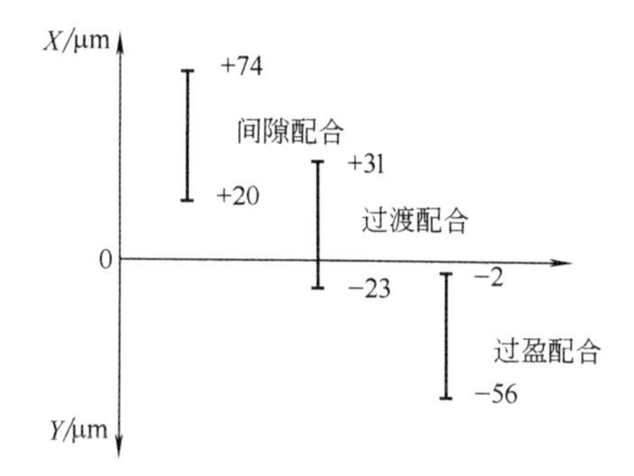

图 2-14　例题 2-5 配合公差带图

【例题 2-5】 试计算例题 2-2、例题 2-3、例题 2-4 三组配合的配合公差，并画出配合公差带图。

解： 例题 2-2 配合为间隙配合，配合公差为

$$T_f = |X_{max} - X_{min}| = |+0.074-(+0.020)| = 0.054\ (mm)$$

例题 2-3 配合为过盈配合，配合公差为

$$T_f = |Y_{min} - Y_{max}| = |-0.002-(-0.056)| = 0.054\ (mm)$$

例题 2-4 配合为过渡配合，配合公差为

$$T_f = |X_{max} - Y_{max}| = |+0.031-(-0.023)| = 0.054\ (mm)$$

三类配合的配合公差带图如图 2-14 所示。

6. 极限制与配合制

如前所示，孔、轴的配合是否满足使用要求，主要看是否可以保证极限间隙或极限过盈的要求。显然满足同一使用要求的孔、轴公差带的大小和位置是无限多的。图 2-15 所示的三个配合，均能满足同样的使用要求。

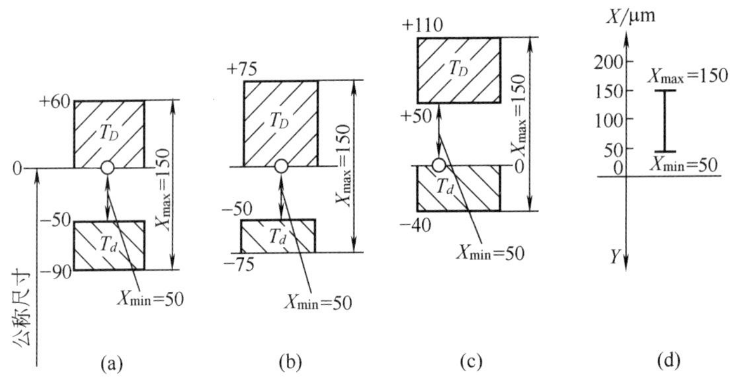

图 2-15　满足同一使用要求的三个配合

所以，如果不对满足同一使用要求的孔、轴公差带的大小和位置作出统一规定，将会给生产过程带来混乱，也不便于产品的使用与维修。因此，应该对孔、轴尺寸公差带的大小和位置进行标准化。

极限制是指经标准化的公差与偏差制度。它是一系列标准的孔、轴公差数值和极限偏差数值。

配合制是同一极限制的孔和轴组成配合的一种制度，亦称为基准制。国家标准对配合的组成规定了两种配合制度，即基孔制和基轴制配合。

（1）基孔制　基本偏差为一定的孔的公差带与不同基本偏差的轴的公差带形成各种配合的一种制度，如图 2-16(a) 所示。基孔制配合中的孔称为基准孔，代号为 H，是基孔制配

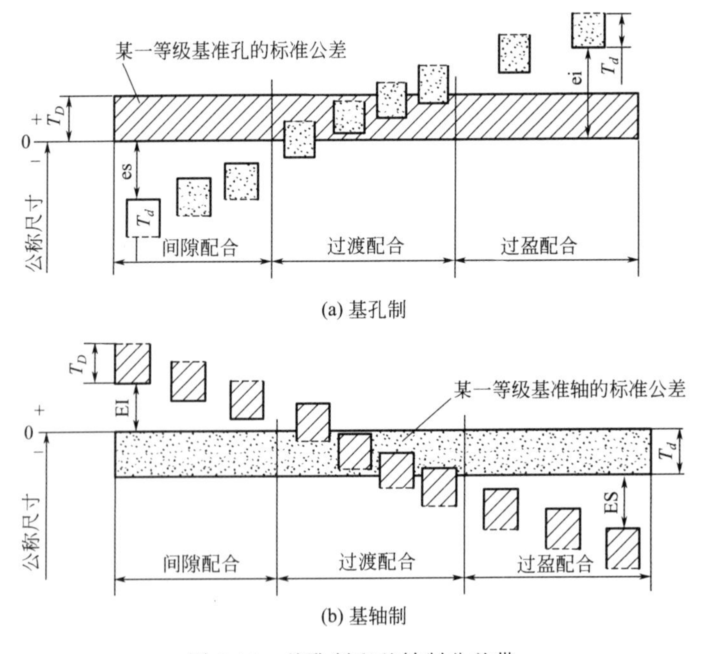

图 2-16　基孔制和基轴制公差带

合中的基准件。轴为非基准件。

标准规定，基准孔以下极限偏差（EI）为基本偏差，其数值为零。上极限偏差（ES）为正值，即其公差带偏置在零线上侧。

（2）基轴制　基本偏差为一定的轴的公差带与不同基本偏差的孔的公差带形成各种配合的一种制度，如图 2-16(b) 所示。基轴制配合中的轴称为基准轴，代号为 h，是基轴制配合中的基准件。孔为非基准件。

标准规定，基准轴以上极限偏差（es）为基本偏差，其数值为零。下极限偏差（ei）为负值，即其公差带偏置在零线下侧。

基孔制和基轴制是两种平行的配合制。基孔制配合能满足要求的，用同一偏差代号按基轴制形成的配合，也能满足使用要求。如："H7/k6"与"K7/h6"的配合性质基本相同，称为"同名配合"。所以，配合制的选择与功能要求无关，主要考虑加工的经济性和结构的合理性。

第二节　极限与配合国家标准的构成

为了实现互换性生产，极限与配合必须标准化。极限与配合国家标准是由 GB/T 1800.1—2009、GB/T 1800.2—2009、GB/T 1801—2009 等标准构成，适用于圆柱和非圆柱形光滑工件的尺寸公差、尺寸的检验以及它们组成的配合。

一、标准公差系列

标准公差是极限与配合制中规定的任一公差，用于确定公差带大小，它由三项内容组成：公差等级、公差单位和公称尺寸分段。

1. 标准公差等级及代号

标准公差等级：同一公差等级（如 IT8）对所有公称尺寸的一组公差被认为具有同等精度，也就是确定尺寸精度的等级。标准公差用符号"IT"和公差等级数字表示，如 IT10。当其与代表基本偏差的字母一起组成公差带时，省略字母"IT"，如 h7。

在公称尺寸至 500mm 内，规定了 IT01、IT0、IT1、…、IT18 共 20 个等级；在大于 500～3150mm 内规定了 IT1、…、IT18 共 18 个等级，从 IT01～IT18 等级依次增大，精度依次降低。

国家标准规定和划分公差等级的目的是简化和统一对公差的要求，使规定的等级既能满足不同的要求，又能大致代表各种加工方法所能达到的精度，从而既有利于设计，又利于制造。

2. 标准公差因子 i 和 I

标准公差因子 i 和 I 是用以确定标准公差的基本单位，它是公称尺寸 D 的函数，是制定标准公差数值系列的基础，即 $i=f(D)$ 和 $I=\phi(D)$。

基本尺寸 $D \leqslant 500$mm 时，

$$i=0.45\sqrt[3]{D}+0.001D \tag{2-17}$$

公式前项主要反映加工误差的影响，i 与 D 之间呈立方抛物线关系。后项为补偿偏离标准温度和量具变形而引起的测量误差，i 与 D 之间呈线性关系。

当基本尺寸 $D>500$～3150mm 时，

$$I=0.004D+2.1 \tag{2-18}$$

公式前项为测量误差，后项常数“2.1”为尺寸衔接关系常数。

公式中 D 称为计算直径（公称尺寸段的几何平均值），以 mm 计，i 和 I 以 μm 计。

3. 公差等级系数 a

在公称尺寸一定的情况下，a 的大小反映了加工方法的难易程度，也是决定标准公差大小 $IT=ai$ 的唯一参数，成为从 IT5～IT18 各级标准公差包含的公差因子数。

为了使公差值标准化，公差等级系数 a 选取优先数系 R5 系列，即 $q5=\sqrt[5]{10}\approx1.6$，如从 IT6～IT18，每隔 5 项增大 10 倍。

对于公称尺寸小于或等于 500mm 的更高等级，主要考虑测量误差，其公差用线性关系式计算，而 IT2～IT4 的公差值在 IT1～IT5 的数值之间大致按几何级数递增。

标准公差 IT01～IT4 的公差值，通过标准公差计算公式（表 2-1）求得；IT5～IT18 的公差值可按表 2-2 求得。

公称尺寸小于或等于 500mm，IT01～IT4 标准公差的计算公式见表 2-1。

表 2-1 IT01～IT4 标准公差计算公式（尺寸≤500mm） μm

标准公差等级	标准公差	标准公差等级	标准公差
IT01	$0.3+0.008D$	IT2	$IT1\times(IT5/IT1)^{1/4}$
IT0	$0.5+0.012D$	IT3	$IT1\times(IT5/IT1)^{1/2}$
IT1	$0.8+0.020D$	IT4	$IT1\times(IT5/IT1)^{3/4}$

注：式中 D 为公称尺寸段的几何平均值。

公称尺寸小于或等于 500mm，常用公差等级 IT5～IT18 的公差值以及公称尺寸为 500～3150mm 时，公差等级 IT1～IT18 的公差值均按 $IT=ai$（或 $IT=aI$）计算，详见表 2-2。

表 2-2 IT1～IT18 的标准公差计算公式

公称尺寸/mm		标准公差等级																	
		IT1	IT2	IT3	IT4	IT5	IT6	IT7	IT8	IT9	IT10	IT11	IT12	IT13	IT14	IT15	IT16	IT17	IT18
大于	至	标准公差 T/μm																	
—	500	—	—	—	—	$7i$	$10i$	$16i$	$25i$	$40i$	$64i$	$100i$	$160i$	$250i$	$400i$	$640i$	$1000i$	$1600i$	$2500i$
500	3150	$2I$	$2.7I$	$3.7I$	$5I$	$7I$	$10I$	$16I$	$25I$	$40I$	$64I$	$100I$	$160I$	$250I$	$400I$	$640I$	$1000I$	$1600I$	$2500I$

注：1. 公称尺寸至 500mm 的 IT1～IT4 的标准公差计算见表 2-1。
2. 从 IT6 起，每增加 5 个等级，标准增加至 10 倍，也可用于延伸超过 IT18 的 IT 等级。

4. 尺寸分段

由于标准公差因子 I 是公称尺寸的函数，按标准公差计算公式计算标准公差值时，如果每一个公称尺寸都要有一个公差值，将会使编制的公差表格非常庞大。为了简化公差表格，标准规定对公称尺寸进行分段，公称尺寸 D 均按每一尺寸分段首尾两尺寸 D_1、D_2 的几何平均值带入，即 $D=\sqrt{D_1D_2}$。这样，就使得同一公差等级、同一尺寸段内各公称尺寸的标准公差值是相同的。

【例题 2-6】 公称尺寸为 20mm，求精度等级为 IT6 的公差值。

解：(1) 查出尺寸段落：18～30mm。

(2) 计算公称尺寸的计算尺寸 D

$$D=\sqrt{D_1D_2}=\sqrt{18\times30}=23.24\ (\text{mm})$$

(3) 计算 i

$$i=0.45\times\sqrt[3]{D}+0.001D=0.45\times\sqrt[3]{23.24}+0.001\times23.24=1.31\ (\mu m)$$

（4）计算标准公差

查表 2-2 得

$$T=10i=10\times1.31=13.1\approx13\ (\mu m)$$

注：实际工作中，标准公差值是用查表法获得的。标准公差数值见表 2-3，它就是通过上述的计算方法经过一定的圆整获得的。

表 2-3 列出了 IT1～IT18 各标准公差等级的标准公差数值。

表 2-3　IT1～IT18 的标准公差数值（GB/T 1800.2—2009）

公称尺寸/mm		标准公差等级																	
		IT1	IT2	IT3	IT4	IT5	IT6	IT7	IT8	IT9	IT10	IT11	IT12	IT13	IT14	IT15	IT16	IT17	IT18
大于	至	μm											mm						
—	3	0.8	1.2	2	3	4	6	10	14	25	40	60	0.1	0.14	0.25	0.40	0.60	1.0	1.4
3	6	1	1.5	2.5	4	5	8	12	18	30	48	75	0.12	0.18	0.30	0.48	0.75	1.2	1.8
6	10	1	1.5	2.5	4	6	9	15	22	36	58	90	0.15	0.22	0.36	0.58	0.90	1.5	2.2
10	18	1.2	2	3	5	8	11	18	27	43	70	110	0.18	0.27	0.43	0.70	1.10	1.8	2.7
18	30	1.5	2.5	4	6	9	13	21	33	52	84	130	0.21	0.33	0.52	0.84	1.30	2.1	3.3
30	50	1.5	2.5	4	7	11	16	25	39	62	100	160	0.25	0.39	0.62	1.00	1.60	2.5	3.9
50	80	2	3	5	8	13	19	30	46	74	120	190	0.3	0.46	0.74	1.20	1.90	3.0	4.6
80	120	2.5	4	6	10	15	22	35	54	87	140	220	0.35	0.54	0.87	1.40	2.20	3.5	5.4
120	180	3.5	5	8	12	18	25	40	63	100	160	250	0.4	0.63	1.00	1.60	2.50	4.0	6.3
180	250	4.5	7	10	14	20	29	46	72	115	185	290	0.46	0.72	1.15	1.85	2.90	4.6	7.2
250	315	6	8	12	16	23	32	52	81	130	210	320	0.52	0.81	1.30	2.10	3.20	5.2	8.1
315	400	7	9	13	18	25	36	57	89	140	230	360	0.57	0.89	1.40	2.30	3.60	5.7	8.9
400	500	8	10	15	20	27	40	63	97	155	250	400	0.63	0.97	1.55	2.50	4.00	6.3	9.7
500	630	9	11	16	22	32	44	70	110	175	280	440	0.7	1.10	1.75	2.8	4.4	7.0	11.0
630	800	10	13	18	25	36	50	80	125	200	320	500	0.8	1.25	2.0	3.2	5.0	8.0	12.5
800	1000	11	15	21	29	40	56	90	140	230	360	560	0.9	1.40	2.3	3.6	5.6	9.0	14.0
1000	1250	13	18	24	33	47	66	105	165	260	420	660	1.05	1.65	2.6	4.2	6.6	10.5	16.5
1250	1600	15	21	29	39	55	78	125	195	310	500	780	1.25	1.95	3.1	5.0	7.8	12.5	19.5
1600	2000	18	25	35	46	65	92	150	230	370	600	920	1.5	2.30	3.7	6.0	9.2	15.0	23.0
2000	2500	22	30	41	55	78	110	175	280	440	700	1100	1.75	2.80	4.4	7.0	11.0	17.5	28.0
2500	3150	26	36	50	68	96	135	210	330	540	860	1350	2.1	3.30	5.4	8.6	13.5	21.0	33.0

注：1. 标准公差 IT01 和 IT0 在工业中很少用到，所以在本表中未给出其标准公差值。

2. 公称尺寸大于 500mm 的 IT1～IT5 的标准公差值为试行。

3. 公称尺寸小于或等于 1mm 时，无 IT14～IT18。

二、基本偏差系列

基本偏差是由国家标准规定的，用以确定公差带位置的极限偏差。

在一般情况下，标准规定基本偏差是离零线较近的极限偏差。当尺寸公差带在零线上时，以下极限偏差为基本偏差；当尺寸公差带在零线下方时，以上极限偏差为基本偏差，见

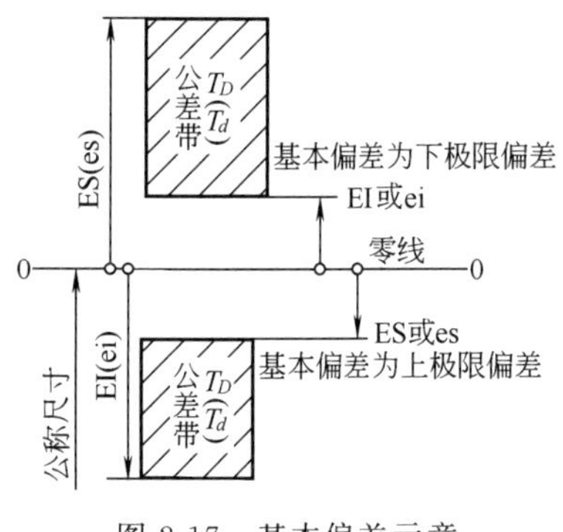

图 2-17 基本偏差示意

图 2-17。

为了满足各种不同的使用需要，国家标准分别对孔、轴尺寸规定了 28 种标准基本偏差，每种基本偏差都用一个（或两个）拉丁字母表示，称为基本偏差代号。在全部的 26 个字母中，除去易与其他混淆的 I、L、O、Q、W（i、l、o、q、w）5 个字母外，采用 21 个，再加上用两个字母表示的 CD、EF、FG、ZA、ZB、ZC（cd、ef、fg、za、zb、zc）六个，还规定了公差带完全对称于零线的 JS（js）。孔的基本偏差代号用大写字母表示，轴的基本偏差代号用小写字母表示，如图 2-18 所示。

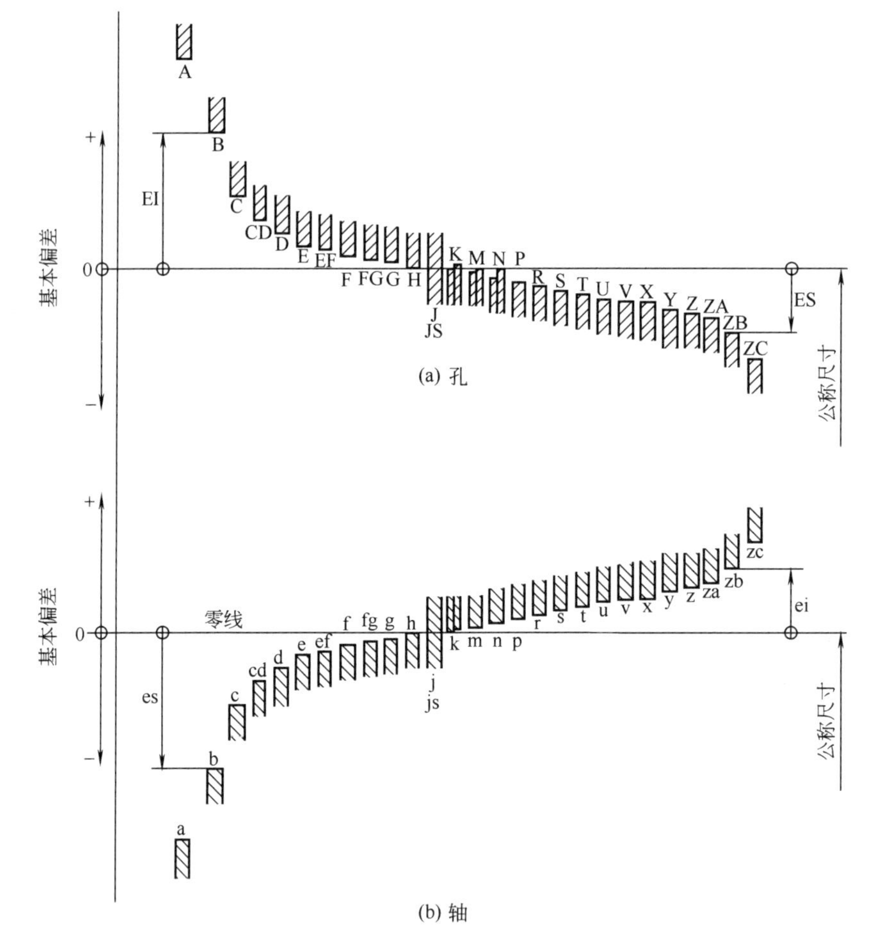

图 2-18 基本偏差系列

基本偏差系列图中，仅绘出了公差带一端的界线，而公差带另一端的界线未绘出，它将取决于公差带的标准公差等级和这个基本偏差的组合。因此，任何一个公差带都用基本偏差代号和公差等级数字表示，如孔公差带 H6、G8，轴公差带 h7，m8 等。

由图 2-18 可见，孔的其本偏差中：A～H 的基本偏差为下极限偏差 EI，其绝对值依次逐渐减小；JS 为对称公差带，J～ZC 的基本偏差为上极限偏差 ES，其绝对值依次逐渐增大。轴的基本偏差中：a～h 的基本偏差为上极限偏差 es，其绝对值依次逐渐减小；js 为对称公差带，j～zc 的基本偏差为下极限偏差 ei，其绝对值依次逐渐增大。

孔、轴的绝大多数基本偏差的数值不随公差等级变化，只有极少数基本偏差（js、k、j）的数值随公差等级变化。

1. 轴的基本偏差

轴的基本偏差数值是以基孔制形成配合为基础，根据各种配合性质经过理论计算、实验和统计分析得到的，详见表 2-4。

当轴的基本偏差确定后，轴的另一个极限偏差可根据下列公式计算

$$es=ei+T_d \quad 或 \quad ei=es-T_d \tag{2-19}$$

a～h 用于间隙配合，基本偏差的绝对值等于最小间隙，其中 a、b、c 用于大间隙和热动配合，考虑发热膨胀的影响，采用与直径成正比关系的公式计算。d、e、f 主要用于旋转运动，为了保证良好的液体摩擦，最小间隙应与直径成平方根关系，考虑到表面粗糙度的影响，间隙应适当减小。g 主要用于滑动和半液体摩擦，或用于定位配合，间隙要小，所以直径的指数有所减小。cd、ef、fg 适用于尺寸较小的旋转运动件。h 和 H 形成最小间隙为零的一种间隙配合，常用于定位配合。

j～n 主要用于过渡配合，以保证配合时有较好的对中和定心，装拆也不困难，其基本偏差按统计分析和经验数据来确定。如 j 主要用于和轴承相配的轴，其值纯属经验数据。

p～zc 主要用于过盈配合，从保证配合的最小过盈来考虑。它们的最小过盈量依次递增，基本偏差数值按 R5 和 R10 系列变化。

2. 孔的基本偏差

孔的基本偏差是从轴的基本偏差换算得到，见表 2-5。一般对同一字母的孔的基本偏差与轴的基本偏差相对于零线是完全对称的，如图 2-18 所示。所以，同一字母的孔与轴的基本偏差对应时（如 G 对应 g），孔和轴的基本偏差的绝对值相等，而符号相反，即

$$EI=-es \quad 或 \quad ES=-ei$$

上述规则适用于所有孔的基本偏差，但下列情况除外：

公称尺寸大于 3～500mm，标准公差等级小于或等于 IT18 的 K～N 和标准公差等级小于或等于 IT17 的 P～ZC，孔和轴的基本偏差的符号相反，而绝对值相差一个 Δ 值，即

$$\begin{aligned} ES&=ES(计算值)+\Delta \\ \Delta&=IT_n-IT_{n-1}=T_D-T_d \end{aligned} \tag{2-20}$$

当孔的基本偏差确定后，孔的另一个极限偏差可根据下列公式计算

$$ES=EI+T_D \quad 或 \quad EI=ES-T_D \tag{2-21}$$

三、公差与配合代号及其在图样上的标注

公差带的代号由基本偏差代号与公差等级代号组成，如 H7、h6、M8、d9 等。在图样上标注尺寸公差时，可以标注极限偏差，也可以标注尺寸公差带代号，或者两者都标注。

标准规定，配合代号由相互配合的孔和轴的公差带以分数的形式组成，孔的公差带为分子，轴的公差带为分母。例如，ϕ40H8/f7，ϕ80K7/h6。

零件图上，在公称尺寸之后标注公差带代号或标注上、下极限偏差数值，或同时标出公差带代号及上、下极限偏差数值。例如，孔尺寸 ϕ50H8，或 $\phi 50^{+0.039}_{\ 0}$，或 ϕ50H8（$^{+0.039}_{\ 0}$）；轴尺寸 ϕ50f7，或 $\phi 50^{-0.025}_{-0.050}$，或 ϕ50f7（$^{-0.025}_{-0.050}$），如图 2-19 所示。

装配图上，在公称尺寸之后标注配合代号，例如，基孔制的间隙配合 ϕ60H8/f7，如图

表 2-4　轴的基本偏差数值（摘自 GB/T 1800.3—2009）

公称尺寸/mm	基本偏差/μm																														
	上偏差 es												下偏差 ei																		
	a	b	c	cd	d	e	ef	f	fg	g	h	js	j			k		m	n	p	r	s	t	u	v	x	y	z	za	zb	zc
	所有公差等级												5～6	7	8	4～7	≤3 >7	所有公差等级													
≤3	−270	−140	−60	−34	−20	−14	−10	−6	−4	−2	0	偏差等于 $\pm\frac{IT}{2}$	−2	−4	−6	0	0	+2	+4	+6	+10	+14	—	+18	—	+20	—	+26	+32	+40	+60
>3～6	−270	−140	−70	−46	−30	−20	−14	−10	−6	−4	0		−2	−4	—	+1	0	+4	+8	+12	+15	+19	—	+23	—	+28	—	+35	+42	+50	+80
>6～10	−280	−150	−80	−56	−40	−25	−18	−13	8	−5	0		−2	−5	—	+1	0	+6	+10	+15	+19	+23	—	+28	—	+34	—	+42	+52	+67	+97
>10～14	−290	−150	−95	—	−50	−32	—	−16	—	−6	0		−3	−6	—	+1	0	+7	+12	+18	+23	+28	—	+33	—	+40	—	+50	+64	+90	+130
>14～18																									+39	+45	—	+60	+77	+108	+150
>18～24	−300	−160	−110	—	−65	−40	—	−20	—	−7	0		−4	−8	—	+2	0	+8	+15	+22	+28	+35	—	+41	+47	+54	+63	+73	+98	+138	+188
>24～30																							+41	+48	+55	+64	+75	+88	+118	+160	+218
>30～40	−310	−170	−120	—	−80	−50	—	−25	—	−9	0		−5	−10	—	+2	0	+9	+17	+26	+34	+43	+48	+60	+68	+80	+94	+112	+149	+200	+274
>40～50	−320	−180	−130																				+54	+70	+81	+97	+114	+136	+180	+242	+325
>50～65	−340	−190	−140	—	−100	−60	—	−30	—	−10	0		−7	−12	—	+2	0	+11	+20	+32	+41	+53	+66	+87	+102	+122	+144	+172	+226	+300	+405
>65～80	−360	−200	−150																		+43	+59	+75	+102	+120	+146	+174	+201	+274	+360	+480
>80～100	−380	−220	−170	—	−120	−72	—	−36	—	−12	0		−9	−15	—	+3	0	+13	+23	+37	+51	+71	+91	+124	+146	+178	+214	+258	+335	+445	+585
>100～120	−410	−240	−180																		+54	+79	+104	+144	+172	+210	+256	+310	+400	+525	+690
>120～140	−460	−260	−200	—	−145	−85	—	−43	—	−14	0		−11	−18	—	+3	0	+15	+27	+43	+63	+92	+122	+170	+202	+248	+300	+365	+470	+620	+800
>140～160	−520	−280	−210																		+65	+100	+134	+190	+228	+280	+340	+415	+535	+700	+900
>160～180	−580	−310	−230																		+68	+108	+146	+210	+252	+310	+380	+465	+600	+780	+1000
>180～200	−660	−340	−240	—	−170	−100	—	−50	—	−15	0		−13	−21	—	+4	0	+17	+31	+50	+77	+122	+166	+236	+284	+350	+425	+520	+670	+880	+1150
>200～225	−740	−380	−260																		+80	+130	+180	+258	+310	+385	+470	+575	+740	+960	+1250
>225～250	−820	−420	−280																		+84	+140	+196	+284	+340	+425	+520	+640	+820	+1050	+1350
>250～280	−920	−480	−300	—	−190	−110	—	−56	—	−17	0		−16	−26	—	+4	0	+20	+34	+56	+94	+158	+218	+315	+385	+475	+580	+710	+920	+1200	+1550
>280～315	−1050	−540	−330																		+98	+170	+240	+350	+425	+525	+650	+790	+1000	+1300	+1700
>315～355	−1200	−600	−360	—	−210	−125	—	−62	—	−18	0		−18	−28	—	+4	0	+21	+37	+62	+108	+190	+268	+390	+475	+590	+730	+900	+1150	+1500	+1900
>355～400	−1350	−680	−400																		+114	+208	+294	+435	+530	+660	+820	+1000	+1300	+1650	+2100
>400～450	−1500	−760	−440	—	−230	−135	—	−68	—	−20	0		−20	−32	—	+5	0	+23	+40	+68	+126	+232	+330	+490	+595	+740	+920	+1100	+1450	+1850	+2400
>450～500	−1650	−840	−480																		+132	+252	+360	+540	+660	+820	+1000	+1250	+1600	+2100	+2600

注：1. 公称尺寸小于 1mm 时，各级的 a 和 b 均不采用。

2. js 的数值：对 IT7～IT11，若 IT 的数值（μm）为奇数，则取 $js=\pm\frac{IT-1}{2}$。

2-19 所示。

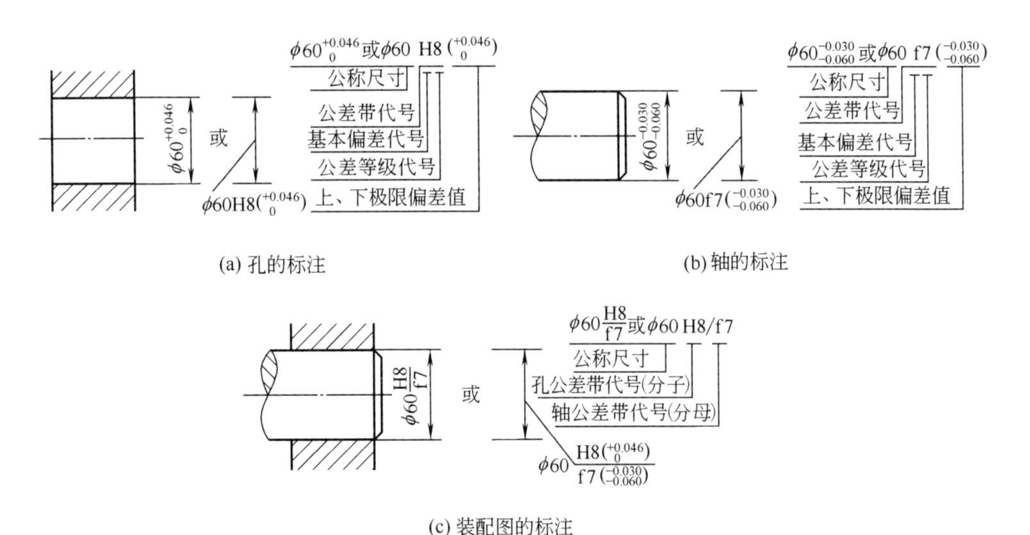

(a) 孔的标注　　(b) 轴的标注

(c) 装配图的标注

图 2-19　极限与配合的标注

四、一般、常用及优先公差带和配合

标准公差系列中的任一公差等级与基本偏差系列中任一偏差组合，即可得到不同大小和位置的公差带。在公称尺寸 $D\leqslant$500mm 内可组成 543 种孔的公差带和 544 种轴的公差带。如果将这些孔、轴公差带在生产实际中都投入使用，显然是不经济的，而且也是不必要的。

为了简化公差带种类，减少与之相适应的定值刀具、量具和工艺装备的品种和规格，对公称尺寸至 500mm 的孔、轴规定了优先、常用和一般用途公差带。表 2-6 为公称尺寸至 500mm 孔、轴优先、常用和一般用途公差带。应按顺序选用。

表中方框内为常用公差带（轴 59 种，孔 44 种），带圆圈的为优先公差带（轴、孔各有 13 种），其余为一般用途公差带（轴 119 种，孔 105 种）。国家标准在尺寸小于或等于 500mm 的范围内，规定了基孔制和基轴制的优先（基孔制、基轴制各 13 种）和常用配合（基孔制 59 种，基轴制 47 种），见表 2-7 和表 2-8。

设计时应优先使用优先公差带，其次才使用常用公差带，最后才考虑使用一般用途公差带。对于尺寸小于或等于 500mm 的配合，应按优先、常用和一般配合的顺序，选用合适的公差带和配合。为满足某些特殊需要，允许选用无基准件配合，如 F8/n7。公称尺寸大于 500～3150mm 的配合一般采用基孔制的同级配合。

【例题 2-7】 查表写出轴 ϕ50f6、ϕ108m6、ϕ180p6 的公差带，及孔 ϕ50H7、ϕ108M7、ϕ180P7 的公差带（单位为 mm）。

解：（1）确定基本偏差　查表 2-4、表 2-5 知，三轴的基本偏差依次为

$$es=-0.025\text{mm}、ei=+0.013\text{mm}、ei=+0.043\text{mm}$$

三孔的基本偏差依次为

$$EI=0、ES=0、ES=-0.028\text{mm}$$

（2）确定标准公差　查表 2-3 可知，三轴的标准公差依次为

$$IT6=0.016\text{mm}、IT6=0.022\text{mm}、IT6=0.025\text{mm}$$

表 2-5 孔的基本偏差

公称尺寸/mm	基本																		
	下偏差 EI												上偏差 ES						
	A	B	C	CD	D	E	EF	F	FG	G	H	JS	J			K		M	
	所有的公差等级												6	7	8	≤8	＞8	≤8	＞8
≤3	+270	+140	+60	+34	+20	+14	+10	+6	+4	+2	0	偏差等于 $\pm\frac{IT}{2}$	+2	+4	+6	0	0	−2	−2
＞3～6	+270	+140	+70	+36	+30	+20	+14	+10	+6	+4	0		+5	+6	+10	$-1+\Delta$	—	$-4+\Delta$	−4
＞6～10	+280	+150	+80	+56	+40	+25	+18	+13	+8	+5	0		+5	+8	+12	$-1+\Delta$	—	$-6+\Delta$	−6
＞10～14 ＞14～18	+290	+150	+95	—	+50	+32	—	+16	—	+6	0		+6	+10	+15	$-1+\Delta$	—	$-7+\Delta$	−7
＞18～24 ＞24～30	+300	+160	+110	—	+65	+40	—	+20	—	+7	0		+8	+12	+20	$-2+\Delta$	—	$-8+\Delta$	−8
＞30～40 ＞40～50	+310 +320	+170 +180	+120 +130	—	+80	+50	—	+25	—	+9	0		+10	+14	+24	$-2+\Delta$	—	$-9+\Delta$	−9
＞50～65 ＞65～80	+340 +360	+190 +200	+140 +150	—	+100	+60	—	+30	—	+10	0		+13	+18	+28	$-2+\Delta$	—	$-11+\Delta$	−11
＞80～100 ＞100～120	+380 +410	+220 +240	+170 +180	—	+120	+72	—	+36	—	+12	0		+16	+22	+34	$-3+\Delta$	—	$-13+\Delta$	−13
＞120～140 ＞140～160 ＞160～180	+440 +520 +580	+260 +280 +310	+200 +210 +230	—	+145	+85	—	+43	—	+14	0		+18	+26	+41	$-3+\Delta$	—	$-15+\Delta$	−15
＞180～200 ＞200～225 ＞225～250	+660 +740 +820	+340 +380 +420	+240 +260 +280	—	+170	+100	—	+50	—	+15	0		+22	+30	+47	$-4+\Delta$	—	$-17+\Delta$	−17
＞250～280 ＞280～315	+920 +1050	+480 +540	+300 +330	—	+190	+110	—	+56	—	+17	0		+25	+36	+55	$-4+\Delta$	—	$-20+\Delta$	−20
＞315～355 ＞355～400	+1200 +1350	+600 +680	+360 +400	—	+210	+125	—	+62	—	+18	0		+29	+39	+60	$-4+\Delta$	—	$-21+\Delta$	−21
＞400～450 ＞450～500	+1500 +1650	+760 +840	+440 +480	—	+230	+135	—	+68	—	+20	0		+33	+43	+66	$-5+\Delta$	—	$-23+\Delta$	−23

注：1. 公称尺寸小于 1mm 时，各级的 A 和 B 及大于 8 级的 N 均不采用。

2. JS 的数值：对 IT7～IT11，若 IT 的数值（μm）为奇数，则取 $JS=\pm\frac{IT-1}{2}$。

3. 特殊情况：当公称尺寸大于 250～315mm 时，M6 的 ES 等于−9（不等于−11）。

4. 对小于或等于 IT8 的 K、M、N 和小于或等于 IT7 的 P～ZC，所需 Δ 值从表内右侧栏选取。例如：大于 6～10mm

数值（摘自 GB/T 1800.3—2009）

偏 差/μm															Δ/μm					
		上 偏 差 ES																		
N		P～ZC	P	R	S	T	U	V	X	Y	Z	ZA	ZB	ZC						
≤8	>8	≤7	>7												3	4	5	6	7	8
−4	−4	在>7级的相应数值上增加一个Δ值	−6	−10	−14	—	−18	—	−20	—	−26	−32	−40	−60	0					
−8+Δ	0		−12	−15	−19	—	−23	—	−28	—	−35	−42	−50	−80	1	1.5	1	3	4	6
−10+Δ	0		−15	−19	−23	—	−28	—	−34	—	−42	−52	−67	−97	1	1.5	2	3	6	7
−12+Δ	0		−18	−23	−28	—	−33	— −39	−40 −45	— —	−50 −60	−64 −77	−90 −108	−130 −150	1	2	3	3	7	9
−15+Δ	0		−22	−28	−35	— −41	−41 −48	−47 −55	−54 −64	−65 −75	−73 −88	−98 −118	−136 −160	−188 −218	1.5	2	3	4	8	12
−17+Δ	0		−26	−34	−43	−48 −54	−60 −70	−68 −81	−80 −95	−94 −114	−112 −136	−148 −180	−200 −242	−274 −325	1.5	3	4	5	9	14
−20+Δ	0		−32	−41 −43	−53 −59	−66 −75	−87 −102	−102 −120	−122 −146	−144 −174	−172 −210	−226 −274	−300 −360	−400 −480	2	3	5	6	11	16
−23+Δ	0		−37	−51 −54	−71 −79	−91 −104	−124 −144	−146 −172	−178 −210	−214 −254	−258 −310	−335 −400	−445 −525	−585 −690	2	4	5	7	13	19
−27+Δ	0		−43	−63 −65 −68	−92 −100 −108	−122 −134 −146	−170 −190 −210	−202 −228 −252	−248 −280 −310	−300 −340 −380	−365 −415 −465	−470 −535 −600	−620 −700 −780	−800 −900 −1000	3	4	6	7	15	23
−31+Δ	0		−50	−77 −80 −84	−122 −130 −140	−166 −180 −196	−236 −258 −284	−284 −310 −340	−350 −385 −425	−425 −470 −520	−520 −575 −640	−670 −740 −820	−880 −960 −1050	−1150 −1250 −1350	3	4	6	9	17	26
−34+Δ	0		−56	−94 −98	−158 −170	−218 −240	−315 −350	−385 −425	−475 −525	−580 −650	−710 −790	−920 −1000	−1200 −1300	−1550 −1700	4	4	7	9	20	29
−37+Δ	0		−62	−108 −114	−190 −208	−268 −294	−390 −435	−475 −530	−590 −660	−730 −820	−900 −1000	−1150 −1300	−1500 −1650	−1900 −2100	4	5	7	11	21	32
−40+Δ	0		−68	−126 −132	−232 −252	−330 −360	−490 −540	−595 −660	−740 −820	−920 −1000	−1100 −1250	−1450 −1600	−1850 −2100	−2400 −2600	5	5	7	13	23	34

的 P6，Δ=3，所以 ES=(−15+3)μm=−12μm。

表 2-6 公称尺寸至 500mm 孔、轴优先、常用和一般用途公差带（摘自 GB/T 1801—2009）

孔公差带							H1		JS1												
							H2		JS2												
							H3		JS3												
							H4		JS4	K4	M4										
						G5	H5		JS5	K5	M5	N5	P5	R5	S5						
					F6	G6	H6	J6	JS6	K6	M6	N6	P6	R6	S6	T6	U6	V6	X6	Y6	Z6
			D7	E7	F7	G7	H7	J7	JS7	K7	M7	N7	P7	R7	S7	T7	U7	V7	X7	Y7	Z7
		C8	D8	E8	F8	G8	H8	J8	JS8	K8	M8	N8	P8	R8	S8	T8	U8	V8	X8	Y8	Z8
	A9	B9	C9	D9	E9	F9		H9		JS9			N9	P9							
	A10	B10	C10	D10	E10			H10		JS10											
	A11	B11	C11	D11				H11		JS11											
	A12	B12	C12					H12		JS12											
								H13		JS13											
轴公差带							h1		js1												
							h2		js2												
							h3		js3												
						g4	h4		js4	k4	m4	n4	p4	r4	s4						
					f5	g5	h5	j5	js5	k5	m5	n5	p5	r5	s5	t5	u5	v5	x5		
				e6	f6	g6	h6	j6	js6	k6	m6	n6	p6	r6	s6	t6	u6	v6	x6	y6	z6
			d7	e7	f7	g7	h7	j7	js7	k7	m7	n7	p7	r7	s7	t7	u7	v7	x7	y7	z7
		c8	d8	e8	f8	g8	h8		js8	k8	m8	n8	p8	r8	s8	t8	u8	v8	x8	y8	z8
	a9	b9	c9	d9	e9	f9		h9		js9											
	a10	b10	c10	d10	e10			h10		js10											
	a11	b11	c11	d11				h11		js11											
	a12	b12	c12					h12		js12											
	a13	b13						h13		js13											

表 2-7 基孔制优先、常用配合

基准孔	轴																				
	a	b	c	d	e	f	g	h	js	k	m	n	p	r	s	t	u	v	x	y	z
	间隙配合								过渡配合			过盈配合									
H6						H6/f5	H6/g5	H6/h5	H6/js5	H6/k5	H6/m5	H6/n5	H6/p5	H6/r5	H6/s5	H6/t5					
H7						H7/f6	◤H7/g6	◤H7/h6	H7/js6	◤H7/k6	H7/m6	◤H7/n6	◤H7/p6	H7/r6	◤H7/s6	H7/t6	◤H7/u6	H7/v6	H7/x6	H7/y6	H7/z6
H8					H8/e7	◤H8/f7	H8/g7	◤H8/h7	H8/js7	H8/k7	H8/m7	H8/n7	H8/p7	H8/r7	H8/s7	H8/t7	H8/u7				
				H8/d8	H8/e8	H8/f8		H8/h8													
H9			H9/c9	◤H9/d9	H9/e9	H9/f9		◤H9/h9													
H10			H10/c10	H10/d10				H10/h10													
H11	H11/a11	H11/b11	◤H11/c11	H11/d11				◤H11/h11													
H12		H12/b12						H12/h12													

注：1. H6/n5、H7/p6 在公称尺寸≤3mm 和 H8/r7 在公称尺寸≤100mm 时，为过渡配合。

2. 标注◤的配合为优先配合。

表 2-8　基轴制优先、常用配合

基准轴	孔																				
	A	B	C	D	E	F	G	H	JS	K	M	N	P	R	S	T	U	V	X	Y	Z
	间隙配合								过渡配合			过盈配合									
h5						$\frac{F6}{h5}$	$\frac{G6}{h5}$	$\frac{H6}{h5}$	$\frac{JS6}{h5}$	$\frac{K6}{h5}$	$\frac{M6}{h5}$	$\frac{N6}{h5}$	$\frac{P6}{h5}$	$\frac{R6}{h5}$	$\frac{S6}{h5}$	$\frac{T6}{h5}$					
h6						$\frac{F7}{h6}$	◤ $\frac{G7}{h6}$	◤ $\frac{H7}{h6}$	$\frac{JS7}{h6}$	◤ $\frac{K7}{h6}$	$\frac{M7}{h6}$	◤ $\frac{N7}{h6}$	◤ $\frac{P7}{h6}$	$\frac{R7}{h6}$	◤ $\frac{S7}{h6}$	$\frac{T7}{h6}$	◤ $\frac{U7}{h6}$				
h7					$\frac{E8}{h7}$	◤ $\frac{F8}{h7}$		◤ $\frac{H8}{h7}$	$\frac{JS8}{h7}$	$\frac{K8}{h7}$	$\frac{M8}{h7}$	$\frac{N8}{h7}$									
h8				$\frac{D8}{h8}$	$\frac{E8}{h8}$	$\frac{F8}{h8}$		$\frac{H8}{h8}$													
h9				◤ $\frac{D9}{h9}$	$\frac{E9}{h9}$	$\frac{F9}{h9}$		◤ $\frac{H9}{h9}$													
h10				$\frac{D10}{h10}$				$\frac{H10}{h10}$													
h11	$\frac{A11}{h11}$	$\frac{B11}{h11}$	◤ $\frac{C11}{h11}$	$\frac{D11}{h11}$				◤ $\frac{H11}{h11}$													
h12		$\frac{B12}{h12}$						$\frac{H12}{h12}$													

注：标注◤的配合为优先配合。

三孔的标准公差依次为

$$IT7=0.025\text{mm}、IT7=0.035\text{mm}、IT7=0.040\text{mm}$$

(3) 确定另一极限偏差　由公式 $IT=ES-EI=es-ei$ 可知，三轴的另一极限偏差依次为

$$ei=-0.041\text{mm}、es=+0.035\text{mm}、es=+0.068\text{mm}$$

三孔的另一极限偏差依次为

$$ES=+0.025\text{mm}、EI=-0.035\text{mm}、EI=-0.068\text{mm}$$

三轴的公差带依次为 $\phi50f6(^{-0.025}_{-0.041})$mm、$\phi108m6(^{+0.035}_{+0.013})$mm、$\phi180p6(^{+0.068}_{+0.043})$mm

三孔的公差带依次为 $\phi50H7(^{+0.025}_{0})$mm、$\phi108M7(^{0}_{-0.035})$mm、$\phi180P7(^{-0.028}_{-0.068})$mm

【例题 2-8】 查表确定基孔制配合 $\phi50H7/u6$ 和同名基轴制配合 $\phi50U7/h6$ 的极限偏差，画出尺寸公差带图，并求出其极限间隙（或极限过盈）（单位为 mm）。

解：(1) 确定基本偏差　查表 2-4、表 2-5 知：

H7 的基本偏差 $EI=0$

u6 的基本偏差 $ei=+0.070$mm

U7 的基本偏差 $ES=-0.061$mm

h6 的基本偏差 $es=0$

(2) 确定标准公差　查表 2-3 可知，公称尺寸 $\phi50$ 的标准公差 $IT7=0.025$mm、$IT6=0.016$mm。

(3) 确定另一极限偏差　由公式 $IT=ES-EI=es-ei$ 可知：

H7 的另一极限偏差 $ES=+0.025$mm

u6 的另一极限偏差 $es=+0.086$mm

U7 的另一极限偏差 $EI=-0.086$mm

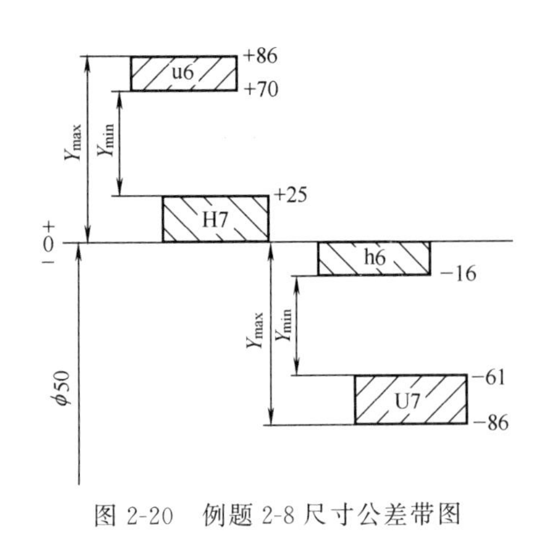

图 2-20 例题 2-8 尺寸公差带图

h6 的另一极限偏差 ei=−0.016mm

(4) 画出尺寸公差带图 尺寸公差带图如图 2-20 所示，由该图可知，两个配合的配合性质完全相同，均为过盈配合。

(5) 求极限过盈

最大过盈 $Y_{max1}=EI-es=0-(+0.086)=-0.086$ (mm)

最小过盈 $Y_{min1}=ES-ei=+0.070-(+0.025)=-0.045$ (mm)

最大过盈 $Y_{max2}=EI-es=-0.086-0=-0.086$ (mm)

最小过盈 $Y_{min2}=ES-ei=-0.061-(-0.016)=-0.045$ (mm)

第三节 极限与配合的选择

尺寸公差与配合的选用，是机械设计与制造中至关重要的一环，对机械的使用性能和制造成本有着很大的影响。它包括配合制、公差等级及配合种类的选用。

一、配合制的选择

基孔制和基轴制是两种平行的配合制。基孔制配合能满足要求的，用同一偏差代号按基轴制形成的配合，也能满足使用要求。如：H7/k6 与 K7/h6 的配合性质基本相同，称为“同名配合”。所以，配合制的选择与功能要求无关，主要是考虑加工的经济性和结构的合理性。

从制造加工方面考虑，两种基准制适用的场合不同；从加工工艺的角度来看，对应用最广泛的中小直径尺寸的孔，通常采用定尺寸刀具（如钻头、铰刀、拉刀等）加工和定尺寸量具（如塞规、心轴等）检验。而一种规格的定尺寸刀具和量具，只能满足一种孔公差带的需要。对于轴的加工和检验，一种通用的外尺寸量具，也能方便地对多种轴的尺寸进行检验。由此可见，对于中小尺寸的配合，应尽量采用基孔制配合。

当孔的尺寸增大到一定的程度，采用定尺寸的刀具和量具来制造，将逐渐变得不方便也不经济。这时如都用通用工具制造孔和轴，则选择哪种基准制都一样。

下列特殊情况下，由于结构和工艺的影响，采用基轴制更为合理：

① 用冷拉光轴作轴时。冷拉圆型材，其尺寸公差可达 IT7～IT9，能够满足农业机械、纺织机械上的轴颈精度要求，在这种情况下采用基轴制，可免去轴的加工。只需按照不同的配合性能要求加工孔，就能得到不同性质的配合。

② 采用标准件时。例如，滚动轴承为标准件，它的内圈与轴颈的配合无疑应是基孔制，而外圈与外壳孔的配合应是基轴制。

③ 一轴与公称尺寸相同的多孔相配合，且配合性质要求不同时。如图 2-21 所示的活塞部件中，活塞销和活塞与连杆的配合，根据功能要求，活塞销和活塞的配合应为过渡配合，而活塞销与连杆的配合则应为间隙配合。如果采用基孔制配合，活塞销就要做成两头大、中间小的阶梯轴，给制造和装配都带来一定的困难，而改用基轴制配合，活塞销就是一根光

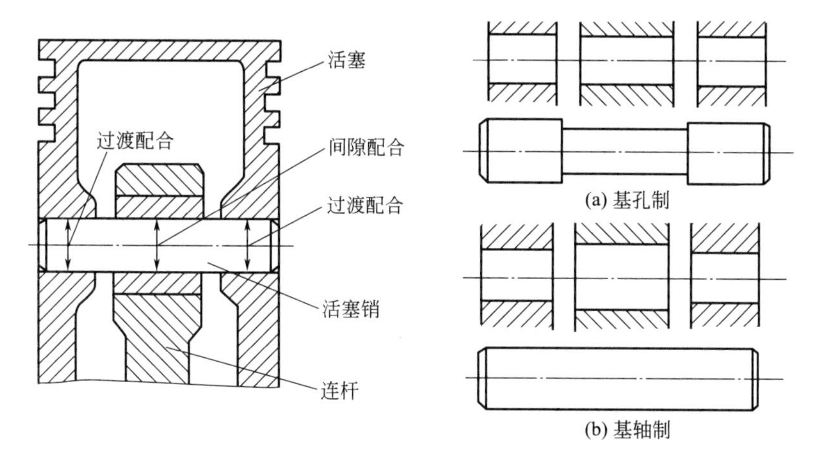

图 2-21　活塞销和连杆、活塞的配合

轴，便于加工和装配，降低了生产成本，也不会刮伤连杆孔的表面。

在实际生产中，由于结构或某些特殊的需要，允许采用非配合制配合，即非基准孔和非基准轴配合，如当机构中出现一个非基准孔（轴）和两个以上的轴（孔）配合时，其中肯定会有一个非配合制配合。如图 2-22 所示，箱体孔与滚动轴承和轴承端盖的配合中，由于滚动轴承是标准件，它与箱体孔的配合选用基轴制配合，箱体孔的公差带代号为 J7，箱体孔与端盖的配合可选低精度的间隙配合 J7/f9，既便于拆卸又能保证轴承的轴向定位，还有利于降低成本。

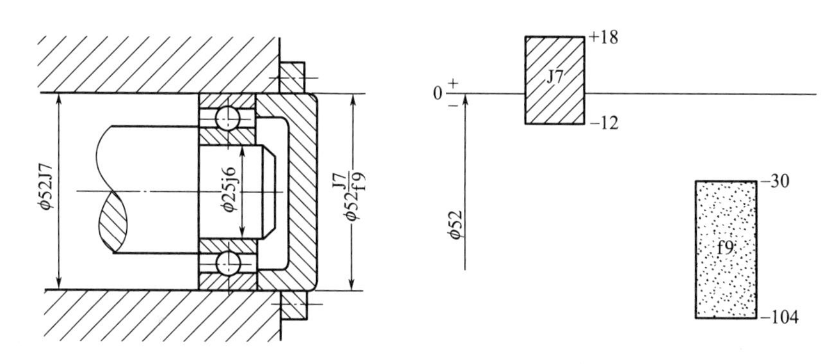

图 2-22　轴承外圈与外壳孔、端盖的配合

二、公差等级的选择

公差等级的选择的实质就是确定尺寸制造的精度。尺寸精度与加工的难易程度、加工的成本和零件的工作质量有关，公差等级越高，合格尺寸的大小越趋一致，配合精度就越高，但加工的成本也越高。公差等级与生产成本的关系如图 2-23 所示。因此，公差等级选择的基本原则是：在满足使用性能的前提下，尽量选择较低的精度等级。

选用公差等级时，应从工艺、配合及有关零件或机构等的特点出发，并参考已被实践证明合理的实例来考虑。公差等级的选择一般采用类比法，对于已知配合要求的，也可以用计算法确定其公差等级。表 2-9 列出了各种公差等级的具体应用，表 2-10 列出了各种加工方法所能达到的精度等级。一般配合尺寸的公差等级范围为 IT5～IT13，表 2-11 列出配合尺寸精度为 IT5～IT13 级的应用，供采用类比法时对比选用。

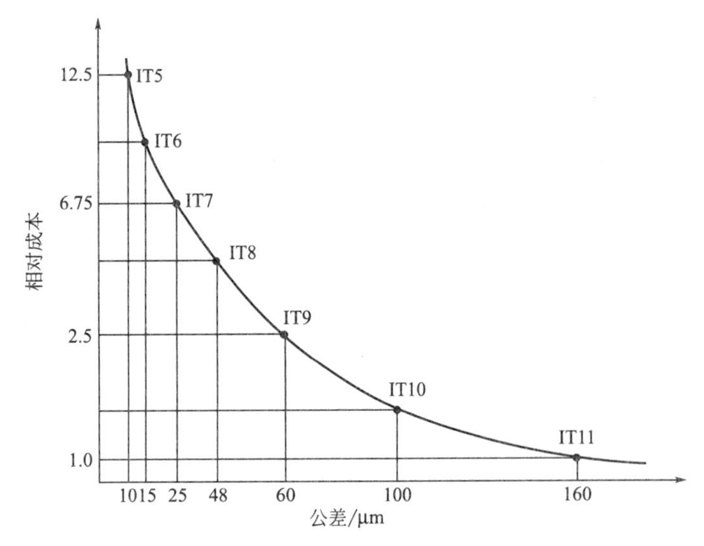

图 2-23 公差等级与生产成本的关系

表 2-9 公差等级的应用

应用场合			01	0	1	2	3	4	5	6	7	8	9	10	11	12	13	14	15	16	17	18
量块			—	—	—																	
量规	高精度量规				—	—	—	—														
量规	低精度量规								—	—	—											
配合尺寸	个别特别重要的精密配合			—	—																	
配合尺寸	特别重要的精密配合	孔					—	—	—													
配合尺寸	特别重要的精密配合	轴				—	—	—														
配合尺寸	精密配合	孔								—	—	—										
配合尺寸	精密配合	轴							—	—	—											
配合尺寸	中等精度配合	孔											—	—								
配合尺寸	中等精度配合	轴										—	—	—								
配合尺寸	低精度配合														—	—	—					
非配合尺寸,一般公差尺寸																—	—	—	—	—	—	—
原材料公差												—	—	—	—	—	—					

采用类比法选择公差等级时，应考虑以下几个方面：

① 应遵循工艺等价的原则，即相互结合的零件，其加工的难易程度应基本相当。根据这一原则，对于公称尺寸小于或等于 500mm，公差等级在 IT8 以上时，标准推荐孔比轴低一级，如：H8/m7，K7/h6；当公差等级在 IT8 以下时，标准推荐孔与轴同级，如：H9/h9，D9/h9；IT8 属于临界值，IT8 级的孔可与同级的轴配合，也可以与高一级的轴配合，如：H8/f8，H8/k7。对于公称尺寸大于 500mm 的尺寸，一般采用孔、轴同级配合。

② 相配合的零、部件的精度应相匹配。如与齿轮孔相配合的轴的精度就受齿轮精度的制约；与滚动轴承相配合的外壳孔和轴的精度应当与滚动轴承的精度相匹配。

表 2-10　各种加工方法所能达到的精度等级

加工方法	公差等级																	
	01	0	1	2	3	4	5	6	7	8	9	10	11	12	13	14	15	16
研磨	—	—	—	—	—	—												
珩磨						—	—	—	—									
圆磨							—	—	—	—								
平磨							—	—	—	—								
金刚石车							—	—	—									
金刚石镗							—	—	—									
拉削							—	—	—	—								
铰孔								—	—	—	—	—						
车									—	—	—	—	—					
镗									—	—	—	—	—					
铣										—	—	—	—					
刨、插												—	—					
钻孔												—	—	—	—			
滚压、挤压												—	—					
冲压												—	—	—	—	—		
压铸													—	—	—	—		
粉末冶金成形								—	—	—								
粉末冶金烧结									—	—	—	—						
砂型铸造、气割																		—
锻造																	—	

表 2-11　配合尺寸精度为 IT5～IT13 级的应用（尺寸≤500mm）

公差等级	适用范围	应用举例
IT5	用于仪表、发动机和机床中特别重要的配合，加工要求较高，一般机械制造中较少应用。特点是能保证配合性质的稳定性	航空及航海仪器中特别精密的零件；与特别精密的滚动轴承相配的机床主轴和外壳孔，高精度齿轮的基准孔和基准轴
IT6	应用于机械制造中精度要求很高的重要配合，特点是能得到均匀的配合性质，使用可靠	与E级滚动轴承相配合的孔、轴径，机床丝杠轴径，矩形花键的定心直径，摇臂钻床的立柱等
IT7	广泛用于机械制造中精度要求较高、较重要的配合	联轴器中、带轮、凸轮等孔径，机床卡盘座孔，发动机中的连杆孔、活塞孔等
IT8	机械制造中属于中等精度，用于对配合性质要求不太高的次要配合	轴承座衬套沿宽度方向尺寸，IT9～IT12 级齿轮基准孔，IT11～IT12 级齿轮基准轴
IT9～IT10	属较低精度，用于配合性质要求不太高的次要配合	机械制造中轴套外径与孔，操纵件与轴，空转带轮与轴，单键与花键
IT11～IT13	属低精度，只适用于基本上没有什么配合要求的场合	非配合尺寸及工序间尺寸，滑块与滑移齿轮，冲压加工的配合件，塑料成形尺寸公差

③ 过盈、过渡和较紧的间隙配合，精度等级不能太低。一般孔的公差等级应不低于 IT8 级，轴的不低于 IT7 级。这是因为公差等级过低，使过盈配合的最大过盈过大，材料容易受到损坏；使过渡配合不能保证相配的孔、轴既装卸方便又能实现定心的要求；使间隙配合产生较大的间隙，不能满足较紧配合的要求。

④ 在非配合制的配合中，当配合精度要求不高时，为降低成本，允许相配合零件的公差等级相差 2～3 级，如图 2-21 所示的箱体孔与端盖的配合。

【例题 2-9】 有一对滑动轴承，它们的公称尺寸为 ϕ30mm，根据使用要求应保证配合间隙在＋0.020～＋0.080mm 之间，试确定此机构中孔、轴的公差等级。

解：(1) 计算配合公差

$$[T_f]=|[X_{max}]-[X_{min}]|=|+0.080-(+0.020)|=0.060\ (mm)$$

(2) 确定孔、轴的公差等级　假设孔、轴同级配合，则：

$$T_D=T_h=[T_f]/2=0.030\ (mm)$$

由表 2-3 查得：IT8＝0.033mm，IT7＝0.021mm。

根据工艺等价原则，可选孔为 IT8 级，轴为 IT7 级，则配合公差

$$T_f=0.033+0.021=0.054\ (mm)<0.060mm$$

符合使用要求。

三、配合的选择

配合制和公差等级确定后，配合的选择主要是确定非基准轴或非基准孔公差带的位置，即选择非基准件基本偏差代号。

选择配合的步骤可分为配合种类的选择和非基准件基本偏差代号的选择。

1. 配合种类的选择

选择配合的种类时，应考虑配合件间有无相对运动、定心精度高低、配合件受力情况、装配情况等。类比法是选择配合种类的主要方法，配合种类的选择可依据表 2-12 来对比选择。

表 2-12　配合种类的基本选择

<table>
<tr><td rowspan="4">无相对运动</td><td rowspan="3">要传递力矩</td><td rowspan="2">要求精确定心</td><td>永久结合</td><td>过盈配合</td></tr>
<tr><td>可拆结合</td><td>过渡配合或偏差代号为 H(h)的间隙配合加紧固件</td></tr>
<tr><td colspan="2">不要求精确定心</td><td>间隙配合加紧固件</td></tr>
<tr><td colspan="3">不需要传递力矩</td><td>过渡配合或轻的过盈配合</td></tr>
<tr><td rowspan="2">有相对运动</td><td colspan="3">缓慢转动或移动</td><td>基本偏差为 H(h)、G(g)等的间隙配合</td></tr>
<tr><td colspan="3">转动、移动或复合运动</td><td>基本偏差 A～F(a～f)等的间隙配合</td></tr>
</table>

配合种类确定之后，应尽量依次选用国家标准推荐的优先配合、常用配合。如优先、常用配合不能满足要求时，可以选用其他配合。

2. 非基准件基本偏差代号的选择

确定非基准件基本偏差代号的基本方法有类比法、计算法和试验法三种。

(1) 计算法　根据零件的材料、结构和功能要求，按照一定的理论公式的计算结果选择配合。用计算法选择配合的关键是确定所需的极限间隙或极限过盈。按计算法选取比较科学，但由于理论计算不可能把机器设备工作环境的各种实际因素考虑得十分周全，因此设计方案不如通过试验法确定的准确。

(2) 试验法　通过模拟试验和分析选择最佳配合。按试验法选取配合最为可靠，但成本较高，周期长，一般只用于特别重要的、关键配合的选取。

(3) 类比法　参照同类型机器或机构中，经过实践验证的配合的实际情况，通过分析对比来确定配合的方法。该方法应用最广，但要求设计人员掌握充分的参考资料并具有相当的

经验。

3. 各种基本偏差形成配合的特点

间隙配合有 A～H（a～h）共 11 种，其特点是利用间隙储存润滑油及补偿温度变形、安装误差、弹性变形等所引起的误差，生产中应用广泛。它们不仅用于运动配合，加紧固件后也可用于传递力矩。不同基本偏差代号与基准孔（或基准轴）分别形成不同间隙的配合。主要依据变形、误差需要补偿间隙的大小、相对运动速度、是否要求定心或拆卸来选定。

过渡配合有 JS～N（js～n）4 种基本偏差，其主要特点是定心精度高且可拆卸，也可加键、销紧固件后用于传递力矩，主要根据机构受力情况、定心精度和要求装拆次数来考虑基本偏差的选择。定心要求高、受冲击负荷、不常拆卸的，可选较紧的基本偏差，如：N（n），反之应选较松的配合，如：K（k）或 JS（js）。

过盈配合有 P～ZC（p～zc）13 种基本偏差，其特点是由于有过盈，装配后孔的尺寸被胀大而轴的尺寸被压小，产生弹性变形，在结合面上产生一定的正压力和摩擦力，用以传递力矩和紧固零件。选择过盈配合时，如不加键、销等紧固件，则最小过盈应能保证传递所需的力矩，最大过盈应不使材料破坏，故配合公差不能太大，所以公差等级一般为 IT5～IT7。基本偏差根据最小过盈量及结合件的标准来选取。

轴的基本偏差在具体选用时，可参考表 2-13，并按表 2-14 所推荐的，尽量选用优先配合。

表 2-13 基孔制配合的轴的基本偏差

配合	基本偏差	应用
间隙配合	a,b	可得到特别大的间隙，应用很少
	c	可得到很大的间隙，一般适用于缓慢、松弛的动配合，用于工作条件较差（如农业机械），受力变形，或为了便于装配，而必须保证有较大间隙时，推荐配合为 H11/c11，其较高等级的 H8/c7 配合，适用于轴在高温工作的紧密动配合，例如内燃机排气阀和导管
	d	一般用于 IT7～IT11 级，适用于松的转动配合，如密封盖、滑轮、空转带轮等与轴的配合，也适用于大直径滑动轴承配合，如透平机、球磨机、轧滚成形和重型弯曲机以及其他重型机械中的一些滑动轴承
	e	多用于 IT7～IT9 级，通常用于要求有明显间隙、易于转动的轴承配合，如大跨距轴承、多支点轴承等配合。高等级的 e 轴适用于大的、高速、重载支承，如涡轮发电机、大型电动机及内燃机主要轴承、凸轮轴轴承等配合
	f	多用于 IT6～IT8 级的一般转动配合，当温度影响不大时，被广泛用于普通润滑油（或润滑脂）润滑的支承，如主轴箱、小电动机、泵等的转轴与滑动轴承的配合
	g	配合间隙很小，制造成本高，除很轻负荷的精密装置外，不推荐用于转动配合。多用于 IT5～IT7 级，最适合不回转的精密滑动配合，也用于插销等定位配合，如精密连杆轴承、活塞及滑阀、连杆销等
	h	多用于 IT4～IT11 级，广泛用于无相对转动的零件，作为一般的定位配合，若没有温度、变形影响，也用于精密滑动配合
过渡配合	js	偏差完全对称（±IT/2），平均间隙较小的配合，多用于 IT4～IT7 级，要求间隙比 h 轴小，并允许略有过盈的定位配合，如联轴器、齿圈与钢制轮毂，可用木槌装配
	k	平均间隙接近于零，适用于 IT4～IT7 级，推荐用于销有过盈的定位配合，例如，为了消除振动用的定位配合，一般用木槌装配
	m	平均过盈较小的配合，适用于 IT4～IT7 级，一般可用木槌装配，但在最大过盈时，要求相当的压入力
	n	平均过盈比 m 轴大，很少得到间隙，适用于 IT4～IT7 级，用锤或压力机装配，通常推荐用于紧密的组件配合。H6/n5 配合时为过盈配合

续表

配合	基本偏差	应　　　用
过盈配合	p	与H6或H7配合时是过盈配合，与H8配合时则为过渡配合，对非铁零件，为较轻的压入配合，当需要时易于拆卸，对钢、铸铁或铜、组件装配是标准压入配合
	r	对铁类零件为中等打入配合，对非铁零件，为轻打入配合，当需要时可以拆卸，与H8孔配合，直径在100mm以上时为过盈配合，直径小时为过渡配合
	s	用于钢和铁制零件的永久性和半永久性装配，可产生相当大的结合力，当用弹性材料，如轻合金时，配合性质与铁类零件的P轴相当，例如，套环压装在轴、阀座上等的配合。尺寸较大时，为了避免损伤配合表面，需用热胀或冷缩法装配
	t	过盈较大的配合，对钢和铸铁零件适于作永久性结合，不用键可传递力矩，需用热胀或冷缩法装配，例如，联轴器与轴的配合
	u	这种配合过盈大，一般应验算：在最大过盈时，工件材料是否损坏。要用热胀或冷缩法装配。例如，火车轮毂和轴的配合
	v、x y、z	这些基本偏差所组成的配合的过盈量更大，目前使用的经验和资料还很少，须经试验才应用，一般不推荐

表2-14　优先配合选用说明

优先配合		说　　明
基孔制	基轴制	
$\frac{H11}{c11}$	$\frac{C11}{h11}$	间隙非常大，用于很松、转动很慢的动配合，用于装配方便的很松的配合
$\frac{H9}{d9}$	$\frac{D9}{h9}$	间隙很大的自由转动配合，用于精度非主要要求时，或有大的温度变化，高转速或大的轴颈压力时
$\frac{H8}{f7}$	$\frac{F8}{h7}$	间隙不大的转动配合，用于中等转速与中等轴颈压力的精确转动，也用于装配较容易的中等定位配合
$\frac{H7}{g6}$	$\frac{G7}{h6}$	间隙很小的滑动配合，用于不希望自由转动，但可自由移动和滑动并精密定位时，也可用于要求明确的定位配合
$\frac{H7}{h6}$ $\frac{H8}{h7}$ $\frac{H9}{h9}$ $\frac{H11}{h11}$	$\frac{H7}{h6}$ $\frac{H8}{h7}$ $\frac{H9}{h9}$ $\frac{H11}{h11}$	均为间隙定位配合，零件可自由装拆，而工作时，一般相对静止不动，在最大实体条件下的间隙为零，在最小实体条件下的间隙由公差等级决定
$\frac{H7}{k6}$	$\frac{K7}{h6}$	过渡配合，用于精密定位
$\frac{H7}{n6}$	$\frac{N7}{h6}$	过渡配合，用于允许有较大过盈的更精密定位
$\frac{H7}{p6}$	$\frac{P7}{h6}$	过盈定位配合即小过盈配合，用于定位精度特别重要时，能以最好的定位精度达到部件的刚性及对中性要求
$\frac{H7}{s6}$	$\frac{S7}{h6}$	中等压入配合，适用于一般钢件，或用于薄壁件的冷缩配合，用于铸铁件可得到最紧的配合
$\frac{H7}{u6}$	$\frac{U7}{h6}$	压入配合，适用于可以承受高压入力的零件，或不宜承受大压入力的冷缩配合

4．配合件的生产情况

按大批大量生产时，加工后工件所得的尺寸通常呈正态分布；而单件小批量生产时，加工所得的孔的尺寸多偏向下极限尺寸，轴的尺寸多偏向上极限尺寸，即呈偏态分布。所以，对于同一使用要求，单件小批生产时采用的配合应比大批大量生产时要松一些。如大批量生产时的 ϕ50H7/js6 的要求，在单件小批生产时应选择 ϕ50H7/h6。同样，受其他工作条件的影响，配合的间隙或过盈也应随之变化，见表 2-15。

表 2-15　工作情况对过盈和间隙的影响

工作情况	过盈应增或减	间隙应增或减	工作情况	过盈应增或减	间隙应增或减
材料许用应力小	减		旋转速度较高	增	增
经常拆卸	减		有轴向运动		增
有冲击负荷	增	减	润滑油黏度较大		增
工作时孔温高于轴温	增	减	表面粗糙度较大	增	减
工作时轴温高于孔温	减	增	装配精度较高	减	减
配合长度增大	减	增	孔的材料线胀系数大于轴的材料	增	减
配合面的形位误差增大	减	增	孔的材料线胀系数小于轴的材料	减	增
装配时可能歪斜	减	增	单件小批量生产	减	增

四、配合精度设计实例

1. 已知使用要求，用计算法确定配合

【例题 2-10】 有一孔、轴配合的公称尺寸为 ϕ30mm，要求配合间隙在 +0.020～+0.055mm之间，试确定孔和轴的精度等级和配合种类。

解：(1) 选择基准制　本例无特殊要求，选用基孔制。孔的基本偏差代号为 H，EI=0。

(2) 确定公差等级　根据使用要求，其配合公差为：

$$[T_f]=|[X_{max}]-[X_{min}]|=+0.055-(+0.020)=0.035\ (mm)=T_D+T_d$$

假设孔、轴同级配合，则：

$$T_D=T_d=[T_f]/2=17.5\ (\mu m)$$

从表 2-3 查得：孔和轴公差等级介于 IT6 和 IT7 之间。

根据工艺等价原则，在 IT6 和 IT7 的公差等级范围内，孔应比轴低一个公差等级。

故选孔为 IT7，$T_D=21\mu m$；轴为 IT6，$T_d=13\mu m$。

配合公差

$$T_f=T_D+T_d=0.021+0.013=0.034\ (mm)<0.035mm$$

满足使用要求。

(3) 选择配合种类　根据使用要求，本例为间隙配合。采用基孔制配合，孔的基本偏差代号为 H7，孔的极限偏差为

$$ES=EI+T_D=0+0.021=+0.021\ (mm)$$

孔的公差代号为 $\phi30H7\ (^{+0.021}_{0})$。

根据 $X_{min}=EI-es$，得

$$es=EI-X_{min}=-0.020\ (mm)$$

而 es 为轴的基本偏差，从表 2-4 中查得轴的基本偏差代号为 f，即轴的公差带为 f6。$ei=es-IT=-0.020-(+0.013)=-0.033$ (mm)，轴的公差带代号为 $\phi30f6(^{-0.020}_{-0.033})$。

选择的配合为：ϕ30H7/f6。

(4) 验算设计结果

$$X_{max}=ES-ei=+0.021-(-0.033)=+0.054\ (mm)$$

$$X_{min}=EI-es=0-(-0.020)=+0.020\ (mm)$$

$\phi30H7/f6$ 的 $X_{max}=+54\mu m$，$X_{min}=+20\mu m$，它们分别小于要求的最大间隙（$+55\mu m$）和等于要求的最小间隙（$+20\mu m$），因此设计结果满足使用要求，本例选定的配合为 $\phi30H7/f6$。

【例题 2-11】 某配合的公称尺寸为 $\phi60mm$，经计算，为保证连接可靠，其最小过盈的绝对值不得小于 $20\mu m$。为保证装配后孔不发生塑性变形，其最大过盈的绝对值不得大于 $55\mu m$。若已决定采用基轴制，试确定该配合代号。

解：（1）确定公差等级　根据使用要求，其配合公差为：

$$[T_f]=|[Y_{max}]-[Y_{min}]|=0.055-0.020=0.035\ (mm)=T_D+T_d$$

假设孔、轴同级配合，则：

$$T_D=T_d=[T_f]/2=17.5\ (\mu m)$$

从表 2-3 查得：孔和轴公差等级介于 IT5 和 IT6 之间。

根据工艺等价原则，在 IT5 和 IT6 的公差等级范围内，孔应比轴低一个公差等级。

故选孔为 IT6，$T_D=19\mu m$；轴为 IT5，$T_d=13\mu m$。

配合公差

$$T_f=T_D+T_d=0.019+0.013=0.032\ (mm)<0.035mm$$

满足使用要求。

（2）选择配合种类　根据使用要求，本例为过盈配合。采用基轴制配合，轴的基本偏差代号为 h5，轴的基本偏差 es 为零，轴的另一极限偏差为

$$ei=es-T_d=0-0.013=-0.013\ (mm)$$

轴的公差代号为 $\phi60\ h5\ (^{0}_{-0.013})$。

根据 $Y_{max}=es-EI\leqslant[Y_{max}]$，得

$$EI\geqslant es-[Y_{max}]=-0.055\ (mm)$$

又 $Y_{min}=ei-ES\geqslant[Y_{min}]$，得

$$ES\leqslant ei-[Y_{min}]=(-0.020)-0.013=-0.033\ (mm)$$

ES 为孔的基本偏差，从表 2-5 中查得孔的基本偏差代号为 R，即孔的公差带为 R6。ES $=-0.035mm$，$EI=ES-IT=-0.035-(+0.019)=-0.054\ (mm)$，孔的公差带代号为 $\phi60R6\ (^{-0.035}_{-0.054})$。

选择的配合为：$\phi60R6/h5$。

（3）验算设计结果

$$Y_{min}=ES-ei=-0.035-(-0.013)=-0.022\ (mm)$$

$$Y_{max}=EI-es=-0.054-0=-0.054\ (mm)$$

$\phi60R6/h5$ 的 $Y_{max}=-54\mu m$，$Y_{min}=-22\mu m$，它们分别小于要求的最大过盈 $55\mu m$ 和大于要求的最小过盈 $20\mu m$，因此设计结果满足使用要求，本例选定的配合为 $\phi60R6/h5$。

2. 典型配合的选择实例

【例题 2-12】 图 2-24 所示为圆锥齿轮减速器，已知传递的功率 $P=10kW$，中速轴转速为 $n=750r/min$，稍有冲击，在中、小型工厂小批量生产。试选择：（1）联轴器 1 和输入端轴颈 2；（2）带轮 8 和输出端轴颈；（3）锥齿轮 10 内孔和轴颈；（4）套环 4 外径和箱体 6 座孔，四处配合的公差等级和配合种类。

解： 四处配合，无特殊要求，优先采用基孔制。

（1）联轴器 1 是用铰制螺孔和精制螺栓联结的固定式刚性联轴器。为防止偏斜引起附加

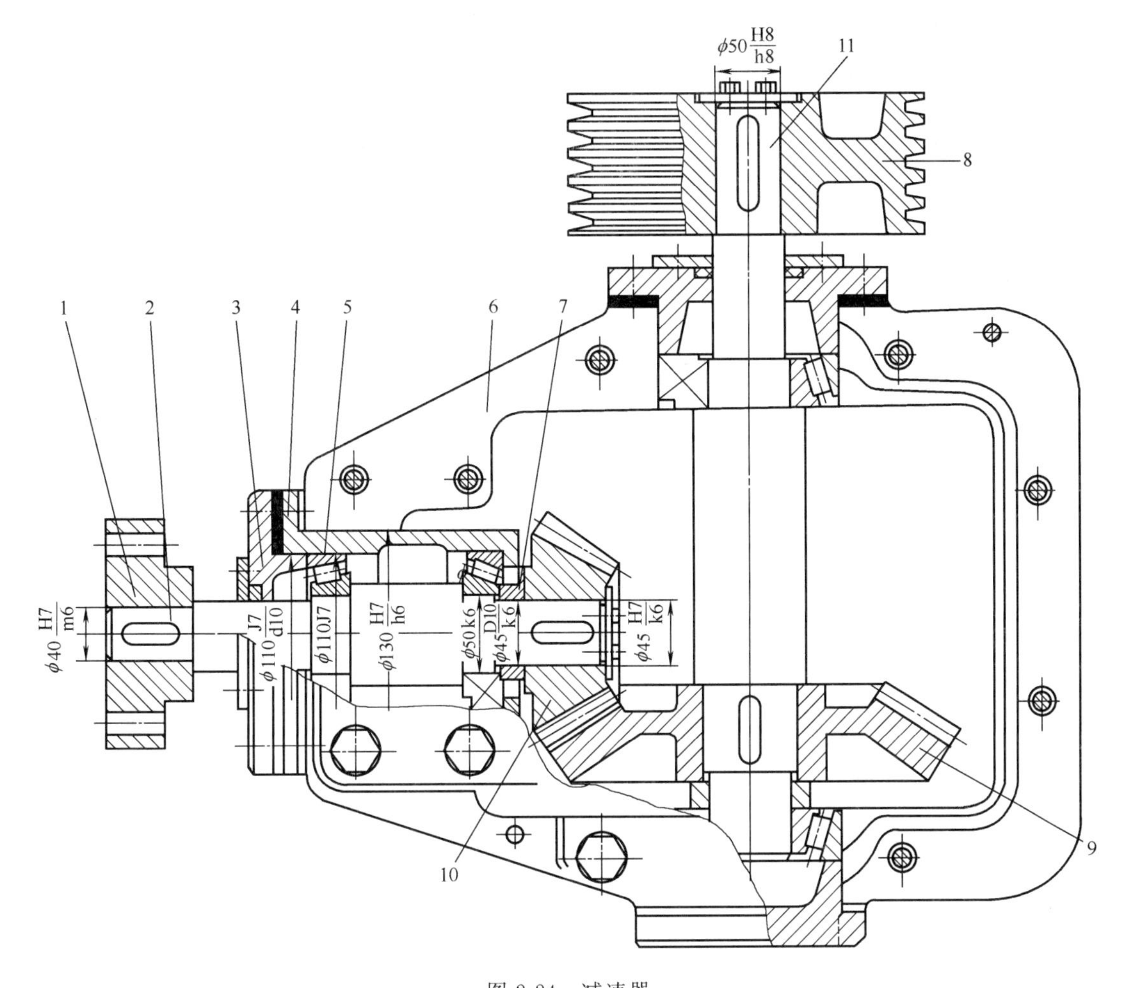

图 2-24 减速器

1—联轴器；2—输入端轴颈；3—轴承盖；4—套环；5—轴承；6—箱体；7—隔套；8—带轮；9,10—锥齿轮；11—输出端轴颈

载荷，要求对中性好，联轴器是中速轴上重要配合件，无轴向附加定位装置，结构上采用紧固件，故选用过渡配合 ϕ40H7/m6。

(2) 与上述配合比较，带轮 8 和输出端轴颈配合，因是挠性件传动，故定心精度要求不高，且又有轴向定位件，为便于装卸可选用：H8/h7（h8、js7、js8），本例选用 ϕ50H8/h8。

(3) 锥齿轮 10 内孔和轴颈，是影响齿轮传动的重要配合，内孔公差等级由齿轮精度决定，一般减速器齿轮为 8 级，故基准孔为 IT7。传递负载的齿轮和轴的配合，为保证齿轮的工作精度和啮合性能，要求准确对中，一般选用过渡配合加紧固件，可供选用的配合有 H7/js6（k6、m6、n6，甚至 p6、r6），至于采用哪种配合，主要考虑装卸要求、载荷大小、有无冲击振动、转速高低、批量等。此处为中速、中载，稍有冲击，小批量生产，故选用配合 ϕ45H7/k6。

(4) 套环 4 外径和箱体孔配合是影响齿轮传动性能的重要部位，要求准确定心。但考虑到为调整锥齿轮间隙而有轴向移动的要求，为便于调整，故选用最小间隙为零的间隙定位配合 ϕ130H7/h6。

【例题 2-13】 图 2-25 是卧式车床主轴箱中轴的局部结构示意图，轴上装有同一公称尺寸的滚动轴承内圈、挡圈和齿轮。根据标准件滚动轴承要求，轴的公差带确定为 ϕ30k6。分析挡圈孔和轴配合的合理性。

解：挡圈的作用是通过轴承盖及其紧固螺钉使滚动轴承和齿轮不产生轴向窜动，要求挡圈两端面平行，而对尺寸的精度要求不高，为了装配方便，挡圈孔和轴的配合要求为间隙配合。

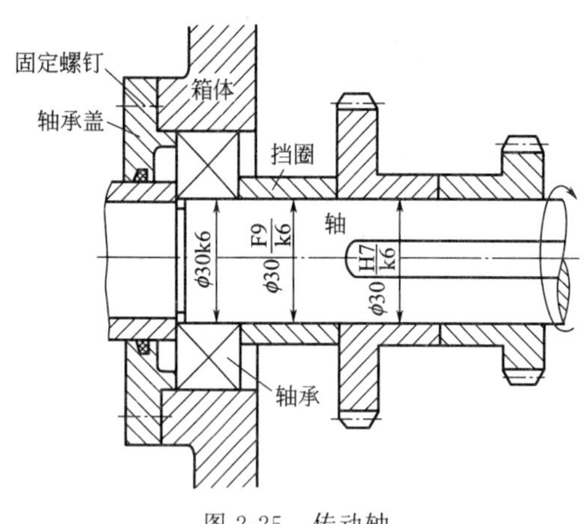

图 2-25　传动轴

挡圈和轴之间无相对运动，挡圈尺寸对运动精度无影响，为了便于加工，其孔的公差等级确定为 IT9。要使挡圈孔和轴的配合为间隙配合，有两种办法：一是将挡圈孔加大；二是将轴制成公称尺寸相同而极限偏差不同的阶梯轴，使与挡圈孔配合处的轴制作得小些。显然，后一种方法，轴的加工困难，挡圈装配也不方便。

为此，应使挡圈孔的公差带向基准孔公差带 ϕ30H9 的上方移动。经过对公差带 ϕ30G9 和 ϕ30F9 的试选，由图 2-25 中可以看出，采用公差带 ϕ30F9 较为合适。此时，挡圈孔和轴的配合为间隙配合，即 ϕ30F9/k6。

第四节　一般公差（线性尺寸的未注公差）

零件上各要素的尺寸、形状或要素间的位置关系，决定了它们都有功能要求，因此，零件在图样上表达的所有要素都有一定的公差要求。尤其对应用在金属切削加工和冷冲压加工中，对铆焊件、钣金件和热冲、拉伸、冷弯等加工件，应选用标准中规定的未注公差尺寸。

一般公差指在一般加工条件下可保证的公差。采用一般公差的尺寸，在该尺寸后不注出极限偏差。在图样上标注线性尺寸的一般公差，只需要在图样或技术文件中用国标号和公差等级代号标注即可。例如，按产品精密程度和车间普通加工经济精度选用标准中规定的 m（中等）级时，可表示为：

GB/T 1804－m

这表明图样上凡是未注公差的线性尺寸（包括倒圆半径尺寸及倒角尺寸）均按 m（中等）级加工和验收。

GB/T 1804－2000 国家标准规定了线性尺寸的一般公差的规范。线性尺寸的一般公差规定了四个公差等级：精密级（f）、中等级（m）、粗糙级（c）和最粗级（v）。线性尺寸的极限偏差数值、倒圆半径和倒角高度尺寸的极限偏差数值见表 2-16 和表 2-17。

表 2-16　线性尺寸一般公差的公差等级及其极限偏差数值　　mm

公差等级	尺寸分段							
	0.5～3	3～6	6～30	30～120	120～400	400～1000	1000～2000	2000～4000
f(精密级)	±0.05	±0.05	±0.1	±0.15	±0.2	±0.3	±0.5	—
m(中等级)	±0.1	±0.1	±0.2	±0.3	±0.5	±0.8	±1.2	±2
c(粗糙级)	±0.2	±0.3	±0.5	±0.8	±1.2	±2	±3	±4
v(最粗级)	—	±0.5	±1	±1.5	±2.5	±4	±6	±8

表 2-17　倒圆半径和倒角高度尺寸一般公差的公差等级及其极限偏差数值　mm

公差等级	尺寸分段			
	0.5～3	3～6	6～30	>30
f(精密级)	±0.2	±0.5	±1	±2
m(中等级)				
c(粗糙级)	±0.4	±1	±2	±4
v(最粗级)				

思考题与习题

2-1　什么是实际尺寸？实际尺寸等于真实尺寸吗？

2-2　什么是基本偏差？为什么要规定基本偏差？

2-3　什么是最大、最小实体尺寸？它和极限尺寸有何关系？

2-4　偏差可否等于零？同一公称尺寸的两个极限偏差是否可以同时为零？为什么？

2-5　公差与偏差有何区别和联系？

2-6　什么是未注公差尺寸？这一规定适用于什么条件？其公差等级和基本偏差是如何规定的？

2-7　用已知数值，确定下表中各项数值（单位是 mm）。

孔或轴	上极限尺寸	下极限尺寸	上极限偏差	下极限偏差	公差	尺寸标注
孔 $\phi 18$	18.034	18.016				
孔 $\phi 30$			+0.033	0		
孔 $\phi 45$			−0.017		0.025	
轴 $\phi 60$		60.0			0.046	
轴 $\phi 80$						$\phi 80_{-0.040}^{-0.010}$
轴 $\phi 150$	150.100			0		

2-8　已知下列四对孔轴配合，试求：

① 孔 $\phi 30_{0}^{+0.033}$ 与轴 $\phi 30_{-0.073}^{-0.040}$

② 孔 $\phi 60_{0}^{+0.046}$ 与轴 $\phi 60_{+0.053}^{+0.083}$

③ 孔 $\phi 40_{-0.033}^{-0.008}$ 与轴 $\phi 40_{-0.016}^{0}$

④ 孔 $\phi 108 \pm 0.027$ 与轴 $\phi 108_{-0.035}^{0}$

（1）各对配合的极限间隙或极限过盈、配合公差。

（2）分别绘出尺寸公差带图，并说明它们的配合类型。

2-9　查表确定下列各配合的极限偏差，计算极限间隙或极限过盈、配合公差，并判断其基准制及配合种类。

（1）ϕ18M6/h5　（2）ϕ30H7/n6　（3）ϕ50H8/k7

（4）ϕ60K8/h7　（5）ϕ20H7/h6　（6）ϕ85N7/h6

（7）ϕ108H7/p6　（8）ϕ72S7/h6　（9）ϕ160H7/u7

（10）ϕ30U7/h6　（11）ϕ60F9/h9　（12）ϕ100H8/m8

2-10　将下列基孔（轴）制配合，改换成配合性质相同的基轴（孔）制配合，确定各组配合的极限偏差并画出公差带图。

（1）ϕ18H7/h6　（2）ϕ85H7/n6　（3）ϕ20S7/h6

（4）ϕ50K8/h7　（5）ϕ30M6/h5　（6）ϕ60H7/u7

2-11 若已知某孔轴配合的公称尺寸为 ϕ30mm，最大间隙 $X_{max}=+23\mu m$，最大过盈 $Y_{max}=-10\mu m$，孔的尺寸公差 $T_D=20\mu m$，轴的上极限偏差 ei=0，试确定孔、轴的尺寸。

2-12 某孔、轴配合，公称尺寸为 ϕ50mm，孔公差为 IT8，轴公差为 IT7，已知孔的上极限偏差为 +0.039mm，要求配合的最小间隙是 +0.009mm，试确定孔、轴的尺寸。

2-13 某孔 $\phi 20^{+0.013}_{0}$ mm 与某轴配合，要求 $X_{max}=+40\mu m$，$T_D=0.022$mm，试求出轴上、下极限偏差。

2-14 若已知某孔轴配合的公称尺寸为 ϕ30mm，最大间隙 $X_{max}=+23\mu m$，最大过盈 $Y_{max}=-10\mu m$，孔的尺寸公差 $T_D=20\mu m$，轴的上极限偏差 es=0，试确定孔、轴的尺寸。

2-15 某孔、轴配合，已知轴的尺寸为 ϕ10h8，$X_{max}=+0.007$mm，$Y_{max}=-0.037$mm，试计算孔的尺寸，并说明该配合是什么基准制，什么配合类别？

2-16 已知公称尺寸为 ϕ30mm，基孔制的孔轴同级配合，$T_d=0.066$mm，$Y_{max}=-0.081$mm，求孔、轴的上、下极限偏差。

2-17 已知配合，试将查表和计算结果填入表中。

公差带	基本偏差	标准公差	极限间隙(或过盈)	配合公差	配合类别
ϕ80S7					
ϕ80h6					
ϕ50H8					
ϕ50f7					

2-18 指出表中三对配合的异同点。

组别	孔公差带	轴公差带	相同点	不同点
①	$\phi 30^{+0.033}_{0}$	$\phi 30^{-0.020}_{-0.041}$		
②	$\phi 30^{+0.033}_{0}$	$\phi 30\pm 0.0105$		
③	$\phi 30^{+0.033}_{0}$	$\phi 30^{0}_{-0.021}$		

2-19 某孔、轴配合，公称尺寸为 ϕ35mm，要求 $X_{max}=+120\mu m$，$X_{min}=+50\mu m$，试确定基准制、公差等级及其配合。

2-20 设孔、轴配合，公称尺寸为 ϕ60mm，要求 $X_{max}=+50\mu m$，$Y_{max}=-32\mu m$，试确定其配合公差带代号。

2-21 某孔、轴配合，公称尺寸为 ϕ75mm，配合允许 $X_{max}=+0.028$mm，$Y_{max}=-0.024$mm，试确定其配合公差带代号，

2-22 某孔、轴配合，公称尺寸为 ϕ45mm，配合要求的极限过盈量为 −29.5～−50μm，试确定其配合公差带代号。

2-23 某 IT8 级的基准轴与某孔配合，公称尺寸为 ϕ40mm，设计要求间隙变化的范围为 +0.025～+0.130mm，试选取适当的公差等级和配合，并按机械制图标准标注孔、轴尺寸。

2-24 某与滚动轴承外圈配合的外壳孔尺寸为 ϕ25J7，今设计与该外壳孔相配合的端盖尺寸，使端盖与外壳孔的配合间隙在 +15～+125μm 之间，试确定端盖的公差等级和选用配合，说明该配合属于何种基准制。

2-25 C616 型车床尾座结构如图 2-26 所示。

(1) 请分析尾座装配图，详细了解它的使用功能和结构、动作关系。

(2) 试分析标有尺寸的各结合件之间的工作性能，确定配合类别的大体方向。

(3) 根据零件的使用要求、结构、装卸等情况，确定公差等级和具体配合种类。

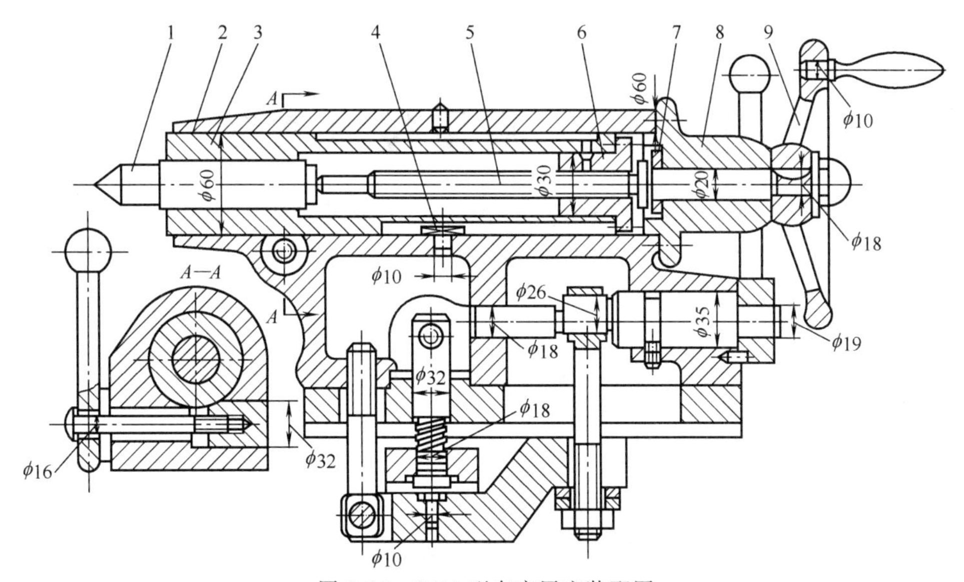

图 2-26　C616 型车床尾座装配图

1—顶锥；2—尾座外壳；3—移动套筒；4—导向销钉；5—螺杆；6—固定螺母；7—卡簧；8—螺杆支承器；9—手轮

第三章　测量技术基础

要实现互换性，除了合理地规定公差之外，还必须正确地进行加工和检验，只有检验合格的零件，才具有互换性。因此，技术测量和设计、制造一样是机械制造中的重要部分，它是现代机械制造业发展的要求和保障。

第一节　测量技术的基本概念

一、有关测量的基本概念

机械制造中，测量技术主要是研究零件的几何量（包括长度、几何形状、相互位置和表面粗糙度等）进行测量或检验，并判断其合格性的问题。

测量，就是把被测量与具有计量单位的标准量进行比较，从而确定被测量的量值的过程。可以用公式表示为：

$$L=qE \tag{3-1}$$

式中　L——被测值；

q——比值；

E——计量单位。

上式表明，任何几何量的量值都由两部分组成：表征几何量的数值和该几何量的计量单位。例如，几何量 $L=30$mm，这里“mm”为长度计量单位，数值“30”则是以“mm”为计量单位时该几何量量值的数值。

显然，对任一被测对象进行测量，首先要建立计量单位，其次要有与被测对象相适应的测量方法，并达到所要求的测量精度。因此，一个完整的几何量测量过程包括被测对象、计量单位、测量方法和测量精度四个要素。

被测对象——在几何量测量中，被测对象是指长度、角度、表面粗糙度、形位误差等。

计量单位——用以度量同类量值的标准量。

测量方法——测量原理、测量器具和测量条件的总和。

测量精度——测量结果与真值一致的程度。

二、长度基准与尺寸传递

1. 长度单位和基准

在我国法定计量单位中，长度单位是米（m），与国际单位制一致。机械制造中常用的单位是毫米（mm）；测量技术中常用的单位是微米（μm）。

$$1\text{m}=1000\text{mm};\qquad 1\text{mm}=1000\mu\text{m}$$

随着科学技术的进步，人类对“米”的定义也是在不断发展和完善的。1983 年第十七届国际计量大会通过“米”的新定义为“光在真空中 1/299 792 458s 时间间隔内行程的长度”。新定义并未规定某个具体辐射波长作为基准，它具有以下几个特点：

① 将反映物理量单位概念的定义本身与单位的复现方法分开。这样，随着科学技术的

发展，复现单位的方法可不断改进，复现精度可不断提高，而不受定义的局限。

② 定义的理论基础及复现方法均以真空中光速是给定的常数为基础。

③ 定义的表述科学简明，易于了解。

“米”定义的复现主要采用稳频激光。我国使用碘吸收稳定的 0.633μm 氦氖激光辐射作为波长标准。

2. 量值传递系统

在生产实践中，不便于直接利用光波波长进行长度尺寸的测量，通常要经过中间基准将长度基准逐级传递到生产中使用的各种计量器具上，这就是量值的传递系统。我国量值传递系统如图 3-1 所示，从最高基准谱线开始，通过两个平行的系统向下传递。

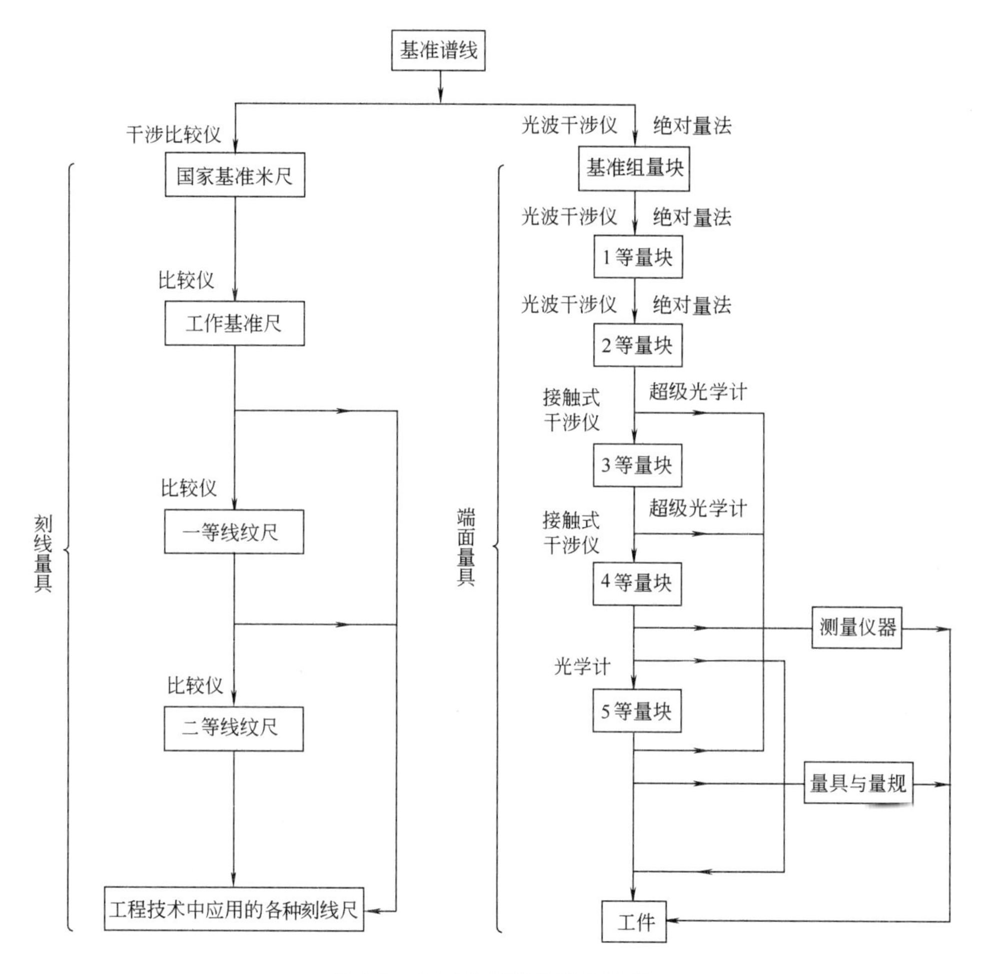

图 3-1　我国长度量值传递系统

三、量块的基本知识

量块又称块规。它是保持长度单位统一的基本工具。在机械制造中量块可用来检定和校准量具和量仪，相对测量时用于调整量具或量仪的零位；同时量块也可以用作精密测量、精密划线和精密机床调整。

1. 量块的材料、形状和尺寸

量块通常采用线（膨）胀系数小、性能稳定、耐磨、不易变形的材料制成，如铬锰钢

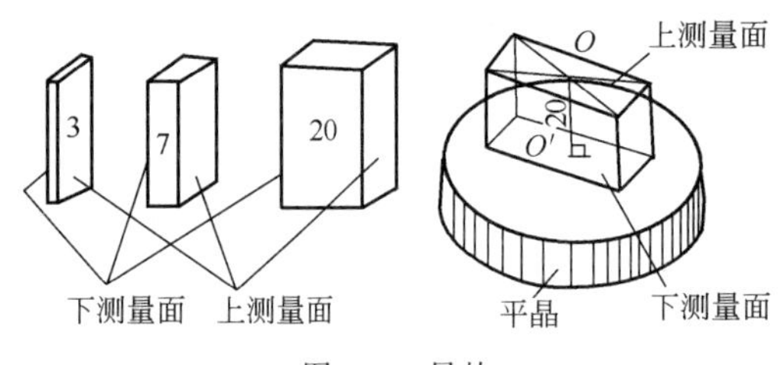

图 3-2 量块

等。它的形状有长方体和圆柱体，但绝大多数是长方体，如图 3-2 所示。其上有两个相互平行、非常光洁的工作面，称为测量面。量块的工作尺寸是指中心长度 OO'，即从一个测量面上的中点到该量块另一测量面相研合的辅助体表面（平晶）之间的距离。

2. 量块的精度等级

按 GB/T 6093—2001《几何量技术规范（GPS）长度标准量块》的规定，量块按制造精度分为五级：0、1、2、3 级和 k 级。其中 0 级精度最高，3 级精度最低，k 级为校准级。量块的“级”主要是根据量块长度根据偏差 $\pm t_e$ 和量块长度变动量的最大允许值 t_v 来划分的。

量块长度的极限偏差是指量块中心长度与标称长度之间允许的最大偏差。长度变动量允许值是指量块测量面上任意点位置（不包括距测量面 0.8mm 的区域）测得的最大长度值与最小长度值之差的绝对值。

量块检定规程 JJG 146—2003 按检定梯度将量块分为 5 等：1，2，3，4，5 等。其中 1 等最高，精度依次降低，5 等最低。量块的“等”主要是依据各等量块长度测量不确定度和量块长度变动量的允许值来划分的。

值得注意的是，由于量块平面平行性和研合性的要求，一定的级只能检定出一定的等。

量块按级使用时，应以量块的标称长度作为工作尺寸，该尺寸包括了量块的制造误差。量块按等使用时，应以检定后所给出的量块中心长度的实际尺寸作为工作尺寸，该尺寸排除了量块制造误差的影响，仅包含较小的测量误差。因此按“等”使用比按“级”使用时的测量精度高。例如，标称长度为 30mm 的 0 级量块，其长度的极限偏差为±0.00020mm，若按“级”使用，不管该量块的实际尺寸如何，均按 30mm 计，则引起的测量误差为 0.00020mm。但是，若该量块经检定后，确定为三等，其实际尺寸为 30.00012mm，测量极限误差为±0.00015mm。显然，按等使用，比按级使用测量精度高。

3. 量块的特性和应用

量块的基本特性除上述的稳定性、耐磨性和准确性之外，还有一个重要特性——研合性。研合性是指两个量块的测量面相互接触，并在不大的压力下做一些切向相对滑动就能贴附在一起的性质。利用这一性质，把量块研合在一起，便可以组成所需要的各种尺寸。根据 GB/T 6093—2001 的规定，我国生产的成套量块有 91 块、83 块、46 块、38 块等 17 种规格。表 3-1 列出了 91、83、46 块套别量块的尺寸示列。在使用组合量块时，为了减少量块组合的累积误差，应尽量减少量块的组合块数，一般不超过 4 块。选用量块，应根据所需尺寸的最后一位数字选择量块，每选一块至少减少所需尺寸的一位小数。例如，从 83 块一套的量块中选取量块组成尺寸为 28.785mm，选择步骤如下：

28.785 ························ 所需尺寸
−1.005 ························ 取一块量块尺寸
———
27.780
−1.280 ························ 第二块量块尺寸
———
26.500
−6.500 ························ 第三块量块尺寸
———
20.000 ························ 第四块量块尺寸

即 28.785＝1.005＋1.28＋6.5＋20

表 3-1　成套量块的组合尺寸（摘自 GB/T 6093—2001）　mm

套别	总块数	级别	尺寸系列	间隔	块数
1	91	0.1	0.5	—	1
			1	—	1
			1.001,1.002,…,1.009	0.001	9
			1.01,1.02,…,1.49	0.01	49
			1.5,1.6,…,1.9	0.1	5
			2.0,2.5,…,9.5	0.5	16
			10,20,…,100	10	10
2	83	0,1,2	0.5	—	1
			1	—	1
			1.005	—	1
			1.01,1.02,…,1.49	0.01	49
			1.5,1.6,…,1.9	0.1	5
			2.0,2.5,…,9.5	0.5	16
			10,20,…,100	10	10
3	46	0,1,2	1	—	1
			1.001,1.002,…,1.009	0.001	9
			1.01,1.02,…,1.09	0.01	9
			1.1,1.2,…,1.9	0.1	9
			2,3,…,9	4	8
			10,20,…,100	10	10

第二节　常用的计量器具和测量方法

一、计量器具的分类

计量器具（或称为测量器具）是指用于测量的量具、量规、量仪（测量仪器）和计量装置。

1. 量具

量具通常是指结构比较简单的测量工具，包括单值量具、多值量具和标准量具等。

单值量具是用来复现单一量值的量具。如量块、角度块等，通常都是成套使用。

多值量具是一种能复现一定范围的一系列不同量值的量具。如线纹尺等。

标准量具是用作计量标准，供量值传递的量具。如量块、基准米尺等。

2. 量规

量规是一种没有刻度的，用以检验零件尺寸或形状、相互位置的专用检验工具。它只能判断零件是否合格，而不能测出具体尺寸。如光滑极限量规，螺纹量规等。

3. 量仪

量仪即计量仪器，是指能将被测的量值转换成可直接观察的指示值或等效信息的计量器具。按工作原理和结构特征，量仪可分为机械式、电动式、光学式、气动式以及它们的组合形式——机光电一体化的现代量仪。

4. 计量装置

计量装置是一种专用检验工具，可以迅速地检验更多或更复杂的参数，从而有助于实现自动测量和自动控制。如自动分选机、检验夹具、主动测量装置等。

二、计量器具的基本技术指标

1. 刻度间距

计量器具刻度标尺或刻度盘上两相邻刻线中心线间的距离。为了便于读数，刻度间距不宜太小，一般为1～2.5mm。

2. 分度值

计量器具标尺上每刻度间距所代表的被测量的量值。一般长度计量器具的分度值为0.1mm、0.01mm、0.001mm、0.0005mm等。如图3-3所示，表盘上分度值为1μm。

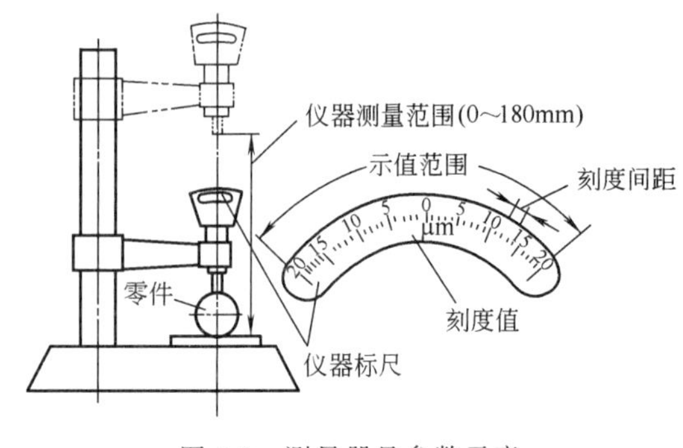

图3-3 测量器具参数示意

3. 测量范围

计量器具所能测量的最大与最小值的范围。如图3-3所示，测量范围为0～180mm。

4. 示值范围

计量器具标尺或度盘内全部刻度所代表的最大与最小值的范围。图3-3所示的示值范围为±20μm。

5. 灵敏度

对于给定的被测量值，被观测变量的增量 ΔL 与相应的被测量的增量 Δx 之比，即

$$S=\Delta L/\Delta x \tag{3-2}$$

在分子、分母同一类量的情况下，灵敏度亦称放大比或放大倍数。

6. 示值误差

测量器具示值减去被测量值的真值所得的差值。

7. 测量的重复性误差

在相同的测量条件之下，对同一被测量进行连续多次测量时，所有测得值的分散程度即为重复性误差，是计量器具本身各种误差的综合反映。

8. 不确定度

表示由于测量误差的存在而对被测几何量不能肯定的程度。

三、测量方法的分类

测量方法可从不同的角度进行分类。

(1) 按是否直接测量出所需的量值，分为直接测量和间接测量。

① 直接测量。从计量器具的读数装置上直接测得参数的量值或相对于基准量的偏差。

直接测量又可分为绝对测量和相对测量。若测量读数可直接表示出被测量的全值，则这种测量方法就称为绝对测量法。例如，用游标卡尺测量零件尺寸。若测量读数仅表示被测量相对于已知标准量的偏差值，则这种方法称为相对测量法。例如，使用量块和千分表测量零件尺寸，先用量块调整计量器具零位，后用零件代替量块，则该零件尺寸就等于计量器具标

尺上读数值和量块值的代数和。

② 间接测量。测量有关量，并通过一定的函数关系，求得被测量的量值。例如，用正弦尺测量工件的角度。

(2) 按零件被测参数的多少，可分为综合测量和单项测量。

① 单项测量。分别测量零件的各个参数。例如，分别测量齿轮的齿形、齿距。

② 综合测量。同时测量零件几个相关参数的综合效应或综合参数。例如，齿轮的综合测量。

(3) 按被测零件表面与测量头是否有机械接触，可分为接触测量和非接触测量。

① 接触测量。被测零件表面与测量头有机械接触，并有机械作用的测量力存在。

② 非接触测量。被零件表面与测量头没有机械接触。如光学投影测量、激光测量、气动测量等。

(4) 按测量技术在机械制造工艺过程中所起的作用，可分为主动测量和被动测量。

① 主动测量。零件在加工过程中进行的测量。这种测量方法可直接控制零件的加工过程，能及时防止废品的产生。

② 被动测量。零件加工完毕后所进行的测量。这种测量方法仅能发现和剔除废品。

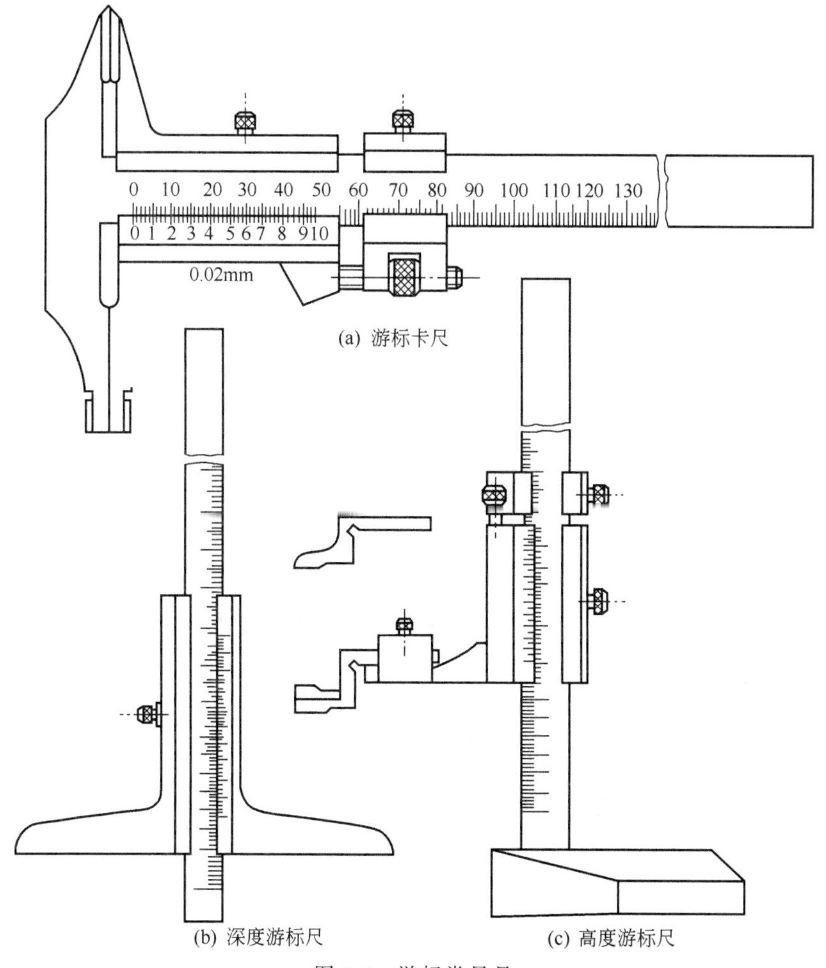

(a) 游标卡尺

(b) 深度游标尺

(c) 高度游标尺

图 3-4　游标类量具

四、常用测量器具的测量原理、基本结构与使用方法

1. 游标类量具

游标类量具是利用游标读数原理制成的一种常用量具，它具有结构简单、使用方便、测量范围大等特点。

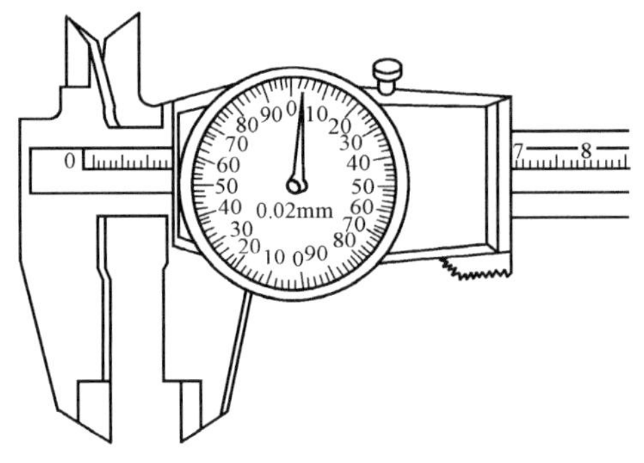

图 3-5　带表游标卡尺

常用的游标类量具，有游标卡尺、深度游标尺、高度游标尺，如图 3-4 所示，它们的读数原理相同，所不同的主要是测量面的位置不同。

游标类量具的主体是一个刻有刻度的尺身，沿着尺身滑动的尺框上装有游标，游标量具的读数值有 0.1mm、0.05mm、0.02mm 三种。

为了方便读数，有的游标卡尺装有测微表头，图 3-5 是带表游标卡尺，它是通过机械传动装置，将两测量爪相对移动转变为指示表的回转运动，并借助尺身刻度和指示表，对两测量爪相对位移所分隔的距离进行读数。

图 3-6 所示为电子数显卡尺，它具有非接触性电容式测量系统，由液晶显示器显示。电子数显卡尺测量方便、可靠。

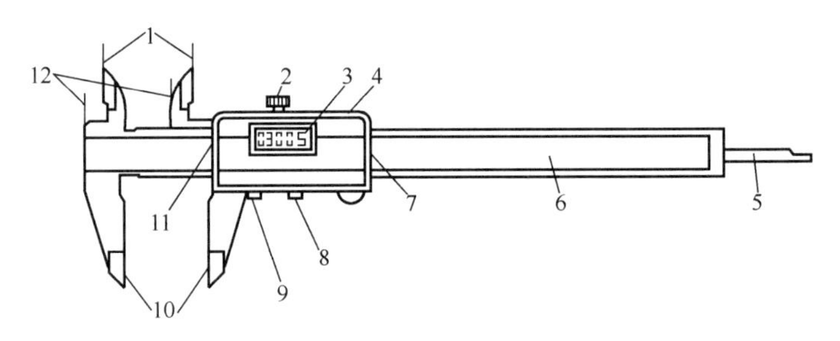

图 3-6　电子数显卡尺

1—内测量爪；2—紧固螺钉；3—液晶显示器；4—数据输出端口；5—深度尺；6—尺身；7，11—防尘板；8—置零按钮；9—米制、英制转换按钮；10—外测量爪；12—台阶测量面

2. 螺旋测微类量具

螺旋测微类量具，是利用螺旋副运动原理进行测量和读数的一种测微量具。按用途分为

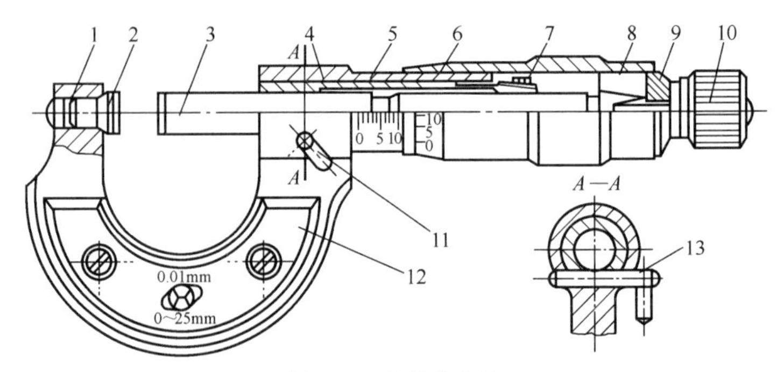

图 3-7　外径千分尺

1—尺架；2—固定测砧；3—测微螺杆；4—螺纹轴套；5—固定套筒；6—微分筒；7—调节螺母；8—接头；9—垫圈；10—测力装置；11—锁紧手把；12—绝缘板；13—锁紧轴

外径千分尺、内径千分尺、深度千分尺。其中，外径千分尺用得最普遍，主要用于测量轴类零件；内径千分尺用于测量内尺寸。

(1) 外径千分尺的结构　图 3-7 所示的是测量范围为 0～25mm 的外径千分尺。

尺架 1 的一端装有固定测砧，另一端装有测微螺杆。尺架的两侧面上覆盖有绝缘板 12，防止使用时手的温度影响千分尺的测量精度。

螺纹轴套 4 压入尺架 1 中，固定套筒 5 用螺钉紧固在它的上面，测微螺杆是螺距为 0.5mm 的精度很高的外螺纹，与螺纹轴套 4 的内螺纹紧密配合，其配合间隙可用螺母 7 调整，使测微螺杆可在螺纹轴套 4 的螺孔内自如地旋转而间隙极小。测微螺杆右端的外圆锥与接头 8 的内圆锥配合，接头上开有轴向槽，能沿着测微螺杆的外圆锥胀大，使微分筒 6 与测微螺杆结合成一体。

测力装置（图 3-8）主要靠一对棘轮 3 和 4 的作用，棘轮 4 和转帽 5 连成一体，棘轮 3 可压缩弹簧 2 沿轴向移动，但不能转动，弹簧的弹力用于控制测量力。测量时，用手旋转转帽 5，如所产生的棘轮 4 对棘轮 3 的测量压力小于弹簧 2 的弹力时，转帽的运动就通过棘轮 4、3 传给螺钉 1，带动测微螺杆转动；如测量压力超过弹簧 2 的弹力时，棘轮 3 便压缩弹簧而在棘轮 4 上打滑，测微螺杆停止前进。

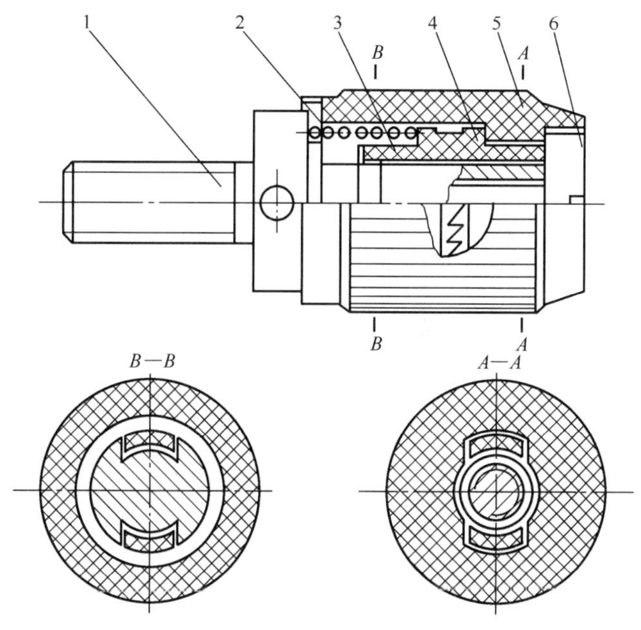

图 3-8　测力装置

1—螺钉；2—弹簧；3,4—棘轮；5—转帽；6—微分筒

锁紧装置是用来锁紧测微螺杆的。在锁紧轴 13（图 3-7*A*—*A* 剖面中）的圆周上有一缺口槽，转动锁紧手把 11，便可锁紧或松开测微螺杆。

(2) 千分尺的工作原理　千分尺是应用螺旋副的传动原理，将角位移转变为直线位移。测微螺杆的螺距为 0.5mm 时，固定套筒上的刻度也是 0.5mm，微分筒的圆锥面上刻有 50 等分的圆周刻线。将微分筒旋转一圈时，测微螺杆轴向位移 0.5mm；当微分筒转过一格时，测微螺杆轴向位移 0.5mm×1/50＝0.01mm，这样，可由微分筒上的刻度精确地读出测微螺杆轴向位移的小数部分。因此，千分尺的分度值为 0.01mm。

常用的外径千分尺的测量范围有 0～25mm、25～50mm、50～75mm 以至几米以上，但测微螺杆的测量位移一般均为 25mm。外径千分尺的读数如图 3-9 所示。

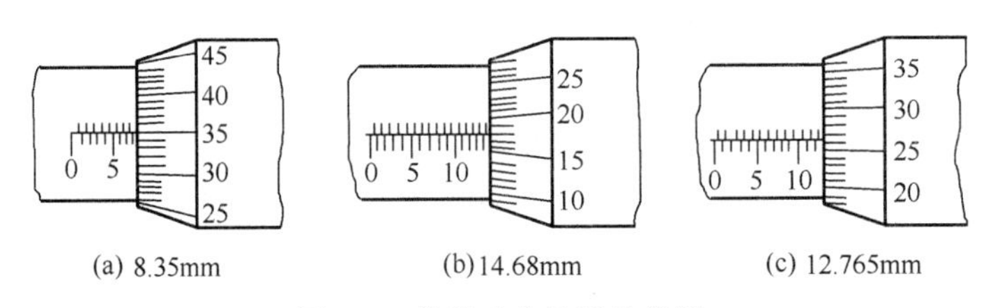

(a) 8.35mm　(b) 14.68mm　(c) 12.765mm

图 3-9　外径千分尺读数举例

在使用千分尺时，如果微分筒的零线与固定套筒的中线没有对准，可记下差数，以便在测量结果中除去，也可在测量前调整。

3. 机械量仪

机械量仪是利用机械结构将直线位移经传动、放大后，通过读数装置表示出来的一种测量器具。机械量仪应用十分广泛，主要用于长度的相对测量以及形状和相互位置误差的测量等。

机械量仪的种类很多，主要有百分表、内径百分表、杠杆百分表、扭簧比较仪和机械比较仪等。

(1) 百分表　百分表是一种应用最广的机械量仪，其外形及传动见图 3-10。

从图 3-10 可以看到，当切有齿条的测量杆 5 上下移动时，带动与齿条相啮合的小齿轮 1 转动，此时与小齿轮固定在同一轴的大齿轮也跟着转动。通过大齿轮即可带动中间齿轮 3 及与中间齿轮固定在同一轴上的指针 6。这样通过齿轮传动系统就可将测量杆的微小位移经放大变为指针的偏转，并由指针在刻度盘上指出相应的数值。

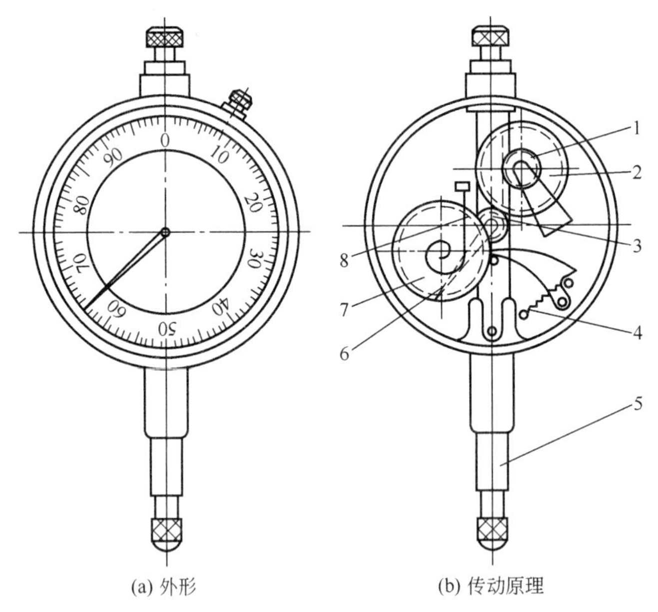

(a) 外形　(b) 传动原理

图 3-10　百分表

1—小齿轮；2,7—大齿轮；3—中间齿轮；4—弹簧；5—测量杆；6—指针；8—游丝

为了消除齿轮传动系统中由于齿侧间隙而引起的测量误差，在百分表内装有游丝 8，由游丝产生的扭转力矩作用在大齿轮 7 上。大齿轮 7 也与中间齿轮 3 啮合，这样可保证齿轮在正反转时都在同一齿侧面啮合。弹簧 4 是用来控制百分表测量力的。

百分表的分度值为 0.01mm，表盘圆周刻线有 100 条等分刻线。因此，百分表的齿轮传动系统应使测量杆移动 1mm，指针回转一圈。百分表的示值范围有：0～3mm、0～5mm、

0～10mm 三种。

（2）内径百分表　内径百分表是一种用相对测量法测量孔径的常用量仪，它可测量 6～1000mm 的内尺寸，特别适合于测量深孔。

内径百分表的结构如图 3-11 所示，它由百分表和表架等组成。

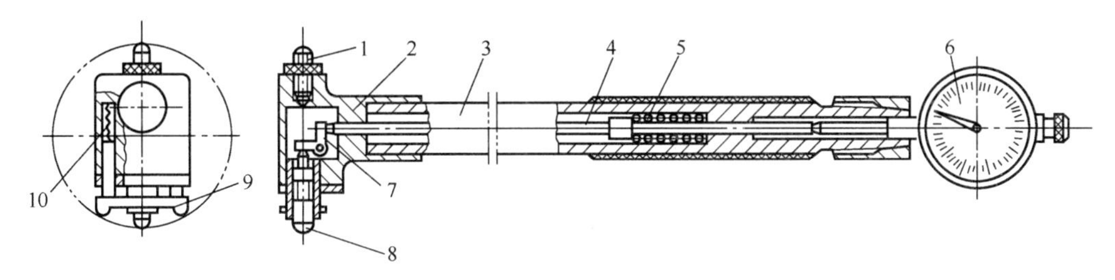

图 3-11　内径百分表的结构

1—可换测量头；2—测量套；3—测量杆；4—传动杆；5,10—弹簧；6—百分表；7—杠杆；8—活动测量头；9—定位装置

百分表 6 的测量杆与传动杆 4 始终接触，弹簧 5 是控制测量力的，并经传动杆 4、杠杆 7 向外顶着活动测量头 8。测量时，活动测量头 8 的移动使杠杆 7 回转，通过传动杆 4 推动百分表 6 的测量杆，使百分表指针偏转。由于杠杆 7 是等臂的，当活动测量头移动 1mm 时，传动杆也移动 1mm，推动百分表指针回转一圈。所以，活动测量头的移动量可以在百分表上读出来。

定位装置 9 起找正直径位置的作用，因为可换测量头 1 和活动测量头 8 的轴线实为定位装置的中垂线，此定位装置保证了可换测量头和活动测量头的轴线位于被测孔的直径位置上。

内径百分表活动测量头的位移量很小，它的测量范围是由更换或调整可换测量头的长度而达到的。

（3）杠杆百分表　杠杆百分表又称靠表，其分度值为 0.01mm，示值范围一般为 ±0.4mm。

杠杆百分表的外形与传动原理如图 3-12 所示。它是由杠杆、齿轮传动机构等组成。将测量杆 6 的摆动，通过杠杆 5 使扇形齿轮 4 摆动，并带动与它相啮合的小齿轮 1 转动，使固

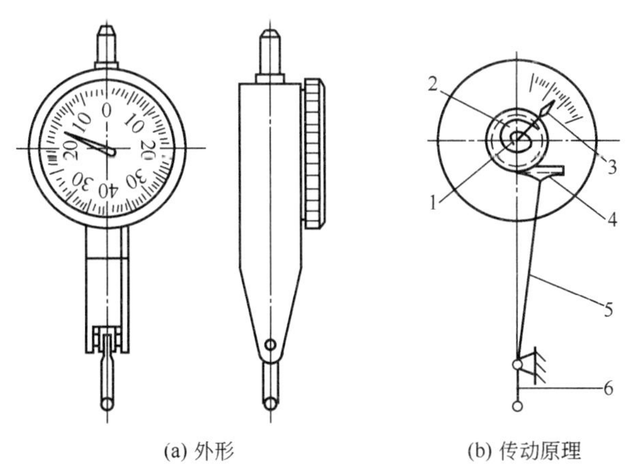

(a) 外形　　(b) 传动原理

图 3-12　杠杆百分表

1—小齿轮；2—大齿轮；3—指针；4—扇形齿轮；5—杠杆；6—测量杆

定在同一轴上的指针 3 偏转。

当测量杆 6 的测头摆动 0.01mm 时，杠杆、齿轮传动机构的指针正好偏转一小格，这样就得到 0.01mm 的读数值。杠杆百分表的体积小，测量杆的方向可以改变，在校正工件和测量工件时都很方便，尤其对于小孔的校正和在机床上校正零件时，由于空间的限制，百分表放不进去，这时使用杠杆百分表就显得比较方便了。

(4) 杠杆齿轮比较仪　它是将测量杆的直线位移，通过杠杆齿轮传动系统变为指针在表盘上的角位移。表盘上有不满一周的均匀刻度。图 3-13 是杠杆齿轮比较仪的外形图和传动示意图。

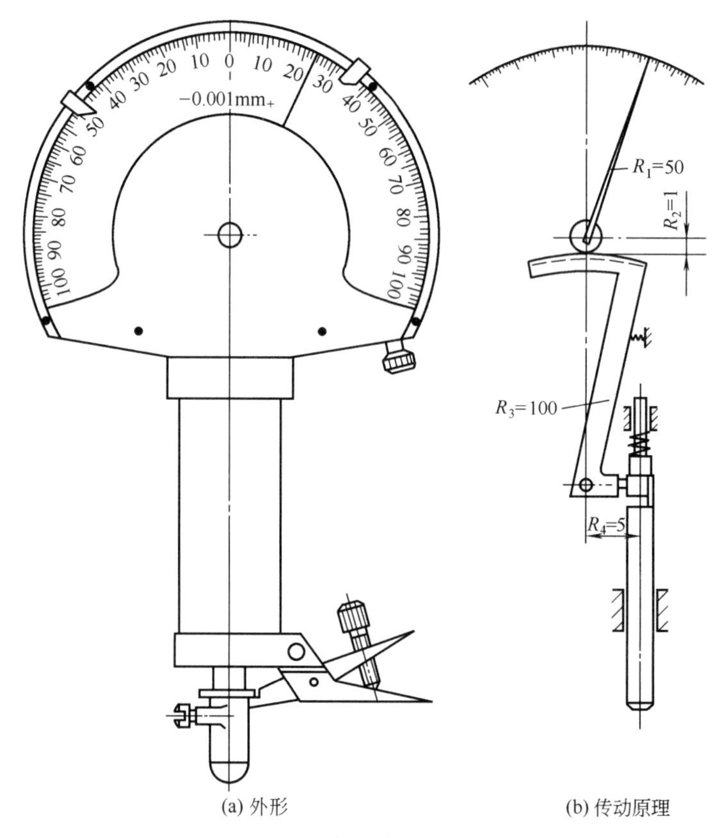

(a) 外形　　(b) 传动原理

图 3-13　杠杆齿轮比较仪

当测量杆移动时，使杠杆绕轴转动，并通过杠杆短臂 R_4 和长臂 R_3 将位移放大，同时，扇形齿轮带动与其啮合的小齿轮转动，这时小齿轮分度圆半径 R_2 与指针长度 R_1 又起放大作用，使指针在标尺上指示出相应的测量杆的位移值。

K 为杠杆齿轮比较仪的灵敏度，其计算公式为

$$K=\frac{R_1}{R_2}\times\frac{R_3}{R_4}$$

杠杆齿轮比较仪的分度值为 0.001mm，标尺的示值范围为±0.1mm。

(5) 扭簧比较仪　扭簧比较仪是利用扭簧作为传动放大机构，将测量杆的直线位移转变为指针的角位移。图 3-14 是它的外形图与传动原理图。

灵敏弹簧片 2 是截面为长方形的扭曲金属带，由中间，一半向左，一半向右扭曲成麻花状，其一端被固定在可调整的弓形架上，另一端则固定在弹性杠杆 3 上。当测量杆 4 有微小

升降位移时，使弹性杠杆 3 动作而拉动灵敏弹簧片 2，从而使固定在灵敏弹簧片中部的指针 1 偏转一个角度，其大小与弹簧片的伸长成比例，在标尺上指示出相应的测量杆位移值。

扭簧比较仪的结构简单，它的内部没有相互摩擦的零件，因此灵敏度极高，可用作精密测量。

4. 光学量仪

光学量仪是利用光学原理制成的光学仪器。在长度测量中应用比较广泛的光学仪器有立式光学计、万能测长仪、工具显微镜等。

立式光学计是利用光学杠杆放大作用将测量杆的直线位移转换为反射镜的偏转，使反射光线也发生偏转，从而得到标尺影像的一种光学量仪。用相对测量法测量长度时，以量块（或标准件）与工件相比较来测量它的偏差尺寸，故又称为立式光学比较仪。

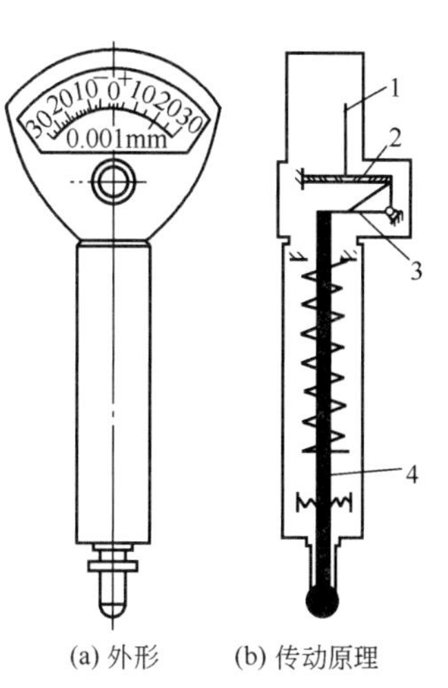

图 3-14　扭簧比较仪

1—指针；2—灵敏弹簧片；3—弹性杠杆；4—测量杆

光学计管是立式光学计的主要部件，它的工作原理是采用光学自准直原理和机械的杠杆正切原理。

自准直原理如图 3-15 所示。在图 3-15(a) 中，位于物镜焦点上的物体（目标）C 发出的光线经物镜折射后成为一束平行于主光轴（一条没有经过折射的光线称为主光轴）的平行光束。光线前进若遇到一块与主光轴相垂直的平面反射镜，则仍沿原路反射回来，经物镜后光线仍会聚在焦点上，并造成目标的实像 C'，与目标 C 完全重合。

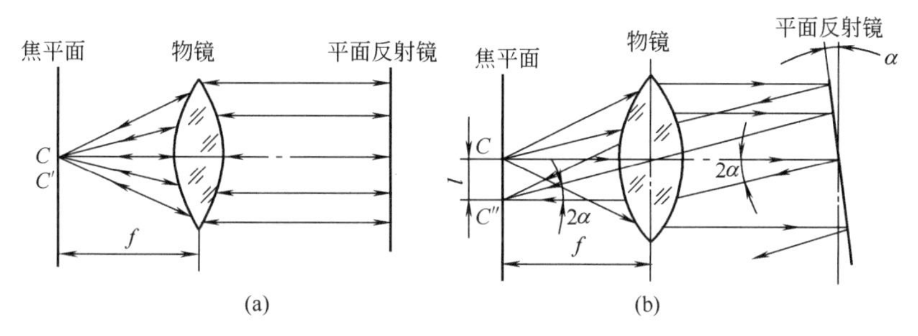

图 3-15　自准直原理

如图 3-15(b) 所示，若使平面反射镜对主光轴偏转一个小的 α 角，则平面反射镜的法线也转过 α 角，所以反射光线就转过 2α 角。反射光线经物镜后，会聚于焦平面上的 C'' 点，C'' 点是目标 C 的成像，与 C 点的距离为 l，从图上可知

$$l = f\tan\alpha$$

式中　f——物镜的焦距。

平面反射镜偏转角 α 愈大，则像 C'' 偏离目标 C 的距离 l 也愈大。这样，可用目标像 C'' 的位置偏离值来确定平面反射镜的偏转度 α，这就是自准直原理。

假定在主光轴的轴线上安装一个活动测量杆，如图 3-16 所示，测量杆 2 的一端与平面反射镜 1 接触，同时平面反射镜可绕支轴 M 摆动。如果测量杆 2 发生转动，就推动了平面反射镜 1 围绕支轴 M 摆动。测量杆 2 的移动量 s 与平面反射镜 1 的摆动偏转角 α 的关系是正切关系，由图可知

$$s=a\tan\alpha$$

式中　a——臂长，即测量杆到支轴 M 点的距离。

这就是正切杠杆机构。

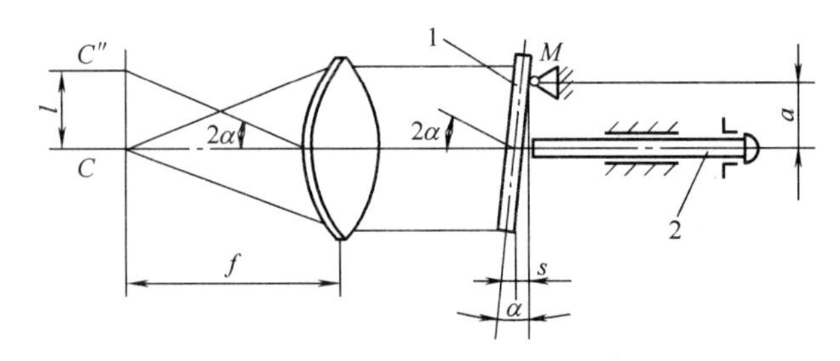

图 3-16　光学计管的工作原理

1—平面反射镜；2—测量杆

通过一块平面反射镜把正切杠杆机构与自准直系统联系在一起，这样，测量杆 2 作微量位移 s，推动了平面反射镜偏转 α 角，于是目标像 C'' 移动了距离 l。只要把 l 测量出来，就可以得出测量杆的移动量 s，这就是光学计管的工作原理。

$$K=\frac{l}{s}\approx\frac{2f}{a}$$

式中　K——光学杠杆放大比。

一般光学计管的物镜焦距 $f=200\text{mm}$，臂长 $a=5\text{mm}$。

$$K=\frac{2\times200\text{mm}}{5\text{mm}}=80$$

因此，光学计管的光学放大比为 80 倍。当测量杆移动 1μm 时，目标像就移动了 80μm。为了测出目标像 C'' 的移动量，将目标 C 制成分度尺形式。分度尺的分度值为 0.001mm，因此它的刻度距离为

$$0.001K=0.001\times80=0.08\ (\text{mm})$$

分度尺共有 ±100 格刻度，其示值范围为 ±0.1mm。

分度尺的像通过一个目镜来观察，目镜的放大倍数为 12 倍。这样，光学计管的总的放大倍数为 $12K=960$ 倍。也就是说当测量杆位移 1μm 时，经过 960 倍的放大，相当于明视距离下看到的刻线移动了将近 1mm。

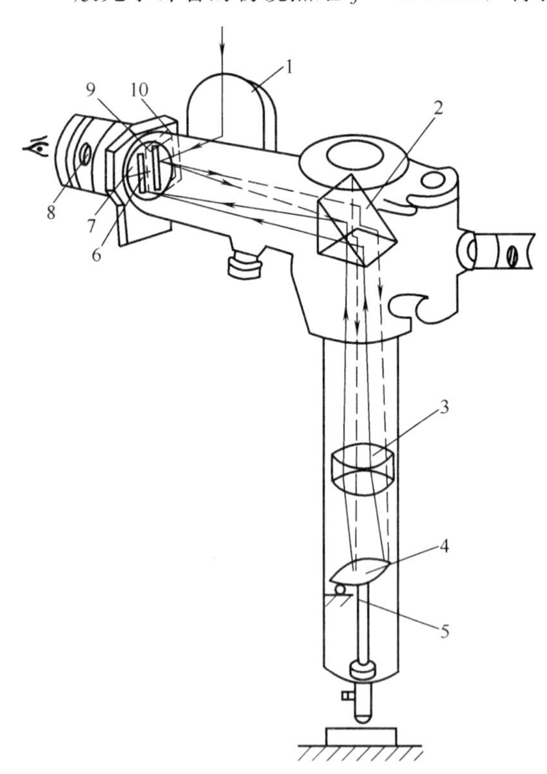

图 3-17　光学计管的光学系统

1—进光反射镜；2—三棱镜；3—物镜；4—平面反射镜；5—测量杆；6—指示线；7—分划板；8—目镜；9—分度尺；10—通光棱镜

光学计管的光学系统如图 3-17 所示，光线由进光反射镜 1 进入光学计管中，由通光棱镜 10 将光线转折 90°，照亮了分划板 7 上的分度尺 9，分度尺 9 上有 ±100 格的刻线，此刻线作为目标，光线继续前进，经三棱镜 2 向下折射，透过物镜 3 成为一束

平行光线，射向平面反射镜 4。再按原来系统反射回去，由于分划板 7 位于物镜 3 的焦平面上，而且分度尺 9 与主光轴相距为 b，按自准直原理，在分划板另一半上将获得一个距主光轴仍为 b 的分度尺像，此处有一个指示线 6。当测量杆 5 上下移动时，推动平面反射镜产生摆动，于是分度尺 9 的像相对于指示线产生了移动，移动量通过目镜进行读数。

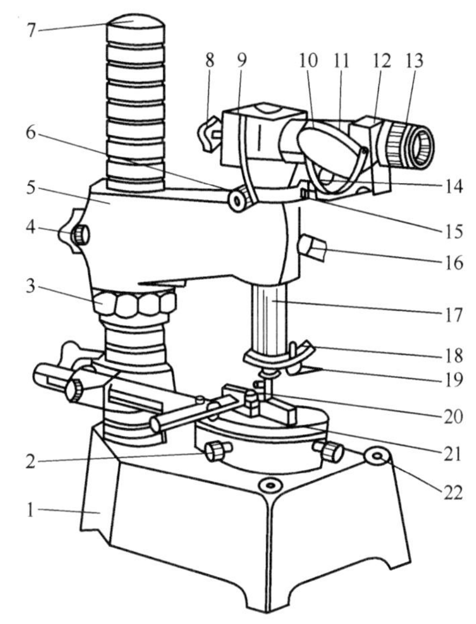

图 3-18　立式光学计的外形

1—底座；2—调整螺钉；3—升降螺母；4,8,15,16—固定螺钉；5—横臂；6—微动手轮；7—立柱；9—插孔；10—进光反射镜；11—连接座；12—目镜座；13—目镜；14—零位调节手轮；17—光学计管；18—螺钉；19—提升器；20—测帽；21—工作台；22—基础调整螺钉

立式光学计的外形如图 3-18 所示，立柱与底座 1 相固定，底座 1 上有一圆形可调整的工作台 21，用四个调整螺钉 2 调整工作台前后左右的位置。用升降螺母 3 可使横臂 5 沿立柱上下移动，当位置确定后，用紧固螺钉锁紧。光学计管 17 插入横臂的套筒中，它的一端为测帽 20，另一端为目镜 13、目镜座 12、连接座 11 和进光反射镜 10，微动手轮可调节光学计管 17 微量上下移动，以调节测帽 20 和被测零件的接触程度，调节后用固定螺钉 16 固紧光学计管的位置。零位调节手轮 14 是利用螺旋推动杠杆使棱镜转动一个微小角度以改变分度尺成像位置，使其能迅速对准零位。光学计管下端有提升器 19，其只有一个螺钉 18 可以调节提升的距离，以便适当地安放被测零件。立式光学计还配有投影装置，将投影灯插入插孔 9 中，用固定螺钉 8 固紧。它可将目镜中所观察到的分度尺像投影到磨砂玻璃上，使双眼同时观察，也可使几个人同时进行观察。

第三节　测量误差和数据处理

一、测量误差及其产生的原因

测量误差有两种表示方法：绝对误差和相对误差。绝对误差是指测量结果与被测量的真值之差，即

$$\delta = l - \mu \tag{3-3}$$

式中　δ——测量误差；

l——测得值；

μ——被测量的真值。

被测量的真值是难以得知的，在实际工作中，常以较高精度的测得值作为相对真值。如用千分尺或比较仪的测得值作为相对真值，以确定游标卡尺的测得值的测量误差。可见测量误差 δ 的绝对值越小，测得值越接近于真值 μ，测量的精确程度就越高；反之，精确程度就越低。

相对误差 Δ 是指绝对误差 δ 和测量值 l 的比值，即

$$\Delta \approx \frac{|\delta|}{l} \times 100\% \tag{3-4}$$

当被测量值相等或相近时，δ 的大小可反映测量的精确程度；当被测量值相差较大时，则用相对误差较为合理。在长度测量中，相对误差应用较少，通常所说的测量误差，一般是指绝对误差。

为了提高测量精度，分析与估算测量误差的大小，就必须了解测量误差的原因及其对测量结果的影响。显然，产生测量误差的因素是很多的，归纳起来主要有以下几个方面：

（1）计量器具的误差　指计量器具的内在误差，包括设计原理、制造、装配调整、测量力所引起的变形和瞄准所存在的误差。

（2）基准件误差　常用基准件如量块或标准件，都存在着制造误差和检定误差，一般取基准件的误差占总测量误差的 1/5～1/3。

（3）测量方法误差　指测量时选用的测量方法不完善而引起的误差。测量时，采用的测量方法不同，产生的测量误差也不一样。如测量基准、测量头形状选择不当，将产生测量误差。

（4）安装定位误差　测量时，应正确地选择测量基准，并相应地确定被测件的安装方法。为了减少安装定位误差，在选择测量基准时，应尽量遵守“基准统一原则”，即工序检查应以工艺基准作为测量基准，终检时应以设计基准作为测量基准。

（5）环境条件所引起的测量误差　测量的环境条件包括温度、湿度、振动、气压、尘土、介质折射率等许多因素。一般情况下，可只考虑温度影响，其余诸因素，只有精密测量时才考虑。测量时，由于室温偏离标准温度 20℃而引起的测量误差可由下式计算：

$$\Delta l = l[\alpha_1(t_1-20)-\alpha_2(t_2-20)] \tag{3-5}$$

式中　l——被测件在 20℃时的长度；

t_1，t_2——被测件与标准件的实际温度；

α_1，α_2——被测件与标准件的线胀系数。

二、测量误差的分类

测量误差按其性质可分为三类，即系统误差、随机误差和粗大误差。

1. 系统误差

在相同条件下多次重复测量同一量值时，误差的数值和符号保持不变；或在条件改变时，按某一确定规律变化的误差称为系统误差。

可见系统误差有定值系统误差和变值系统误差两种。例如，在立式光较仪上用相对法测量工件直径，调整仪器零点所用量块的误差，对每次测量结果的影响都相同，属于定值系统误差；在测量过程中，若温度产生均匀变化，则引起的误差为线性变化，属于变值系统误差。

从理论上讲，当测量条件一定时，系统误差的大小和符号是确定的，因而，也是可以被消除的。但实际工作中，系统误差不一定能够完全消除，只能减小到一定的限度。根据系统误差被掌握的情况，可分为已定系统误差和未定系统误差两种。

① 已定系统误差是符号和绝对值均已确定的系统误差。对于已定系统误差应予以消除或修正，即将测得值减去已定系统误差作为测量结果。例如，0～25mm 千分尺两测量面合拢时读数不对准零位，而是＋0.005mm，用此千分尺测量零件时，每个测得值都将大 0.005mm。此时可用修正值“－0.005mm”对每个测量值进行修正。

② 未定系统误差是指符号和绝对值未经确定的系统误差。对未定系统误差应在分析原因、发现规律或采用其他手段的基础上，估计误差可能出现的范围，并尽量减小并消

除之。

在精密测量技术中，误差补偿和修正技术已成为提高仪器测量精度的重要手段之一，并越来越广泛地被采用。

2. 随机误差（偶然误差）

在相同的条件下，多次测量同一量值，误差的绝对值和符号以不可预定的方式变化着，但误差出现的整体是服从统计规律的，这种类型的误差称为随机误差。

（1）随机误差的性质及分布规律　大量的实践证明，多数随机误差，特别是在各不占优势的独立随机因素综合作用下的随机误差是服从正态分布规律的。其概率密度函数为：

$$y=\frac{1}{\sigma\sqrt{2\pi}}\mathrm{e}^{-\frac{\delta^2}{2\sigma^2}}$$

式中　y——概率密度；

e——自然对数的底数，e=2.71828；

δ——随机误差；

σ——均方根误差，又称标准偏差，可按下式计算

$$\sigma=\sqrt{\frac{\delta_1^2+\delta_2^2+\cdots+\delta_n^2}{n}}=\sqrt{\frac{\sum_{i=1}^{n}\delta_i^2}{n}}$$

n——测量次数。

正态分布曲线见图 3-19(a)。

不同的标准偏离对应不同的正态分布曲线，如图 3-19(b) 所示，若三条正态分布曲线 $\sigma_1<\sigma_2<\sigma_3$，则 $y_{1\max}>y_{2\max}>y_{3\max}$。图中表明 σ 愈小，曲线就愈陡，随机误差分布也就愈集中，测量的可靠性也就愈高。若 σ 大，e 的指数的绝对值小，y 值减少缓慢，正态分布曲线趋于平坦，表面随机误差分布比较分散，测量方法的精度较低。

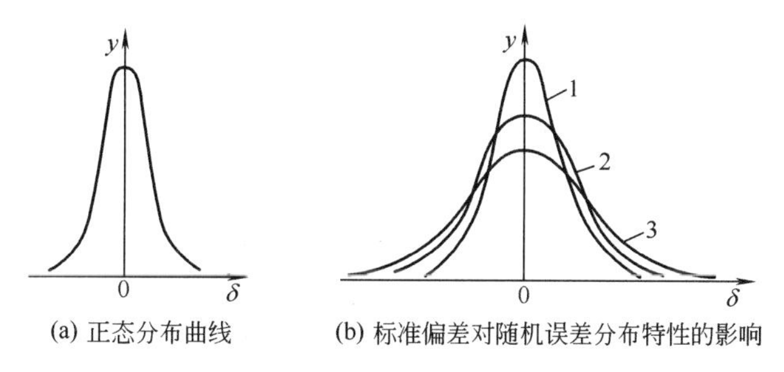

图 3-19　正态分布曲线和标准偏差对随机误差分布特性的影响

由图 3-19(a) 可知，随机误差有如下特性：

① 对称性。绝对值相等的正、负误差出现的概率相等。

② 单峰性。绝对值小的随机误差比绝对值大的随机误差出现的机会多。

③ 有界性。在一定测量条件下，随机误差的绝对值不会大于某一界限值。

④ 抵偿性。当测量次数 n 无限增多时，随机误差的算术平均值趋向于零，即

$$\lim_{n\to\infty}\left[\sum_{i=1}^{n}(l_i-\mu)/n\right]=0$$

（2）随机误差与标准偏差之间的关系　根据概率论可知，正态分布曲线下所包含的全部面积等于随机误差 δ_i 出现的概率 p 的总和，即

$$p=\int_{-\infty}^{+\infty} y\,\mathrm{d}\delta=\frac{1}{\sigma\sqrt{2\pi}}\int_{-\infty}^{+\infty}\mathrm{e}^{-\frac{\delta^2}{2\sigma^2}}\,\mathrm{d}\delta=1$$

上式说明全部随机误差出现的概率为 100%，大于零的正误差与小于零的负误差各为 50%。

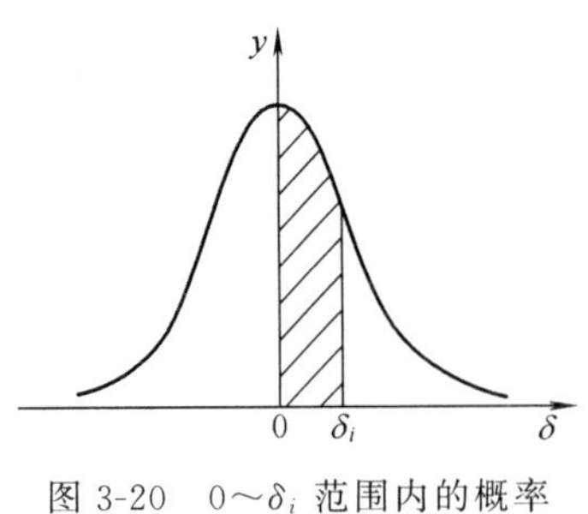

图 3-20　0～δ_i 范围内的概率

设　$z=\delta/\sigma$，$\mathrm{d}z=\mathrm{d}\delta/\sigma$

则　$$p=\frac{1}{\sqrt{2\pi}}\int_{-\infty}^{+\infty}\mathrm{e}^{-\frac{z^2}{2}}\,\mathrm{d}z=1$$

图 3-20 中，阴影部分的面积，表示随机误差 δ 落在0～δ_i 范围内的概率，可表示为

$$P(\delta_i)=\frac{1}{\sqrt{2\pi}}\int_{0}^{\delta_i}\mathrm{e}^{-\frac{\delta^2}{2\sigma^2}}\,\mathrm{d}\delta$$

或写为　$$\phi(z)=\frac{1}{\sqrt{2\pi}}\int_{0}^{z_i}\mathrm{e}^{-\frac{z^2}{2}}\,\mathrm{d}z$$

$\phi(z)$ 称为概率函数积分。z 值所对应的积分值 $\phi(z)$ 可由正态分布的概率积分表查出。表 3-2 列出了特殊 z 值和 $\phi(z)$ 的值。

表 3-2　z 和 $\phi(z)$ 的一些对应值

$z=\frac{\delta}{\sigma}$	δ	不超出 δ 的概率 $2\phi(z)$	超出 δ 的概率 $1-2\phi(z)$	测量次数 n	超出 δ 的次数
0.67	0.67σ	0.4972	0.5082	2	1
1	σ	0.6826	0.3174	3	1
2	2σ	0.9544	0.0456	22	1
3	3σ	0.9973	0.0027	370	1
4	4σ	0.9999	0.0001	15625	1

表中 $\pm\sigma$ 范围内的概率为 68.26%，则约有 1/3 的测量次数的误差要超过 $\pm\sigma$ 的范围，$\pm3\sigma$范围内的概率为 99.73%，则只有 0.27%测量次数的误差要超过 $\pm3\sigma$ 范围，可认为不会发生超过现象。所以，通常评定随机误差时就以 $\pm3\sigma$ 作为单次测量的极限误差，即

$$\delta_{\lim}=\pm3\sigma$$

可认为 $\pm3\sigma$ 是随机误差的实际分布范围，即有界性的界限为 $\pm3\sigma$。

3. 粗大误差

粗大误差的数值较大，它是由测量过程中各种错误造成的，对测量结果有明显的歪曲，如已存在，则应予剔除。常用的方法为，当 $|\delta_i|>3\sigma$ 时，测得值就含有粗大误差，应予剔除。3σ 即作为判断粗大误差的界限，此方法称为 3σ 准则。

三、测量精度的分类

测量精度是指测得值与真值的接近程度。精度是误差的相对概念。由于误差分系统误差和随机误差，此笼统的精度概念不能反映上述误差的差异，从而引出如下概念。

(1) 精密度　表示测量结果中随机误差大小的程度。精密度可简称为精度。

(2) 正确度　表示测量结果中系统误差大小的程度，是所有系统误差的综合。

(3) 精确度　指测量结果受系统误差与随机误差综合影响的程度，也就是说，它表示测量结果与真值的一致程度。精确度亦称为准确度。

在具体的测量过程中，精密度高，正确度不一定高；正确度高，精密度也不一定就高。

精密度和正确度都高，则精确度就高。

以射击为例，如图 3-21 所示，图（a）表示系统误差小而随机误差大，即正确度高而精密度低。图（b）表示系统误差大而随机误差小，正确度低而精密度高。图（c）表示系统误差和随机误差均小，即精确度高。

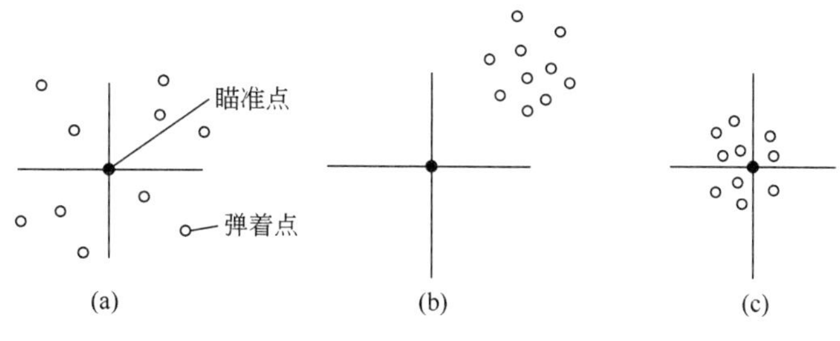

图 3-21　射弹散布精度

四、直接测量列的数据处理

1. 算术平均值 $\bar{l}$

现对同一量进行多次测量，其值分别为 l_1，l_2，…，l_n，则

$$\bar{l}=\frac{l_1+l_2+\cdots+l_n}{n}=\frac{\sum_{i=1}^{n} l_i}{n}$$

随机误差：　$\delta_1=l_1-\mu$，$\delta_2=l_2-\mu$，…，$\delta_n=l_n-\mu$

相加则为　$\delta_1+\delta_2+\cdots+\delta_n=(l_1+l_2+\cdots+l_n)-n\mu$

即

$$\sum_{i=1}^{n}\delta_i=\sum_{i=1}^{n} l_i-n\mu$$

其真值

$$\mu=\frac{\sum_{i=1}^{n} l_i}{n}-\frac{\sum_{i=1}^{n}\delta_i}{n}=\bar{l}-\frac{\sum_{i=1}^{n}\delta_i}{n}$$

由随机误差抵偿性知，当 $n\rightarrow\infty$ 时，$\frac{\sum_{i=1}^{n}\delta_i}{n}=0$，则

$$\bar{l}=\mu$$

在消除系统误差的情况下，当测量次数很多时，算术平均值就趋向于真值，即用算术平均值来代替真值不仅是合理的，而且也是可靠的。

当用算术平均值 $\bar{l}$ 代替真值 μ 所计算的误差，称为残差 v_i

$$v_i=l_i-\bar{l}$$

残差具有下述两个特性：

（1）残差的代数和等于零，即

$$\sum_{i=1}^{n} v_i=0$$

（2）残差的平方和为最小，即

$$\sum_{i=1}^{n} {v_i}^2=\min$$

当误差平方和为最小时，按最小二乘法原理知，测量结果是最佳值。这就说明了 $\bar{l}$ 是 μ 的最佳估值。

2. 测量列中任一测得值的标准差

标准偏差 σ 是表征对同一被测量进行 n 次测量所得值的分散程度的参数。由于真值不可知，随机误差 δ_i 也未知，标准偏差 σ 无法计算。在实际测量中，标准偏差 σ 用残差来估算，常用贝塞尔公式计算，即

$$S=\sqrt{\frac{\sum_{i=1}^{n} v_i^2}{n-1}}$$

式中 S——标准差 σ 的估算值；

v_i——残差；

n——测量次数。

任一测得值 l，其落在 $\pm 3\sigma$ 范围内的概率（称为置信概率，代号 P）为 99.73%，常表示为：

$$l=\bar{l}\pm 3S \qquad (P=99.73\%)$$

3. 测量列算术平均值的标准差

在多次重复测量中，是以算术平均值作为测量结果的，因此要研究算术平均值的可靠程度。根据误差理论，在等精度测量时

$$\sigma_{\bar{l}}=\sqrt{\frac{\sigma^2}{n}}=\sigma/\sqrt{n}\approx\sqrt{\frac{\sum_{i=1}^{n} v_i^2}{n(n-1)}}=\frac{S}{\sqrt{n}}$$

式中 n——重复测量次数；

v_i——残差。

上式表明，在一定的测量条件下（即 σ 一定），重复测量 n 次的算术平均值的标准偏差为单次测量的标准偏差的 $1/\sqrt{n}$，即它的测量精度要高。

但是算术平均值的测量精度 $\sigma_{\bar{l}}$ 与测量次数 n 的平方要成反比，要显著提高测量精度，势必大大增加测量次数。但是当测量次数过大时，恒定的测量条件难以保证，可能引起新的误差。因此一般条件下，取 $n\leqslant 10$ 为宜。

由于多次测量的算术平均值的极限误差为

$$\lambda_{\lim}=\pm 3\sigma_{\bar{l}}$$

则测量结果表示为

$$L=\bar{l}\pm\lambda_{\lim}=\bar{l}\pm 3\sigma_{\bar{l}} \qquad (P=99.73\%)$$

【例题 3-1】 用立式光学计对轴径进行 10 次等精度测量，所得数据列表如下（设不含系统误差和粗大误差），求测量结果。

l_i/mm	$v_i=(l_i-\bar{l})$/μm	v_i^2/μm
30.454	−3	9
30.459	+2	4
30.459	+2	4
30.454	−3	9
30.458	+1	1

续表

l_i/mm	$v_i=(l_i-\bar{l})$/μm	$v_i{}^2$/μm
30.459	+2	4
30.456	−1	1
30.458	+1	1
30.458	+1	1
30.455	−2	4
$\bar{l}=30.457$	$\sum v_i=0$	$\sum v_i^2=38$

解：(1) 求算术平均值

$$\bar{l}=\frac{\sum l_i}{n}=30.457\ (\mathrm{mm})$$

(2) 求残余误差平方和

$$\sum v_i=0,\ \sum v_i^2=38\ (\mu\mathrm{m})$$

(3) 求测量列任一测得值的 S

$$S=\sqrt{\frac{\sum v_i^2}{n-1}}=2.05\ (\mu\mathrm{m})$$

(4) 求任一测得值的极限误差

$$\delta_{\lim}=\pm 3S=\pm 6.15\ (\mu\mathrm{m})$$

(5) 求测量列算术平均值的标准偏差 σ_l

$$\sigma_{\bar{l}}=S/\sqrt{n}=0.65\ (\mu\mathrm{m})$$

(6) 求算术平均值的测量极限误差

$$\lambda_{\lim}=\pm 3\sigma_{\bar{l}}=\pm 1.95\ (\mu\mathrm{m})\approx 2\ (\mu\mathrm{m})$$

轴的直径测量结果

$$d=\bar{l}+3\sigma_{\bar{l}}=(30.457\pm 0.002)\ \mathrm{mm}\qquad (P=99.73\%)$$

第四节　验收极限的确定及计量器具的选择

一、验收极限的确定

在测量过程中，由于计量器具和计量系统都存在误差，可能在测量过程中，出现将合格产品判为废品，即称为“误废”，将不合格产品判为合格产品，即称为“误收”。为了保证验收质量，标准规定了验收极限、计量器具的测量不确定度允许值和计量器具的选用原则（但对温度、压陷效应等不进行修正）。

1. 验收极限尺寸的确定

(1) 内缩方式　验收极限是从规定的最大实体极限和最小实体极限分别向工件公差内移动一个安全裕度（A）来确定，如图 3-22 所示。

上验收极限＝最大极限尺寸(D_{max}，d_{max})－安全裕度(A)

下验收极限＝最小极限尺寸(D_{min}，d_{min})＋安全裕度(A)

A 值按工件公差的 1/10 确定，其数值列在表 3-3 中。安全裕度 A 相当于测量中总的不确定度，它表征了各种误差的综合影响。

表 3-3 安全裕度（A）与计量器具的测量不确定度允许值（u_1） μm

公差等级		6					7					8					9					10					11				
公称尺寸/mm		T	A	u_1			T	A	u_1			T	A	u_1			T	A	u_1			T	A	u_1			T	A	u_1		
大于	至			Ⅰ	Ⅱ	Ⅲ			Ⅰ	Ⅱ	Ⅲ			Ⅰ	Ⅱ	Ⅲ			Ⅰ	Ⅱ	Ⅲ			Ⅰ	Ⅱ	Ⅲ			Ⅰ	Ⅱ	Ⅲ
—	3	6	0.6	0.54	0.9	1.4	10	1.0	0.9	1.5	2.3	14	1.4	1.3	2.1	3.2	25	2.5	2.3	3.8	5.6	40	4.0	3.6	6.0	9.0	60	6.0	5.4	9.0	14
3	6	8	0.8	0.72	1.2	1.8	12	1.2	1.1	1.8	2.7	18	1.8	1.6	2.7	4.1	30	3.0	2.7	4.5	6.8	48	4.8	4.3	7.2	11	75	7.5	6.8	11	17
6	10	9	0.9	0.81	1.4	2.0	15	1.5	1.4	2.3	3.4	22	2.2	2.0	3.3	5.0	36	3.6	3.3	5.4	8.1	58	5.8	5.2	8.7	13	90	9.0	8.1	14	20
10	18	11	1.1	1.0	1.7	2.5	18	1.8	1.7	2.7	4.1	27	2.7	2.4	4.1	6.1	43	4.3	3.9	6.5	9.7	70	7.0	6.3	11	16	110	11	10	17	25
18	30	13	1.3	1.2	2.0	2.9	21	2.1	1.9	3.2	4.7	33	3.3	3.0	5.0	7.4	52	5.2	4.7	7.8	12	84	8.4	7.6	13	19	130	13	12	20	29
30	50	16	1.6	1.4	2.4	3.6	25	2.5	2.3	3.8	5.6	39	3.9	3.5	5.9	8.8	62	6.2	5.6	9.3	14	100	10	9.0	15	23	160	16	14	24	36
50	80	19	1.9	1.7	2.9	4.3	30	3.0	2.7	4.5	6.8	46	4.6	4.1	6.9	10	74	7.4	6.7	11	17	120	12	11	18	27	190	19	17	29	43
80	120	22	2.2	2.0	3.3	5.0	35	3.5	3.2	5.3	7.9	54	5.4	4.9	8.1	12	87	8.7	7.8	13	20	140	14	13	21	32	220	22	20	33	50
120	180	25	2.5	2.3	3.8	5.6	40	4.0	3.6	6.0	9.0	63	6.3	5.7	9.5	14	100	10	9.0	15	23	160	16	15	24	36	250	25	23	38	56
180	250	20	2.9	2.6	4.4	6.5	46	4.6	4.1	6.9	10	72	7.2	6.5	11	16	110	12	10	17	26	185	18	17	28	42	290	29	26	44	65
250	315	30	3.2	2.9	4.8	7.2	52	5.2	4.7	7.8	12	81	8.1	7.3	12	18	130	13	12	19	29	210	21	19	32	47	320	32	29	48	72
315	400	36	3.6	3.2	5.4	8.1	57	5.7	5.7	8.4	13	89	8.9	8.0	13	20	140	14	13	21	32	230	23	21	35	52	360	36	32	54	81
400	500	40	4.0	3.6	6.0	9.0	63	6.3	6.3	9.5	14	97	9.7	8.7	15	22	155	16	14	23	35	250	25	26	38	56	400	40	36	60	90

公差等级		12				13				14				15				16				17				18			
公称尺寸/mm		T	A	u_1		T	A	u_1		T	A	u_1		T	A	u_1		T	A	u_1		T	A	u_1		T	A	u_1	
大于	至			Ⅰ	Ⅱ			Ⅰ	Ⅱ			Ⅰ	Ⅱ			Ⅰ	Ⅱ			Ⅰ	Ⅱ			Ⅰ	Ⅱ			Ⅰ	Ⅱ
—	3	100	10	9.0	15	140	14	13	21	200	25	23	28	400	40	36	60	600	60	54	90	1000	100	90	150	1400	140	135	210
3	6	120	12	11	18	180	18	16	27	300	30	27	45	480	48	43	72	750	68	60	110	1200	120	110	180	1800	180	160	270
6	10	150	15	14	23	220	22	20	33	360	38	32	54	580	58	52	87	900	90	80	140	1500	150	140	230	2200	220	200	330
10	18	180	18	16	27	270	27	24	41	430	40	39	65	700	70	63	110	1100	110	100	170	1800	180	160	270	2700	270	240	400
18	30	210	21	19	32	330	33	30	50	520	52	47	78	840	84	76	130	1300	130	120	200	2100	210	190	320	3300	330	300	490
30	50	250	25	23	38	390	39	35	59	620	62	56	93	1000	100	90	150	1600	160	140	240	2500	260	220	360	3600	390	350	580
50	80	300	30	28	45	460	46	41	69	740	74	67	110	1200	120	110	180	1900	190	170	290	3000	300	270	450	4600	460	410	690
80	120	350	35	32	53	540	54	49	81	670	87	78	130	1400	140	130	210	2200	220	200	330	3500	350	320	530	5400	540	480	810
120	180	400	40	36	60	630	63	57	95	1000	100	90	150	1600	160	150	240	2500	250	230	380	4000	400	360	600	6300	630	570	940
180	250	460	46	41	69	720	72	65	110	1150	115	100	170	1850	180	170	280	2900	290	260	440	4600	460	410	690	7200	720	650	1080
250	315	520	52	47	78	810	81	73	120	1300	120	120	190	2100	210	190	320	3200	320	290	480	5200	520	470	780	8100	810	730	1210
315	400	570	57	51	86	890	89	80	130	1400	140	130	210	2300	230	210	350	3600	360	320	540	5700	570	510	830	8900	890	800	1330
400	500	630	63	57	95	970	97	87	150	1500	150	140	230	2500	250	230	380	4000	400	360	600	6300	630	570	950	9700	970	870	1450

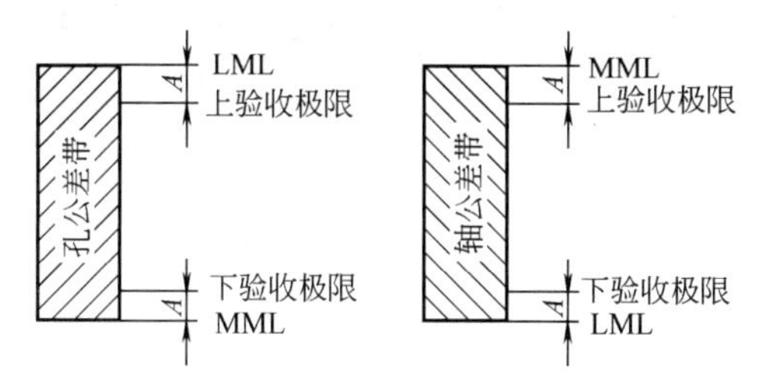

图 3-22　验收极限与工件公差带关系

(2) 不内缩方式　规定验收极限等于工件的最大极限尺寸和最小极限尺寸，即 A 值等于零。

2. 验收极限方式的选择

验收极限方式的选择要结合尺寸功能要求及其重要程度、尺寸公差等级、测量不确定度和工艺能力等因素综合考虑。

① 对遵守包容要求的尺寸、公差等级高的尺寸，其验收极限要选内缩方式。

② 对非配合和一般公差的尺寸，其验收极限则选不内缩方式。

二、计量器具的选择

按照计量器具的测量不确定度允许值（u_1）选择计量器具。选择时，应使所选用的计量器具的测量不确定度数值等于或小于选定的 u_1 值。

计量器具的测量不确定度允许值（u_1）按测量不确定度（u）与工件公差的比值分挡。对 IT6～IT11 级分为Ⅰ、Ⅱ、Ⅲ三挡，分别为工件公差的 1/10、1/6、1/4，见表 3-3。对 IT12～IT18 级分为Ⅰ、Ⅱ两挡。

计量器具的测量不确定度允许值（u_1）约为测量不确定度（u）的 0.9 倍，即

$$u_1=0.9u$$

一般情况下应优先选用Ⅰ挡，其次选用Ⅱ、Ⅲ挡。

选择计量器具时，应保证其不确定度不大于其允许值 u_1。有关量仪的 u_1 值见表 3-4～表 3-7。

表 3-4　安全裕度及计量器具不确定度允许值 u_1　mm

零件公差值 T		安全裕度 A	计量器具的不确定度允许值 u_1
大于	至		
0.009	0.018	0.001	0.0009
0.018	0.032	0.002	0.0018
0.032	0.058	0.003	0.0027
0.058	0.100	0.006	0.0054
0.100	0.180	0.010	0.0090
0.180	0.320	0.018	0.0160
0.320	0.580	0.032	0.0290
0.580	1.000	0.060	0.0540
1.000	1.800	0.100	0.0900
1.800	3.200	0.180	0.1600

表 3-5 千分尺和游标卡尺的不确定度允许值 u_1 mm

<table>
<tr><th rowspan="3">尺寸范围</th><th colspan="4">计 量 器 具 类 型</th></tr>
<tr><th>分度值为 0.01mm 的千分尺</th><th>分度值为 0.01mm 的内径千分尺</th><th>分度值为 0.02mm 的游标卡尺</th><th>分度值为 0.05mm 的游标卡尺</th></tr>
<tr><th colspan="4">不确定度允许值 u_1</th></tr>
<tr><td>0～50</td><td>0.004</td><td rowspan="3">0.008</td><td rowspan="6">0.020</td><td rowspan="4">0.050</td></tr>
<tr><td>50～100</td><td>0.005</td></tr>
<tr><td>100～150</td><td>0.006</td></tr>
<tr><td>150～200</td><td>0.007</td><td rowspan="3">0.013</td></tr>
<tr><td>200～250</td><td>0.008</td><td rowspan="8">0.100</td></tr>
<tr><td>250～300</td><td>0.009</td></tr>
<tr><td>300～350</td><td>0.010</td><td rowspan="3">0.020</td><td rowspan="7"></td></tr>
<tr><td>350～400</td><td>0.011</td></tr>
<tr><td>400～450</td><td>0.012</td></tr>
<tr><td>450～500</td><td>0.013</td><td>0.025</td></tr>
<tr><td>500～600</td><td rowspan="3"></td><td rowspan="3">0.030</td></tr>
<tr><td>600～700</td></tr>
<tr><td>700～1000</td><td>0.150</td></tr>
</table>

注：本表仅供参考。

表 3-6 比较仪的不确定度允许值 u_1 mm

<table>
<tr><th colspan="2" rowspan="2">尺寸范围</th><th colspan="4">所 使 用 的 计 量 器 具</th></tr>
<tr><th>分度值为 0.0005mm（相当于放大倍数 2000 倍）的比较仪</th><th>分度值为 0.001mm（相当于放大倍数 1000 倍）的比较仪</th><th>分度值为 0.002mm（相当于放大倍数 400 倍）的比较仪</th><th>分度值为 0.005mm（相当于放大倍数 250 倍）的比较仪</th></tr>
<tr><th>大于</th><th>至</th><th colspan="4">不确定度允许值 u_1</th></tr>
<tr><td>—</td><td>25</td><td>0.0006</td><td rowspan="2">0.0010</td><td>0.0017</td><td rowspan="6">0.0030</td></tr>
<tr><td>25</td><td>40</td><td>0.0007</td><td rowspan="3">0.0018</td></tr>
<tr><td>40</td><td>65</td><td>0.0008</td><td rowspan="2">0.0011</td></tr>
<tr><td>65</td><td>90</td><td>0.0008</td></tr>
<tr><td>90</td><td>115</td><td>0.0009</td><td>0.0012</td><td rowspan="2">0.0019</td></tr>
<tr><td>115</td><td>165</td><td>0.0010</td><td>0.0013</td></tr>
<tr><td>165</td><td>215</td><td>0.0012</td><td>0.0014</td><td>0.0020</td><td rowspan="3">0.0035</td></tr>
<tr><td>215</td><td>265</td><td>0.0014</td><td>0.0016</td><td>0.0021</td></tr>
<tr><td>265</td><td>315</td><td>0.0016</td><td>0.0017</td><td>0.0022</td></tr>
</table>

注：测量时，使用的标准器由 4 块 1 级（或 4 等）量块组成。本表仅供参考。

表 3-7 指示表的不确定度允许值 u_1 mm

<table>
<tr><th colspan="2" rowspan="2">尺寸范围</th><th colspan="4">所 使 用 的 计 量 器 具</th></tr>
<tr><th>分度值为 0.001mm 的千分尺（0 级在全程范围内，1 级在 0.2mm 内）分度值为 0.002mm 的千分尺（在一定范围内）</th><th>分度值为 0.001、0.002、0.005mm 的千分表（1 级在全程范围内）分度值为 0.01m 的百分表（0 级在任意 1mm 内）</th><th>分度值为 0.01mm 的百分表（0 级在全程范围内，1 级在任意 1mm 内）</th><th>分度值为 0.01mm 的百分表（1 级在全程范围内）</th></tr>
<tr><th>大于</th><th>至</th><th colspan="4">不确定度允许值 u_1</th></tr>
<tr><td>—</td><td>25</td><td rowspan="5">0.005</td><td rowspan="9">0.010</td><td rowspan="9">0.018</td><td rowspan="9">0.030</td></tr>
<tr><td>25</td><td>40</td></tr>
<tr><td>40</td><td>65</td></tr>
<tr><td>65</td><td>90</td></tr>
<tr><td>90</td><td>115</td></tr>
<tr><td>115</td><td>165</td><td rowspan="4">0.006</td></tr>
<tr><td>165</td><td>215</td></tr>
<tr><td>215</td><td>265</td></tr>
<tr><td>265</td><td>315</td></tr>
</table>

注：测量时，使用的标准器由 4 块 1 级（或 4 等）量块组成。本表仅供参考。

【例题 3-2】 试确定 $\phi140H9(^{+0.1}_{0})$ Ⓔ的验收极限，并选择相应的计量器具（图 3-23）。

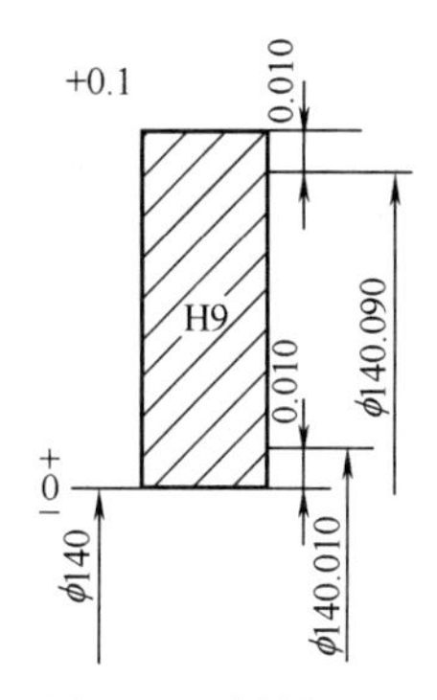

图 3-23　例题 3-2 图

解： 由表 3-3 可知，公称尺寸>120～180mm、IT9 时，$A=10\mu m$，$u_1=9\mu m$（Ⅰ挡）。

由于工件尺寸采用包容要求，应按内缩方式确定验收极限。

$$上验收极限=D_{max}-A=140+0.1-0.010=140.090\ (mm)$$

$$下验收极限=D_{min}+A=140+0.010=140.010\ (mm)$$

由表 3-4 可知，工件尺寸小于或等于 150mm、分度值为 0.01mm 的内径千分尺的不确定度为 0.008mm，小于 $u_1=0.009mm$，可满足要求。

思考题与习题

3-1　测量的定义是什么？一个完整的测量过程由哪几个部分组成？

3-2　长度基准有哪几种？量块的“等”和“级”有什么区别？测量时按“等”使用好，还是按“级”使用好？

3-3　若用标称尺寸为 20mm 的量块将百分表调零后，测量某零件的尺寸时，千分尺的读数为 $+30\mu m$，经检定量块实际尺寸为 20.006mm，试计算：

（1）千分尺的零位误差和修正值。

（2）被测零件的实际尺寸（不计千分表的示值误差）。

3-4　对同一几何量等精度连续测量 15 次，按测量顺序将各测得值记录如下（单位为 mm）：

40.039	40.043	40.040	40.042	40.041
40.043	40.039	40.040	40.041	40.042
40.041	40.041	40.039	40.043	40.041

设测量中不存在定值系统误差，试确定其测量结果。

3-5　三块量块的实际尺寸和检定时的极限误差分别为（20±0.0003）mm，（1.005±0.0003）mm，（1.48±0.0003）mm，试计算量块的组合尺寸和极限误差。

3-6　试计算 $\phi30H7/f6$ 配合孔、轴的验收极限尺寸，并选择计量器具。

3-7　已知某轴尺寸为 $\phi20f10$Ⓔ，试选择测量器具并确定验收极限。

第四章　几何公差及其测量

任何机械零部件均是按照设计图样，经过加工和装配过程而获得的。在加工过程中，不论加工设备和方法如何精密、可靠，但由于工件在机床上的定位误差、刀具与工件的相对运动不正确、夹紧力和切削力引起的工件变形、工件的内应力的释放等原因，完工零件、部件和产品都不可避免地存在误差。这些误差除了尺寸方面的误差外，还会存在各种形状和位置方面的误差，即几何误差（以往称为形位误差）。

机械零件几何要素的几何误差将会对零件的装配和使用性能产生不同程度的影响，也影响着整个机械产品的质量。因此机械类零件的加工精度，除了必须规定适当的尺寸公差和表面粗糙度要求以外，还须对零件规定合理的几何公差（以往称为形位公差），从而满足零件的装配要求和产品的功能要求。

第一节　概　　述

一、零件的要素

构成零件几何特征的点、线、面均称为几何要素，如图 4-1 所示。要素可从不同角度进行分类。

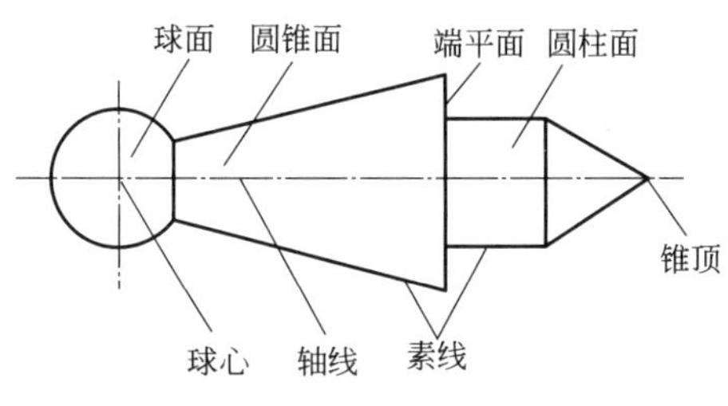

图 4-1　几何要素

1. 要素的传统术语和定义

(1) 按结构特征分

① 轮廓要素。构成零件内、外表面外形的要素称为轮廓要素。如图 4-1 中的球面、圆锥面、端平面、圆柱面、素线、圆锥顶点（锥顶）等。

② 中心要素。轮廓要素对称中心所表示的要素称为中心要素。如图 4-1 中的球心、轴线等。

(2) 按存在状态分

① 理想要素。具有几何学意义的要素称为理想要素，它不存在任何误差。机械图样所表示的要素均为理想要素。

② 实际要素。零件上实际存在的要素称为实际要素，测量时由测得要素代替。由于存在测量误差，测得要素并非该实际要素的真实状况。

(3) 按所处地位分

① 被测要素。图样上给出了形状或（和）位置公差要求的要素称为被测要素，它是被

检测的对象。

② 基准要素。用来确定被测要素方向或（和）位置的要素称为基准要素。理想基准要素简称基准，它是检测时用来确定实际被测要素几何位置关系的参考对象。

（4）按功能要求分

① 单一要素。仅对其本身给出形状公差要求，或仅涉及其形状公差要求时的要素称为单一要素。

② 关联要素。相对其他要素有功能要求而给出位置公差的要素称为关联要素。

2. 要素的最新术语和定义

新一代产品几何技术规范（GPS）根据几何产品的设计、制造和检验的不同阶段，基于不同的要求，将几何要素划分为规范领域、物理领域及认证领域。设计阶段由设计者想象的几何要素存在于规范领域，实际工件的几何要素存在于物理领域，认证检验阶段由检验人员通过测量提取的几何要素存在于认证领域。基于几何要素存在三个领域的思想，为了描述几何要素在图样上的表达与测量及分析的差别，在新一代 GPS 中对几何要素进行了扩展并给出了相关的定义，具体见 GB/T 18780.1—2002《产品几何量技术规范（GPS）几何要素　第 1 部分：基本术语和定义》。

（1）几何要素　构成工件几何特征的点、线和面。

（2）尺寸要素　由一定大小的线性尺寸或角度尺寸确定的几何形状。尺寸要素可以是圆柱形、球形、两平行对应面、圆锥形或楔形。

（3）工件实际表面　实际存在并将整个工件与周围介质分隔的一组要素。

（4）组成要素　组成要素是组成工件的一个或一系列表面、线或点，或者是其中的一部分。根据几何要素存在的三个领域，组成要素分为 4 种类型。

① 公称组成要素。公称组成要素是由技术制图或其他方法确定的理论正确组成要素，见图 4-2(a)。

② 实际组成要素。实际组成要素是由接近实际（组成）要素所限定的工件实际表面的组成要素部分，见图 4-2(b)。

③ 提取组成要素。提取组成要素是按规定方法，由实际（组成）要素提取有限数目的点所形成的实际（组成）要素的近似替代。由于所要求的功能不同，确定替代要素的算法将会不同，所以每个实际（组成）要素可以有多个替代要素，见图 4-2(c)。

④ 拟合组成要素。拟合组成要素是按规定的方法由提取组成要素形成的并具有理想形状的组成要素。基于不同的拟合操作算法，一个提取组成要素的拟合组成要素不是唯一的，见图 4-2(d)。

3. 导出要素

导出要素是由一个或几个组成要素得到的中心点、中心线或中心面。例如，球心是由球面得到的导出要素，该球面为组成要素；圆柱的中心线是由圆柱面得到的导出要素，该圆柱面为组成要素。导出要素分为 3 种类型。

① 公称导出要素。公称导出要素是由一个或几个公称组成要素导出的中心点、轴线或中心平面，见图 4-2(a)。

② 提取导出要素。提取导出要素是由一个或几个提取组成要素得到的中心点、中心线或中心面，见图 4-2(c)。提取圆柱面的导出中心线称为提取中心线；两相对提取平面的导出中心面称为提取中心面。

③ 拟合导出要素。拟合导出要素是由一个或几个拟合组成要素导出的中心点、轴线或

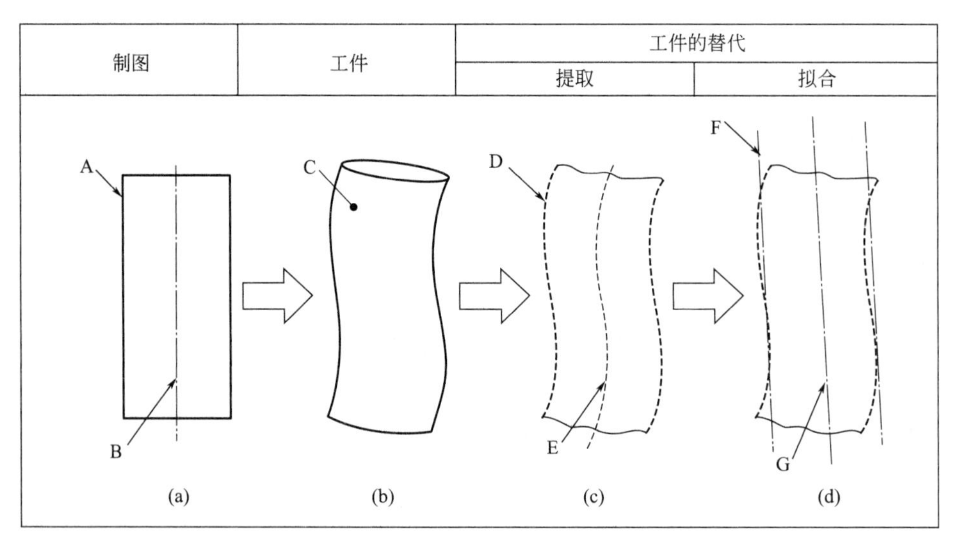

图 4-2　以圆柱为例对几何要素术语的解释

A—公称组成要素；B—公称导出要素；C—实际要素；D—提取组成要素；
E—提取导出要素；F—拟合组成要素；G—拟合导出要素

中心平面，见图 4-2(d)。

几何要素之间的关系可以用图 4-3 表示。图 4-3 中“图样”一行是描述理想状态的几何要素术语，它们是由设计者想象的，应用在图样上对工件定义，所有这些几何要素冠以“公称”。“工件”一行描述的是实际存在工件的几何要素术语，如果能够在工件上扫描无限个没有任何误差的点，就能够得到实际组成要素。实际工件只能用有限个点代表已存在的工件表面，由于测量设备的误差、环境及工件温度的变化、振动等对测量过程的影响，所有测得点实际上不可能与工件的真实表面完全符合。由实际工件表面上有限个点所表示的几何要素，冠以“提取”；根据提取要素，通过计算可以确定其他几何要素的形状误差，通过计算得到的理想几何要素，冠以“拟合”。

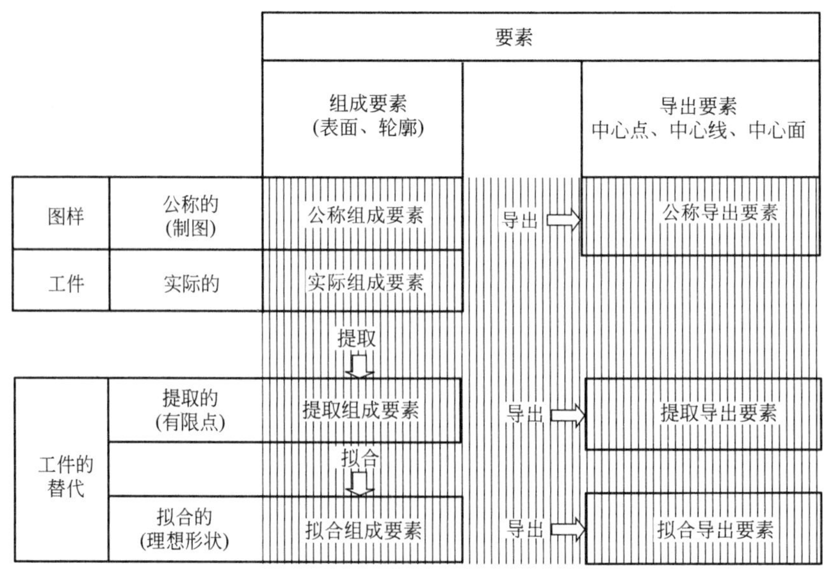

图 4-3　几何要素之间的关系

从设计、制造到认证，要素之间的区别是清楚的。图 4-3 中横的方向表示从工件实际存在的几何要素到根据工件的表面导出的、不是真正存在的几何要素（如对称面、轴线等）之间的差别。纵的方向表示工件从设计、制造到认证过程中几何要素之间的差别。

二、几何公差及其符号

国家标准 GB/T 1182—2008 规定了 19 项几何公差，其中形状公差几何特征 6 项，方向公差几何特征 5 项，位置公差几何特征 6 项，跳动公差几何特征 2 项，没有基准要求的线、面轮廓度公差属于形状公差，而有基准要求的线、面轮廓度公差则属于方向、位置公差。几何公差几何特性、符号及分类见表 4-1。

表 4-1　几何公差几何特征、符号及分类

公差类别	几何特征	符号	有无基准
形状公差	直线度	—	无
	平面度	▱	无
	圆度	○	无
	圆柱度	⌭	无
	线轮廓度	⌒	无
	面轮廓度	⌓	无
方向公差	平行度	//	有
	垂直度	⊥	有
	倾斜度	∠	有
	线轮廓度	⌒	有
	面轮廓度	⌓	有
位置公差	同心度（用于中心点）	◎	有
	同轴度（用于轴线）	◎	有
	对称度	⌯	有
	位置度	⌖	有或无
	线轮廓度	⌒	有
	面轮廓度	⌓	有
跳动公差	圆跳动	↗	有
	全跳动	⌰	有

三、几何公差的意义和特征

随使用场合的不同，几何公差通常具有两个意义。其最基本的意义是：几何公差是一个以理想要素为边界的平面或空间区域，要求实际要素处处不得超出该区域。任何区域都具有四个特征：形状、大小、方向和位置。在这个意义上，几何公差即几何公差带。其另一个常用意义是：几何公差是一个长度值，要求实际要素的误差不超出该值。在这个意义上，几何公差即几何公差值，是对几何公差带四特征之一——大小的描述。

公差带的形状是由被测要素的理想形状和给定的几何特征项目确定的。常用的公差带的形状主要有 9 种，见图 4-4。

公差带的大小指公差的宽度 t 或直径 ϕt，如图 4-4 所示，t 即公差值。

公差带的方向即评定被测要素误差的方向。对于方向、位置和跳动公差带，其方向由设计给出，应与基准保持设计给定的关系。对于形状公差带，设计不作规定，其方向应遵守评

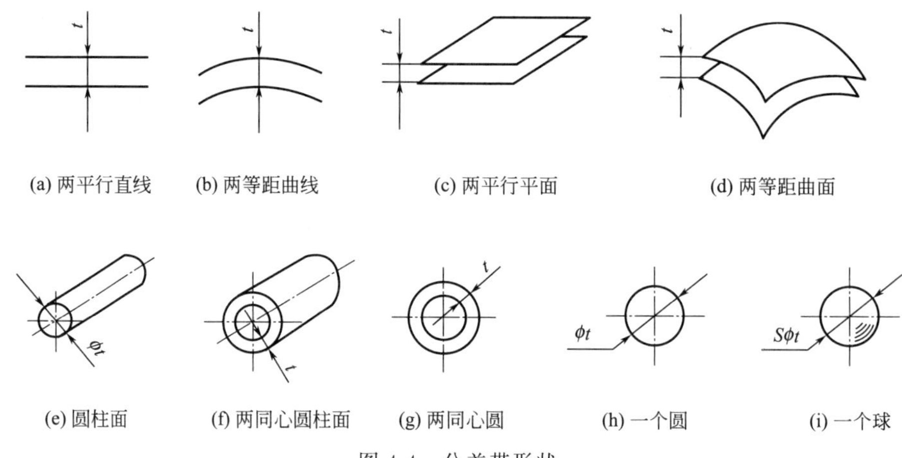

图 4-4 公差带形状

定形状误差的基本原则——最小条件原则。

对于位置公差以及多数跳动公差，其公差带的位置一般由设计确定，与被测要素的实际状况无关，可以称为位置固定的公差带；对于形状公差、方向公差和少数跳动公差，项目本身并不规定公差带位置，其位置随被测实际要素的形状和有关尺寸的大小而改变，可以称为位置浮动的公差带。

四、几何公差的标注

在技术图样上，几何公差应采用代号标注。只有在无法采用代号标注，或者采用代号标注过于复杂时，才允许用文字说明几何公差要求。几何公差代号包括：几何公差有关项目的符号、几何公差框格和指引线、几何公差数值和其他有关符号、基准符号及基准代号。

1. 几何公差框格的标注

几何公差框格有两格或多格，可以水平放置，也可以垂直放置，自左至右依次填写以下内容：第一格为几何特征符号；第二格为公差值（单位为 mm），它是以线性尺寸单位表示的量值，若公差带为圆形或圆柱形，公差值前应加注符号“ϕ”，若公差带为圆球形，公差值前应加注符号“$S\phi$”；第三格和以后各格为基准，用一个字母表示单个基准或用几个字母表示基准体系或公共基准，当采用多基准时，表示基准的大写字母按基准的优先顺序自左至右填写在各框格内，见图 4-5。

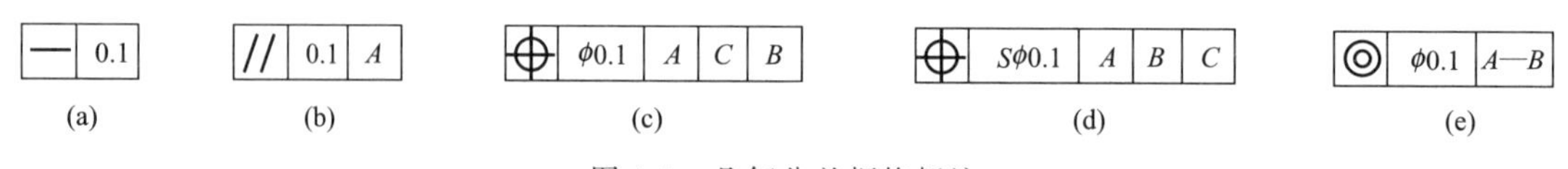

图 4-5 几何公差框格标注

当某项公差应用于几个相同要素时，应在几何公差框格的上方被测要素的尺寸之前注明要素的个数，并在两者之间加上符号“×”，见图 4-6(a)、(b)；若需要限制被测要素在公差带内的形状，应在几何公差框格的下方注明，见图 4-6(c)；若需要就某个要素给出几种几何特征的公差，可将一个几何公差框格放在另一个的下面，见图 4-6(d)。

2. 被测要素的标注

被测要素的标注方法是用指引线连接被测要素和几何公差框格。指引线终端带一箭头，指引线引自框格的任意一侧，引出段垂直于框格，引向被测要素时允许弯折，但不得多于 2

图 4-6 几何公差框格特殊标注

次。用指引线连接被测要素和几何公差框格时，按下列方法标注。

① 当被测要素是轮廓线或轮廓面时，指引线箭头应指向该要素的轮廓线或其延长线，且应与尺寸线明显错开，见图 4-7(a)、(b)。指引线箭头也可指向引自被测面的引出线的水平线，见图 4-7(c)。

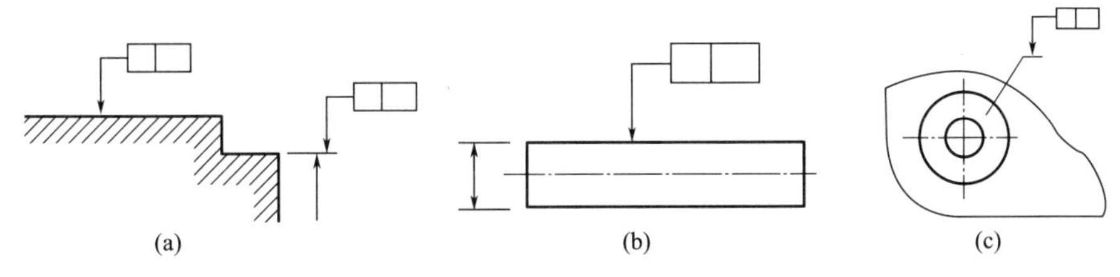

图 4-7 被测要素是轮廓线或轮廓面的标注

② 当被测要素为中心线、中心面或中心点时，指引线箭头应位于相应尺寸线的延长线上，见图 4-8。

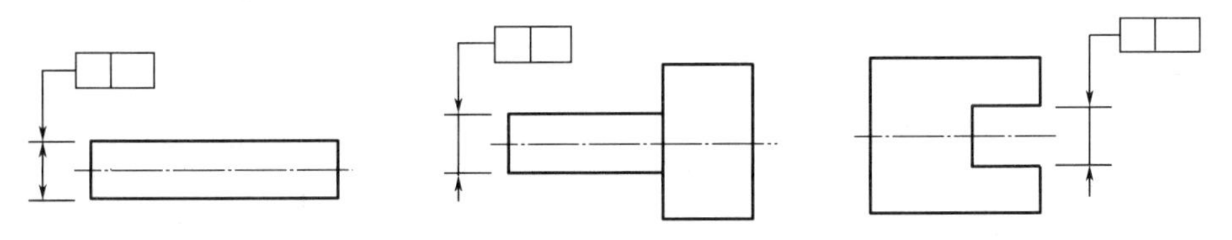

图 4-8 被测要素是中心线、中心面或中心点的标注

③ 指引线的箭头应指向几何公差带的宽度方向或直径方向。当指引线的箭头指向公差带的宽度时，公差框格中的几何公差值只写出数字，见图 4-9(a)。当指引线的箭头指向圆形或圆柱形公差带的直径时，则在几何公差值的数字前面标注符号“ϕ”，当指引线的箭头指向球形公差带的直径时，则在几何公差值的数字前面标注符号“Sϕ”，见图 4-9(b)。

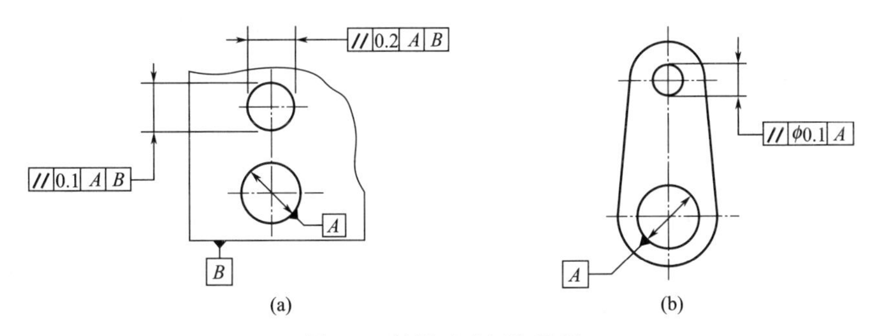

图 4-9 被测要素标注示例

3. 基准的标注

与被测要素相关的基准用一个大写字母表示。字母标注在基准方格内，与一个涂黑的或空白的三角形相连以表示基准，涂黑的和空白的基准三角形含义相同，见图 4-10；表示基

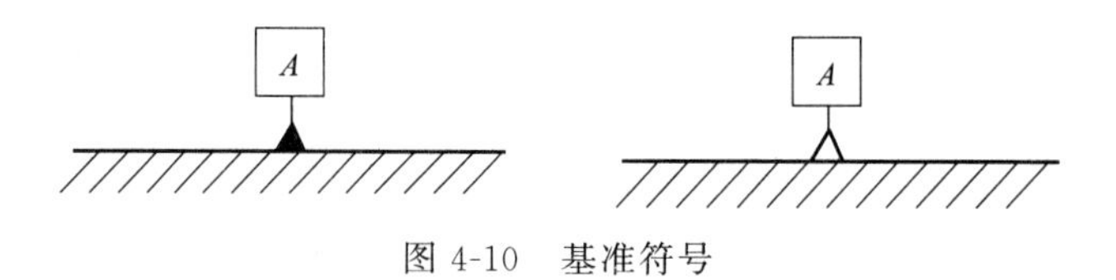

图 4-10 基准符号

准的字母还应标注在几何公差框格内。

在使用基准符号标注时，应按照下列方法进行。

① 当基准要素是轮廓线或轮廓面时，基准三角形放置在要素的轮廓线或其延长线上，且要与尺寸线明显错开，见图 4-11(a)；基准三角形也可放置在该轮廓面引出线的水平线上，见图 4-11(b)。

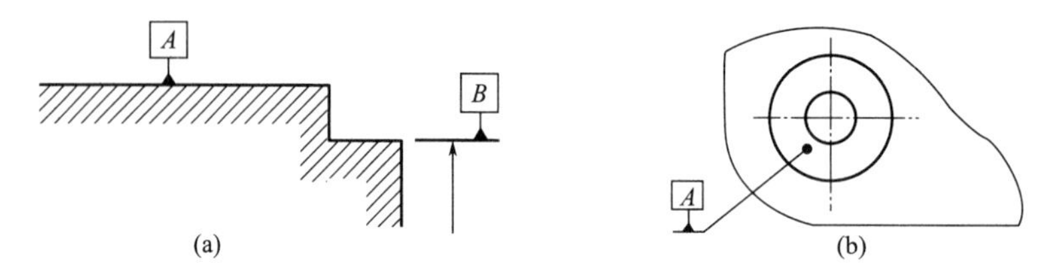

图 4-11 基准符号的标注（一）

② 当基准是尺寸要素确定的轴线、中心平面或中心点时，基准三角形应放置在该尺寸线的延长线上，见图 4-12；若没有足够的位置标注基准要素尺寸的两个尺寸箭头，则其中一个箭头可用基准三角形代替，见图 4-12(b)、(c)。

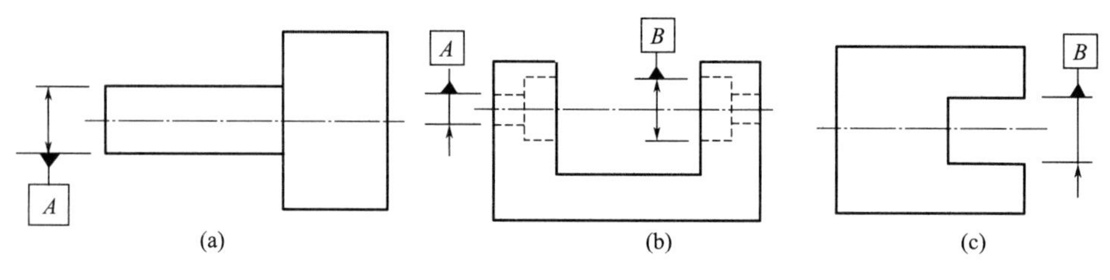

图 4-12 基准符号的标注（二）

4. 特殊标注方法

① 如果轮廓度特征适用于横截面的整周轮廓或由该轮廓所示的整周表面时，应采用“全周”符号表示。“全周”符号并不包括整个工件的所有表面，只包括由轮廓和公差标注所表示的各个表面，见图 4-13。

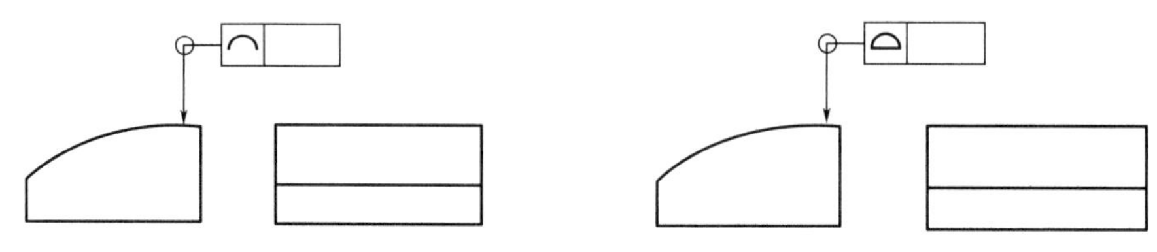

图 4-13 “全周”符号图样标注

② 以螺纹轴线为被测要素或基准要素时，默认为螺纹中径圆柱的轴线，否则应另有说明，例如用“MD”表示大径，用“LD”表示小径，见图 4-14。以齿轮、花键轴线为被测要素或基准要素时，需要说明所指的要素，如用“PD”表示节径，用“MD”表示大径，用“LD”表示小径。

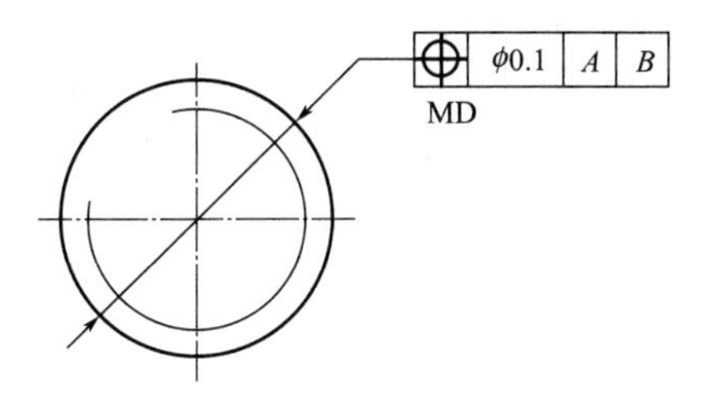

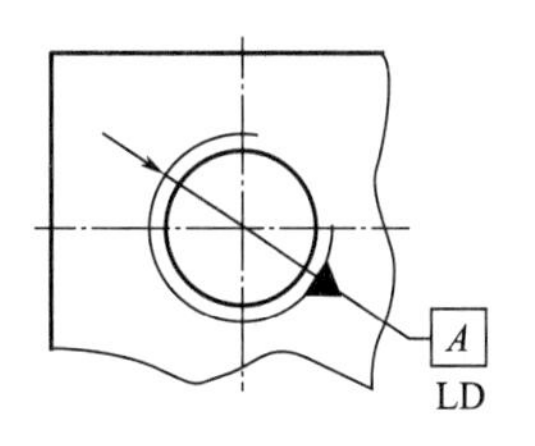

图 4-14　螺纹轴线为被测要素或基准要素的标注

③ 理论正确尺寸。当给出一个或一组要素的位置、方向或轮廓度公差时，分别用来确定其理论正确位置、方向或轮廓的尺寸称为理论正确尺寸，用 TED 表示。它也用于确定基准体系中各基准之间的方向、位置关系。TED 没有公差，并标注在一个方框中，见图 4-15。

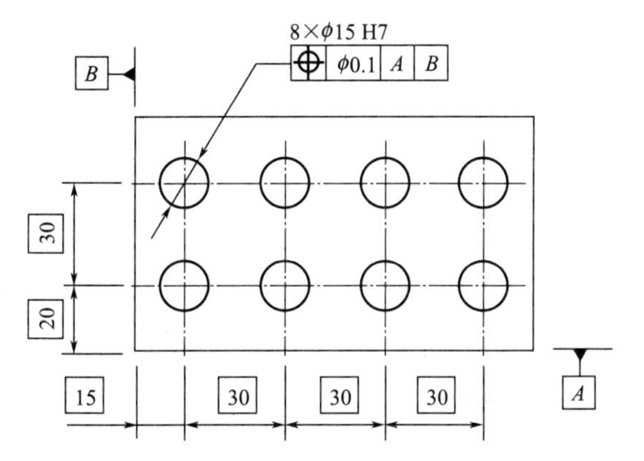

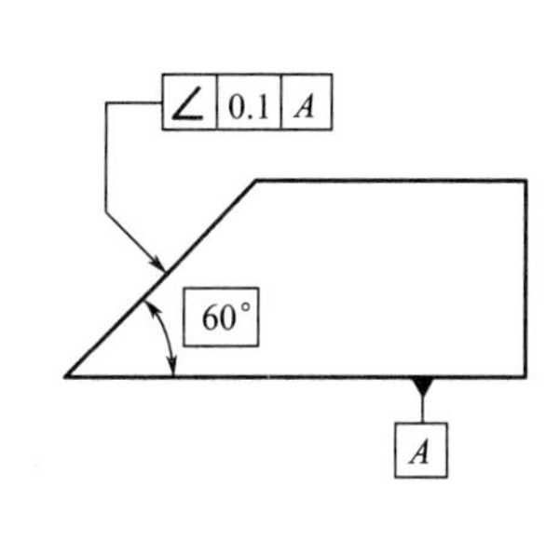

图 4-15　理论正确尺寸的标注

④ 限制性规定。需要对整个被测要素上任意限定范围标注同样几何特征的公差时，可在公差值的后面加注限定范围的线性尺寸值，并在两者间用斜线隔开，见图 4-16(a)。若标注的是两项或两项以上同样几何特征的公差，可直接在整个要素公差框格的下方放置另一个几何公差框格，见图 4-16(b)。

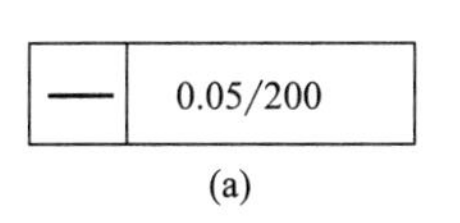

(a)

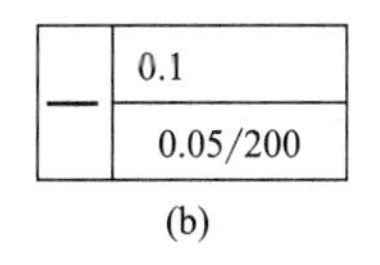

(b)

图 4-16　限制性规定的标注

如果给出的公差仅适用于要素的某一指定局部，应采用粗点画线示出该局部的范围，并加注尺寸，见图 4-17。如果只以要素的某一局部作基准，则应用粗点画线示出该部分并加注尺

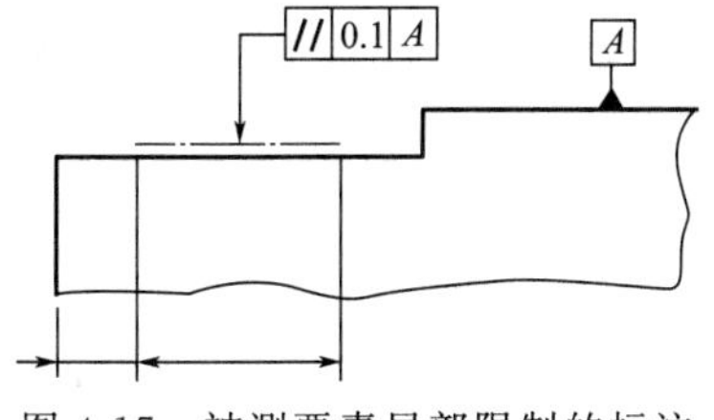

图 4-17　被测要素局部限制的标注

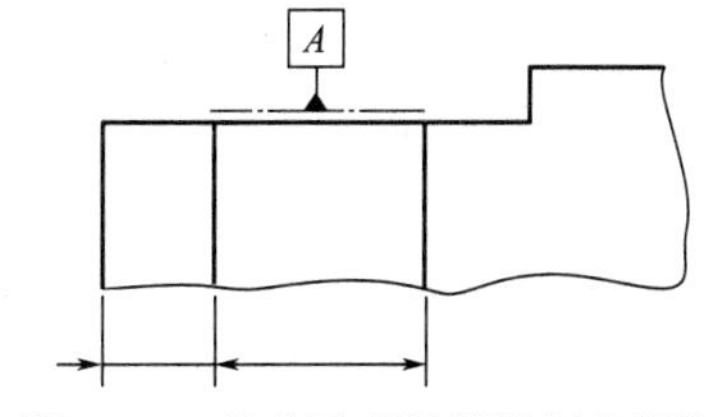

图 4-18　基准要素局部限制的标注

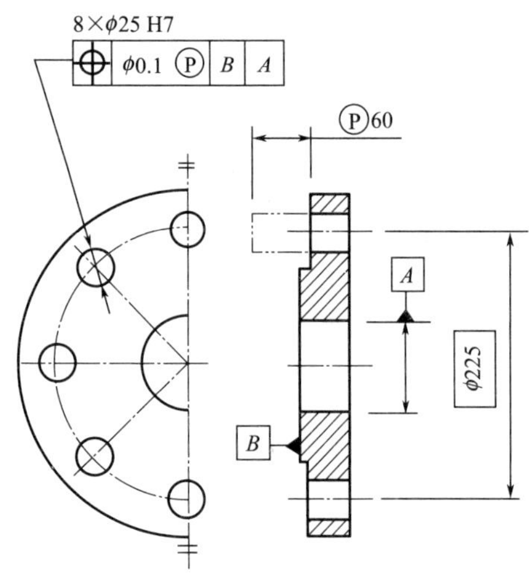

图 4-19 延伸公差带的标注

寸，见图 4-18。

⑤ 延伸公差带。延伸公差带是指将被测要素的公差带延伸到工件实体之外，用所给定的公差带同时控制工件在实体部分和实体外部总长度上的几何误差，以保证装配时相配件与该零件能顺利装入。它一般用于保证键和螺栓、螺柱、螺钉、销等紧固件在装配时避免干涉，它必须与几何公差联合应用。延伸公差带用符号“Ⓟ”表示，该符号应置于图样上几何公差框格中的几何公差值后面。延伸公差带的最小延伸范围和位置应在图样上相应视图中用细双点画线表示，并标注相应的延伸尺寸及在该尺寸前加注符号“Ⓟ”，见图 4-19。

⑥ 一个几何公差框格可以用于具有相同几何特征和公差值的若干个分离要素，见图 4-20(a)；若干个分离要素给出单一公差带时，可按图4-20(b)所示在几何公差框格内公差值的后面加注公共公差带的符号“CZ”。

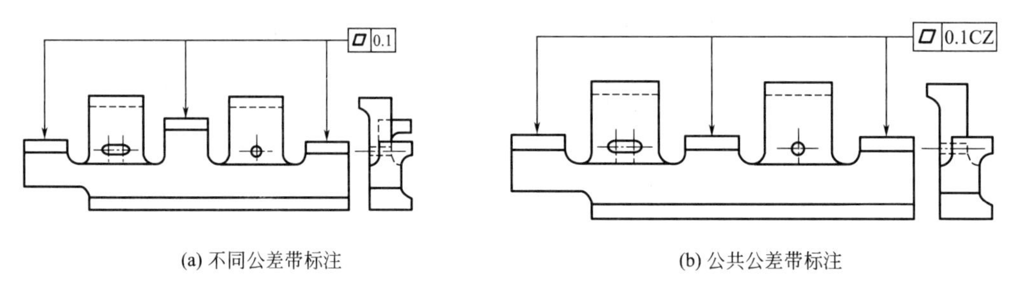

(a) 不同公差带标注 (b) 公共公差带标注

图 4-20 同一公差控制几个要素

第二节 形状公差

一、形状公差带定义

形状公差是指单一实际要素（如轴线、平面、圆柱面、曲面等）的形状对其理想要素所允许的变动量。形状公差（包括没有基准要求的线、面轮廓度）共有 6 项。由于形状误差的多样化使形状公差带也有各种不同的形状，实际形状的误差必须限制在规定的形状公差带以内。

1. 形状公差带

直线度、平面度、圆度和圆柱度等形状公差都是单一要素，它们都不涉及基准，它们的理想被测要素的形状不涉及尺寸，公差带的方向位置是浮动的（用公差带判定实际被测要素是否位于它的区域内时，它的方位可以随实际被测要素方位的变动而变动）。直线度、平面度、圆度和圆柱度公差带的定义、标注和解释见表 4-2。

2. 线轮廓度公差带和面轮廓度公差带

线轮廓度公差和面轮廓度公差涉及的要素是曲线和曲面。当其无基准要求时为形状公差，其公差带的形状由理论正确尺寸确定，而方向和位置是浮动的；当其有基准要求时为方

表 4-2　直线度、平面度、圆度和圆柱度公差带的定义、标注和解释

几何特征	公差带的定义	标注及解释
直线度	公差带为在给定平面内和给定方向上，间距等于公差值 t 的两平行直线所限定的区域 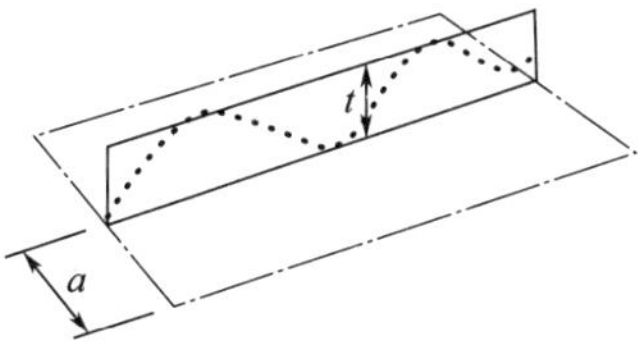 a 为任一距离	在任一平行于图示投影面的平面内，上平面的实际线应限定在间距等于 0.1mm 的两平行直线之间 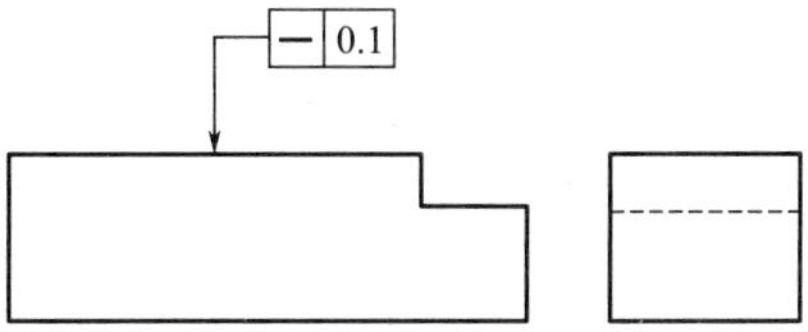 — 0.1
	在给定方向上，公差带为间距等于公差值 t 的两平行平面所限定的区域 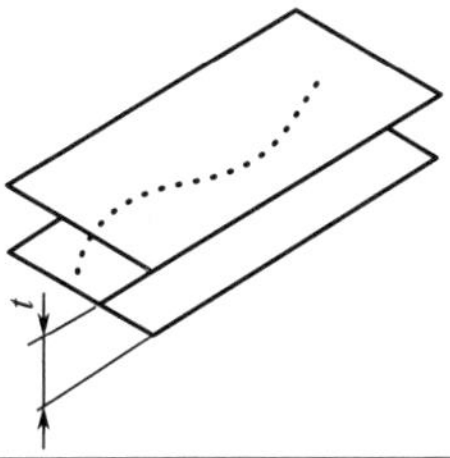	实际的棱边应限定在间距等于 0.1mm 的两平行平面之间 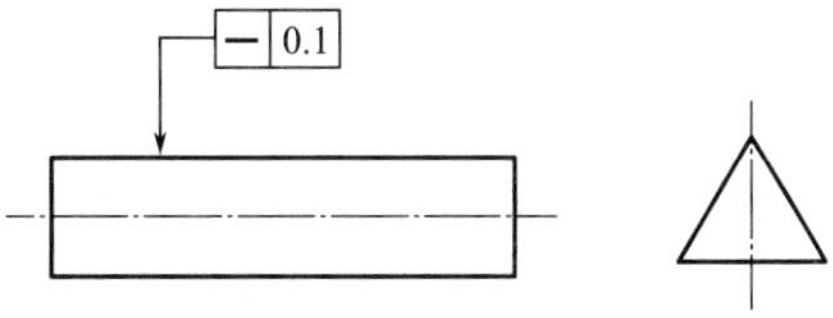 — 0.1
	在任意方向上，公差带为直径等于公差值 ϕt 的圆柱面所限定的区域 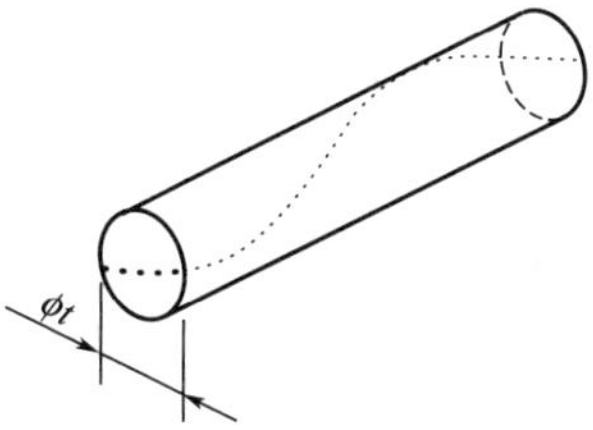	外圆柱面的实际中心线应限定在直径等于 ϕ0.08mm 的圆柱面内 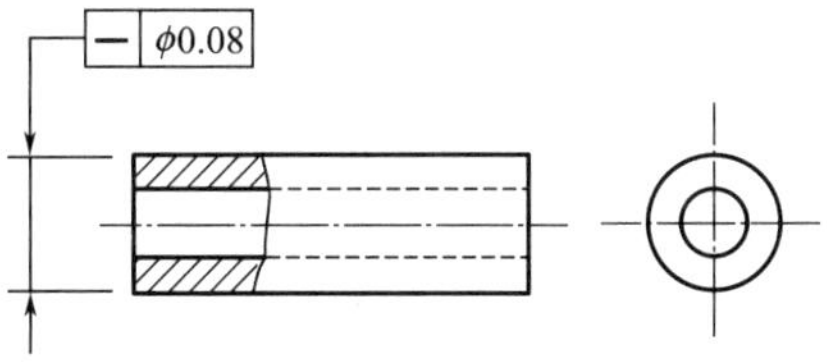 — ϕ0.08
平面度	公差带为间距等于公差值 t 的两平行平面所限定的区域 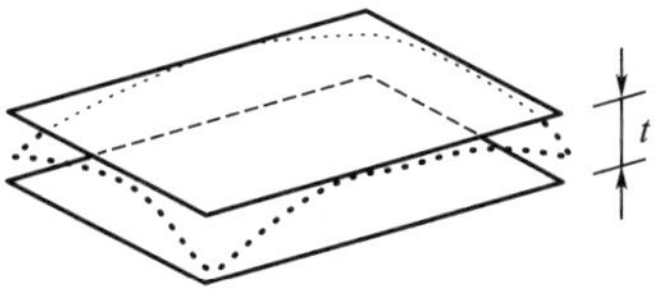	实际表面应限定在间距等于 0.08mm 的两平行平面之间 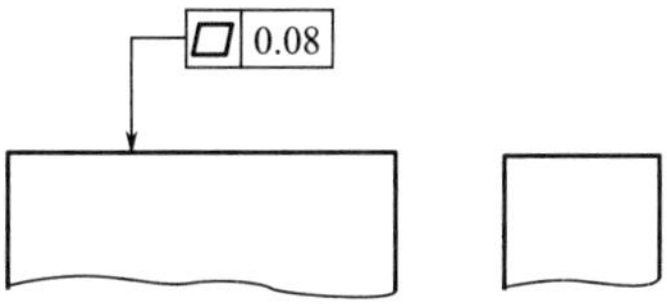 ▱ 0.08
圆度	公差带为在给定横截面内、半径差等于公差值 t 的两同心圆所限定的区域 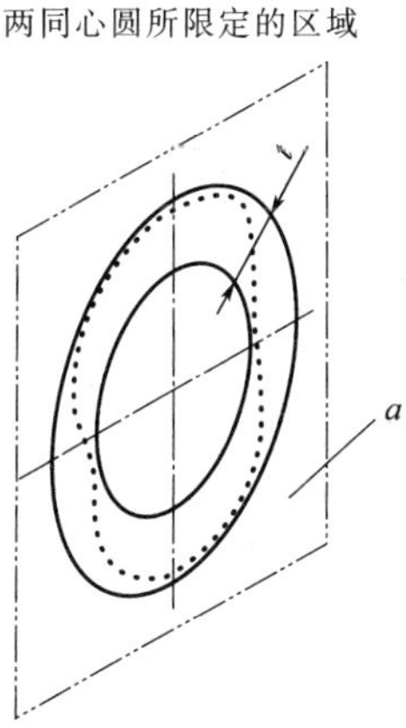 a 为任一横截面	在圆柱面和圆锥面的任意横截面内，实际圆周应限定在半径差等于 0.03mm 的两共面同心圆之间 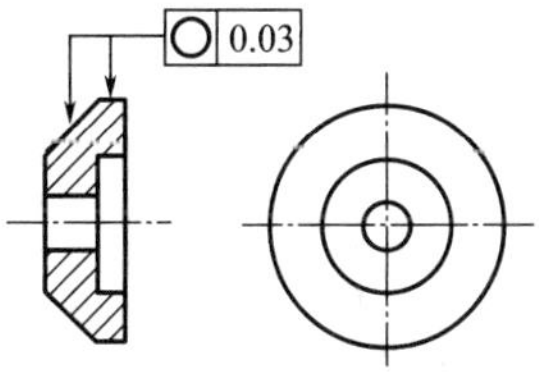 ○ 0.03 在圆锥面的任意横截面内，实际圆周应限定在半径差等于 0.1mm 的两同心圆之间 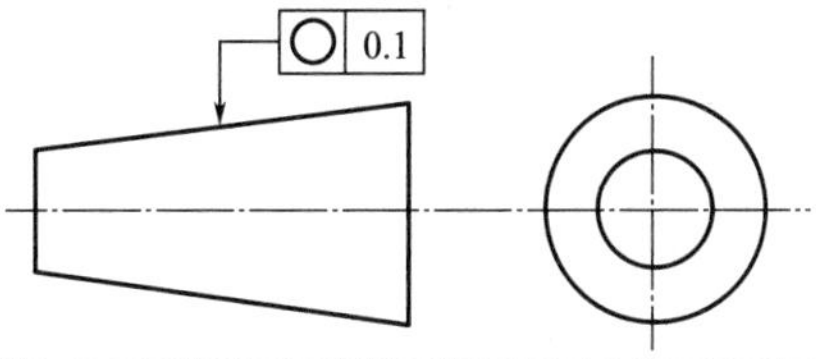 ○ 0.1

续表

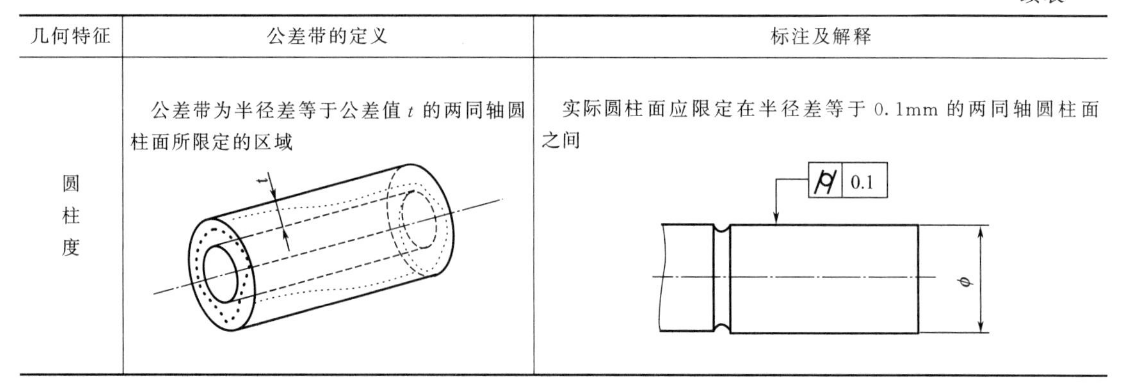

几何特征	公差带的定义	标注及解释
圆柱度	公差带为半径差等于公差值 t 的两同轴圆柱面所限定的区域	实际圆柱面应限定在半径差等于 0.1mm 的两同轴圆柱面之间

向或位置公差，其公差带的形状、方向和位置由理论正确尺寸和基准确定，是固定的。线轮廓度和面轮廓度公差带的定义、标注和解释见表 4-3。

表 4-3 线轮廓度和面轮廓度公差带的定义、标注和解释

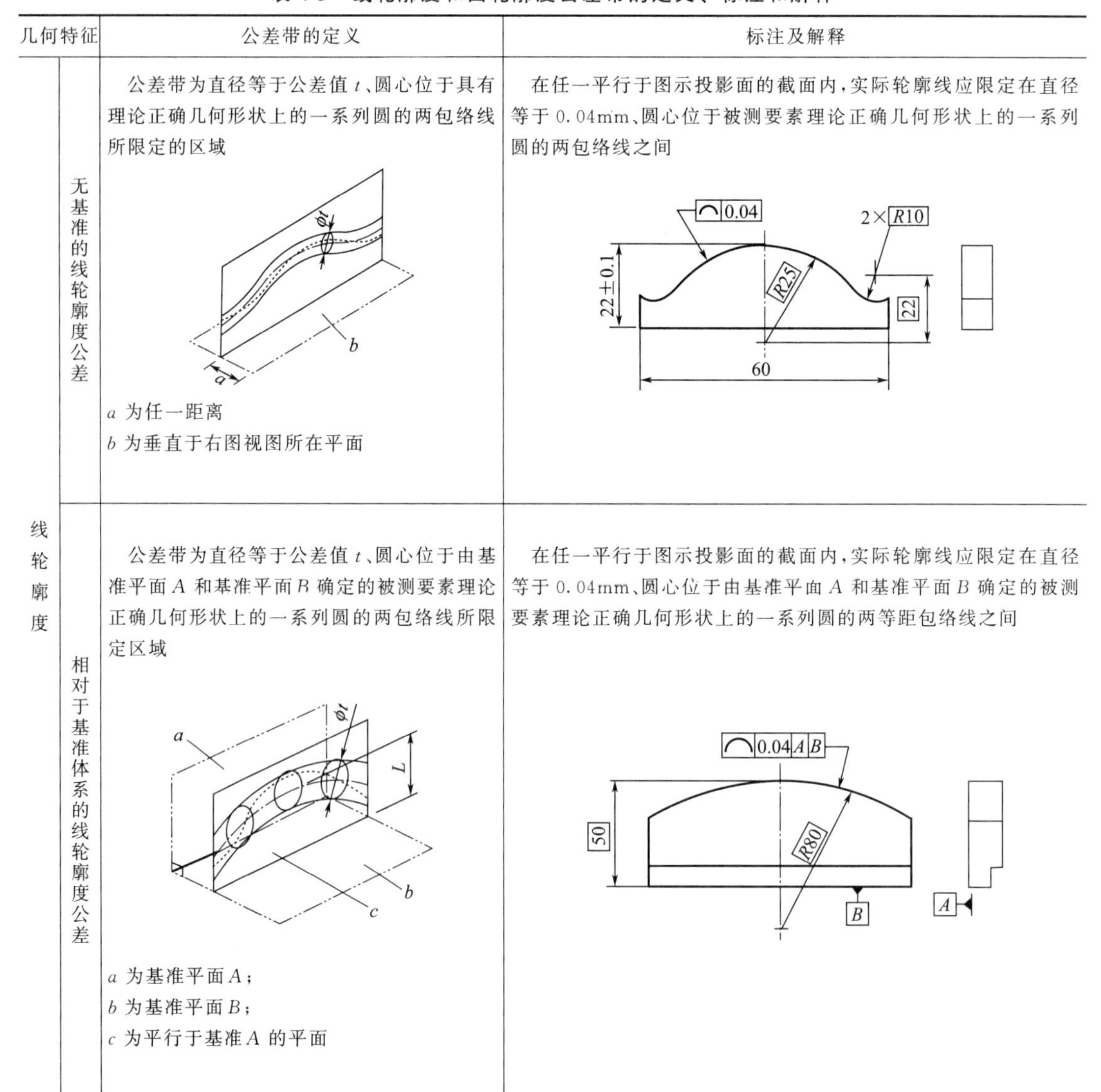

几何特征		公差带的定义	标注及解释
线轮廓度	无基准的线轮廓度公差	公差带为直径等于公差值 t、圆心位于具有理论正确几何形状上的一系列圆的两包络线所限定的区域 a 为任一距离 b 为垂直于右图视图所在平面	在任一平行于图示投影面的截面内，实际轮廓线应限定在直径等于 0.04mm、圆心位于被测要素理论正确几何形状上的一系列圆的两包络线之间
	相对于基准体系的线轮廓度公差	公差带为直径等于公差值 t、圆心位于由基准平面 A 和基准平面 B 确定的被测要素理论正确几何形状上的一系列圆的两包络线所限定区域 a 为基准平面 A； b 为基准平面 B； c 为平行于基准 A 的平面	在任一平行于图示投影面的截面内，实际轮廓线应限定在直径等于 0.04mm、圆心位于由基准平面 A 和基准平面 B 确定的被测要素理论正确几何形状上的一系列圆的两等距包络线之间

续表

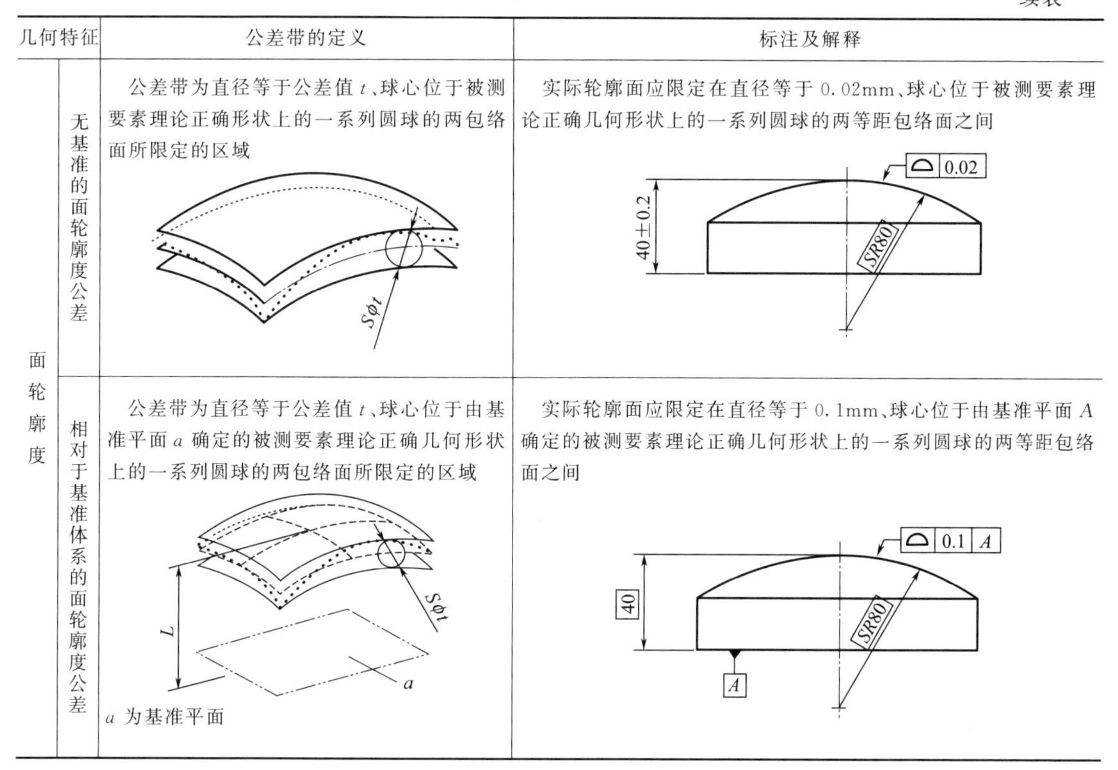

几何特征		公差带的定义	标注及解释
面轮廓度	无基准的面轮廓度公差	公差带为直径等于公差值 t、球心位于被测要素理论正确形状上的一系列圆球的两包络面所限定的区域	实际轮廓面应限定在直径等于 0.02mm、球心位于被测要素理论正确几何形状上的一系列圆球的两等距包络面之间
	相对于基准体系的面轮廓度公差	公差带为直径等于公差值 t、球心位于由基准平面 a 确定的被测要素理论正确几何形状上的一系列圆球的两包络面所限定的区域 a 为基准平面	实际轮廓面应限定在直径等于 0.1mm、球心位于由基准平面 A 确定的被测要素理论正确几何形状上的一系列圆球的两等距包络面之间

二、形状误差的评定

形状误差是指被测实际要素对其理想要素的变动量。形状误差值若小于或等于相应的形状公差值，则认为被测要素合格。

被测的实际要素是机械零件上客观存在的零件几何要素，而理想要素则是设计者给定的理想形态。理想要素相对于实际要素的位置不同，评定的形状误差值也不相同。为了使形状误差的评定结果唯一，同时又能最大限度地避免工件被误废，国家标准规定：最小条件是评定形状误差的基本原则。

最小条件是指被测实际要素对其理想要素的最大变动量为最小。形状误差值用最小包容区域（简称最小区域）的宽度或直径表示。最小区域是指包容被测提取要素时，具有最小宽度 f 或直径 ϕf 的包容区域。各种形状误差项目最小区域的形状分别和各自的公差带形状一致，但宽度（或直径）由被测实际要素本身决定。现以给定平面内的直线度为例来说明，如图 4-21 所示，被测要素的理想要素为直线，其位置有多种情况，如图中 A_1B_1、A_2B_2、A_3B_3，用它们评定的直线度误差值分别为 h_1、h_2、h_3。这些理想直线中必有一条（也只有

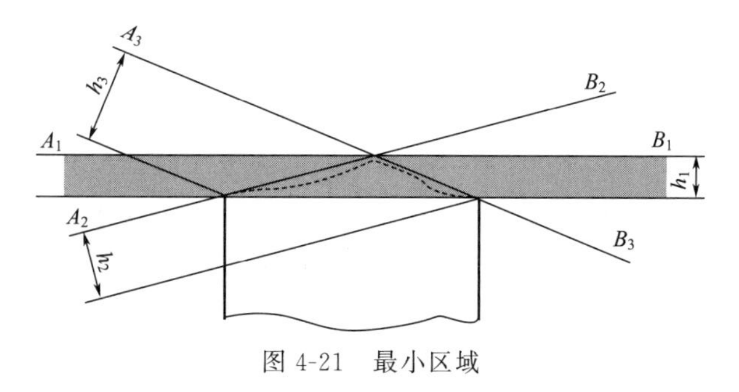

图 4-21　最小区域

一条）理想直线即直线 A_1B_1 能使实际被测直线对它的最大变动量为最小（$h_1<h_2<h_3$），因此理想直线 A_1B_1 的位置符合最小条件，实际被测直线的直线度误差值为 h_1。这种评定形状误差的方法称为最小区域法。

用最小条件评定的形状误差结果为最小并且是唯一的稳定的数值，用这个原则评定形状误差可以最大限度地通过合格件。但在许多情况下，又可能使检测和数据处理复杂化。因此，允许在满足零件功能要求的前提下，用近似最小区域的方法来评定形状误差值。近似方法得到的误差值，只要小于公差值，零件在使用中会更趋可靠；但若大于公差值，则在仲裁时应按最小条件原则。

1. 给定平面内直线度误差值的评定

直线度误差的评定方法有最小包容区域法、最小二乘法和两端点连线法。其中最小包容区域法的评定结果小于或等于其他两种评定方法。

当用最小包容区域来评定给定平面内直线度误差值时，其判别准则如图 4-22 所示：在给定平面内，由两理想的平行直线包容实际被测直线时，实际被测直线呈高-低-高或低-高-低相间接触形式，则这两条平行直线之间的区域即为最小包容区域，该区域的宽度 f_{MZ} 即为给定平面内直线度误差值。

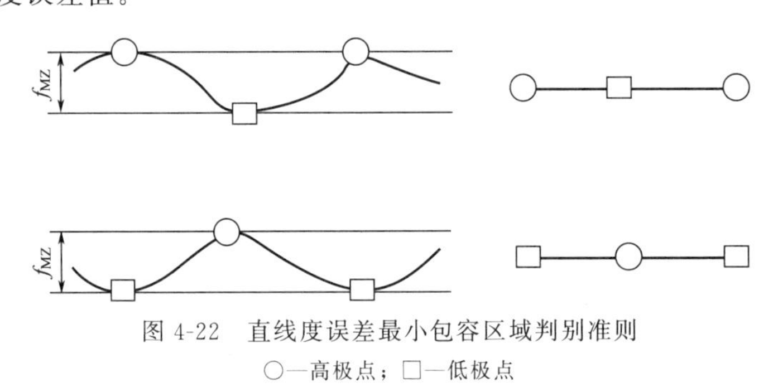

图 4-22 直线度误差最小包容区域判别准则

○—高极点；□—低极点

【例题 4-1】 用分度值 $i=0.01$ mm/m 的合像水平仪检测某 800mm 长导轨的直线度，桥板跨距为 100mm，将被测导轨等距分成 8 个测段，测得数据见表 4-4，求导轨的直线度误差。

解： 首先将测得数据进行处理，处理方法与结果见表 4-4。

表 4-4 测量数据及数据处理

点序	0	1	2	3	4	5	6	7	8
顺测仪器读数/格	—	513	516	512	519	508	502	515	517
回测仪器读数/格	—	511	514	510	517	510	500	513	517
读数平均值/格	—	512	515	511	518	509	501	514	517
相对差/格	0	0	+3	−1	+6	−3	−11	+2	+5
累计值/格	0	0	+3	+2	+8	+5	−6	−4	+1

在坐标纸上描出表 4-4 所列累计值，将相邻的两点连线得到误差折线。当按照最小条件评定时，有两条平行直线包容被测直线，该实际线至少有高低相间的三点，该图中 1、6 两点为低点，4 点为高点，根据此三点作两平行线，则两平行线在纵坐标上的截距为 a，如图 4-23 所示，$a=12$ 格，则被测导轨的直线度误差为：

$$f_{-}=h=iLa=(0.01/1000)\times 100\times 12\times 10^3=12\ (\mu m)$$

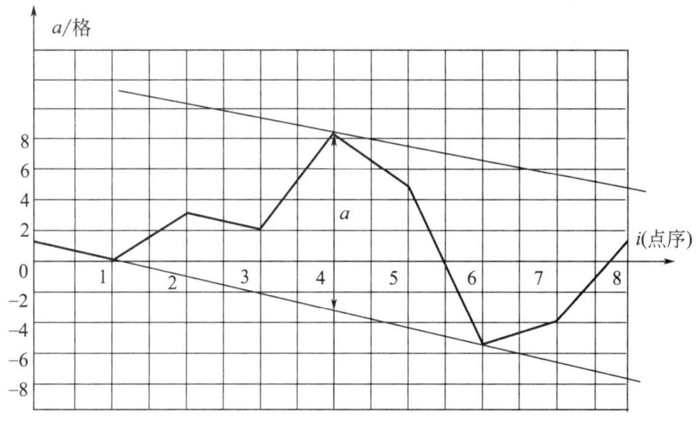

图 4-23　误差折线图

2. 平面度误差值的评定

平面度误差的评定方法有：最小包容区域法、最小二乘法、对角线平面法和三远点平面法。其中最小包容区域法的评定结果小于或等于其他三种评定方法。

当用最小包容区域来评定平面度误差值时，由两平行平面包容实际表面时，至少有三点或四点与之接触，有下列三种准则：

(1) 三角形准则　至少有三个高（低）极点与一个平面接触，有一个低（高）极点与另一个平面接触，并且这一个低（高）极点的投影落在上述三个高（低）极点连成的三角形内，或者落在该三角形的一条边上，见图 4-24(a)。

(2) 交叉准则　成相互交叉形式的两个高极点与两个低极点，即至少有两个高极点和两个低极点分别与这两个平行平面接触，并且两个高极点的连线和两个低极点的连线在空间呈交叉状态，见图 4-24(b)。

(3) 直线准则　成直线排列的两个高极点与一个低极点（或相反），即有两个高（低）极点与两个平行包容平面中的一个平面接触，还有一个低（高）极点与另一个平面接触，且该低（高）点的投影落在两个高（低）极点的连线上，见图 4-24(c)。

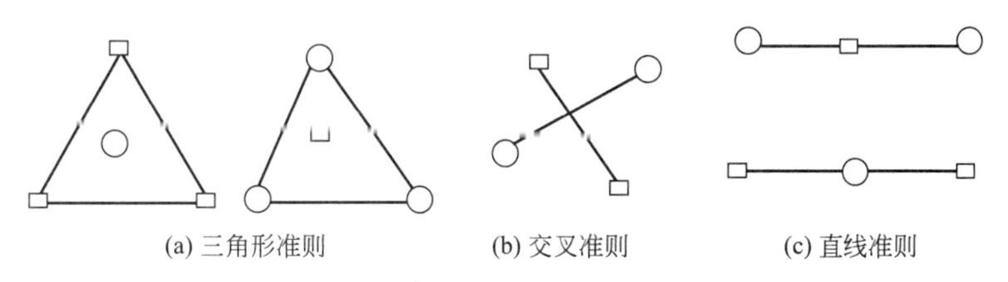

图 4-24　平面度误差最小包容区域判别准则

○—高极点；□—低极点

【例题 4-2】　在基准平面上，用千分表测量一块 400mm×400mm 的平板，测得数据如图 4-25(a) 所示，求该平板的平面度误差。

解： 根据图 4-25(a)，初步判断被测表面为中凸平面。具有三个最低点 a_3、b_1、c_2 和一个最高点 b_2，故选用三角形准则判断最小区域。

为了容易判定被测表面的类型，可将各点的数据同减一最大值，使全部数据变为同号，此例减“80”，得到图 4-25(b)。数值中有“−110”和“−120”两个最低点，先使这两点旋转成等高点，所以选 c_1-a_3 为Ⅰ—Ⅰ为旋转轴。为了使旋转后的上述两点等高，其旋转量

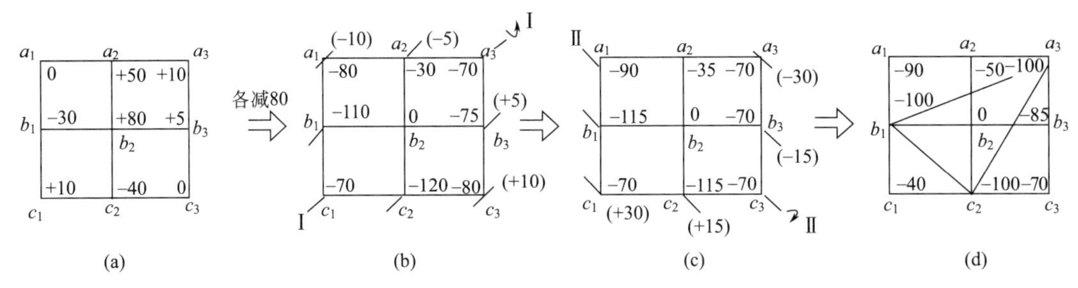

图 4-25 旋转法数据处理

S 为：

$$S=\left|\frac{m_1-m_2}{i_1+i_2}\right|=\left|\frac{-110-(-120)}{1+1}\right|=5$$

式中 m_1，m_2——要旋转成等高的两点的值；

i_1，i_2——两点距旋转轴的距离。

c_2，b_3 的旋转量为+5，c_3 为“+10”，b_1，a_2 的旋转量为“−5”、a_1 为“−10”，如图 4-25(b) 所示。经过旋转后各测点的新坐标值如图 4-25(c) 所示。为使三个最低点等值，选定 a_1-c_3 为Ⅱ—Ⅱ为转轴，进行第二次旋转。旋转量为：

$$S=\left|\frac{m_1-m_2}{i_1+i_2}\right|=\left|\frac{-115-(-70)}{1+2}\right|=15$$

经转换后的各点新坐标值如图 4-25(d) 所示。此时由图中可以看出，已符合三角形判断准则，则平面度误差为：

$$f_{\square}=0-(-100)=100\ (\mu\text{m})$$

3. 圆度误差值的评定

圆度误差值是根据从一特定圆心算起，以包容记录图形两同心圆的最大和最小半径差来确定的。圆度误差值采用最小包容区域法来评定时，其判别准则如图 4-26 所示：由两个同心圆包容实际被测圆时，实际被测圆上至少有四个极点内、外相间地与这两个同心圆接触，则这两个同心圆之间的区域即为最小包容区域，该区域的宽度 f 即这两个同心圆的半径差就是符合定义的圆度误差值。

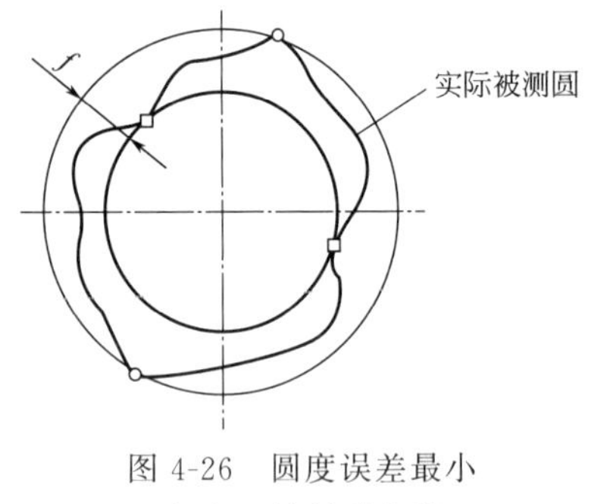

图 4-26 圆度误差最小包容区域判别准则

圆度误差值还可以用最小二乘圆法、最小外接圆法或最大内接圆法来评定。

4. 圆柱度误差值的评定

圆柱度误差值可按最小包容区域法评定，即作半径差为最小的两同轴圆柱面包容实际被测圆柱面，构成最小包容区域，最小包容区域的径向宽度即为符合定义的圆柱度误差值。但是，按最小包容区域法评定圆柱度误差值比较麻烦，通常采用近似法评定。

采用近似法评定圆柱度误差值时，是将测得的实际轮廓投影于与测量轴线相垂直的平面上，然后按评定圆度误差的方法，用透明板上的同心圆去包容实际轮廓的投影，并使其构成最小包容区域，即内外同心圆与实际轮廓线投影至少有四点接触，内、外同心圆的半径差即为圆柱度误差值，显然，这样的内、外同心圆是假定的共轴圆柱面，而所构成的最小包容区域的轴线，又与测量基准轴线的方向一致，因而评定的圆柱度误差值略有增大。

第三节　方向公差

一、基准

1. 基准的种类

基准是确定要素间几何关系的依据。根据关联被测要素所需基准的个数及构成某基准的零件上要素的个数，图样上标出的基准可归纳以下三种。

（1）单一基准　由单个要素构成、单独作为某被测要素的基准，这种基准称为单一基准。如表 4-5 中的面对面平行度的基准即是由一个平面建立的基准。

（2）组合基准（或称公共基准）　由两个或两个以上要素（理想情况下这些要素共线或共面）构成、起单一基准作用的基准称为组合基准，如表 4-7 中径向全跳动的基准轴线即是由两端轴颈的轴线构成。在几何公差框格中标注时，将各个基准字母用横线相连并写在同一格内，以表示作为单一基准使用。

（3）基准体系　若某被测要素需由两个或三个相互间具有确定关系的基准共同确定，这种基准称为基准体系。常见的形式有：相互垂直的两个平面基准或三个平面基准，相互垂直的一个直线基准和一个平面基准。基准体系中的各个基准，可以由单个要素构成，也可由多个要素构成，若由多个要素构成，按组合基准的形式标注。图 4-27 所示为由三个相互垂直的平面所构成的基准体系——三基面体系。三基面体系中，每一个平面都是基准平面，每两个基准平面的交线构成一条基准轴线，三条基准轴线的交点构成基准点。

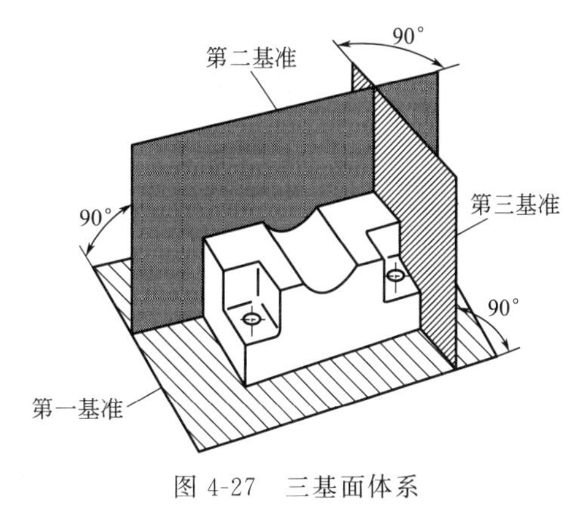

图 4-27　三基面体系

应用基准体系时，要特别注意基准的顺序，一般选择对被测要素的使用要求影响最大或定位最稳的平面作为第一基准，影响次之或窄而长的平面作为第二基准，影响最小仅为辅助定位的平面作为第三基准。填在框格第三格的称为第一基准，填在其后的依次称为第二、三（如果有）基准。基准顺序重要性的原因在于实际基准要素自身存在形状误差，实际基准要素之间存在的方向误差；仅改变基准顺序，就可能造成零件加工工艺（包括工装）的改变，并且也会影响到零件的功能。

2. 基准的体现

实际基准要素也是经过实际加工出来的，所以其不可避免地存在一定的形状误差（有时还存在方向误差）。如果以存在形状误差的实际基准要素作为基准，则难以确定实际关联要素的方位，所以要采用一定的方法来体现基准。基准体现方法有模拟法、直接法、分析法和目标法 4 种。

模拟法通常采用具有足够精确形状的表面来体现基准。例如，基准平面可用与基准提取表面接触的平台、平板工作平面来模拟体现，见图 4-28；孔的基准轴线可用可膨胀式心轴或与孔成无间隙配合的圆柱形心轴的轴线来模拟体现，见图 4-29；轴的基准轴线可用 V 形块或 L 形块来体现，见图 4-30。

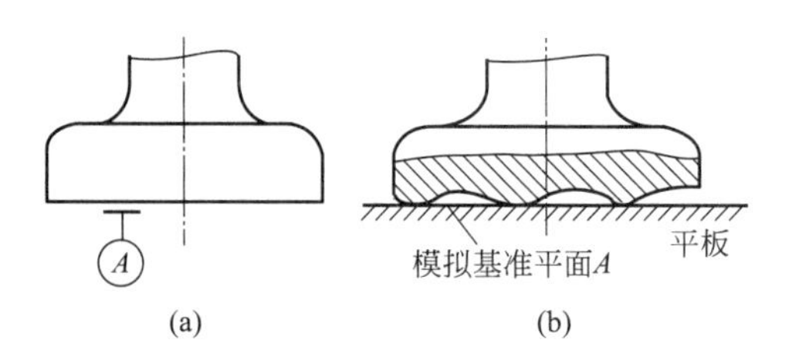

图 4-28 用平板模拟基准平面

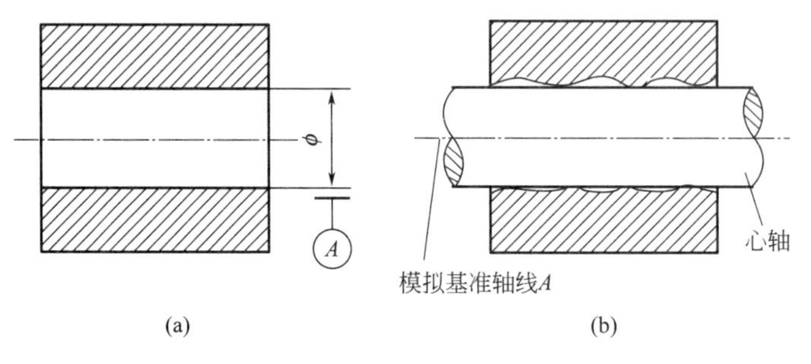

图 4-29 用心轴模拟基准孔轴线

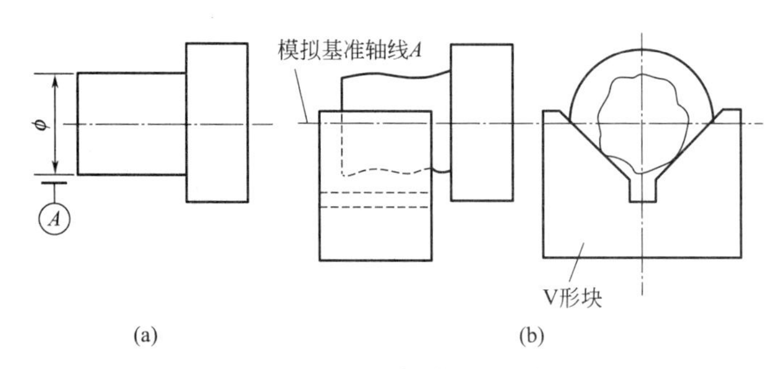

图 4-30 用 V 形架模拟基准轴线

二、方向公差

方向公差是关联实际被测要素对其具有确定方向的理想要素的允许变动量。方向公差包括平行度、垂直度、倾斜度、线轮廓度（有基准要求）和面轮廓度（有基准要求），有基准要求的线轮廓度和面轮廓度公差带的定义、标注和解释见表 4-3。平行度、垂直度、倾斜度的被测要素和基准要素有直线和平面之分，因此有被测直线相对于基准直线（线对线）、被测直线相对于基准平面（线对面）、被测平面相对于基准直线（面对线）、被测平面相对于基准平面（面对面）四种形式。

方向公差带具有如下特点：

① 方向公差带相对于基准有确定的方向，即平行度相对于基准保持平行，垂直度相对于基准保持垂直，倾斜度相对于基准倾斜一理论正确角度，并且在相对于基准保持定向的条件下，公差带的位置是可以浮动的。

② 方向公差能综合控制被测要素的方向和形状误差，即若被测要素的方向误差 f 不超过方向公差 t，其自身的形状也不超过 t。因此当对某一被测要素规定方向公差时，通常不再对该要素规定形状公差，如果在功能上需要对形状精度有进一步要求，则可同时给出形状公差，但形状公差值一定小于方向公差值。

平行度、垂直度、倾斜度公差带的定义、标注和解释见表 4-5。

表 4-5　平行度、垂直度、倾斜度公差带的定义、标注和解释

几何特征		公差带的定义	标注及解释
平行度	线对线平行度公差	在任意方向上，公差带为平行于基准轴线、直径等于公差值 ϕt 的圆柱面所限定的区域 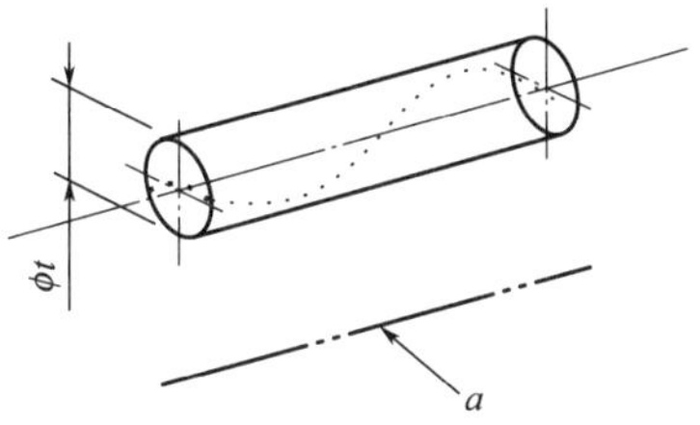 a 为基准轴线	实际中心线应限定在平行于基准轴线 A、直径等于 $\phi 0.03$mm 的圆柱面内 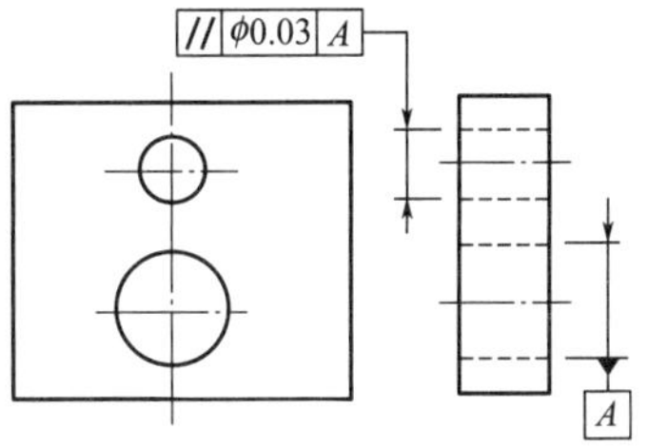
	线对面平行度公差	公差带为平行于基准平面、间距等于公差值 t 的两平行平面所限定的区域 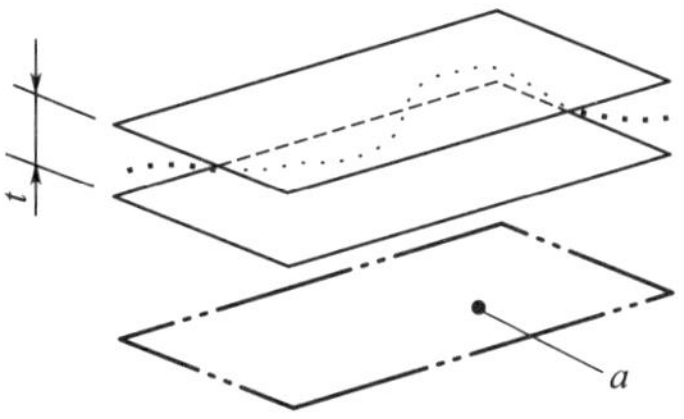 a 为基准平面	实际中心线应限定在平行于基准平面 B、间距等于 0.01mm 的两平行平面之间 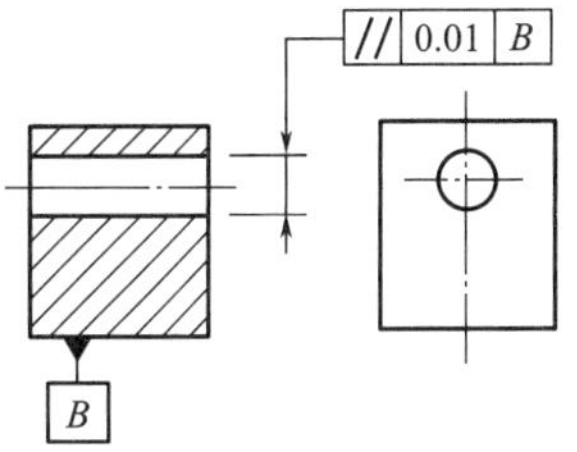
	面对线平行度公差	公差带为间距等于公差值 t、平行于基准轴线的两平行平面所限定的区域 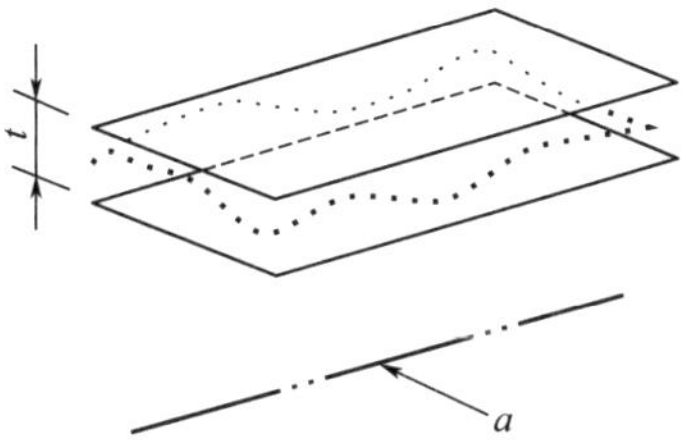 a 为基准轴线	实际表面应限定在间距等于 0.1mm、平行于基准轴线 C 的两平行平面之间 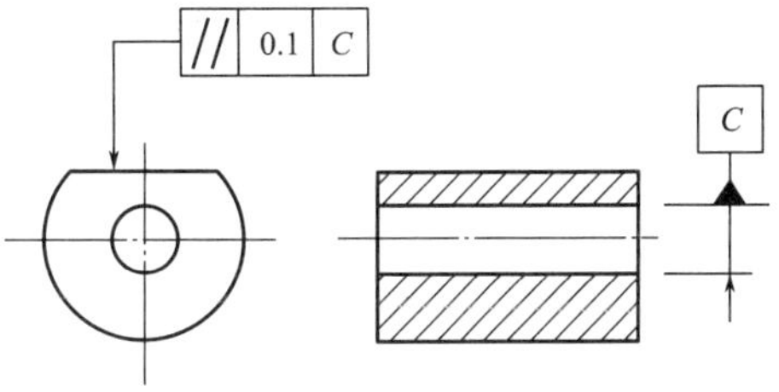
	面对面平行度公差	公差带为间距等于公差值 t、平行于基准平面的两平行平面所限定的区域 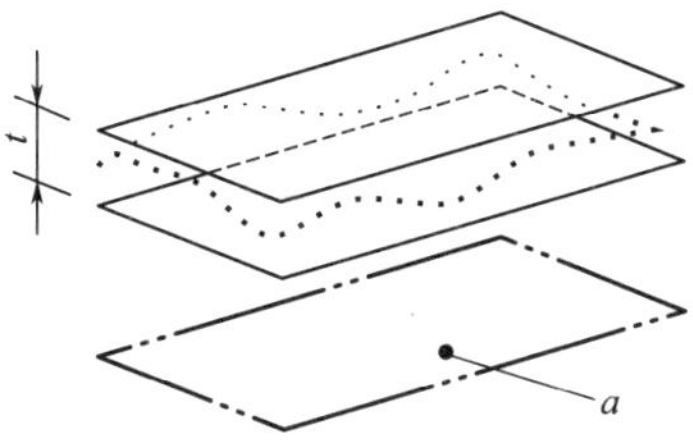 a 为基准平面	实际表面应限定在间距等于 0.01mm、平行于基准 D 的两平行平面之间 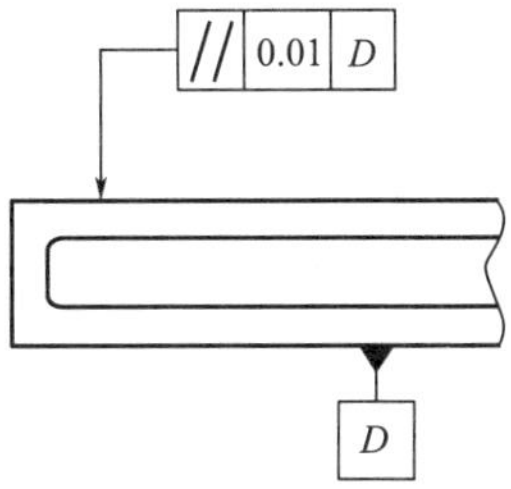

续表

几何特征		公差带的定义	标注及解释
垂直度	线对线垂直度公差	公差带为间距等于公差值 t、垂直于基准线的两平行平面所限定的区域 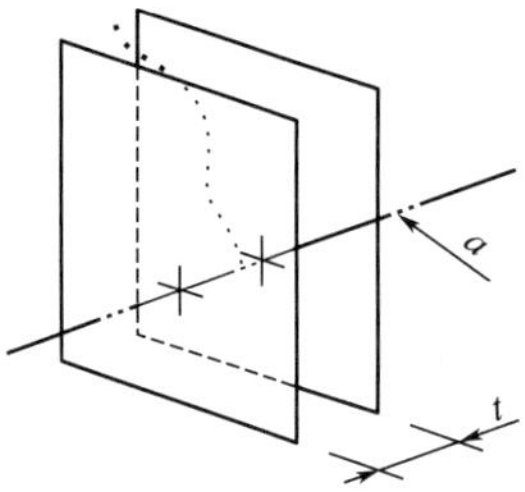 a 为基准线	实际中心线应限定在间距等于 0.06mm、垂直于基准轴线 A 的两平行平面之间 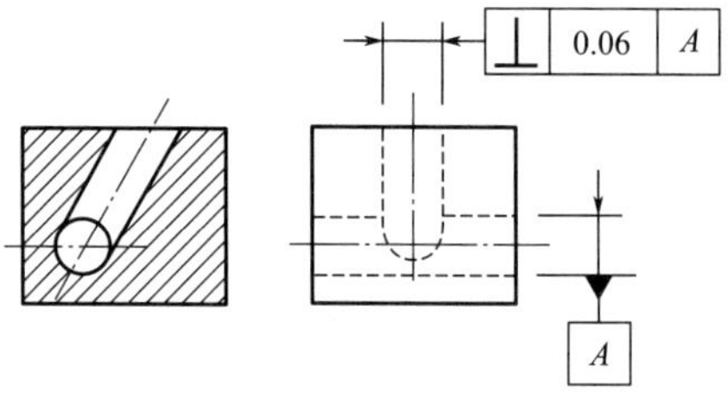 ⊥ 0.06 A
	线对面垂直度公差	在任意方向上，公差带为直径等于公差值 ϕt、轴线垂直于基准平面的圆柱面所限定的区域 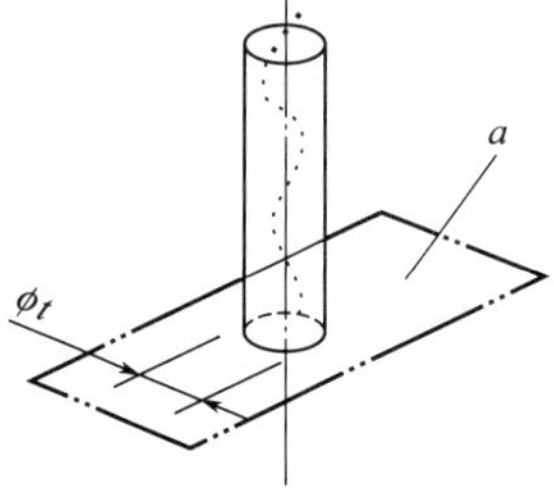 a 为基准平面	圆柱面的实际中心线应限定在直径等于 ϕ0.01mm、垂直于基准平面 A 的圆柱面内 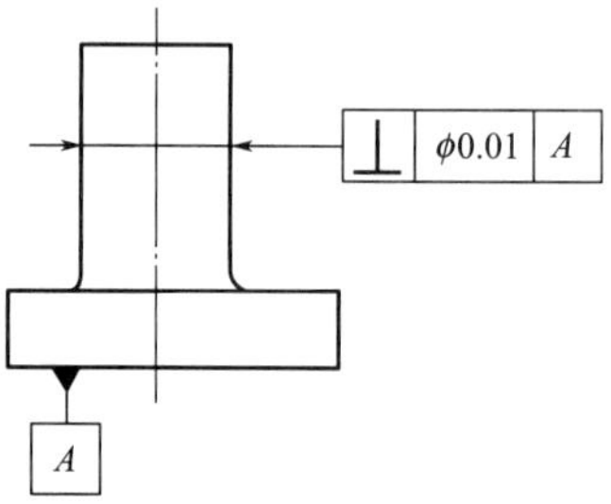 ⊥ ϕ0.01 A
	面对线垂直度公差	公差带为间距等于公差值 t 且垂直于基准线的两平行平面所限定的区域 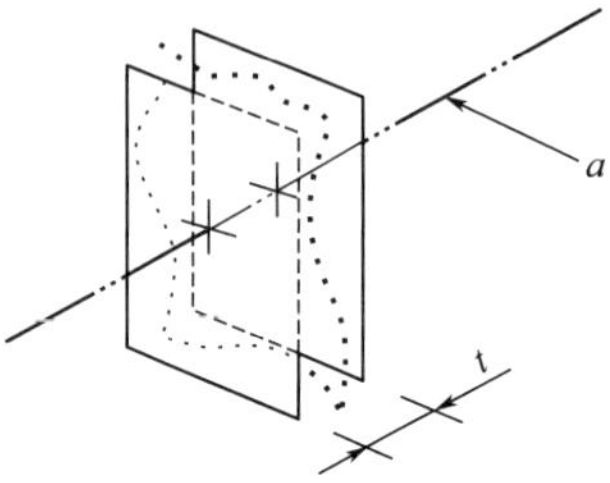 a 为基准轴线	实际表面应限定在间距等于 0.08mm 的两平行平面之间。该两平行平面垂直于基准轴线 A 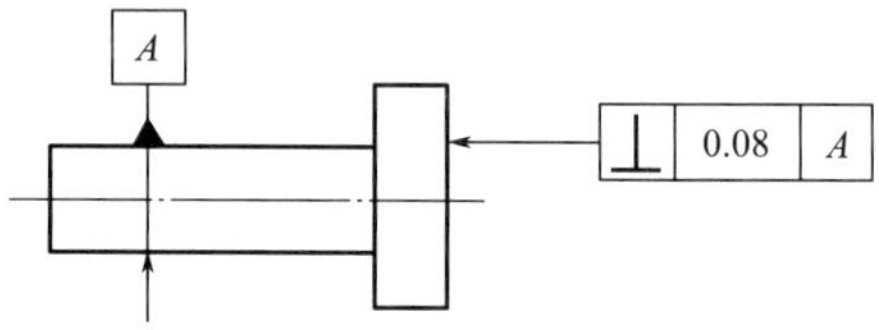 ⊥ 0.08 A
	面对面垂直度公差	公差带为间距等于公差值 t、垂直于基准平面的两平行平面所限定的区域 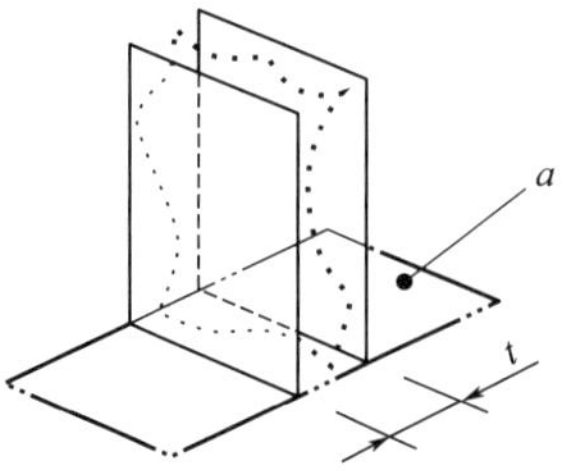 a 为基准平面	实际表面应限定在间距等于 0.08mm、垂直于基准平面 A 的两平行平面之间 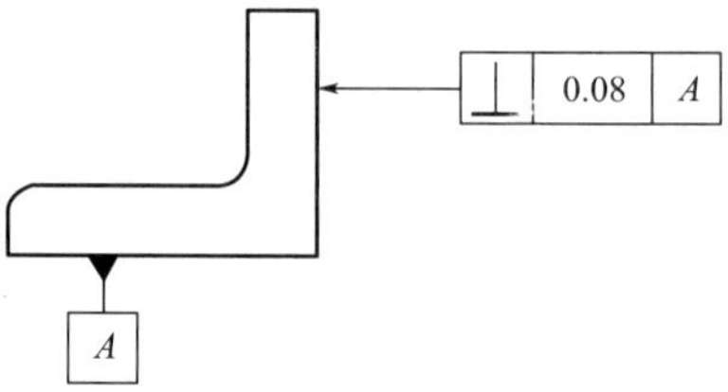 ⊥ 0.08 A

续表

几何特征		公差带的定义	标注及解释
倾斜度	线对线倾斜度公差	公差带为间距等于公差值 t 的两平行平面所限定的区域。该两平行平面按给定角度倾斜于基准轴线 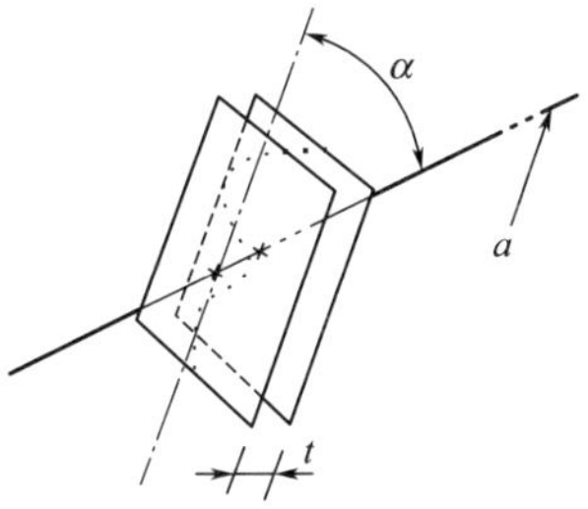 a 为基准轴线	实际中心线应限定在间距等于 0.08mm 的两平行平面之间。该两平行平面按理论正确角度 60°倾斜于公共基准轴线“A—B” 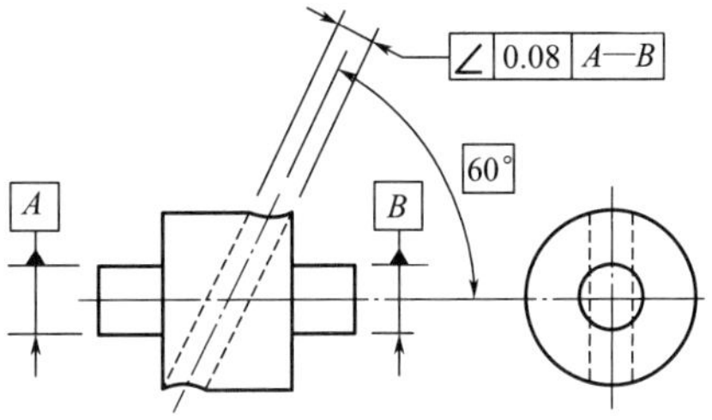
	线对面倾斜度公差	公差带为间距等于公差值 t 的两平行平面所限定的区域。该两平行平面按给定角度倾斜于基准平面 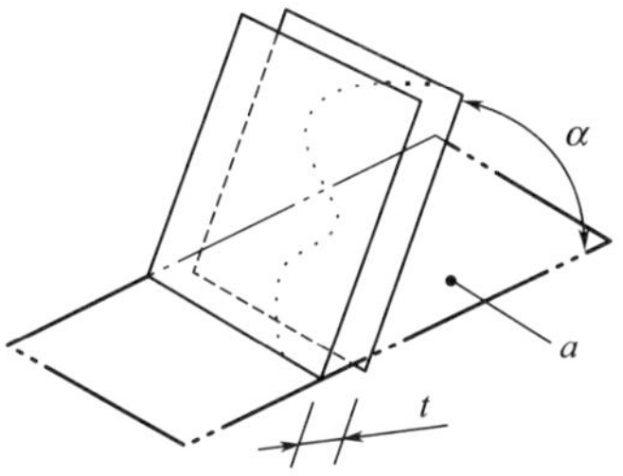 a 为基准平面	实际中心线应限定在间距等于 0.08mm 的两平行平面之间。该两平行平面按理论正确角度 60°倾斜于基准平面 A 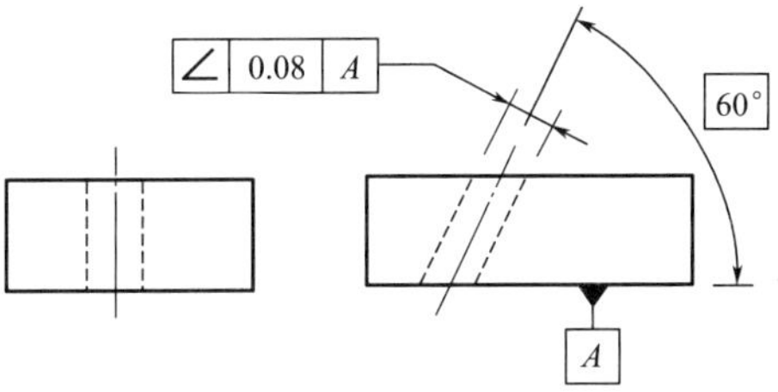
	面对线倾斜度公差	公差带为间距等于公差值 t 的两平行平面所限定的区域。该两平行平面按给定角度倾斜于基准直线 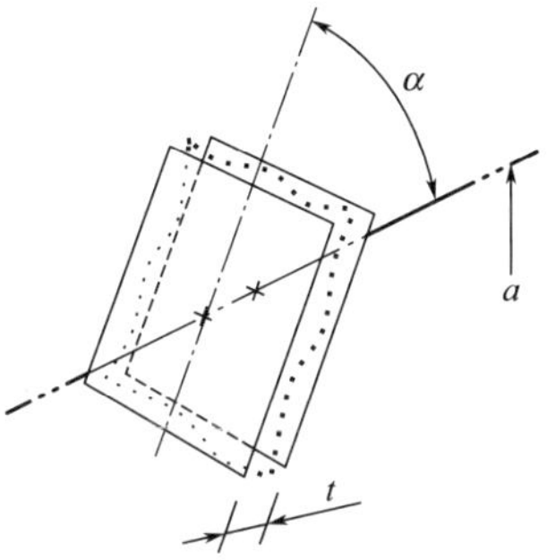 a 为基准直线	实际表面应限定在间距等于 0.1mm 的两平行平面之间。该两平行平面按理论正确角度 75°倾斜于基准轴线 A 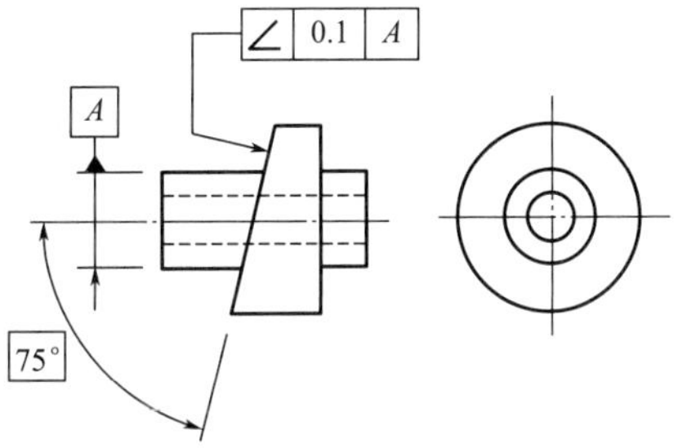
	面对面倾斜度公差	公差带为间距等于公差值 t 的两平行平面所限定的区域。该两平行平面按给定角度倾斜于基准平面 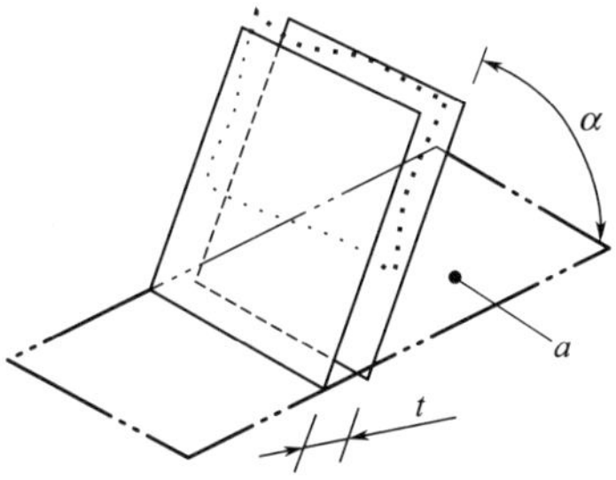 a 为基准平面	实际表面应限定在间距等于 0.08mm 的两平行平面之间。该两平行平面按理论正确角度 40°倾斜于基准平面 A 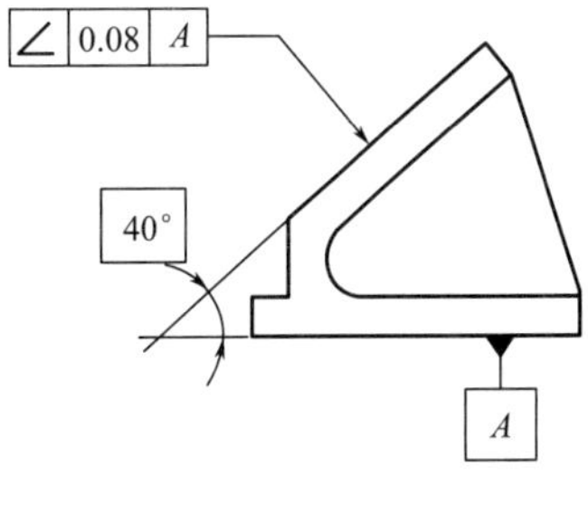

方向误差是指被测实际要素对一具有确定方向的理想要素的变动量，理想要素的方向由基准确定。方向误差值用方向最小包容区域（简称方向最小区域）的宽度或直径表示。方向最小区域是指按理想要素的方向包容被测实际要素时，具有最小宽度 f 或直径 ϕf 的包容区域，如图 4-31 所示。各误差项目方向最小区域的形状分别和各自的公差带形状一致，但宽度（或直径）由被测提取要素本身决定。

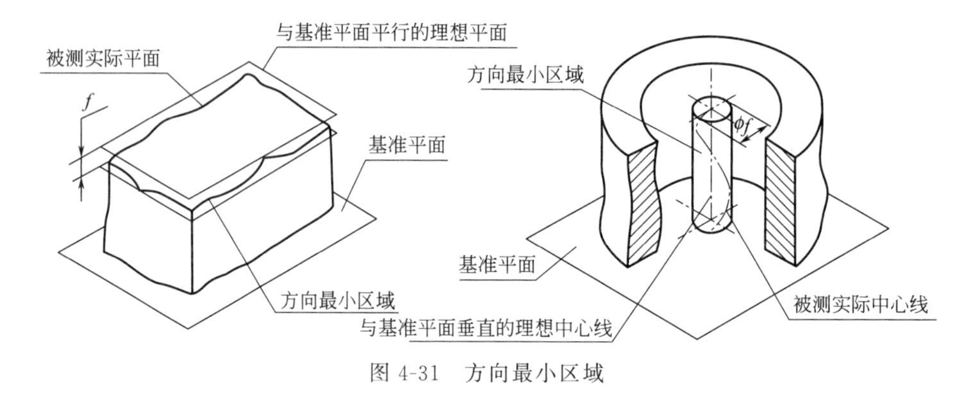

图 4-31　方向最小区域

第四节　位 置 公 差

位置公差是关联实际被测要素对其具有确定位置的理想要素的允许变动量。位置公差包括同心度、同轴度、对称度和位置度、线轮廓度（有基准要求）和面轮廓度（有基准要求），有基准要求的线轮廓度和面轮廓度的公差带的定义、标注和解释见表 4-3。位置公差项目中的同心度、同轴度只涉及点、轴线，对称度涉及直线和平面，位置度涉及要素包括点、线、面。

位置公差带具有如下特点：

① 位置公差带具有确定的位置，相对于基准的尺寸为理论正确尺寸。同轴度、对称度公差带的特点为被测要素与基准要素重合，公差带相对于基准位置的理论正确尺寸为零。

② 位置公差带具有综合控制被测要素位置、方向和形状的职能。在保证功能要求的前提下，当对某一被测要素给出位置公差后，通常不再对该要素给出方向和形状公差，如果在功能上对方向和形状有进一步要求，则可同时给出方向或形状公差。

同心度、同轴度、对称度、位置度公差带的定义、标注和解释见表 4-6。

表 4-6　同心度、同轴度、对称度、位置度公差带的定义、标注和解释

几何特征		公差带的定义	标注及解释
同心度	点的同心度公差	公差带为直径等于公差值 ϕt 的圆周所限定的区域。该圆周的圆心与基准圆心重合 ϕt a a 为基准点	在任意横截面内，内圆的实际中心应限定在直径等于 $\phi 0.1$mm，以基准点 A 为圆心的圆周内 A ACS ◎ ϕ0.1 A

续表

几何特征		公差带的定义	标注及解释
同轴度	轴线的同轴度公差	公差带为直径等于公差值 ϕt 的圆柱面所限定的区域。该圆柱面的轴线与基准轴线重合 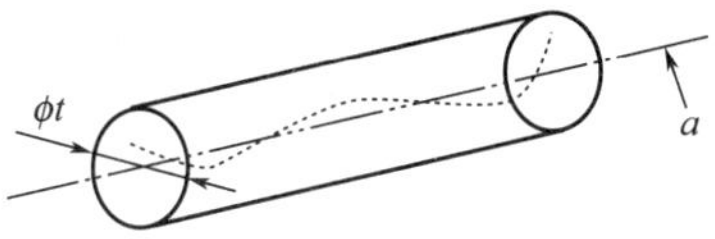 a 为基准轴线	大圆柱面的实际中心线应限定在直径等于 ϕ0.1mm，以基准轴线 A 为轴线的圆柱面内。 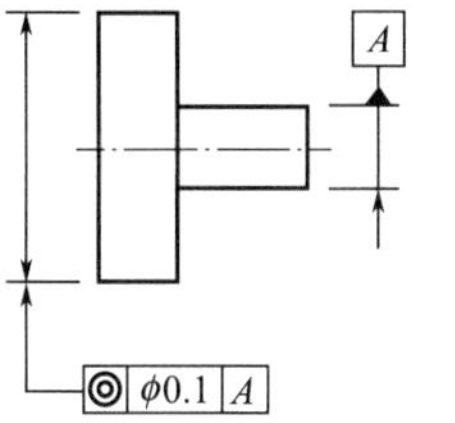
对称度	中心平面的对称度公差	公差带为间距等于公差值 t，对称于基准中心平面的两平行平面所限定的区域 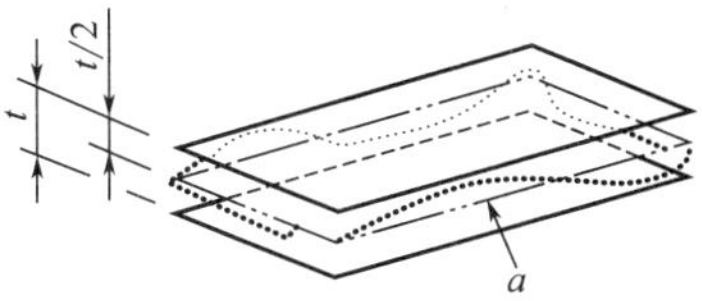 a 为基准中心平面	实际中心面应限定在间距等于 0.08mm、对称于基准中心平面 A 的两平行平面之间 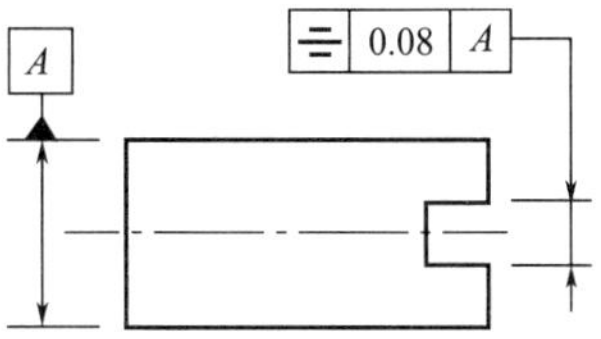
位置度	点的位置度公差	公差带为直径等于公差值 $S\phi t$ 的圆球面所限定的区域。该圆球面中心的理论正确位置由基准 A、B、C 和理论正确尺寸确定 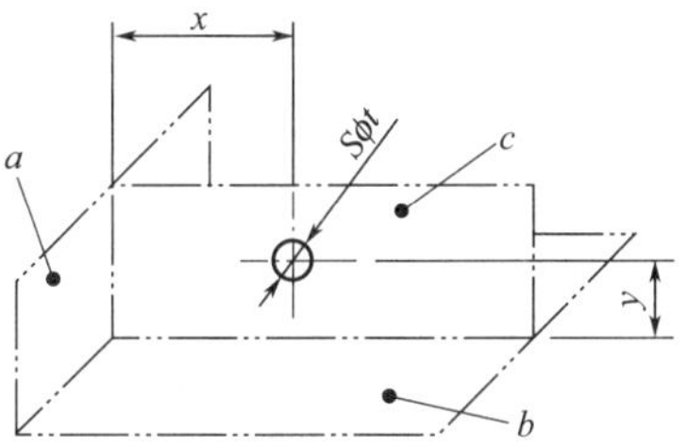 a 为基准平面 A b 为基准平面 B c 为基准平面 C	实际球心应限定在直径等于 $S\phi$0.3mm 的圆球面内。该圆球面的中心由基准平面 A、基准平面 B、基准平面 C 和理论正确尺寸“30”、“25”确定 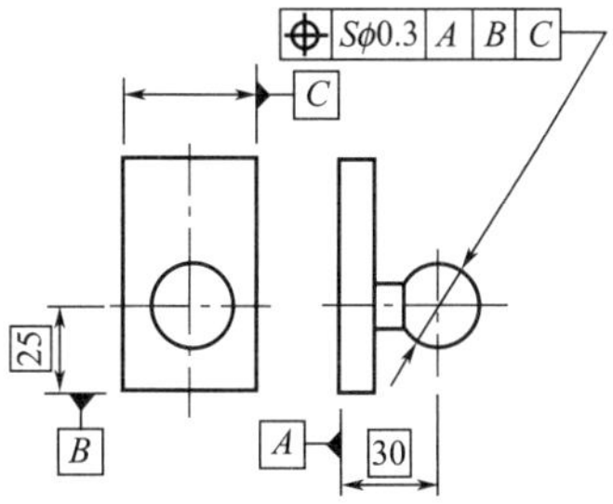
	线的位置度公差	公差带为直径等于公差值 ϕt 的圆柱面所限定的区域。该圆柱面的轴线的位置由基准平面 C、A、B 和理论正确尺寸确定 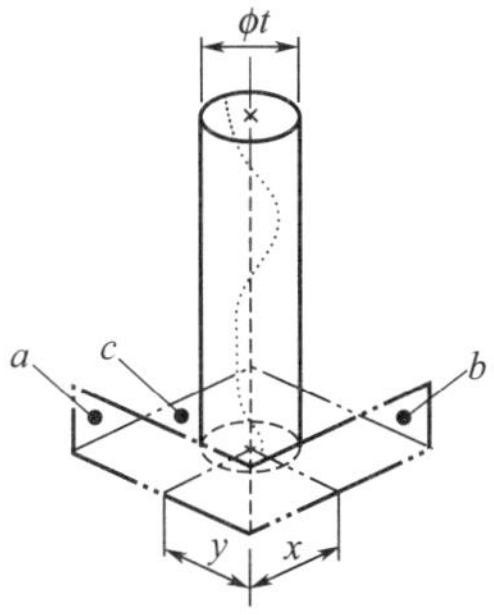 a 为基准平面 A b 为基准平面 B c 为基准平面 C	实际中心线应限定在直径等于 ϕ0.08mm 圆柱面内。该圆柱面的轴线的位置应处于由基准平面 C、A、B 和理论正确尺寸“100”、“68”确定的理论正确位置上 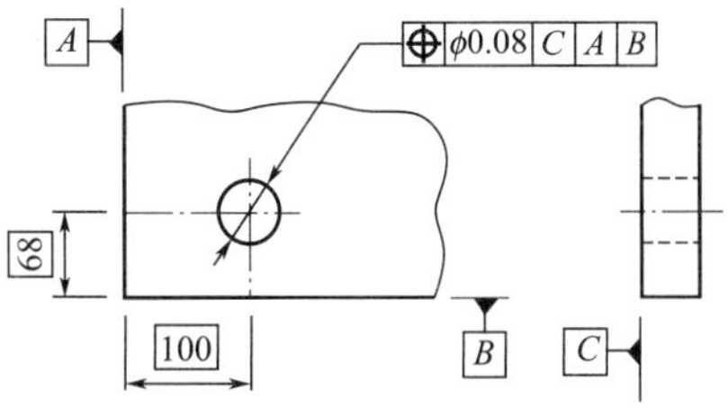

续表

几何特征		公差带的定义	标注及解释
位置度	面的位置度公差	公差带为间距等于公差值 t，且对称于被测面理论正确位置的两平行平面所限定的区域。被测面的理论正确位置由基准平面、基准轴线和理论正确尺寸确定 a 为基准平面 b 为基准轴线	实际表面应限定在间距等于 0.05mm，且对称于被测面的理论正确位置的两平行平面之间。该两平行平面对称于由基准平面 A、基准轴线 B 和理论正确尺寸“15”、“105°”确定的被测面的理论正确位置

位置误差是指被测实际要素对一具有确定位置的理想要素的变动量，理想要素的位置由基准和理论正确尺寸确定。对于同轴度和对称度，理论正确尺寸为零。位置误差值用位置最小包容区域（简称位置最小区域）的宽度或直径表示。位置最小区域是指以理想要素位置包容被测实际要素时，具有最小宽度 f 或直径 ϕf 的包容区域，如图 4-32 所示。各误差项目位置最小区域的形状分别和各自的公差带形状一致，但宽度（或直径）由被测提取要素本身决定。

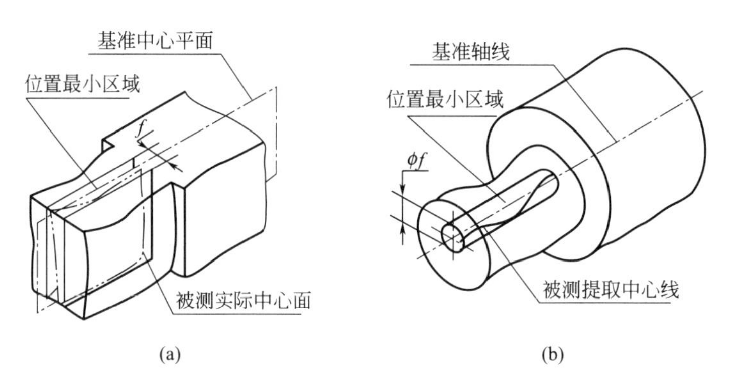

图 4-32　位置最小区域

第五节　跳动公差

跳动公差是关联实际被测要素绕基准轴回转一周或连续回转时所允许的最大跳动量。跳动公差分为圆跳动和全跳动。

圆跳动公差是指被测实际要素在某个测量截面内相对于基准轴线的最大允许变动量。根据测量截面的不同，圆跳动分为径向圆跳动（测量截面为垂直于轴线的正截面）、轴向圆跳动（测量截面为与基准同轴的圆柱面）和斜向圆跳动（测量截面为素线与被测锥面的素线垂直或成一指定角度、轴线与基准轴线重合的圆锥面）。

全跳动公差是指整个被测实际表面相对基准轴线的最大允许变动量。被测表面为圆柱面的全跳动称为径向全跳动，被测表面为平面的全跳动称为轴向全跳动。

跳动公差被认为是针对特定的测量方法定义的几何公差项目，因而可以从测量方法上理解其意义。同时，与其他项目一样，也可以从公差带角度理解其意义。后者对于正确理解跳动公差与其他项目公差的关系从而做出正确设计具有更直接的意义。

跳动公差带具有如下特点：

① 跳动公差带的位置具有固定和浮动双重特点，一方面公差带的中心（或轴线）始终与基准轴线同轴，另一方面公差带的半径又随实际要素的变动而变动。

② 跳动公差带可以综合控制被测要素的位置、方向和形状。如径向全跳动可控制素线的直线度、圆度、圆柱度、同轴度、径向圆跳动等；轴向全跳动可控制平面度、垂直度、端面圆跳动等。

跳动公差公差带的定义、标注和解释见表 4-7。

表 4-7　跳动公差公差带的定义、标注和解释

几何特征		公差带的定义	标注及解释
圆跳动	径向圆跳动公差	公差带为在任一垂直于基准轴线的横截面内、半径差等于公差值 t、圆心在基准轴线上的两同心圆所限定的区域 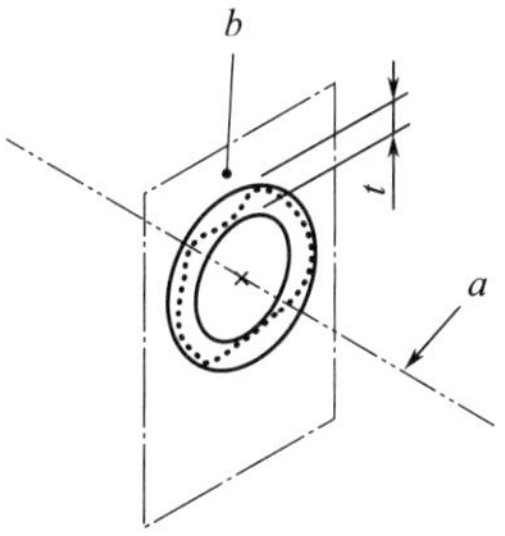 a 为基准轴线 b 为横截面	在任一垂直于基准 A 的横截面内，实际圆应限定在半径差等于 0.1mm，圆心在基准轴线 A 上的两同心圆之间 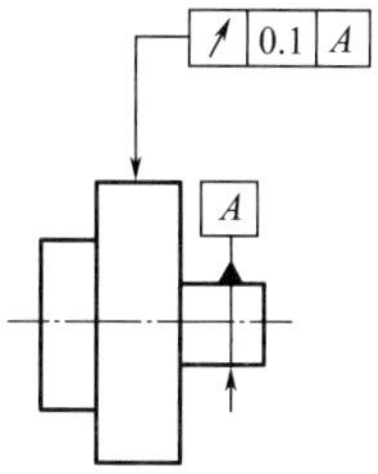
	轴向圆跳动公差	公差带为与基准轴线同轴的任一半径的圆柱截面上，间距等于公差值 t 的两圆所限定的圆柱面区域 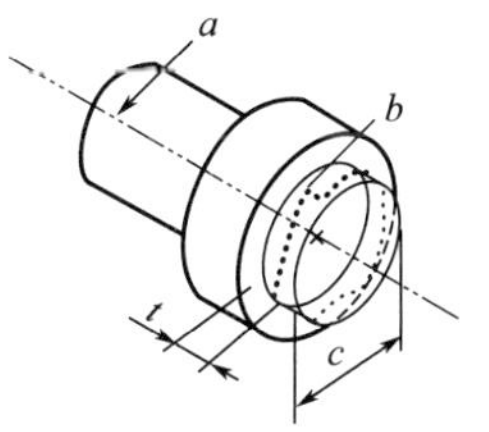 a 为基准轴线 b 为公差带 c 为任意直径	在与基准轴线 D 同轴的在任一圆柱形截面上，实际圆应限定在轴向距离等于 0.1mm 的两个等圆之间 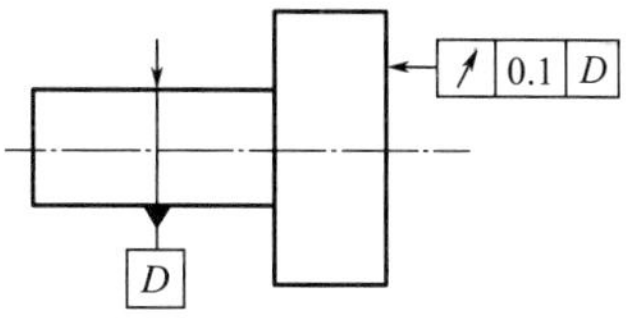

续表

几何特征		公差带的定义	标注及解释
圆跳动	斜向圆跳动公差	公差带为与基准轴线同轴的某一圆锥截面上，间距等于公差值 t 的两圆所限定的圆锥面区域。除非另有规定，测量方向应沿被测表面的法向 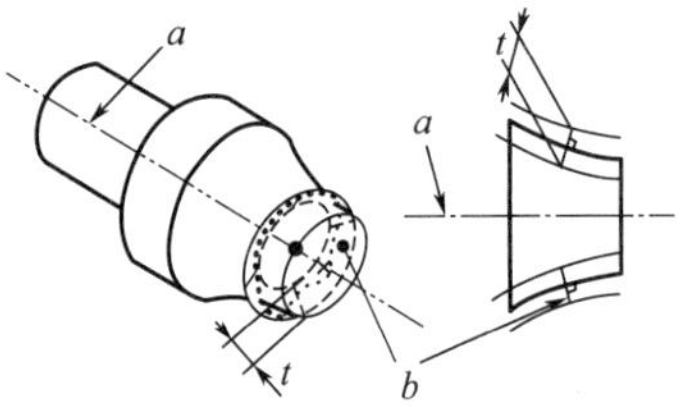 a 为基准轴线 b 为公差带	在与基准轴线 C 同轴的任一圆锥截面上，实际线应限定在素线方向间距等于 0.1mm 的两不等圆之间 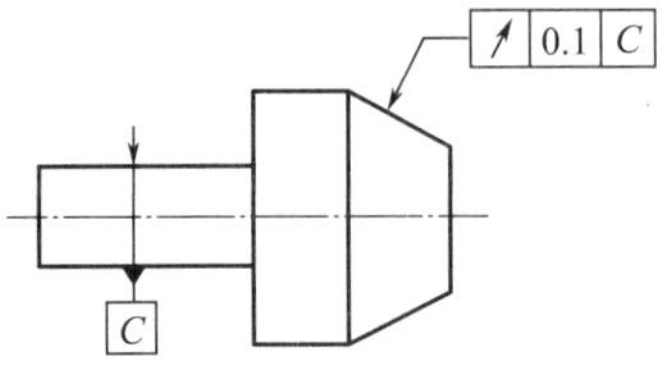
全跳动	径向全跳动公差	公差带为半径差等于公差值 t，与基准轴线同轴的两圆柱面所限定的区域 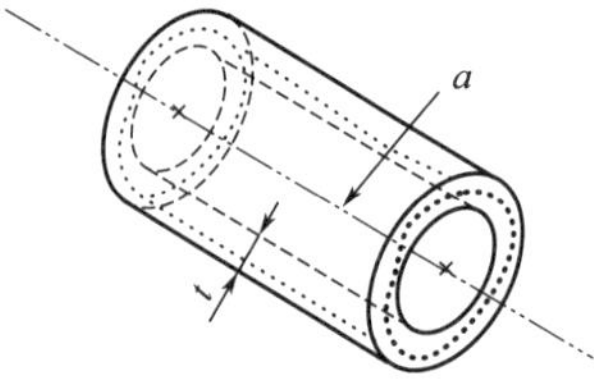 a 为基准轴线	实际圆柱面应限定在半径差等于 0.1mm，与公共基准轴线“A—B”同轴的两圆柱面之间 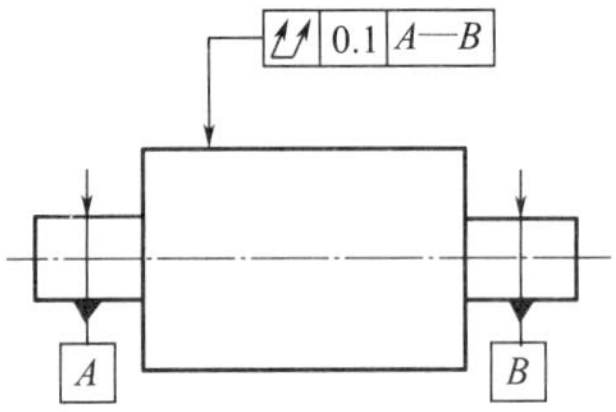
	轴向全跳动公差	公差带为间距等于公差值 t，垂直于基准轴线的两平行平面所限定的区域 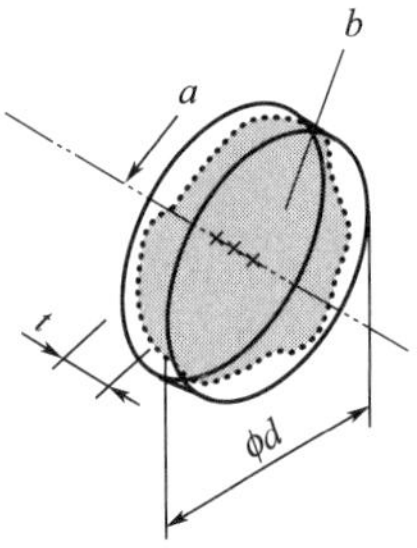 a 为基准轴线 b 为提取表面	实际端表面应限定在间距等于 0.1mm、垂直于基准轴线 D 的两平行平面之间 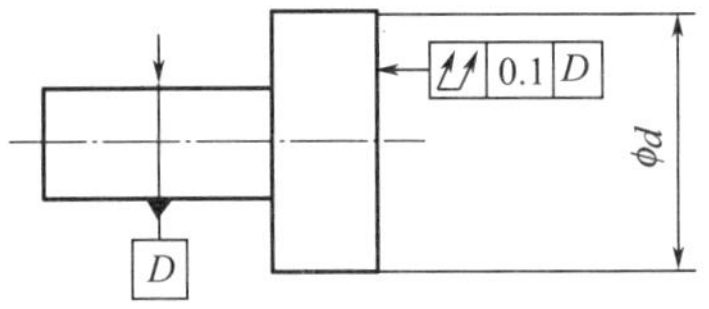

跳动误差通常简称为跳动，直接从测量角度定义如下：

（1）圆跳动　被测实际要素绕基准轴线做无轴向移动回转一周时，由位置固定的指示计在给定方向上测得的最大与最小示值之差称为该测量面上的圆跳动，取各测量面上圆跳动的最大值作为被测表面的圆跳动。

（2）全跳动　被测实际要素绕基准轴线做无轴向移动回转，同时指示计沿给定方向的理想直线连续移动（或被测实际要素每回转一周，指示计沿给定方向的理想直线做间断移动），由指示计在给定方向上测得的最大与最小示值之差。

第六节　公差原则

任何实际要素，都同时存在有几何误差和尺寸误差。有些几何误差和尺寸误差密切相关，如具偶数棱圆的圆柱面的圆度误差与尺寸误差；有些几何误差和尺寸误差又相互无关，如导出要素的形状误差与相应组成要素的尺寸误差。而影响零件使用性能的，有时主要是几何误差，有时主要是尺寸误差，有时则主要是它们的综合结果而不必区分出它们各自的大小。因而在设计上，为简明扼要地表达设计意图并为工艺提供便利，应根据需要确定要素的几何公差和尺寸公差以不同的关系。确定几何公差和尺寸公差之间相互关系的原则称为公差原则。

公差原则包括独立原则和相关要求。其中，相关要求又包括包容要求、最大实体要求（包括附加于最大实体要求的可逆要求）和最小实体要求（包括附加于最小实体要求的可逆要求）。

一、术语及其意义

1. 提取组成要素的局部尺寸

简称为提取要素的局部尺寸，是一切提取组成要素上两对应点之间距离的统称。

2. 提取圆柱面的局部尺寸

即提取圆柱面的局部直径，是指要素上两对应点之间的距离。其中，两对应点之间的连线通过拟合圆圆心，横截面垂直于由提取表面得到的拟合圆柱面的轴线。

3. 两平行提取表面的局部尺寸

指两平行对应提取表面上两对应点之间的距离。其中，所有对应点的连线均垂直于拟合中心平面；拟合中心平面是由两平行提取表面得到的两拟合平行平面的中心平面（两拟合平行平面之间的距离可能与公称距离不同）。

4. 最大实体实效状态和最大实体实效尺寸

最大实体实效状态（MMVC）是实际要素在给定长度上处于最大实体状态，且其导出要素的几何误差等于给出公差值时的综合极限状态。

最大实体实效尺寸（MMVS）是指最大实体实效状态下的尺寸。孔和轴的最大实体实效尺寸分别用符号 D_{MV}、d_{MV} 表示，其计算公式如下：

孔 $$D_{MV}=D_M-\text{几何公差}=D_{min}-\text{几何公差} \tag{4-1}$$

轴 $$d_{MV}=d_M+\text{几何公差}=d_{max}+\text{几何公差} \tag{4-2}$$

5. 最小实体实效状态和最小实体实效尺寸

最小实体实效状态（LMVC）是指实际要素在给定长度上处于最小实体状态，且其导出要素的几何误差等于给出公差值时的综合极限状态。

最小实体实效尺寸（LMVS）是指最小实体实效状态下的尺寸。孔和轴的最小实体实效尺寸分别用 D_{LV}、d_{LV} 表示，其计算公式如下：

孔 $$D_{LV}=D_L+\text{几何公差}=D_{max}-\text{几何公差} \tag{4-3}$$

轴 $$d_{LV}=d_L-\text{几何公差}=d_{min}+\text{几何公差} \tag{4-4}$$

6. 边界

边界是设计所给定的具有理想形状的极限包容面（两平行平面或极限圆柱面）。该极限包容面的直径或宽度称为边界尺寸。

最大实体边界（MMB）是指最大实体状态的理想形状的极限包容面。

最小实体边界（LMB）是指最小实体状态的理想形状的极限包容面。

最大实体实效边界（MMVB）是指最大实体实效状态对应的极限包容面。

最小实体实效边界（LMVB）是指最小实体实效状态对应的极限包容面。

当几何公差是方向公差时，最大（最小）实体实效边界受其方向所约束；当几何公差是位置公差时，最大（最小）实体实效边界受其位置所约束。

二、独立原则

1. 独立原则的含义

独立原则是指图样上给定的每一个尺寸和几何（形状、方向或位置）要求均是独立的，应分别满足要求的公差原则，即极限尺寸只控制实际尺寸，不控制要素本身的几何误差；不论要素的实际尺寸大小如何，被测要素均应在给定的几何公差带内，并且其几何误差允许达到最大值。遵守独立原则时，实际尺寸一般用两点法测量，几何误差使用通用量仪测量。

2. 独立原则的识别

凡是对给出的尺寸公差和几何公差未用特定符号或文字说明它们有联系者，就表示它们遵守独立原则。

3. 独立原则的应用

当尺寸公差和几何公差按独立原则给出时，一般零件都可以满足其功能要求，所以独立原则的应用十分广泛，它是确定尺寸公差和几何公差相互关系的基本原则。

① 如果影响要素使用性能的主要是几何误差或主要是尺寸误差，这时采用独立原则，既能满足性能要求又经济合理。如印刷机滚筒（图 4-33）的圆柱度误差与其直径的尺寸误差、测量平板的平面度与其厚度的尺寸误差，都是几何误差起决定性作用；零件上的通油孔（图 4-34）与其他零件配合，只需控制孔的尺寸大小以保证一定的流量，而孔轴线的弯曲并不影响功能要求，因而应采用独立原则。

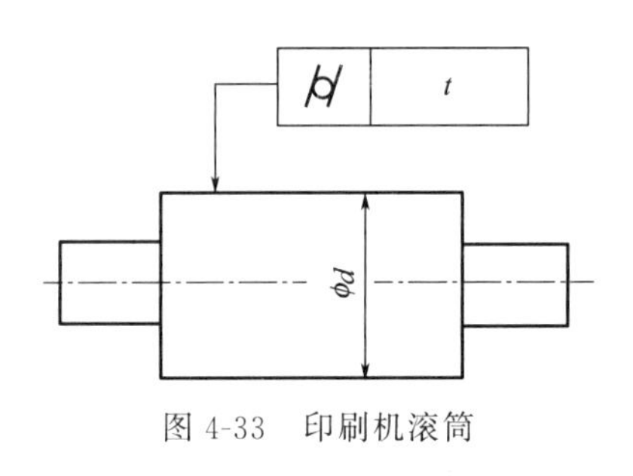

图 4-33 印刷机滚筒

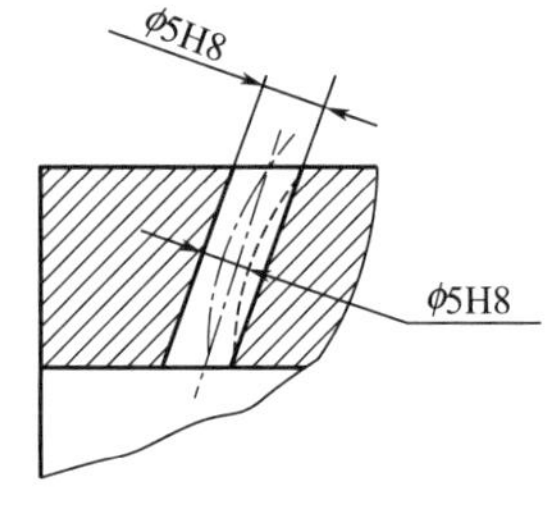

图 4-34 通油孔

② 当要素的尺寸公差和其某一方面的几何公差需分别满足不同的功能时，该要素的尺寸公差和几何公差之间应遵守独立原则。如齿轮箱上孔的尺寸公差（满足与轴承的配合要求）和该孔相对于其他孔的方向或位置公差（满足齿轮的啮合要求，如保持合适的侧隙、齿面接触精度等）就应遵守独立原则。

③ 在制造过程中，若需要对要素的尺寸作精确测量以进行选配或分组装配时，要素的尺寸公差和几何公差之间应遵守独立原则。

三、相关要求

相关要求是指图样上给定的几何公差和尺寸公差相互有关的公差要求。

1. 包容要求

(1) 包容要求的含义　包容要求是指应用最大实体边界 MMB 来控制单一尺寸要素的实际尺寸和形状误差的综合结果，要求该要素的实际轮廓不得超出其最大实体边界，且其局部尺寸不得超出最小实体尺寸。包容要求只适用于单一要素，如圆柱表面或两平行对应面。按照此要求，如果实际要素达到最大实体状态，就不得有任何形状误差；只有在实际要素偏离最大实体状态时，才允许存在与偏离量相关的形状误差，当实际尺寸处处为最小实体尺寸时，允许的形状误差最大，其允许值等于要素的尺寸公差。

要素遵守包容要求时，应该用光滑极限量规检验。

（2）包容要求的标注　采用包容要求的尺寸要素应在其尺寸极限偏差或公差带代号后面加注符号“Ⓔ”，见图 4-35(a)。实际圆柱面都应在边界尺寸为 ϕ20mm 的最大实体边界内，且其局部尺寸不得小于最小实体尺寸 149.96mm。图 4-35(b) 表示当圆柱处于最大实体状态时，其轴线不允许存在形状误差。图 4-35(c) 表示当圆柱处于最小实体状态时，其轴线直线度误差允许值可达到 0.021mm。图 4-35(d) 给出了表达上述关系的动态公差图，该图表示轴线直线度误差允许值 t 随圆柱实际尺寸 d_a 变化的规律。

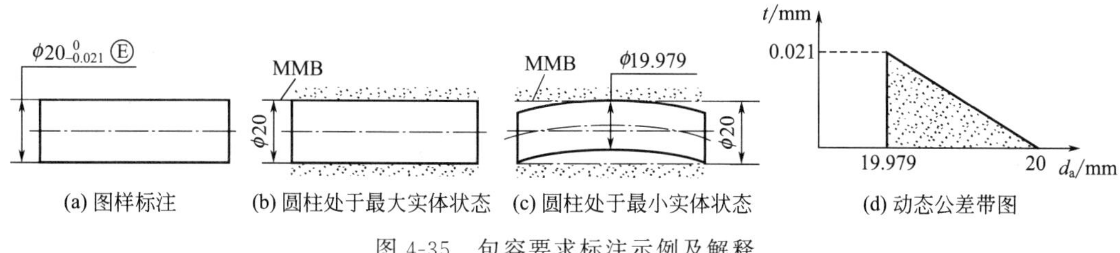

(a) 图样标注　(b) 圆柱处于最大实体状态　(c) 圆柱处于最小实体状态　(d) 动态公差带图

图 4-35　包容要求标注示例及解释

遵守包容要求而对形状公差需要进一步要求时，需另用框格注出形状公差，但形状公差值一定小于尺寸公差。如图 4-36 所示，当“ϕ100”的孔尺寸在 ϕ99.987～99.997mm 之间变化时，圆度误差按照包容要求的规则得到补偿；若该孔尺寸大于 ϕ99.997mm，允许的圆度误差的最大值不超过给定的公差值 0.01mm。

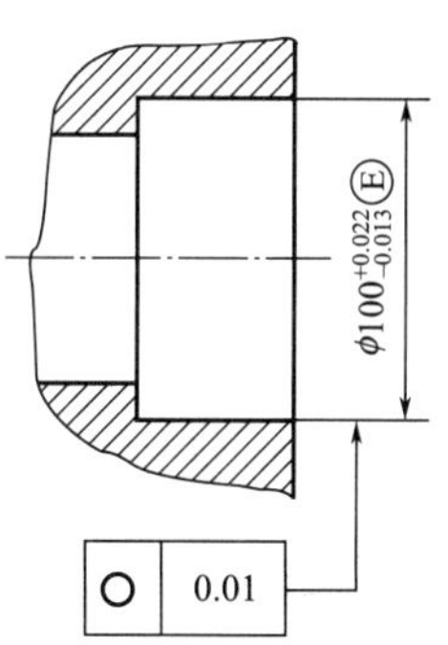

图 4-36　遵守包容要求且对形状公差有进一步要求

（3）包容要求的应用　包容要求主要用于机器零件上配合性质要求较严格的配合表面，特别是配合公差较小的精密配合。用最大实体边界保证必要的最小间隙，用最小实体尺寸控制最大间隙，从而达到所要求的配合性质。例如，“$\phi 20H7(^{+0.021}_{\ \ 0})$Ⓔ”孔与“$\phi 20h6(^{\ \ 0}_{-0.013})$Ⓔ”轴的间隙配合中，所需要的最小间隙是通过孔和轴各自遵守最大实体边界来保证的，这样就不会因为孔和轴存在形状误差而使其在装配时产生过盈。

2. 最大实体要求

最大实体要求（MMR）是指应用最大实体实效边界 MMVB 来控制被测要素的实际尺寸和几何误差的综合结果，要求该要素的实际轮廓不得超过其最大实体实效边界，且其实际尺寸不得超出极限尺寸。最大实体要求用于尺寸要素的尺寸及其导出要素几何公差的综合要求，当要求轴线、中心平面等导出要素的几何公差与其对应的轮廓要素（圆柱面、两平行平面等）的尺寸公差相关时，可以采用该要求。最大实体要求不仅可以用于被测要素，也可以用于基准要素。

（1）最大实体要求应用于被测要素　最大实体要求应用于被测要素时，应在图样上用符号“Ⓜ”标注在导出要素的公差值后面，如图 4-37、图 4-38 所示。并对尺寸要素做出如下规定：

① 对于外尺寸要素，被测要素的提取局部尺寸要小于或等于最大实体尺寸 d_M，并要大于或等于最小实体尺寸 d_L；对于内尺寸要素，被测要素的提取局部尺寸要大于或等于最大实体尺寸 D_M，并要小于或等于最小实体尺寸 D_L。

② 被测要素的提取组成要素不得违反其最大实体实效状态或最大实体实效边界。当几何公差为形状公差时，标注“0Ⓜ”与“Ⓔ”意义相同。

③ 当一个以上被测要素用同一公差标注，或者是被测要素的导出要素标注方向或位置公差时，其最大实体实效状态或最大实体实效边界要与各自基准的理论正确方向或位置相一致。

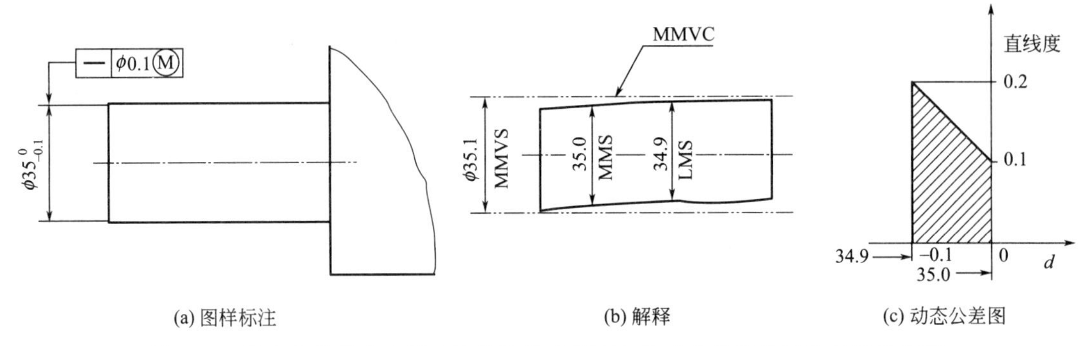

图 4-37 最大实体要求应用于轴的轴线直线度与尺寸公差的关系的示例及解释

图 4-37(a) 图样标注为"$\phi35_{-0.1}^{\ 0}$"轴的轴线直线度公差与尺寸公差的关系采用最大实体要求。轴的提取要素不得违反其最大实体实效状态，其直径为 $d_{MV}=35.1$mm，MMVC 的方向和位置无约束；轴的提取要素各处的局部直径应大于 d_L(=34.9mm) 且应小于 d_M(=35.0mm)。图 4-37(a) 中轴线的直线度公差"$\phi0.1$"是该轴为最大实体状态时给定的，若该轴为最小实体状态时，其轴线直线度误差允许达到的最大值为给定轴线直线度公差 $\phi0.1$mm 和该轴的尺寸公差 0.1mm 之和，为 $\phi0.2$mm；若该轴为最大实体状态与最小实体状态之间，其轴线直线度公差在 $\phi0.1$～0.2mm 之间变化。图 4-37(c) 给出了轴线直线度误差随轴的实际尺寸变化规律的动态公差图。

图 4-38(a) 图样标注为"$\phi35.2_{\ 0}^{+0.1}$"的孔的轴线垂直度公差与尺寸公差的关系采用最大实体要求。孔的提取要素不得违反其最大实体实效状态，其直径为 $D_{MV}=35.1$mm，MMVC 的方向和基准相垂直，但其位置无约束；孔的提取要素各处的局部直径应小于 D_L(=35.3mm) 且应大于 D_M(=35.2mm)。图 4-38(a) 中轴线的垂直度公差"$\phi0.1$"是该孔为最大实体状态时给定的，若该孔为最小实体状态时，其轴线垂直度误差允许达到的最大值为给定轴线垂直度公差 $\phi0.1$mm 和该孔的尺寸公差 0.1mm 之和，为 $\phi0.2$mm；若该孔为最大实体状态与最小实体状态之间，其轴线垂直度公差在 $\phi0.1$～0.2mm 之间变化。图 4-38(c) 给出了轴线垂直度误差随孔的实际尺寸变化规律的动态公差图。

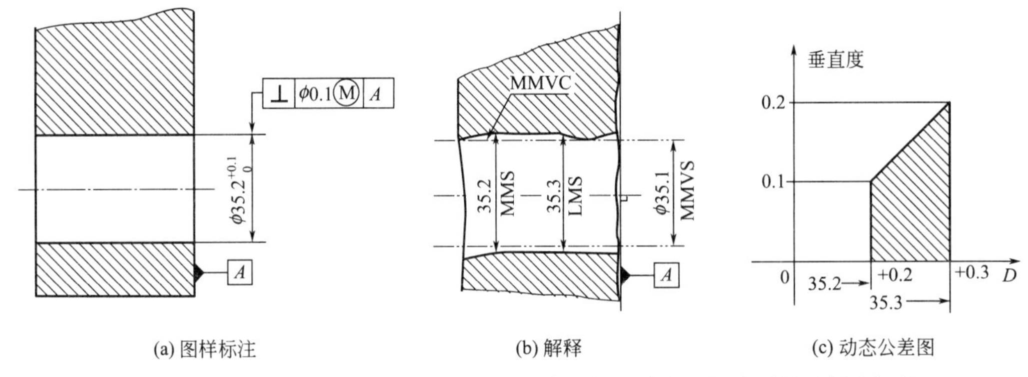

图 4-38 最大实体要求应用于孔的轴线垂直度与尺寸公差的关系的示例及解释

(2) 最大实体要求应用于基准要素 最大实体要求应用于基准要素时，在图样上用符号"Ⓜ"标注在基准字母后面，如图 4-39 所示。并对尺寸要素做了如下规定：基准要素的提取组成要素不得违反基准要素的最大实体实效状态或最大实体实效边界。当基准要素的导出要素没有标注几何公差要求，或者注有几何公差但其后没有符号“Ⓜ”时，基准要素的最大实体实效尺寸为最大实体尺寸。当基准要素的导出要素注有形状公差，且其后有符号“Ⓜ”时，基准要素的最大实体实效尺寸由 MMS 加上（对外部要素）或减去（对内部要素）该形状公差值。

图 4-39(a) 图样标注为“$\phi 35_{-0.1}^{\ 0}$”的轴的轴线相对于基准轴线的同轴度公差与尺寸公差和基准要素的关系均是采用最大实体要求。轴的提取要素不得违反其最大实体实效状态，其直径为 $d_{MV}=35.1$mm，MMVC 的位置与基准要素的 MMVC 同轴；轴的提取要素各处的局部直径应大于 d_L(=34.9mm) 且应小于 d_M(=35.0mm)。基准要素的提取要素不得违反其最大实体实效状态，其直径为 $d_{MV}=d_M=70.0$mm；基准要素的提取要素各处的局部直径应大于 d_L(=69.9mm)。

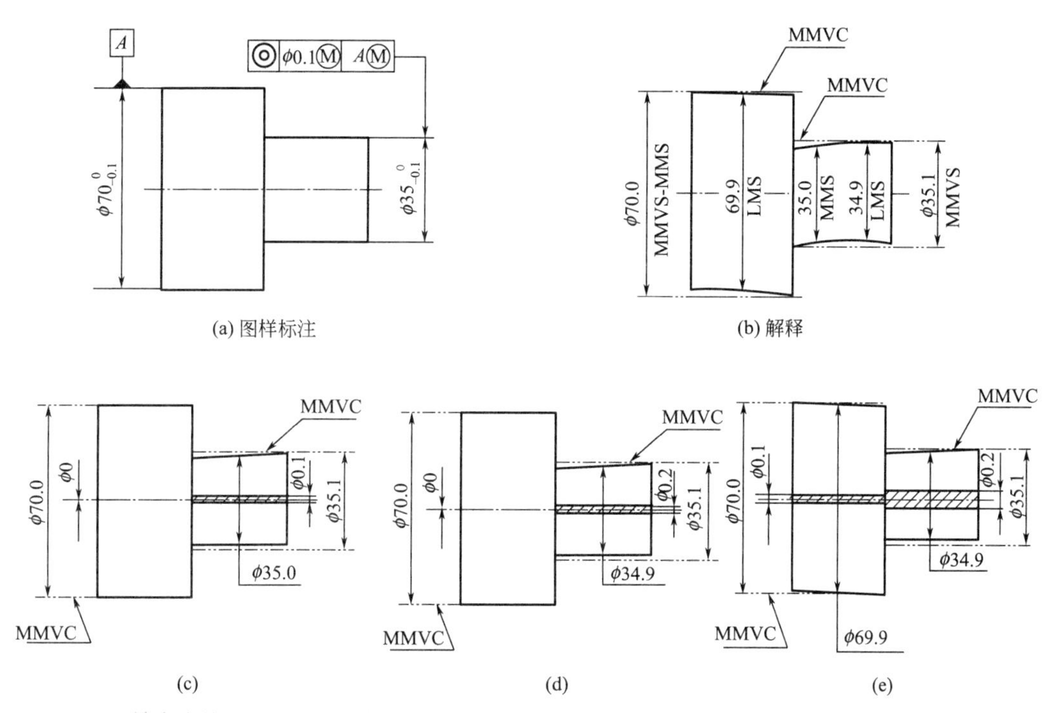

图 4-39　最大实体要求应用于基准轴线的同轴度公差与尺寸公差和基准要素的关系的示例及解释

图 4-39(a) 中轴的轴线相对于基准要素轴线的同轴度公差“$\phi 0.1$”是该轴及其基准要素均为最大实体状态时给定的，若该轴为最小实体状态，基准要素仍为其最大实体状态时，其轴线同轴度误差允许达到的最大值可为给定轴线同轴度公差 $\phi 0.1$mm 与其尺寸公差 0.1mm 之和，为 $\phi 0.2$mm，见图 4-39(d)；若该轴处于最大实体状态与最小实体状态之间，基准要素仍为其最大实体状态，其轴线同轴度公差在 $\phi 0.1 \sim 0.2$mm 之间变化。若基准要素偏离其最大实体状态，由此可使其轴线相对于理论正确位置有一些浮动（偏移、倾斜或弯曲）；若基准要素为最小实体状态时，其轴线相对于理论正确位置的最大浮动量可以达到的最大值为 $\phi 0.1$mm，见图 4-39(e)，在此情况下，若外尺寸要素也为其最小实体状态，其轴线与基准要素轴线的同轴度误差可能会超过 $\phi 0.3$mm（给定同轴度公差 $\phi 0.1$mm、轴的尺寸公差 0.1mm 与基准要素的尺寸公差 0.1mm 三者之和），同轴度的最大值可以根据零件具体的结构尺寸近似估算。

（3）可逆要求用于最大实体要求　可逆要求（RPR）是最大实体要求或最小实体要求的附加要求，是指在不影响零件功能的前提下，当被测轴线、中心平面等被测导出要素的几何误差值小于图样上标注的几何公差值时，允许对应被测尺寸要素的尺寸公差值大于图样上标注的尺寸公差值。可逆要求仅用于被测要素。

可逆要求用于最大实体要求时，改变了被测要素表面的最大实体要求，在图样上用符号“　”标注在导出要素的几何公差值和符号“Ⓜ”之后，见图 4-40。此时对于外尺寸要素，被测要素的提取局部尺寸要大于或等于最小实体尺寸 d_L；对于内尺寸要素，被测要素的提取局部尺寸要小于或等于最小实体尺寸 D_L，并且提取组成要素不得违反其最大实体实效状态或最大实体实效边界。当一个以上被测要素用同一公差标注，或者是被测要素的导出要素标注方向或位置公差时，其最大实体实效状态或最大实体实效边界要与各自基准的理论正确方向或位置相一致。

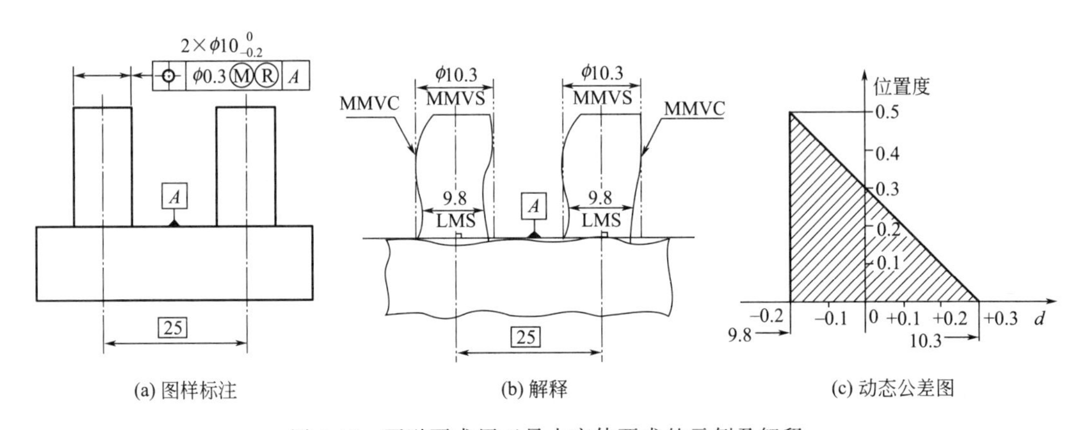

图 4-40　可逆要求用于最大实体要求的示例及解释

图 4-40(a) 图样标注为两销柱具有尺寸要求和对轴线具有位置度要求的最大实体要求和可逆要求示例。两销柱的提取要素不得违反其最大实体实效状态，其直径为 d_{MV} = 10.3mm，两个 MMVC 的位置处于其轴线彼此相距为理论正确尺寸 25mm，且与基准 A 保持理论正确垂直；两销柱的提取要素各处的局部直径均应大于 d_L（=9.8mm），可逆要求允许其局部直径从 d_M（=10.0mm）增加到 d_{MV}（=10.3mm）。

图 4-40(a) 中两销柱的轴线位置度公差“φ0.3”是这两销柱均为最大实体状态时给定的，若两销柱均为最小实体状态时，其轴线位置度误差允许达到的最大值可为给定轴线位置度公差 φ0.3mm 和销柱的尺寸公差 0.2mm 之和，为 φ0.5mm；若两销柱各自处于最大实体状态与最小实体状态之间，其轴线位置度公差在 φ0.3～0.5mm 之间变化。由于附加了可逆要求，如果两销柱的轴线位置度误差小于给定的公差 φ0.3mm 时，两销柱的尺寸公差允许大于 0.2mm，即其提取要素各处的局部直径均可大于它们的最大实体尺寸 d_M（=10.0mm）；如果两销柱的轴线位置度误差为零，则两销柱的尺寸公差允许增大至 10.3mm。图 4-40(c) 给出了轴线位置度误差随销柱的实际尺寸变化规律的动态公差图。

（4）最大实体要求的应用　最大实体要求常用于只要求可装配性的场合，以便充分利用图样上给出的尺寸公差值，如轴承盖上用于穿过螺钉的通孔等。当被测要素或基准要素偏离最大实体状态时，几何公差可以得到补偿值，从而提高零件的合格率。

3. 最小实体要求

最小实体要求（LMR）是指应用最小实体实效边界 LMVB 来控制被测要素的实际尺寸

和几何误差的综合结果，要求该要素的实际轮廓不得超过其最小实体实效边界，且其实际尺寸不得超出极限尺寸。最小实体要求用于尺寸要素的尺寸及其导出要素几何公差的综合要求，它不仅可以用于被测要素，也可以用于基准要素。

(1) 最小实体要求应用于被测要素　最小实体要求应用于被测要素时，在图样上用符号“Ⓛ”标注在导出要素的公差值后面，如图 4-41 所示。并对尺寸要素做了规定：

① 对于外尺寸要素，被测要素的提取局部尺寸要大于或等于最小实体尺寸 d_L，且要小于或等于最大实体尺寸 d_M，对于内尺寸要素，被测要素的提取局部尺寸要小于或等于最小实体尺寸 D_L，且要大于或等于最大实体尺寸 D_M。

② 被测要素的提取组成要素不得违反其最小实体实效状态或最小实体实效边界。

③ 当一个以上被测要素用同一公差标注，或者是被测要素的导出要素标注方向或位置公差时，其最小实体实效状态或最小实体实效边界要与各自基准的理论正确方向或位置相一致。

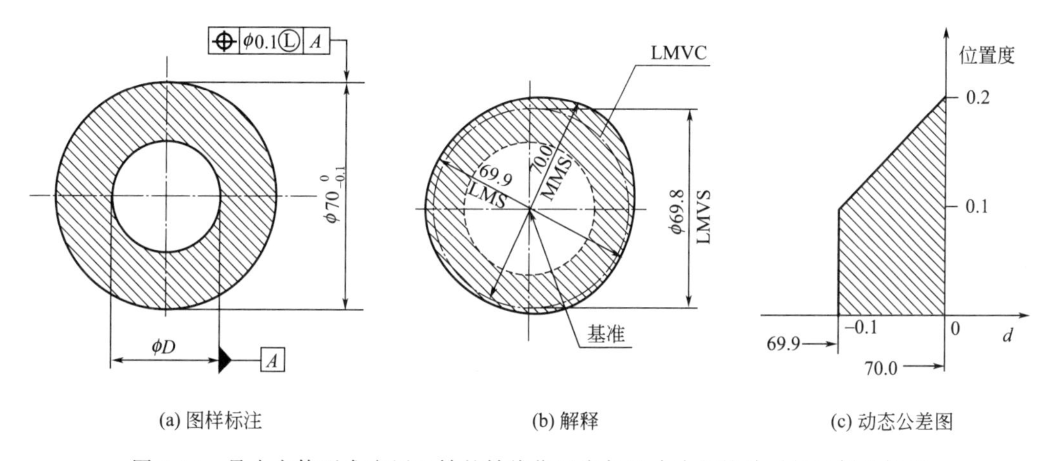

(a) 图样标注　(b) 解释　(c) 动态公差图

图 4-41　最小实体要求应用于轴的轴线位置度与尺寸公差的关系的示例及解释

图 4-41(a) 图样标注为“$\phi70_{-0.1}^{\ 0}$”的轴的轴线位置度公差与其尺寸公差的关系采用最小实体要求。轴的提取要素不得违反其最小实体实效状态，其直径为 $d_{LV}=69.8$mm，LMVC 的方向与基准 A 相平行，并且其位置在与基准 A 同轴的理论正确位置上；轴的提取要素各处的局部直径应小于 d_M(=70.0mm) 且应大于 d_L(=69.9mm)。图 4-41(a) 中轴线的位置度公差“$\phi0.1$”是该轴为最小实体状态时给定的，若该轴为最大实体状态时，其轴线位置度误差允许达到的最大值可为给定的轴线位置度公差 $\phi0.1$mm 与该轴的尺寸公差 0.1mm 之和，为 $\phi0.2$mm；若该轴为最小实体状态与最大实体状态之间，其轴线位置度公差在 $\phi0.1$～0.2mm 之间变化。图 4-41(c) 给出了轴线位置度误差随轴的实际尺寸变化规律的动态公差图。

(2) 最小实体要求应用于基准要素　最小实体要求应用于基准要素时，在图样上用符号“Ⓛ”标注在基准字母后面，如图 4-42 所示。最小实体要求应用于基准要素时，对尺寸要素规定了如下规则：基准要素的提取组成要素不得违反基准要素的最小实体实效状态或最小实体实效边界。当基准要素的导出要素没有标注几何公差要求，或者注有几何公差但其后没有符号“Ⓛ”时，基准要素的最小实体实效尺寸为最小实体尺寸。当基准要素的导出要素注有形状公差，且其后有符号“Ⓛ”时，基准要素的最小实体实效尺寸由 LMS 减去（对外部要素）或加上（对内部要素）该形状公差值。

（3）可逆要求用于最小实体要求　可逆要求用于最小实体要求时，改变了被测要素表面的最小实体要求，在图样上用符号“　”标注在导出要素的几何公差值和符号“Ⓛ”之后，如图 4-43 所示。

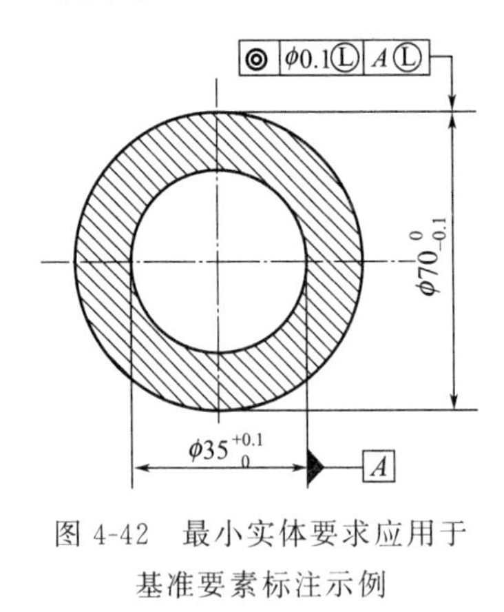

图 4-42　最小实体要求应用于基准要素标注示例

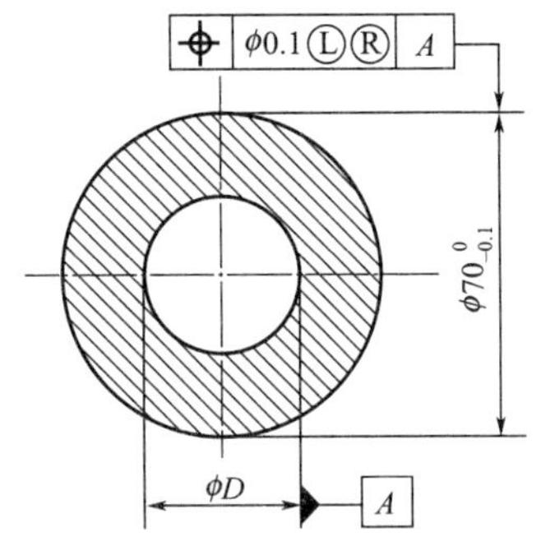

图 4-43　可逆要求用于最小实体要求标注示例

第七节　几何公差值的选择

实际零件上所有的要素都存在几何误差，根据国家标准规定，凡是一般机床加工能保证的几何精度，其几何公差值按 GB/T 1184—1996《形状和位置公差　未注公差值》执行，不必在图样上具体注出。如由于功能要求需对某个要素提出更高的公差要求时，应按照规定在图样上直接标注几何公差值。设计产品时，应按国家标准提供的统一数系选择几何公差值。

一、注出几何公差值的选择

国家标准对直线度、平面度、平行度、垂直度、倾斜度、同轴度、对称度、圆跳动、全跳动等几何公差都划分为 12 个等级，即 1～12 级，1 级精度最高，12 级精度最低，数值见表 4-8、表 4-10、表 4-11；圆度、圆柱度划分为 13 级，最高级为 0 级，数值见表 4-9；对位置度没有划分等级，只提供了位置度系数，见表 4-12；没有对线轮廓度和面轮廓度规定公差值。

表 4-8　直线度、平面度公差值（摘自 GB/T 1184—1996）

主参数 L/mm	公差等级											
	1	2	3	4	5	6	7	8	9	10	11	12
	公差值/μm											
≤10	0.2	0.4	0.8	1.2	2	3	5	8	12	20	30	60
>10～16	0.25	0.5	1	1.5	2.5	4	6	10	15	25	40	80
>16～25	0.3	0.6	1.2	2	3	5	8	12	20	30	50	100
>25～40	0.4	0.8	1.5	2.5	4	6	10	15	25	40	60	120
>40～63	0.5	1	2	3	5	8	12	20	30	50	80	150
>63～100	0.6	1.2	2.5	4	6	10	15	25	40	60	100	200
>100～160	0.8	1.5	3	5	8	12	20	30	50	80	120	250
>160～250	1	2	4	6	10	15	25	40	60	100	150	300

注：L 为被测要素的长度。

表 4-9 圆度、圆柱度公差值（摘自 GB/T 1184—1996）

主参数 $d(D)$/mm	公差等级												
	0	1	2	3	4	5	6	7	8	9	10	11	12
	公差值/μm												
>3～6	0.1	0.2	0.4	0.6	1	1.5	2.5	4	5	8	12	18	30
>6～10	0.12	0.25	0.4	0.6	1	1.5	2.5	4	6	9	15	22	36
>10～18	0.15	0.25	0.5	0.8	1.2	2	3	5	8	11	18	27	43
>18～30	0.2	0.3	0.6	1	1.5	2.5	4	6	9	13	21	33	52
>30～50	0.25	0.4	0.6	1	1.5	2.5	4	7	11	16	25	39	62
>50～80	0.3	0.5	0.8	1.2	2	3	5	8	13	19	30	46	74
>80～120	0.4	0.6	1	1.5	2.5	4	6	10	15	22	35	54	87
>120～180	0.6	1	1.2	2	3.5	5	8	12	18	25	40	63	100
>180～250	0.8	1.2	2	3	4.5	7	10	14	20	29	46	72	115

注：$d(D)$ 为被测要素的直径。

表 4-10 平行度、垂直度、倾斜度公差值（摘自 GB/T 1184—1996）

主参数 L/mm	公差等级											
	1	2	3	4	5	6	7	8	9	10	11	12
	公差值/μm											
≤10	0.4	0.8	1.5	3	5	8	12	20	30	50	80	120
>10～16	0.5	1	2	4	6	10	15	25	40	60	100	150
>16～25	0.6	1.2	2.5	5	8	12	20	30	50	80	120	200
>25～40	0.8	1.5	3	6	10	15	25	40	60	100	150	250
>40～63	1	2	4	8	12	20	30	50	80	120	200	300
>63～100	1.2	2.5	5	10	15	25	40	60	100	150	250	400
>100～160	1.5	3	6	12	20	30	50	80	120	200	300	500
>160～250	2	4	8	15	25	40	60	100	150	250	400	600

注：L 为被测要素的长度。

表 4-11 同轴度、对称度、圆跳动、全跳动公差值（摘自 GB/T 1184—1996）

主参数 $d(D)$/mm	公差等级											
	1	2	3	4	5	6	7	8	9	10	11	12
	公差值/μm											
>3～6	0.5	0.8	1.2	2	3	5	8	12	25	50	80	150
>6～10	0.6	1	1.5	2.5	4	6	10	15	30	60	100	200
>10～18	0.8	1.2	2	3	5	8	12	20	40	80	120	250
>18～30	1	1.5	2.5	4	6	10	15	25	50	100	150	300
>30～50	1.2	2	3	5	8	12	20	30	60	120	200	400
>50～120	1.5	2.5	4	6	10	15	25	40	80	150	250	500
>120～250	2	3	5	8	12	20	30	50	100	200	300	600

注：$d(D)$ 为被测要素的直径。

位置度公差通常需要计算后确定。对于用螺栓或螺钉联结 2 个或 2 个以上的零件，被联结零件的位置公差按下列方法计算。

用螺栓联结时，被联结零件上的孔均为光孔，孔径大于螺栓的直径，位置公差的计算公式为：

$$t = X_{\min} \tag{4-5}$$

用螺钉联结时，有一个零件上的孔是螺孔，其余零件上的孔都是光孔，且孔径大于螺钉直径，位置度公差的计算公式为：

$$t=0.5X_{min} \quad (4\text{-}6)$$

式中 t——位置公差计算值；

X_{min}——通孔与螺栓（钉）间的最小间隙。

在用式(4-5) 和式(4-6) 计算确定出位置度公差值后，应按表 4-12 所示数值化整。表中数系采用优先数系的 R10 第二化整值系列。表 4-12 的具体使用方法如下：当计算值的数量级为 μm 时，则取 $n=0$，如 $1\times10^0=1\mu m$，$2.5\times10^0=2.5\mu m$；当计算值的数量级为 10μm 时，则取$n=1$，如 $1\times10^1=10\mu m$，$2.5\times10^1=25\mu m$；当计算值的数量级为 100μm 时，则取 $n=2$，如$1\times10^2=100\mu m$，$2.5\times10^2=250\mu m$ 等。依此类推，可得所需的化整公差值，并将化整后的数值作为标准位置度公差值。若被联结零件之间需要调整，位置度公差应适当减少。

表 4-12 位置度系数（摘自 GB/T 1184—1996） μm

1	1.2	1.5	2	2.5	3	4	5	6	8
1×10^n	1.2×10^n	1.5×10^n	2×10^n	2.5×10^n	3×10^n	4×10^n	5×10^n	6×10^n	8×10^n

注：n 为正整数。

要根据零件的功能要求，通过类比或计算，并考虑加工的经济性和零件的结构、刚性等情况，按表中数值确定要素的公差值，同时也要考虑以下情况。

① 在同一要素上给出的形状公差值应小于方向或位置公差值。如要求平行的两个表面其平面度公差值应小于平行度公差值。

② 圆柱形零件的形状公差值（轴线的直线度除外）一般情况下应小于其尺寸公差值。

③ 平行度公差值应小于其相应的距离公差值。

④ 对于下列情况，考虑到加工的难易程度和除主参数外其他参数的影响，在满足零件功能的要求下适当降低 1～2 级选用：

a. 孔相对于轴；

b. 细长比较大的轴或孔；

c. 距离较大的轴或孔；

d. 宽度较大（一般大于 1/2 长度）的零件表面；

e. 线对线和线对面相对于面对面的平行度、垂直度。

二、未注几何公差值的选择

为了简化制图，对一般机床加工能够保证的几何精度，不必将几何公差一一在图样上标出。实际要素的误差，由未注几何公差控制。国家标准对未注几何公差做了如下规定：

① 对直线度与平面度、垂直度、对称度、圆跳动分别规定了 H、K、L 三种公差等级，其公差值见表 4-13～表 4-16。采用标准规定的未注公差值，如采用 K 级，应在标题栏附近或在技术要求、技术文件（如企业标准）中标出标准号及公差等级代号，如：GB/T 1184—K。

② 圆度的未注公差值等于标准的直径公差值，但不能大于表 4-16 中的径向圆跳动值。

③ 圆柱度的未注公差值不做规定，但圆柱度误差由圆度、直线度和相对素线的平行度误差三部分组成，而其中每一项误差均由它们的注出公差或未注公差控制。

表 4-13　直线度和平面度的未注公差值（摘自 GB/T 1184—1996）　mm

公差等级	基本长度范围					
	≤10	>10～30	>30～100	>100～300	>300～1000	>1000～3000
H	0.02	0.05	0.1	0.2	0.3	0.4
K	0.05	0.1	0.2	0.4	0.6	0.8
L	0.1	0.2	0.4	0.8	1.2	1.6

表 4-14　垂直度的未注公差值（摘自 GB/T 1184—1996）　mm

公差等级	基本长度范围			
	≤100	>100～300	>300～1000	>1000～3000
H	0.2	0.3	0.4	0.5
K	0.4	0.6	0.8	1
L	0.6	1	1.5	2

表 4-15　对称度的未注公差值（摘自 GB/T 1184—1996）　mm

公差等级	基本长度范围			
	≤100	>100～300	>300～1000	>1000～3000
H	0.5			
K	0.6		0.8	1
L	0.6	1	1.5	2

表 4-16　圆跳动的未注公差值（摘自 GB/T 1184—1996）　mm

公差等级	圆跳动公差值
H	0.1
K	0.2
L	0.5

④ 平行度的未注公差值等于给出的尺寸公差值，或是直线度和平面度未注公差值中的较大者。

⑤ 同轴度的未注公差值未规定，在极限状况下同轴度的未注公差值可以和表 4-16 中规定的径向圆跳动的未注公差值相等。

⑥ 线轮廓度、面轮廓度、倾斜度、位置度和全跳动的未注公差值均由各要素的注出或未注几何公差、线性尺寸公差或角度公差控制。

第八节　几何误差的检测原则

几何误差的项目很多，为了能正确合理地选择检测方案，国家标准规定了几何误差的 5 个检测原则，并附有一些检测方法。本节仅介绍这 5 个检测原则。

一、与拟合（理想）要素比较原则

与拟合要素比较原则是指测量时将被测实际要素与其拟合要素相比较，在比较过程中获得数据，由这些数据来评定几何误差。该检测原则应用最为广泛。应用此检测原则时，拟合要素用模拟方法获得。

运用该原则时，必须要有拟合要素作为测量时的标准。拟合要素可以用实物体现：刀口尺的刃口、平尺的工作面、拉紧的钢丝可作为拟合直线，平台和平板的工作面可作为拟合平面，样板的轮廓可作为某特定拟合曲线等，要求它们能有比被测要素高很多的精度。图 4-44 为用刀口尺测量直线度误差示意图，以刃口作为拟合直线，被测要素与之比较，根据光隙的大小判断直线度误差。

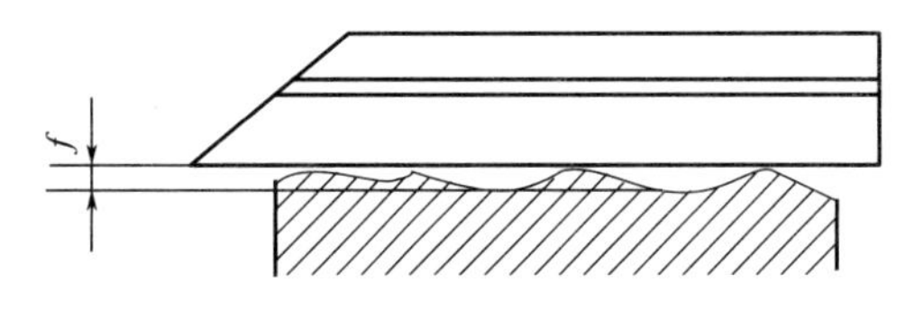

图 4-44 用刀口尺测量直线度误差示意图

拟合要素还可以用一束光线、水平面等体现，例如，用自准直仪和水平仪测量直线度和平面度误差时就是应用这样的拟合要素。拟合要素也可用运动轨迹来体现。例如，沿纵向和横向导轨的移动构成了一个平面；一个点绕一轴线做等距回转运动构成了一个拟合圆，由此形成了圆度误差的测量方案。

二、测量坐标值原则

由于几何要素的特征总是可以在坐标系中反映出来，因此，利用坐标测量装置（如三坐标测量机、工具显微镜等）对被测要素测出一系列坐标值，再经过数据处理，就可以获得几何误差值。测量坐标值原则在轮廓度和位置度误差测量中应用尤为广泛。

图 4-45 为用该原则测量位置度误差示例。测量时，以零件的下侧面、左侧面为测量基准（顺序依设计要求），测量出各孔实际位置的坐标值 (x_1, y_1)、(x_2, y_2)、(x_3, y_3) 和 (x_4, y_4)，将实际坐标值减去确定孔理想位置的理论正确尺寸，得

$$\left.\begin{aligned}\Delta x_i &= x_i - \boxed{x_i}\\ \Delta y_i &= y_i - \boxed{y_i}\end{aligned}\right\}(i=1,2,3,4)$$

各孔的位置度误差值可按下式求得：

$$\phi f_i = 2\sqrt{(\Delta x_i)^2 + (\Delta y_i)^2}$$

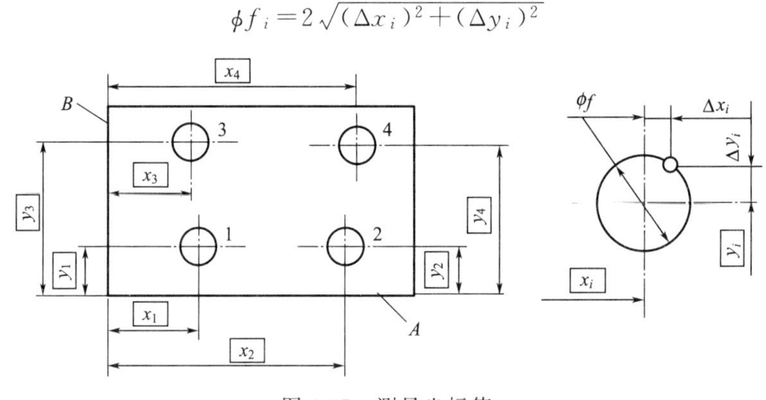

图 4-45 测量坐标值

三、测量特征参数原则

测量特征参数原则是指测量被测提取要素上具有代表性的参数（即特征参数）来表示几何误差值。该原则在生产中易于实现，是一种较为普通的检测原则。应用该原则测得的几何误差，与按定义确定的几何误差相比，只是一个近似值。

例如，用两点法测量圆度误差，如图 4-46(a) 所示，用在被测件回转一周过程中，测得的最大直径与最小直径之差的一半，作为单个截面的圆度误差值，测量若干个截面，取其中

最大值作为被测件的圆度误差值。两点测量法测出的各直径不一定具有共同的圆心，如图4-46(b) 所示。所以最大直径与最小直径之差和同心圆半径间没有换算关系。两点法测出的圆度误差，不符合圆度误差的定义，是一种近似的测量方法。

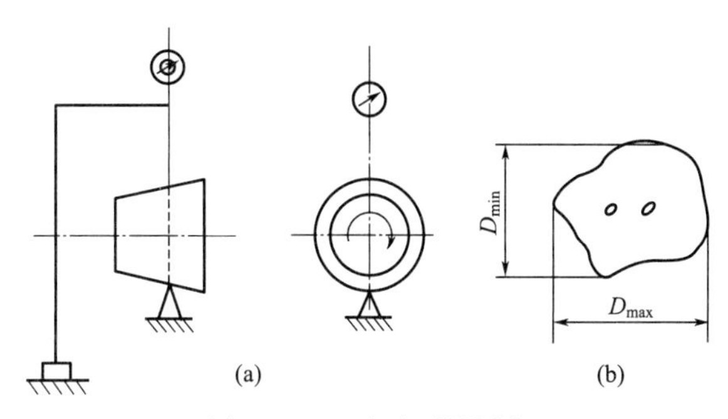

图 4-46　两点法测量圆度

四、测量跳动原则

测量跳动原则是适应测量圆跳动和全跳动需要的检测原则，它是指被测提取要素绕基准轴线回转过程中，沿给定方向测量其对某参考点或线的变动量。如图 4-47 所示，用打表法测量径向跳动，用 V 形架模拟基准轴线，并对零件进行轴向限位。在被测提取圆柱面绕基准轴线回转一周的过程中，由指示计的最大与最小示值之差为该截面的径向圆跳动误差；若被测提取圆柱面绕基准轴线回转的同时，指示计缓慢轴向移动，则在整个过程中指示计的最大与最小示值之差为该工件的径向全跳动误差。

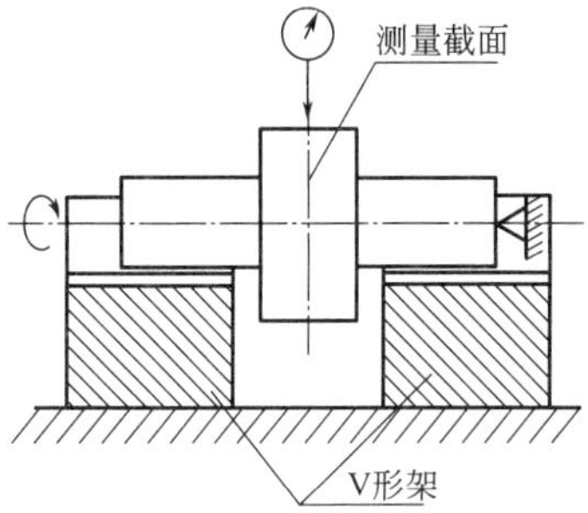

测量截面
V形架

图 4-47　径向跳动误差的测量

五、控制实效边界原则

控制实效边界原则是指检验被测提取要素是否超过实效边界，以判断合格与否。按最大实体要求给出几何公差时，就给出了一个理想边界（最大实体实效），要求被测要素的实体不得超越该理想边界。判断被测实体是否超越实效边界的有效方法是综合量规检验法，即采用光滑极限量规（详见第六章）或位置量规的工作表面来模拟体现图样上给定的边界，来检测被测提取要素。若被测要素的实际轮廓能被量规通过，则表示合格，否则不合格。

思考题与习题

4-1　将下列几何公差要求分别标注在图 4-48 上。

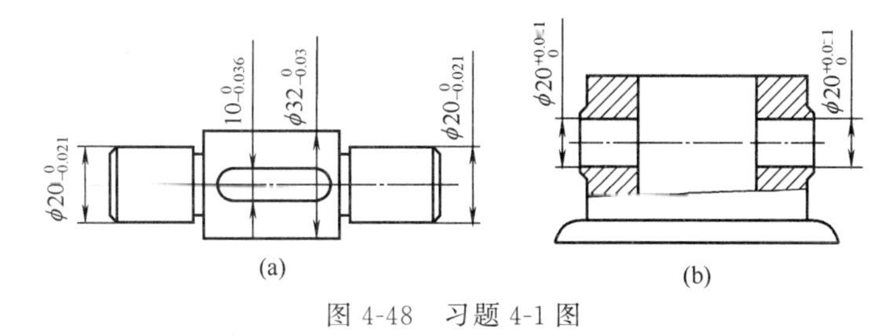

图 4-48　习题 4-1 图

(1) 标注在图 4-48(a) 上的几何公差要求：

① “$\phi 32_{-0.03}^{\ 0}$” 圆柱面对两 “$\phi 20_{-0.021}^{\ 0}$” 公共轴线的圆跳动公差为 0.015mm；

② 两 “$\phi 20_{-0.021}^{\ 0}$” 轴颈的圆度公差为 0.01mm；

③ “$\phi 32_{-0.03}^{\ 0}$” 左右两端面对两 “$\phi 20_{-0.021}^{\ 0}$” 公共轴线的轴向圆跳动公差为 0.02mm；

④ 键槽 “$10_{-0.036}^{\ 0}$” 中心平面对 “$\phi 32_{-0.03}^{\ 0}$” 轴线的对称度公差为 0.015mm。

(2) 标注在图 4-48(b) 上的几何公差要求：

① 底面的平面度公差为 0.012mm；

② “$\phi 20^{+0.021}_{0}$” 两孔的轴线分别对它们的公共轴线的同轴度公差为 0.015mm；

③ 两 “$\phi 20^{+0.021}_{0}$” 孔的公共轴线对底面的平行度公差为 0.01mm。

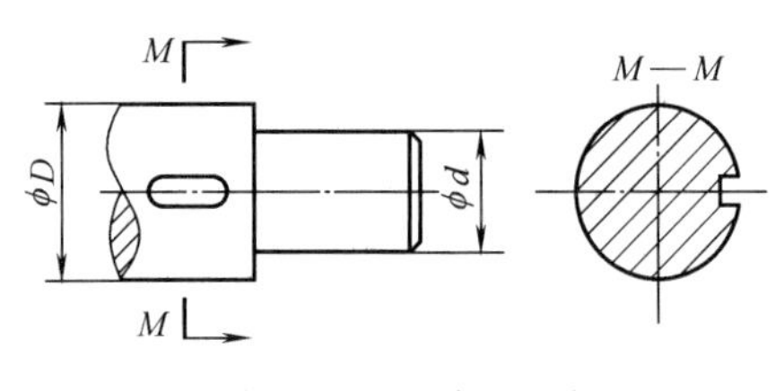

图 4-49 习题 4-2 图

4-2 将下列技术要求标注在图 4-49 上。

(1) ϕd 圆柱面的尺寸为 $\phi 30_{-0.025}^{0}$ mm，采用包容原则，ϕD 圆柱面的尺寸为 $\phi 50_{-0.039}^{0}$ mm，采用独立原则；

(2) ϕd 表面粗糙度的最大允许值为 $Ra=1.25\mu m$，ϕD 表面粗糙度的最大允许值为 $Ra=2\mu m$；

(3) 键槽侧面对 ϕD 轴线的对称公差为 0.02mm；

(4) ϕD 圆柱面对 ϕd 轴线的径向圆跳动量不超过 0.03mm，轴肩端平面对 ϕd 轴线的端面跳动不超过 0.05mm。

4-3 指出图 4-50 中几何公差标注上的错误，并加以改正（不变更几何公差项目）。

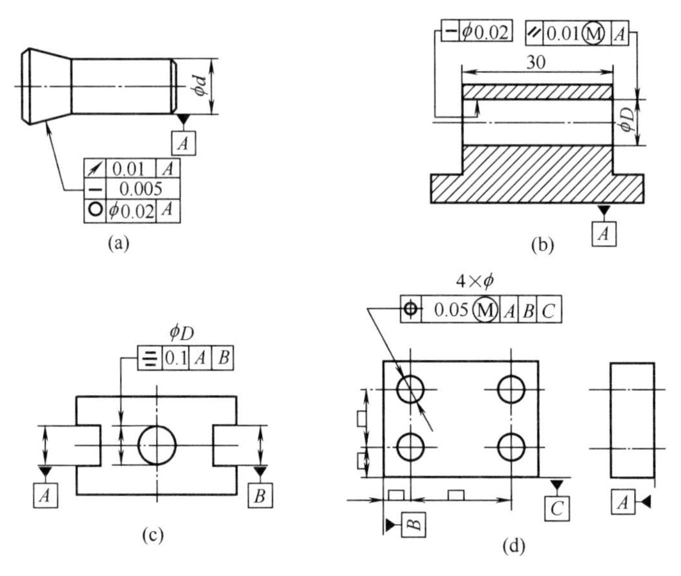

图 4-50 习题 4-3 图

4-4 说明图 4-51 中各项几何公差的意义，要求包括被测要素、基准要求（如有）以及公差带的特征。

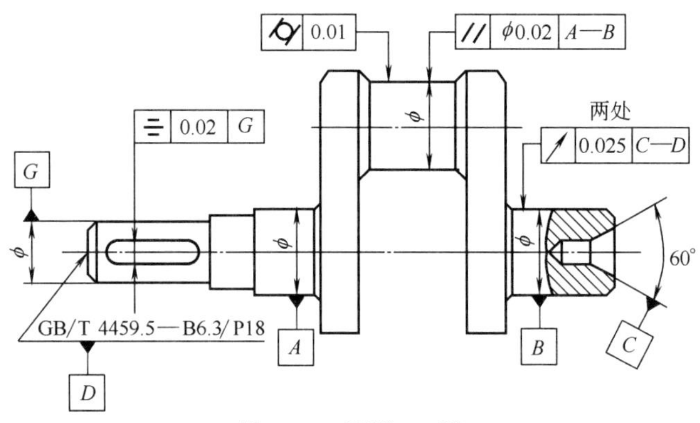

图 4-51 习题 4-4 图

4-5 指出图 4-52 中几何公差标注的错误并加以改正（几何公差项目不允许改变）。

4-6 测量图 4-53 所示零件的对称度误差，得 $\Delta=0.03$mm，如图 4-53 所示。问对称度误差是否超差，为什么？

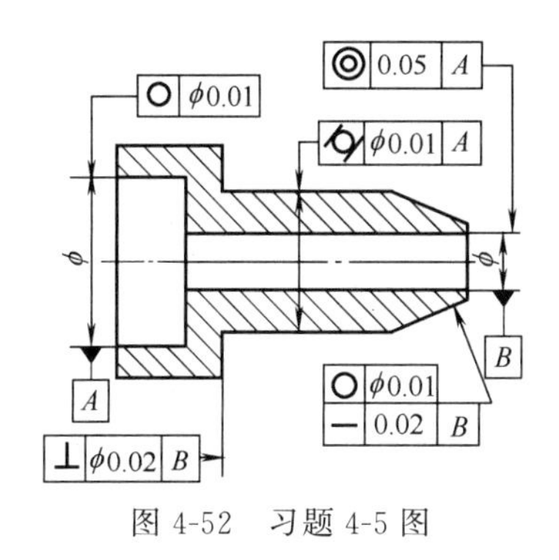

图 4-52　习题 4-5 图

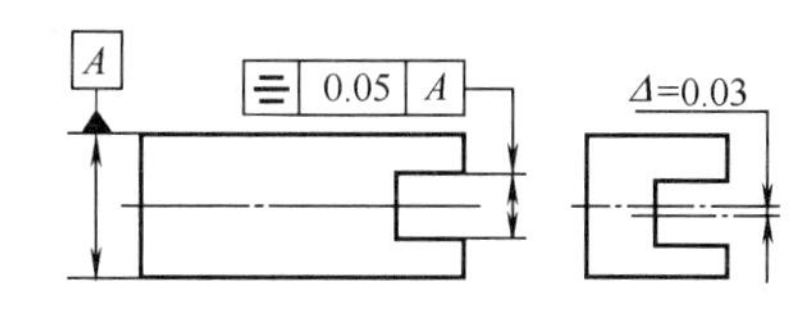

图 4-53　习题 4-6 图

4-7　按图 4-54 填写下表。

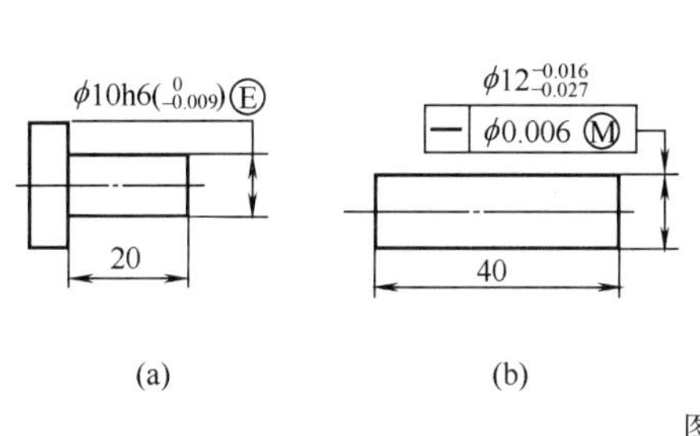

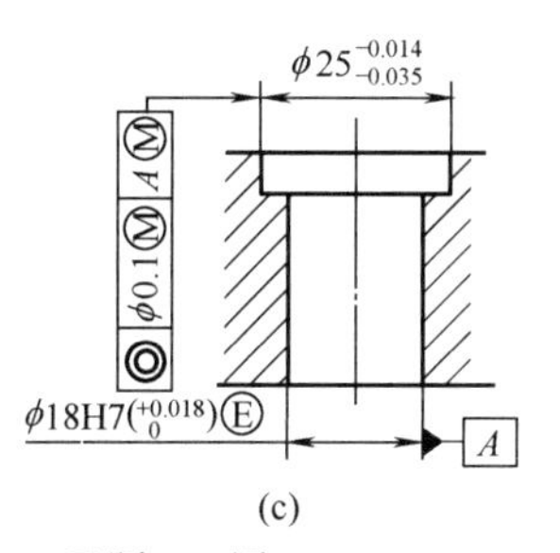

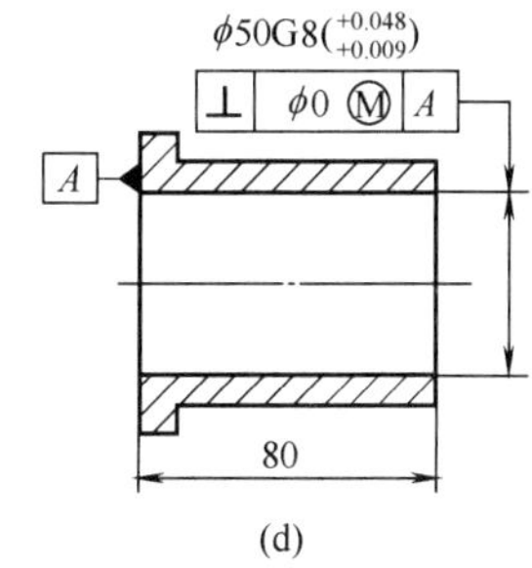

图 4-54　习题 4-7 图

图号	最大实体尺寸/mm	最小实体尺寸/mm	最大实体状态时的几何公差值/μm	可能补偿的最大几何公差值/μm	理想边界名称及边界尺寸/mm	实际尺寸合格范围/mm
图(a)						
图(b)						
图(c)						
图(d)						

4-8　图 4-55 所示齿条套筒几何公差框格中，按已定的几何公差等级（圆度、同轴度、垂直度、端面圆跳动公差等级均为 6 级，圆柱度公差为 7 级），查出几何公差数值，并填写在图示框格中。

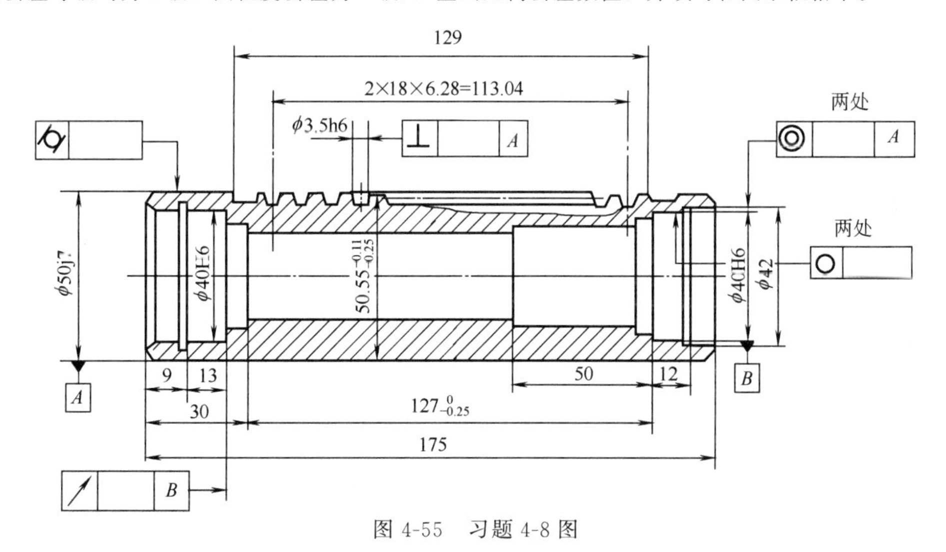

图 4-55　习题 4-8 图

4-9　图样上未注公差的要素应如何解释？

4-10　几何误差的检测原则有哪些？试举例说明。

第五章　表面粗糙度及其测量

一个完工的零件我们通过眼睛去观察，其表面是非常光滑和平整的，但是实际上被加工的表面总存在着微量高低不平的痕迹，这主要是由于在加工过程中采用了近似的成形原理、刀具与零件表面间的摩擦、切屑分离时零件表面层金属的塑性变形以及工艺系统的高频振动等因素造成的。因此，判断一个已完成加工的零件是否合格，不仅需要判别其尺寸、精度、形状和相互位置精度是否符合要求，而且其表面质量也应符合设计精度要求，这样才能保证零件的互换性。

第一节　概　　述

一、表面粗糙度

经过加工所获得的零件表面，总会存在几何形状误差。几何形状误差分为宏观几何形状误差、表面波纹度和微观几何形状误差三类。表面粗糙度是指加工表面上具有较小间距的峰谷所组成的微观几何形状特征，是一种微观几何形状误差。为了区分三类不同的几何形状误差，目前，通常是按波距的大小来划分。波距小于 1mm 的属于表面粗糙度，波距在 1～10mm 的属于表面波度，波距大于 10mm 的属于形状误差，如图 5-1 所示。

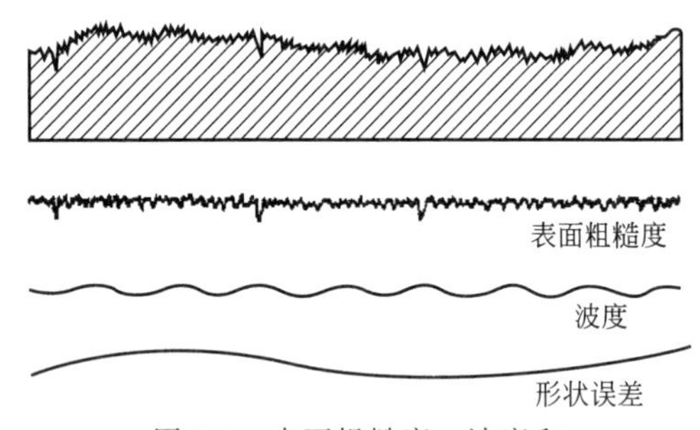

图 5-1　表面粗糙度、波度和形状误差的综合影响

二、表面粗糙度对零件使用性能的影响

零件表面粗糙不仅影响美观，而且对运动面的摩擦与磨损、贴合面的密封性等都有影响，另外还会影响定位精度、配合性质、疲劳强度、接触刚度、耐蚀性等。

1. 影响零件的耐磨性

表面越粗糙，摩擦系数就越大，相对运动的表面磨损就越快。然而，表面过于光滑，由于润滑油被挤出或分子间的吸附作用等原因，也会使摩擦阻力增大和加速磨损。

2. 影响配合性质的稳定性

零件表面的粗糙度对各种配合均有较大的影响。在间隙配合中，由于表面粗糙不平，会因磨损而使间隙迅速增大，致使配合性质改变；在过盈配合中，表面经压合后，过粗的表面会被压平，减少了实际过盈量，从而影响到结合的可靠性。

3. 影响疲劳强度

承受交变载荷作用的零件其失效多数是由于表面产生疲劳裂纹造成的。疲劳裂纹主要是由于表面微观波峰与波谷的应力集中引起的，零件表面越粗糙，波谷越深，应力集中就越严重，就越易形成疲劳破坏。

4. 影响耐蚀性

零件的耐蚀性在很大程度上取决于零件的表面粗糙度。零件表面越粗糙，凹谷越深，就越容易积聚腐蚀性物质而引起化学腐蚀。

第二节　表面粗糙度的评定

一、术语及定义

1. 轮廓滤波器

把轮廓分成长波和短波成分的滤波器。长波滤波器和短波滤波器分别用 λ_c 和 λ_s 表示。确定粗糙度和波纹度成分之间相交界限的滤波器即长波滤波器 λ_c。

2. 传输带

传输带是两个定义的滤波器之间的波长范围，如可表示为“0.00025－0.8”。

3. 取样长度 *lr*

用于判别表面粗糙度特征的一段基准长度，称为取样长度，代号为 *lr*。规定取样长度是为了限制和减弱宏观几何形状误差，特别是表面波度对表面粗糙度测量结果的影响。

另外，取样长度在轮廓总的走向上量取。表面越粗糙，取样长度应越大，这是因为表面越粗糙，波距越大的缘故。取样长度范围内至少包含五个以上的轮廓峰和谷，如图 5-2 所示。国家标准规定的取样长度 *lr* 见表 5-1。

表 5-1　*lr* 和 *ln* 的数值

Ra/μm	*Rz*/μm	*lr*/mm	*ln*(*ln*=5*lr*)/mm
≥0.008～0.02	≥0.025～0.10	0.08	0.4
>0.02～0.1	>0.10～0.50	0.25	1.25
>0.1～2.0	>0.50～10.0	0.8	4.0
>2.0～10.0	>10.0～50.0	2.5	12.5
>10.0～80.0	>50.0～320	8.0	40.0

4. 评定长度 *ln*

评定轮廓所必需的一段长度称为评定长度，代号为 *ln*，如图 5-2 所示。规定评定长度是为了克服加工表面的不均匀性，较客观地反映表面粗糙度的真实情况。

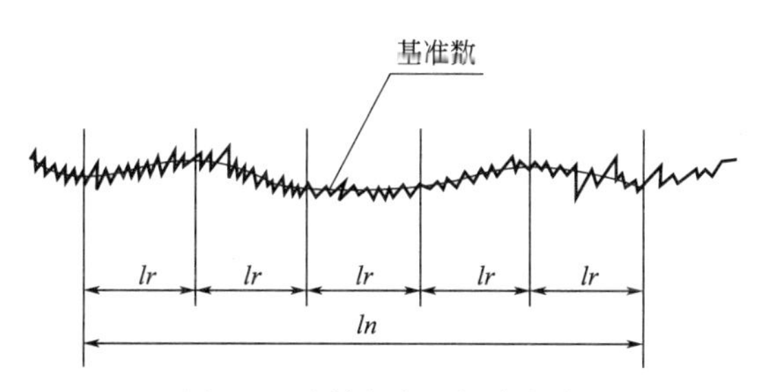

图 5-2　取样长度和评定长度

一般取评定长度 *ln*=5*lr*，如果测量表面均匀性较好，测量时可选 *ln*<5*lr*；均匀性较差的表面，可选 *ln*>5*lr*，具体数值见表 5-1。

5. 轮廓中线 *m*

轮廓中线是定量计算表面粗糙度数值的基准线，下面介绍两种确定轮廓中线的方法。

(1) 轮廓最小二乘中线　轮廓最小二乘中线是指具有几何轮廓形状并划分轮廓的基准

线，在取样长度内使轮廓上各点的纵坐标 $Z(x)$ 平方和为最小，如图 5-3 所示。

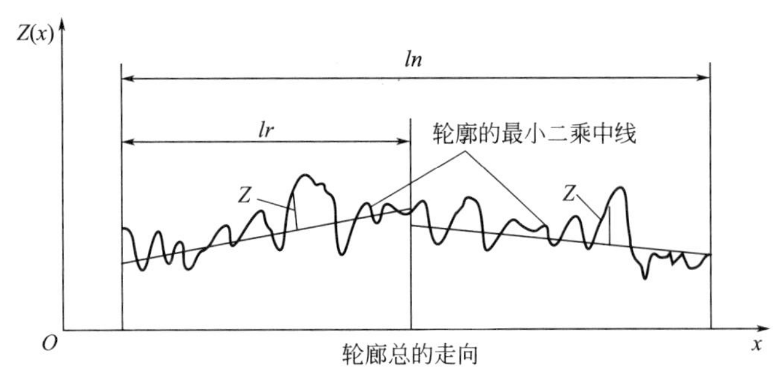

图 5-3　轮廓最小二乘中线示意图

轮廓的最小二乘中线的数学表达式为

$$\int_0^{lr}[Z(x)]^2\mathrm{d}x=\text{极小值} \tag{5-1}$$

（2）轮廓的算术平均中线　具有几何轮廓形状，在取样长度内与轮廓走向一致的基准线，该线划分轮廓并使上、下两部分的面积相等。如图 5-4 所示，中间直线 m 是算术平均中线，F_1，F_3，…，F_{2n-1}代表中线上面部分的面积，F_2，F_4，…，F_{2n}为中线下面部分的面积，它使

$$F_1+F_3+\cdots+F_{2n-1}=F_2+F_4+\cdots+F_{2n}$$

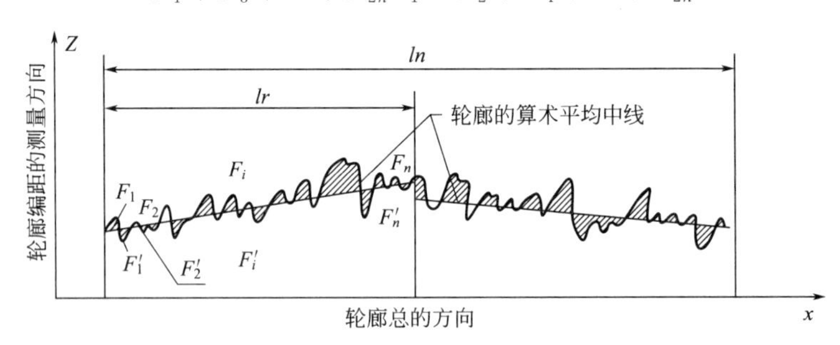

图 5-4　轮廓的算术平均中线示意图

用最小二乘法确定的中线是唯一的，但比较费事。用算术平均方法确定中线是一种近似的图解法，较为简便，因而得到广泛应用。

二、评定参数

国家标准 GB/T 1301—2009 规定的评定表面粗糙度的参数有幅度参数、间距参数等。下面介绍其中几个主要参数。

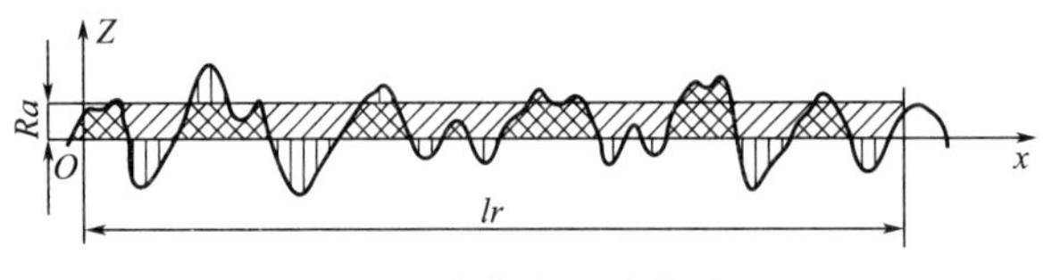

图 5-5　轮廓算术平均偏差 Ra

1. 轮廓的算术平均偏差 Ra

在一个取样长度 lr 内，轮廓纵坐标 $Z(x)$ 绝对值的算术平均值，记为 Ra，如图 5-5 所示。其数学表达式为

$$Ra=\frac{1}{lr}\int_0^{lr}|Z(x)|\mathrm{d}x \tag{5-2}$$

或近似为

$$Ra=\frac{1}{n}\sum_{i=1}^{n}|Z_i(x)| \tag{5-3}$$

Ra 值的大小能客观地反映被测表面的微观几何特征，Ra 值越小，说明被测表面微小峰谷的幅度越小，表面越光滑；反之，Ra 越大，表面则越粗糙。Ra 值一般用电动轮廓仪进行测量，受触针半径和仪器测量原理的限制，适用于 Ra 值在 0.025～6.3μm 之间的表面。Ra 是评定零件表面粗糙度的常用指标。

2. 轮廓的最大高度 *Rz*

在一个取样长度 lr 内，最大轮廓峰高 Z_p 和最大轮廓谷深 Z_v 之和的高度，如图 5-6 所示。Rz 的数学表达式为

$$Rz=Z_{p\max}+Z_{v\max} \tag{5-4}$$

式中，$Z_{p\max}$和 $Z_{v\max}$均取绝对值。

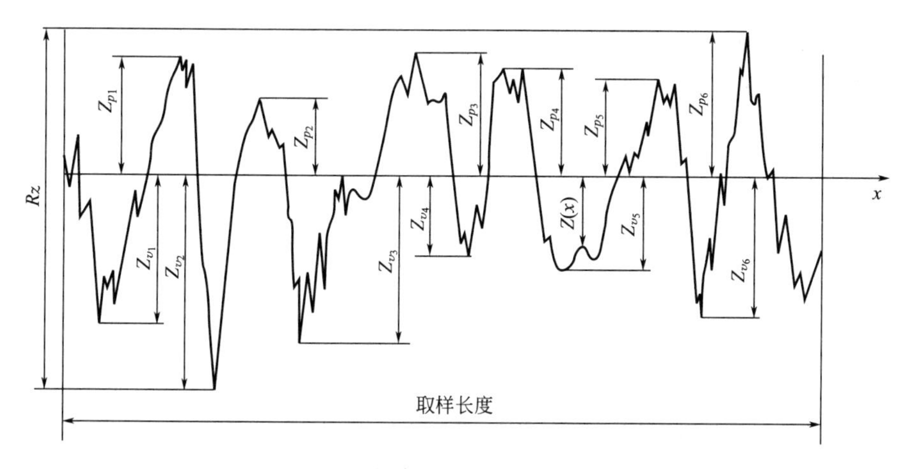

图 5-6　轮廓最大高度 Rz 示意图

注意：在 GB/T 3505—1983 中，“R_z”符号曾用于指示“微观不平十点高度”，而符号“R_y”表示“轮廓最大高度”。目前，在使用中的一些表面粗糙度测量仪器大多数是测量以前的 Rz 参数。因此，当采用现行的技术文件和图样时必须小心。

3. 轮廓单元的平均宽度 *RSm*

轮廓单元是轮廓峰与轮廓谷的组合。轮廓单元的平均宽度是指在一个取样长度内，轮廓单元宽度 X_s 的平均值，如图 5-7 所示。RSm 的数学表达式为

$$RSm=\frac{1}{m}\sum_{i=1}^{m}X_{si} \tag{5-5}$$

RSm 是评定轮廓的间距参数，其值愈小，表示轮廓表面愈细密，密封性愈好。

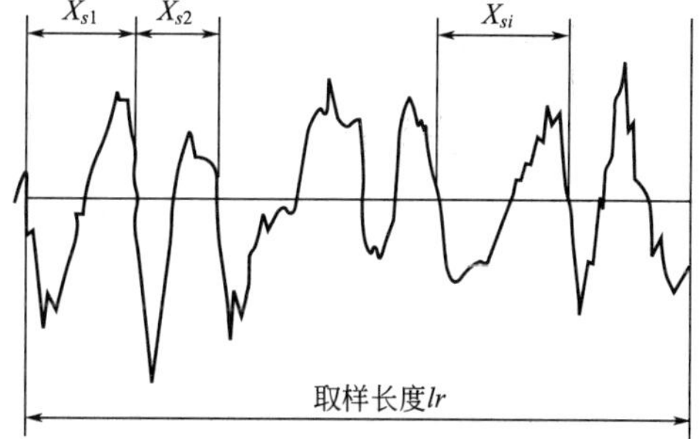

图 5-7　轮廓单元宽度

4. 轮廓的支承长度率 *Rmr*(*c*)

轮廓的支承长度率是指在给定水平位置 c 上的轮廓实体材料长度 $Ml(c)$ 与评定长度的比率，如图 5-8 所示。$Rmr(c)$ 的数学表达式为

$$Rmr(c)=\frac{Ml(c)}{ln} \tag{5-6}$$

$$Ml(c)=Ml_1+Ml_2+\cdots+Ml_n \tag{5-7}$$

$Rmr(c)$ 值对应于不同的 c 值，c 值可用微米或 Rz 值的百分数表示。

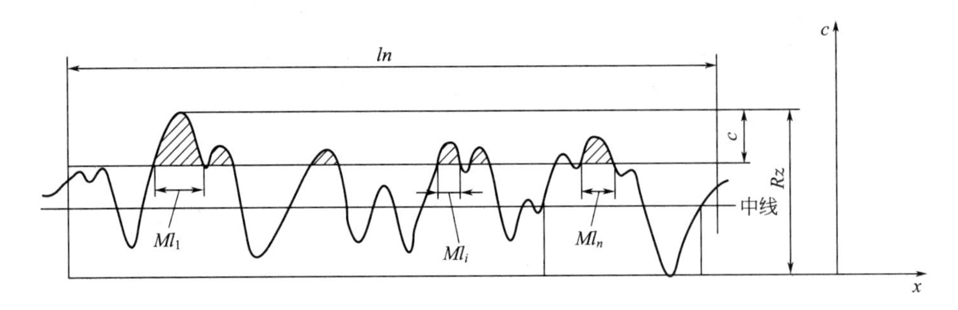

图 5-8　轮廓的支承长度率

$Rmr(c)$ 是用于评定轮廓曲线的参数，当 c 一定时，$Rmr(c)$ 值越大，则轮廓表面的支承能力和耐磨性越好，如图 5-9 所示。

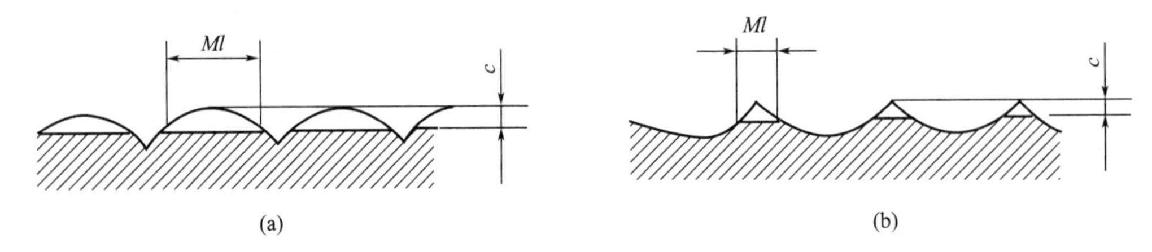

图 5-9　不同形状轮廓的支承长度

以上四个参数，轮廓的算术平均偏差 Ra 和轮廓的最大高度 Rz 是幅度参数，是标准中规定必须标注的参数，称为基本参数，在常用的参数范围内（Ra 为 0.025～6.3μm，Rz 为 0.10～25μm）推荐优先选用 Ra。轮廓单元的平均宽度 RSm 和轮廓的支承长度率 $Rmr(c)$ 称为附加参数。其中，前者是反映间距特性的参数，后者是反映形状特性的参数。附加参数不能单独在图样上注出，只能作为幅度参数的辅助参数注出。

三、评定参数的数值规定

国家标准规定了评定表面粗糙度的参数值，详见表 5-2～表 5-5。表中的“基本系列”值应得到优先选用。

表 5-2　轮廓算术平均偏差 *Ra* 的数值（摘自 GB/T 1031—2009）　μm

基本系列	补充系列	基本系列	补充系列	基本系列	补充系列	基本系列	补充系列
	0.008						
	0.010						
0.012			0.125		1.25	12.5	
	0.016		0.160	1.6			16.0
	0.020	0.20			2.0		20
0.025			0.25		2.5	25	
	0.032		0.32	3.2			32
	0.040	0.40			4.0		40
0.050			0.50		5.0	50	
	0.063		0.63	6.3			63
	0.080	0.80			8.0		80
0.100			1.00		10.0	100	

表 5-3　轮廓的最大高度 *Rz* 的数值（摘自 GB/T 1031—2009）　μm

基本系列	补充系列	基本系列	补充系列	基本系列	补充系列	基本系列	补充系列	基本系列	补充系列	基本系列	补充系列
			0.125		1.25	12.5			125		1250
			0.160	1.60			16.0		160	1600	
		0.20			2.0		20	200			
0.025			0.25		2.5	25			250		
	0.032		0.32	3.2			32		320		
	0.040	0.40			4.0		40	400			
0.050			0.50		5.0	50			500		
	0.063		0.63	6.3			63		630		
	0.080	0.80			8.0		80	800			
0.100			1.00		10.0	100			1000		

表 5-4　轮廓单元的平均宽度 *RSm* 的数值（摘自 GB/T 1031—2009）　μm

基本系列	补充系列	基本系列	补充系列	基本系列	补充系列	基本系列	补充系列
	0.002	0.025			0.25		2.5
	0.003		0.032		0.32	3.2	
	0.004		0.040	0.40			4.0
	0.005	0.050			0.50		5.0
0.006			0.063		0.63	6.3	
	0.008		0.080	0.80			8.0
	0.010	0.100			1.00		10.0
0.0125			0.125		1.25	12.5	
	0.016		0.160	1.60			
	0.020	0.200			2.0		

表 5-5　轮廓的支承长度率 *Rmr*(c) 的数值（摘自 GB/T 1031—2009）　%

10	15	20	25	30	40	50	60	70	80	90

注：选用轮廓的支承长度率参数 *Rmr*(*c*) 时，必须同时给出轮廓水平位置 *c* 值。它可用微米或 *Rz* 的百分数表示，百分数系列如下：*Rz* 的 5%，10%，15%，20%，25%，30%，40%，50%，60%，70%，80%，90%。

第三节　表面粗糙度在图样上的标注

图样上所标注的表面粗糙度符号、代号，是该表面完工后的要求。表面粗糙度的标注应符合国家标准 GB/T 131—2006 的规定。

一、表面粗糙度符号

图样上表示的零件表面粗糙度符号、意义及其说明，见表 5-6。若仅需要加工（采用去除材料方法或不去除材料方法）但对表面粗糙度的其他规定没有要求时，允许只注表面粗糙度符号。

表 5-6　表面粗糙度符号、意义及说明（摘自 GB/T 131—2006）

符　号	意　义　及　说　明
√	基本符号，表示表面可用任何方法获得。当不加注粗糙度参数值或有关说明（例如，表面处理、局部热处理状况等）时，仅适用于简化代号标注

续表

符　　号	意　义　及　说　明
	基本符号加一短画，表示表面是用去除材料的方法获得。例如，车、铣、钻、磨、剪切、抛光、腐蚀、电火花加工、气割等
	基本符号加一小圆，表示表面是用不去除材料的方法获得。例如，铸、锻、冲压变形、热轧、冷轧、粉末冶金等 或者是保持原供应状况的表面（包括保持上道工序的状况）
	在上述三个符号的长边上均可加一横线，用于标注有关参数和说明
	在上述三个符号上均可加一小圆，表示所有表面具有相同的表面粗糙度要求

二、表面粗糙度的代号及其标注

表面粗糙度标注法见图 5-10。当允许在表面粗糙度参数的所有实测值中超过规定值的个数少于总数的 16%时，应在图样上标注表面粗糙度参数的上限值或下限值，称为“16%规则”。当要求在表面粗糙度参数的所有实测值中不得超过规定值时，应在图样上标注表面粗糙度参数的最大值或最小值，称为“最大值规则”。

标注时，除了标注表面粗糙度的单一要求外，必要时应标注补充要求，补充要求包括传输带、取样长度、加工工艺、表面纹理及方向、加工余量等。在完整图形符号中，对表面粗糙度的单一要求（图 5-10 中的 a）和补充要求（图 5-10 中的 b、c、d 和 e）应标注在指定位置。

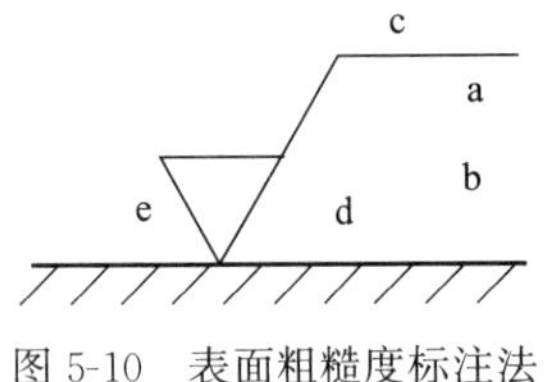

图 5-10　表面粗糙度标注法

位置 a 处标注表面粗糙度的单一要求（即表面粗糙度的第一个要求），该要求不能省略，它包含了表面粗糙度参数代号、极限值和传输带或取样长度。标注顺序为：上限或下限符号、传输带、取样长度、参数代号、评定长度、极限值。为了避免误解，在参数代号和极限值之间应插入空格。传输带或取样长度后应有一斜线“/”，之后是表面粗糙度参数代号，最后是极限值。

上限或下限符号的标注：在完整符号中表示双向极限时应标注上限或下限符号，上限值在上方用“U”表示，下限值在下方用“L”表示，如果同一参数具有双向极限要求，在不引起歧义时，可不加注“U”和“L”。当只有单向极限要求时，若为单向上限值，则均可不加注“U”，若为单向下限值，则应加注“L”。

传输带的标注：传输带是两个定义的滤波器之间的波长范围（即评定时的波长范围）。传输带标注时，短波滤波器在前，长波滤波器在后，并用“-”隔开，例如：0.0025-0.8/Rz6.3。

评定长度（ln）的标注：如果采用的是默认的评定长度，即取 $ln=5lr$ 时，评定长度可以不标注；如果评定长度内的取样长度个数不等于 5，则应在相应参数代号后标注其个数。

表面粗糙度的补充要求（图 5-10 中 b、c、d 和 e 处）可根据需要进行标注。

位置 b 处注写第二个表面粗糙度要求。

位置 c 处注写加工方法、表面处理、涂层或其他加工工艺要求等。

位置 d 处注写所要求的表面纹理和纹理方向，如“=”表示纹理平行于视图所在的投影面，“⊥”表示纹理垂直于视图所在的投影面。

位置 e 处注写所要求的加工余量（单位为 mm）。

1. 表面粗糙度基本参数的标注

表面粗糙度幅度参数 Ra 和 Rz 是基本参数，标注在参数值前面，表面粗糙度幅度参数的标注见表 5-7。

表 5-7　表面粗糙度幅度（高度）参数的标注（摘自 GB/T 131—2006）

代　号	意　　义	代　号	意　　义
Ra 3.2	用任何方法获得的表面粗糙度，Ra 的上限值为 3.2μm	Ramax 3.2	用任何方法获得的表面粗糙度，Ra 的最大值为 3.2μm
Ra 3.2	用去除材料方法获得的表面粗糙度，Ra 的上限值为 3.2μm	Ramax 3.2	用去除材料方法获得的表面粗糙度，Ra 的最大值为 3.2μm
Ra 3.2	用不去除材料方法获得的表面粗糙度，Ra 的上限值为 3.2μm	Ramax 3.2	用不去除材料方法获得的表面粗糙度，Ra 的最大值为 3.2μm
U Ra 3.2 L Ra 1.6	用去除材料方法获得的表面粗糙度，Ra 的上限值为 3.2μm，Ra 的下限值为 1.6μm	Ramax 3.2 Ramin 1.6	用去除材料方法获得的表面粗糙度，Ra 的最大值为 3.2μm，Ra 的最小值为 1.6μm
Rz 3.2	用任何方法获得的表面粗糙度，Rz 的上限值为 3.2μm	Rz max 3.2	用任何方法获得的表面粗糙度，Rz 的最大值为 3.2μm
U Rz 3.2 L Rz 1.6	用去除材料方法获得的表面粗糙度，Rz 的上限值为 3.2μm，Rz 的下限值为 1.6μm（在不引起误会的情况下，也可省略标注 U、L）	Rz max 3.2 Rz min 1.6	用去除材料方法获得的表面粗糙度，Rz 的最大值为 3.2μm，Rz 的最小值为 1.6μm
U Ra 3.2 U Rz 1.6	用去除材料方法获得的表面粗糙度，Ra 的上限值为 3.2μm，Rz 的上限值为 1.6μm	Ra max 3.2 Rz max 1.6	用去除材料方法获得的表面粗糙度，Ra 的最大值为 3.2μm，Rz 的最大值为 1.6μm
0.008-0.8/Ra 3.2	用去除材料方法获得的表面粗糙度，Ra 的上限值为 3.2μm，传输带 0.008-0.8mm	-0.8/Ra 3 3.2	用去除材料方法获得的表面粗糙度，Ra 的上限值为 3.2μm，取样长度 0.8mm，评定包含 3 个取样长度

2. 表面粗糙度附加参数的标注

表面粗糙度的间距参数和混合特性参数为附加参数，图 5-11(a) 为 RSm 上限值的标注实例；图 5-11(b) 为 RSm 最大值的标注实例；图 5-11(c) 为 $Rmr(c)$ 的标注示例，表示水平截距 c 在 Rz 的 50%位置上，$Rmr(c)$ 为 70%，此时 $Rmr(c)$ 为下限值；图 5-11(d) 为 $Rmr(c)$ 最小值的标注示例。

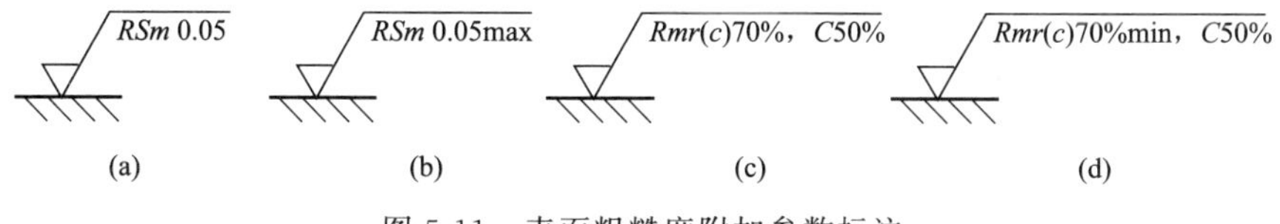

图 5-11　表面粗糙度附加参数标注

3. 表面粗糙度其他项目标注

取样长度若按标准规定的默认值，且评定长度为 5 个取样长度，在图样上可以省略标注；若选用非标准值或评定长度不为 5 个取样长度，则应在相应位置标注取样长度的值（表 5-7）或取样长度的个数，如图 5-12(a) 所示表示评定长度为 3 个取样长度。

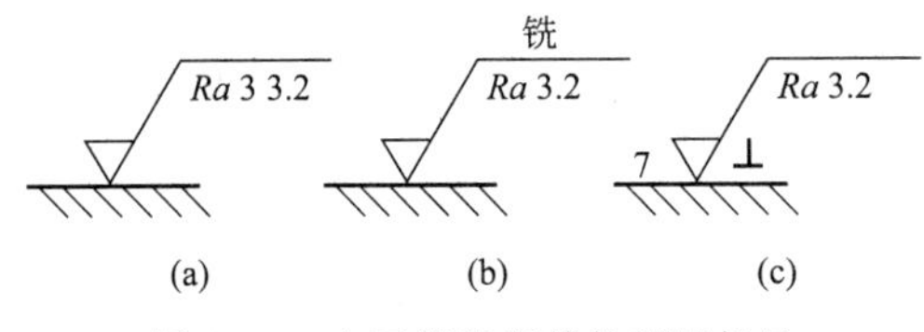

图 5-12 表面粗糙度其他项目标注

若某表面粗糙度要求由指定的加工方法（如铣削、车削等）获取时，可用文字标注在表面粗糙度符号的规定处，见图 5-12(b)。

若需要标注加工余量（如设定加工余量为 7mm），则应将其标注在表面粗糙度符号的规定处，见图 5-12(c)。

若需要控制表面加工纹理方向时，可在规定处加注加工纹理方向符号，见图 5-12(c)。表面纹理的标注见表 5-8。

表 5-8 表面纹理的标注

符　号	解释和示例	
=	纹理平行于视图所在的投影面	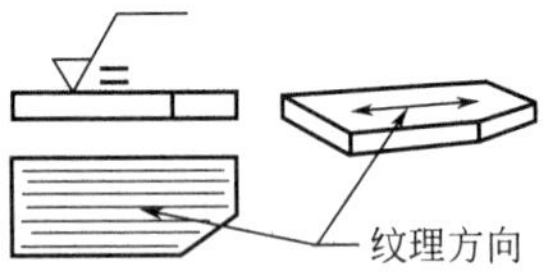 纹理方向
⊥	纹理垂直于视图所在的投影面	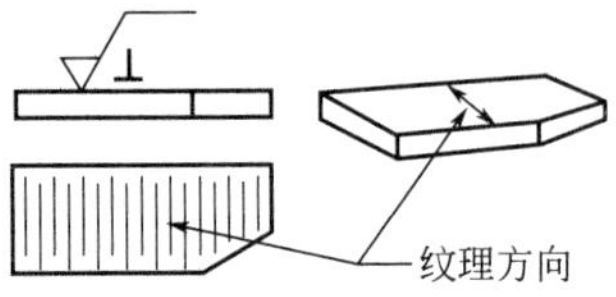 纹理方向
×	纹理呈两斜向交叉且与视图所在的投影面相交	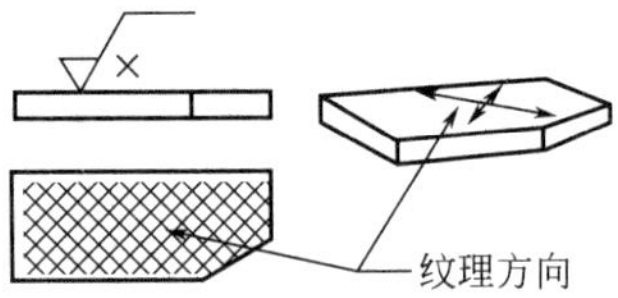 纹理方向
M	纹理呈多方向	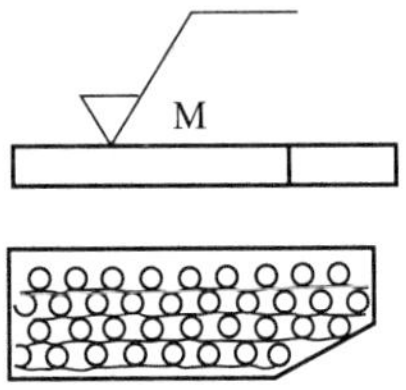 M
C	纹理呈近似同心圆且圆心与表面中心相关	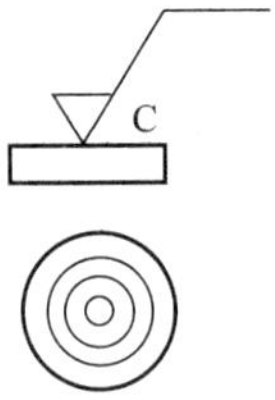 C
R	纹理呈近似放射状且与表面圆心相关	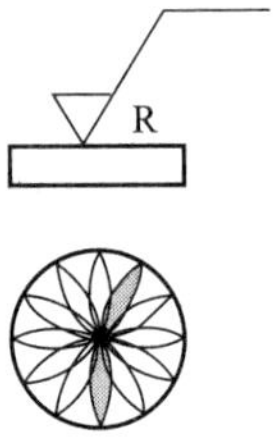 R

续表

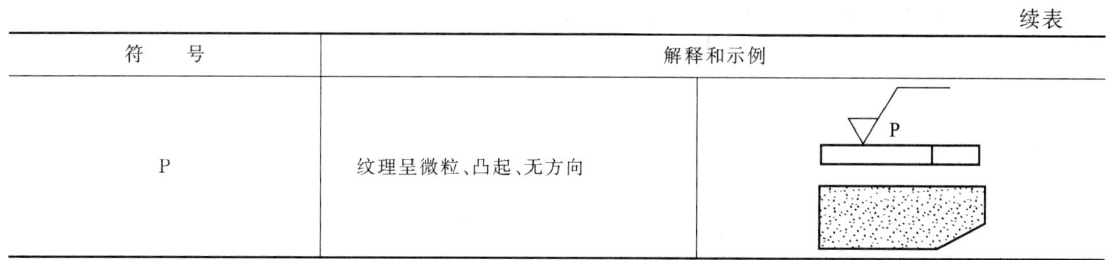

符　号	解释和示例	
P	纹理呈微粒、凸起、无方向	

注：如果表面纹理不能清楚地用这些符号表示，必要时，可以在图样上加注说明。

三、表面粗糙度在图样上的标注方法

1. 一般标注法

表面粗糙度符号、代号一般注在可见轮廓线或其延长线（图 5-13 和图 5-16）和指引线（图 5-14）、尺寸线、尺寸界线（图 5-17）上；也可标注在公差框格上方（图 5-15）或圆柱和棱柱表面上。符号的尖端必须从材料外指向表面。其中注在螺纹直径上的符号表示螺纹工作表面的粗糙度。在同一图样上，每一表面只标注一次符号、代号，并尽可能靠近有关尺寸线（图 5-16）；如果每个表面有不同的要求，则分别单独标注。

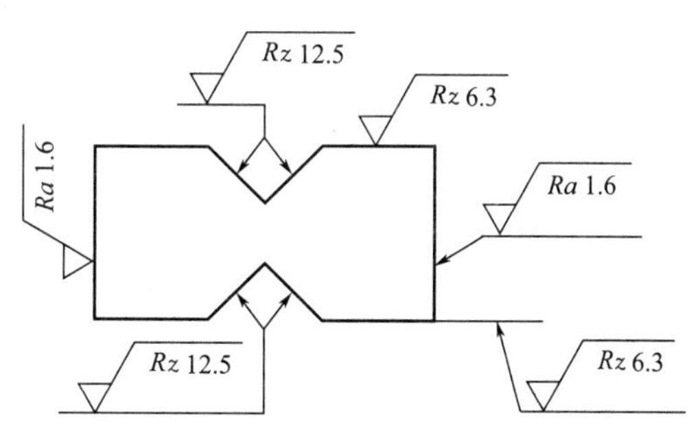

图 5-13　表面粗糙度在轮廓线上的标注

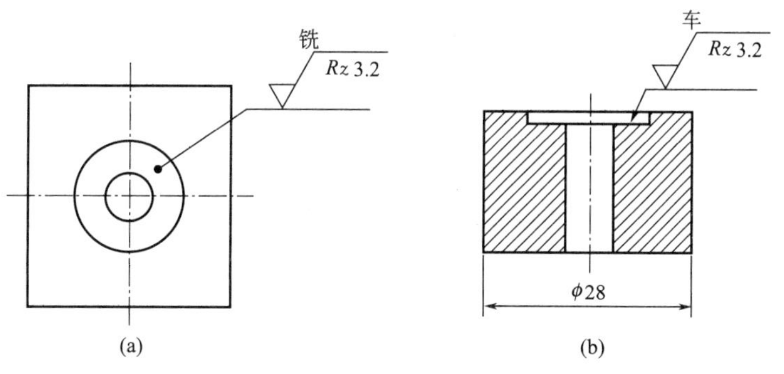

图 5-14　用指引线引出标注表面粗糙度

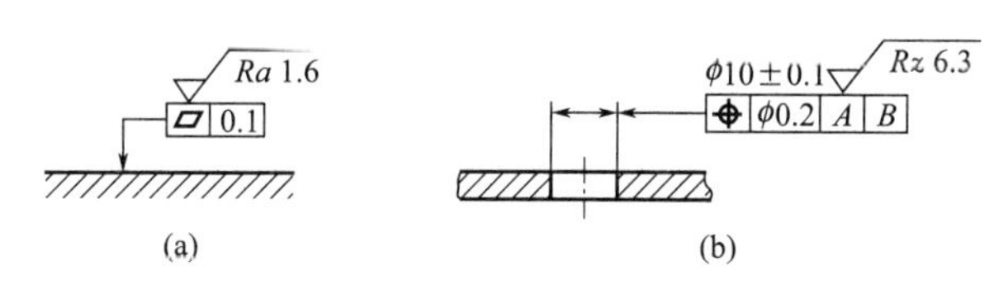

图 5-15　表面粗糙度标注在形位公差框格的上方

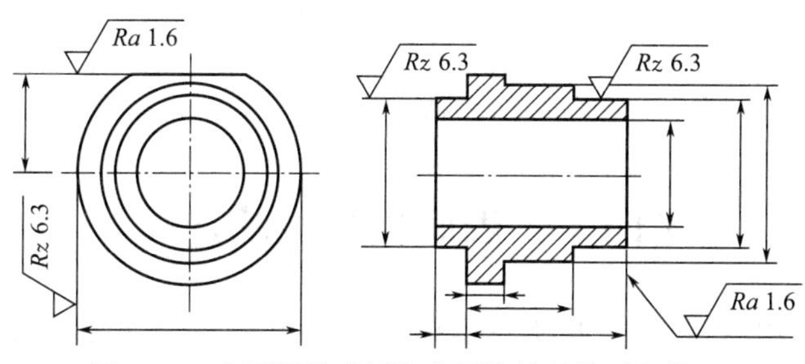

图 5-16　表面粗糙度标注在圆柱特征的延长线上

倒角、圆角和键槽的粗糙度标注方法见图 5-17 和图 5-18。

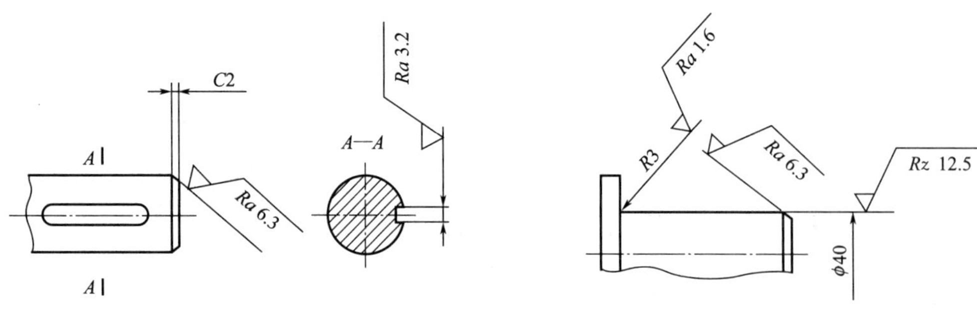

图 5-17　键槽的表面粗糙度标注　　　　图 5-18　圆角和倒角的表面粗糙度标注

2. 简化注法

当零件除注出表面外，其余所有表面具有相同的表面粗糙度要求时，其符号、代号可在图样上统一标注，并采用简化注法，如图 5-19 和图 5-20 所示，表示除 Rz 值为 1.6μm 和 6.3μm 的表面外，其余所有表面粗糙度 Ra 值均为 3.2μm，两种注法意义相同。

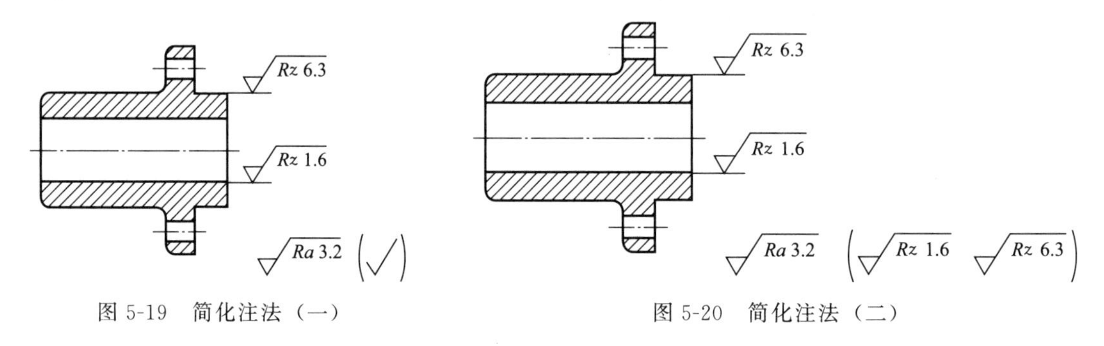

图 5-19　简化注法（一）　　　　图 5-20　简化注法（二）

当多个表面具有相同表面粗糙度要求或图纸空间有限时，也可采用简化注法，以等式的形式给出，见图 5-21 和图 5-22。

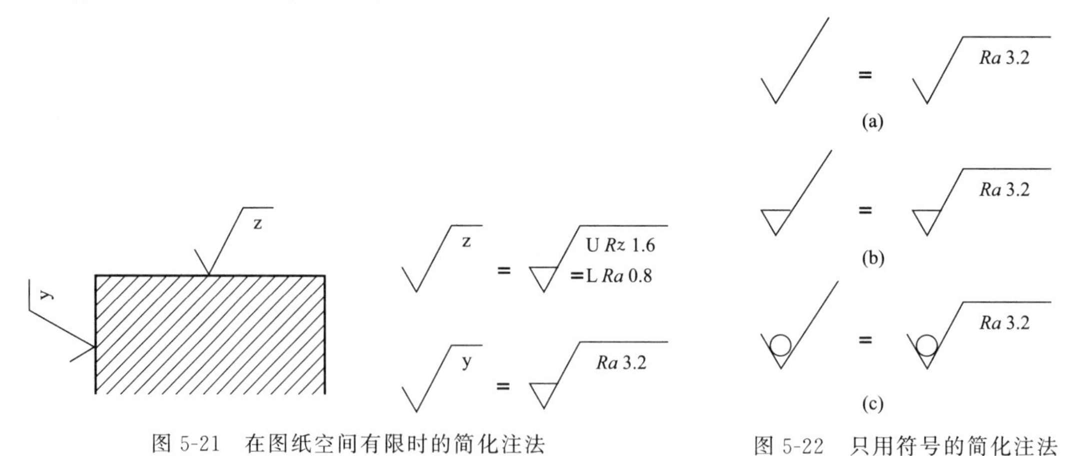

图 5-21　在图纸空间有限时的简化注法　　　　图 5-22　只用符号的简化注法

第四节　表面粗糙度的选择

表面粗糙度是一项重要的技术经济指标，选取时应在满足零件功能要求的前提下，同时考虑工艺的可行性和经济性。表面粗糙度的选择主要包括评定参数的选择和参数值的选择。

一、评定参数的选择

评定参数的选择应考虑零件使用功能的要求、检测的方便性及仪器设备条件等因素。

国家标准规定，轮廓的幅度参数（如 *Ra* 和 *Rz*）是必须标注的参数，而其他参数（如 *RSm* 等）是附加参数。一般情况下，选用 *Ra* 或 *Rz* 就可以满足要求。只有对一些重要表面有特殊要求时，如有涂镀性、耐蚀性、密封性要求时，才需要加选 *RSm* 来控制间距的细密度；对表面的支承刚度和耐磨性有很高要求时，需要加选 *Rmr*(*c*) 控制表面的形状特征。

1. 幅度参数的选用

在幅度参数中，因为 *Ra* 能较全面、完整地表达零件表面的微观几何特征，故最为常用。国家标准推荐，在常用数值范围（*Ra* 为 0.025～6.3μm）内，应优先选用 *Ra* 参数，上述范围内用电动轮廓仪能方便地测出 *Ra* 的实际值（电动轮廓仪测量范围为 0.02～8μm）。*Rz* 直观易测，其数值可用双管显微镜或干涉显微镜测量。表面粗糙度要求特别高或特别低（$Ra<0.025\mu m$ 或 $Ra>6.3\mu m$）时，选用 *Rz*。*Rz* 用于测量部位小、峰谷小或有疲劳强度要求的零件表面的评定。

2. 间距参数的选用

附加评定参数 *RSm* 和 *Rmr*(*c*)，一般不能作为独立参数选用，只有少数零件的重要表面且有特殊使用要求时才附加选用。

RSm 主要用在对涂漆性能，冲压成形时抗裂纹、抗振、耐蚀、减小流体流动摩擦阻力等有要求时选用。

3. 混合参数的选用

轮廓的支承长度率 *Rmr*(*c*) 主要在耐磨性、接触刚度要求较高等场合附加选用。

二、评定参数值的选择

表面粗糙度参数值选择的原则是：在满足功能要求的前提下，尽量选择较大的表面粗糙度参数［除 *Rmr*(*c*) 外］值，以减小加工难度，降低生产成本。在工程实际中，由于表面粗糙度和功能的关系十分复杂，因而很难准确地确定参数的允许值，在具体设计时，一般多采用经验统计资料，用类比法来选用。

表面粗糙度参数值的选择，一般应考虑以下几方面。

① 一般情况下，同一个零件上，工作表面（或配合面）比非工作面（或配合面）的表面粗糙度参数值小。

② 摩擦面、承受高压和交变载荷的工作面的表面粗糙度参数值应小些。

③ 要求耐蚀的零件表面，表面粗糙度参数值要小些。

④ 凡有关标准已对表面粗糙度要求作出规定的（如与滚动轴承相配合的轴颈和外壳表面粗糙度），应按该标准确定表面粗糙度参数值。

⑤ 要求配合稳定可靠时，表面粗糙度参数值应小些。小间隙配合表面，受重载作用的过盈配合表面，其表面粗糙度参数值要小。

⑥ 表面粗糙度与尺寸及形状公差相协调。通常尺寸及形状公差小，表面粗糙度参数值也小，同一尺寸公差的轴比孔的表面粗糙度参数值要小。设表面形状公差为 t，尺寸公差为 T，则它们之间通常按以下关系来设计。

若　　$t \approx 0.6T$，　则　$Ra \leqslant 0.05T$；　$Rz \leqslant 0.3T$。

　　　$t \approx 0.4T$，　则　$Ra \leqslant 0.025T$；　$Rz \leqslant 0.15T$。

　　　$t \approx 0.25T$，　则　$Ra \leqslant 0.012T$；　$Rz \leqslant 0.07T$。

表 5-9 列出了孔和轴的表面粗糙度参数推荐值，表 5-10 列出了表面粗糙度的表面特征、经济加工方法及其应用举例，供类比时参考。

表 5-9　轴和孔的表面粗糙度推荐值

表面特征			Ra/μm ≤	
	公差等级	表面	公称尺寸/mm	
			≤50	>50～500
经常装拆零件的配合表面(如挂轮、滚刀等)	5	轴	0.2	0.4
		孔	0.4	0.8
	6	轴	0.4	0.8
		孔	0.4～0.8	0.8～1.6
	7	轴	0.4～0.8	0.8～1.6
		孔	0.8	1.6
	8	轴	0.8	1.6
		孔	0.8～1.6	1.6～3.2

表面特征	公差等级	表面	公称尺寸/mm		
			≤50	>50～120	>120～500
过盈配合的配合表面 (a)装配按机械压入法 (b)装配按热处理法	5	轴	0.1～0.2	0.4	0.4
		孔	0.2～0.4	0.8	0.8
	6～7	轴	0.4	0.8	1.6
		孔	0.8	1.6	1.6
	8	轴	0.8	0.8～1.6	1.6～3.2
		孔	1.6	1.6～3.2	1.6～3.2
	—	轴	1.6		
		孔	1.6～3.2		

表面特征	表面	径向跳动公差/μm					
		2.5	4	6	10	16	25
		Ra/μm ≤					
精密定心用配合的零件表面	轴	0.05	0.1	0.1	0.2	0.4	0.8
	孔	0.1	0.2	0.2	0.4	0.8	1.6

表面特征	表面	公差等级		液体湿摩擦条件
		6～9	10～12	
		Ra/μm ≤		
滑动轴承的配合表面	轴	0.4～0.8	0.8～3.2	0.1～0.4
	孔	0.8～1.6	1.6～3.2	0.2～0.8

表 5-10　表面粗糙度的表面特征、经济加工方法及应用举例

表面微观特征		$Ra/\mu m$	加工方法	应用举例
粗糙平面	微见刀痕	≤20	粗车、粗刨、粗铣、钻、毛锉、锯断	半成品粗加工表面，非配合的加工表面，如轴端面、倒角、钻孔，齿轮、带轮侧面、键槽底面、垫圈接触面等
半光表面	微见加工痕迹	≤10	车、刨、铣、镗、钻、粗铰	轴上不安装轴承、齿轮处的非配合表面，紧固件的自由装配表面，轴和孔的退刀槽等
	微见加工痕迹	≤5	车、刨、铣、镗、磨、拉、粗刮、滚压	半精加工表面，箱体、支架、盖面、套筒等和其他零件接合而无配合要求的表面，需要发蓝的表面等
	看不清加工痕迹	≤2.5	车、刨、铣、镗、磨、拉、刮、滚压、铣齿	接近于精加工的表面，箱体上安装轴承的镗孔表面，齿轮的工作面等
光表面	可辨加工痕迹方向	≤1.25	车、镗、磨、拉、刮、精铰、磨齿、滚压	圆柱销、圆锥销，与滚动轴承配合的表面，普通车床导轨面，内、外花键定心表面等
	可辨加工痕迹方向	≤0.63	精铰、精镗、磨、刮、滚压	要求配合性质稳定的表面，工作时受交变应力的重要零件，较高精度车床的导轨面等
	不可辨加工痕迹方向	≤0.32	精磨、珩磨、研磨	精密机床主轴锥孔、顶尖圆锥面，发动机曲轴、凸轮轴工作表面，高精度齿轮齿面等
极光表面	暗光泽面	≤0.16	精磨、研磨、普通抛光	精密机床主轴轴颈表面，一般量规工作表面，汽缸套内表面，活塞销表面等
	亮光泽面	≤0.08	超精磨、镜面磨削、精抛光	精密机床主轴轴颈表面，滚动轴承的滚珠，高压油泵中柱塞孔和柱塞配合的表面等
	镜状光泽面	≤0.048		
	镜面	≤0.01	镜面磨削、超精研	高精度量仪、量块的工作表面、光学仪器中的金属镜面等

第五节　表面粗糙度的测量

测量表面粗糙度的方法很多，下面仅介绍几种常用的测量方法。

一、比较法

比较法就是将被测零件表面与表面粗糙度样板，通过视觉、触觉或其他方法进行比较后，对被测表面的粗糙度作出评定的方法。

用比较法评定表面粗糙度虽然不能精确地得出被测表面的粗糙度数值，但由于器具简单，使用方便且能满足一般生产要求，故常用于生产现场。

二、印模法

在实际测量中，常常会遇到某些既不能使用仪器直接测量，也不便于用样板进行比较的表面，如深孔、盲孔、凹槽、内螺纹等。评定这些表面的粗糙度时，常用印模法。印模法是利用一些无流动性和弹性的塑料材料，贴合在被测表面上，将被测表面的轮廓复制成模，然后测量印模，从而来评定被测表面的粗糙度。

三、光切法

光切法就是利用光切原理来测量零件表面的粗糙度，工厂计量部门用的光切显微镜［又称双管显微镜，如图 5-23(a) 所示］就是应用这一原理设计而成的。

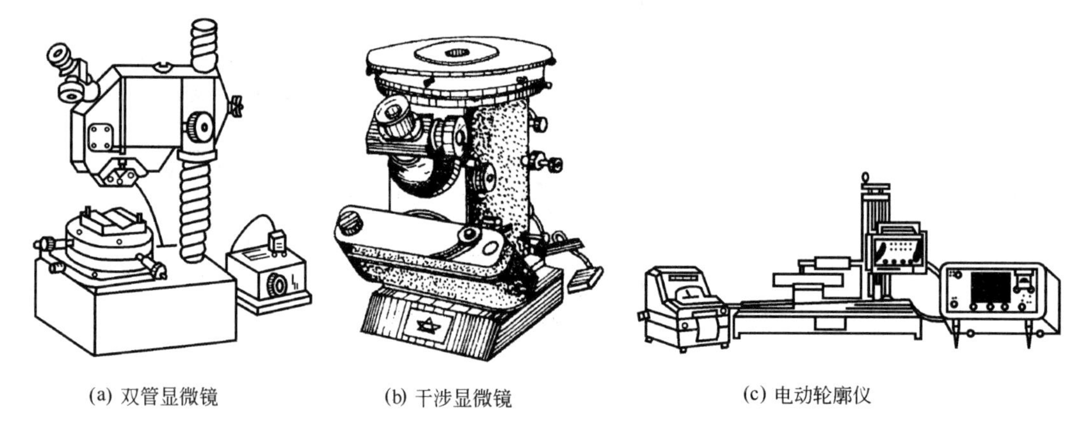

(a) 双管显微镜　(b) 干涉显微镜　(c) 电动轮廓仪

图 5-23　表面粗糙度常用测量仪器

光切法一般用于测量表面粗糙度的 Rz 参数值，测量范围为 $Rz=0.5\sim60\mu m$。

四、干涉法

干涉法就是利用光波干涉原理来测量零件表面粗糙度，使用的仪器是干涉显微镜［图 5-23(b)］。

通常干涉显微镜用于测量 Rz 参数值，其测量范围为 $Rz=0.05\sim0.8\mu m$，一般用于测量表面粗糙度要求高的表面。

五、针描法

针描法是一种接触式测量表面粗糙度的方法，最常用的仪器是电动轮廓仪［图 5-23(c)］，该仪器可直接显示 Ra 值，测量范围为 $Ra=0.025\sim6.3\mu m$。

测量时，仪器上的金刚石触针针尖与被测表面相接触，当针尖以一定的速度沿着被测表面移动时，被测量表面的微观不平使触针在垂直于表面轮廓方向产生上下移动，该微量移动通过传感器转换成电信号并加以处理。人们可对记录装置记录得到的实际轮廓图进行分析计算，或直接从仪器的指示仪表中获得 Ra 参数值。

思考题与习题

5-1　评定表面粗糙度时，为什么要规定取样长度和评定长度？

5-2　试述表面粗糙度评定参数 Ra、Rz 的含义。

5-3　表面粗糙度对零件的使用性能有什么影响？

5-4　对零件表面规定粗糙度数值时应考虑哪些因素？

5-5　简述表面粗糙度的测量方法、测量仪器及一般测量范围。

5-6　将下列要求标注在图 5-24 上。

(1) 直径为 $\phi50$mm 的圆柱外表面粗糙度 Ra 的上限允许值为 $3.2\mu m$；

(2) 左端面的表面粗糙度 Ra 的允许值为 $1.6\mu m$；

(3) 直径为 $\phi50$mm 的圆柱右端面的表面粗糙度 Ra 的允许值为 $3.2\mu m$；

(4) 内孔表面粗糙度 Rz 的允许值为 $0.4\mu m$；

(5) 螺纹工作面的表面粗糙度 Ra 的最大值为 $1.6\mu m$，最小值为 $0.8\mu m$；

(6) 其余各加工面的表面粗糙度 Ra 的允许值为 25μm。

加工面均采用去除材料法获得。

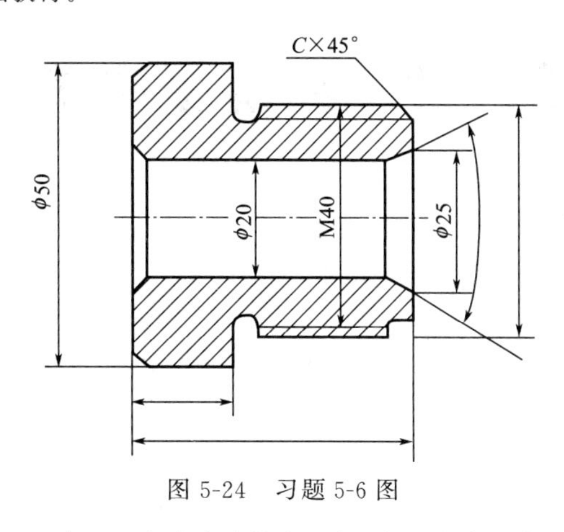

图 5-24 习题 5-6 图

5-7 φ65H7/e6 与 φ65H7/h6 相比，何者应选较小的表面粗糙度参数值？为什么？

第六章　光滑极限量规

为了保证零件的互换性，除了规定的公差与配合的标准外，还应规定相应的检验标准作为技术保证。只有按照检验标准检测零件合格，才具有互换性。我国规定了两种检验制度：用普通计量器具检验和用光滑极限量规检验。

第一节　光滑极限量规公差带

一、概述

量规是一种没有刻度的定值检验工具。一种规格的量规只能检验同种尺寸的工件。凡是用量规检验合格的工件，其实际尺寸都控制在给定的公差范围内，但不能测量出工件实际尺寸及形状和位置误差的具体数值。用量规检验工件方便、迅速、可靠、检验效率高。因此在机械制造行业中成批和大批量生产中应用广泛。

目前我国机械行业中使用的量规种类很多，除有检验孔、轴尺寸的光滑极限量规外，还有螺纹量规、圆锥量规、花键量规、位置量规及直线尺寸量规等。

光滑极限量规是检验孔和轴所用的量规。光滑极限量规的外形与被检验对象相反。检验孔的量规称为塞规，如图 6-1 所示；检验轴的量规称为卡规，如图 6-2 所示。

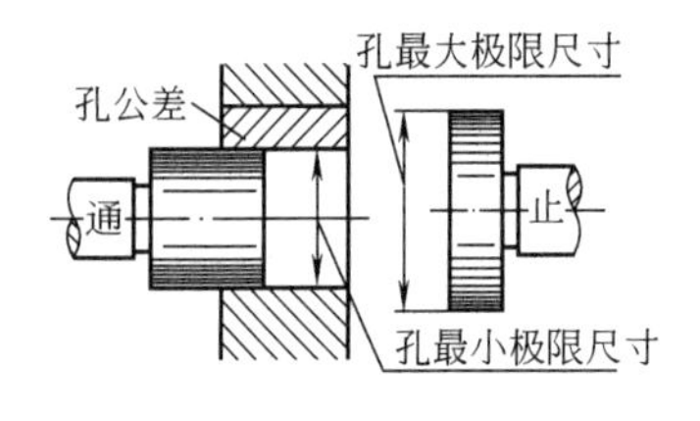

图 6-1　塞规

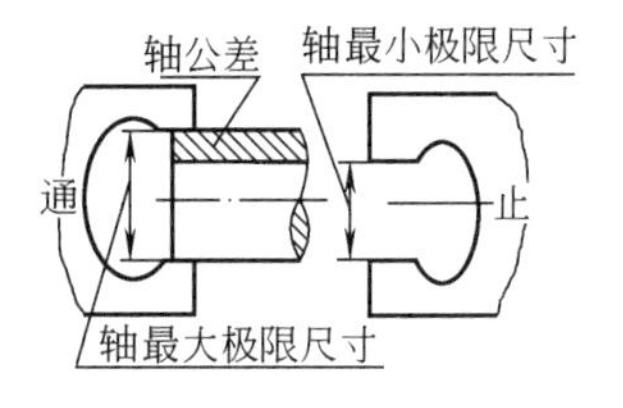

图 6-2　卡规

光滑极限量规都是通规和止规成对使用的。通规用来检验孔或轴的作用尺寸是否超过最大实体尺寸，止规用来检验孔或轴的作用尺寸是否超过最小实体尺寸。因此通规应按工件的最大实体尺寸制造，止规按工件的最小实体尺寸制造。

检验工件时，如通规通过工件，而止规不通过工件时，则该工件是合格的；否则工件就不合格。

量规按用途分为工作量规、验收量规和校对量规三种。

（1）工作量规　在工件制造过程中，生产操作者对工件进行检验时所用的量规。工作量规是通规用“T”来表示，止规用“Z”来表示。

（2）验收量规　检验部门或用户代表在验收产品时所用的量规。验收量规无须另行设计和制造，当工作量规的通端磨损到接近磨损极限时，该通端转为验收量规的通端，工件量规的止端也就是验收量规的止端。检验人员检验工件时应该使用与操作人员使用相同类型且磨损较多，但未超过磨损极限的通端；止端则与工作量规相同。这样操作生产者自检合格的工件，检验人员验收时也应该合格。

如用量规检验工件判断有争议时，应该使用下述尺寸量规解决：通规应等于或接近工件的最大实体尺寸；止规应等于或接近工件的最小实体尺寸。

(3) 校对量规 校对量规是用以检验工作量规的量规。由于孔用工作量规测量方便，不需要校对量规，所以只有轴用工作量规（即卡规）才使用校对量规。校对量规分为以下三种：

①“校通-通”量规（代号 TT）。是检验轴用工作量规（即卡规）通端的校对量规。检验时，通过轴用工作量规的通端，该通端合格。

②“校止-通”量规（代号 ZT）。是检验轴用工作量规（即卡规）止端的校对量规。检验时，通过轴用工作量规的止端，该止端合格。

③“校通-损”量规（代号 TS）。是检验轴用验收量规的通端是否已达到或超过磨损极限的量规。

二、极限尺寸的判断原则

由于工件存在着形状尺寸误差，加工出来的孔或轴的实际形状尺寸不可能是一个理想的圆柱体，所以仅控制实际尺寸在极限尺寸范围内，还是不能保证配合性质。因此几何公差国家标准从设计角度出发，提出包容原则。标准又从工件验收角度出发，对要求遵守包容原则的孔和轴提出了极限尺寸的判断原则（泰勒原则）。

极限尺寸的判断原则是：孔或轴的作用尺寸不允许超过最大实体尺寸，在任何位置上的实际尺寸不允许超过最小实体尺寸，如图 6-3 所示。

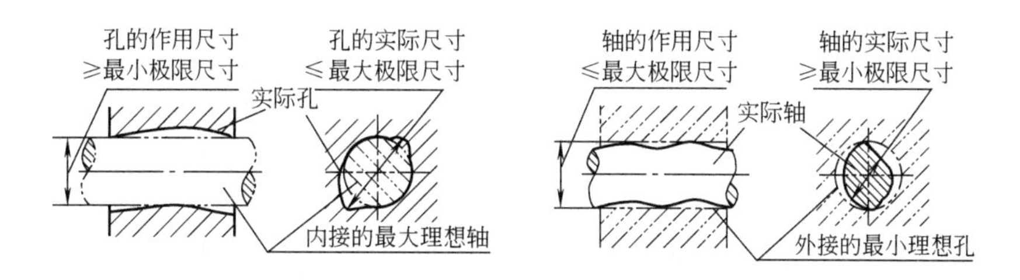

图 6-3 极限尺寸判断原则

极限尺寸的判断原则也可以用如下公式表示：

对于孔 $D_{作用} \geqslant D_{\min}$，$D_{实际} \leqslant D_{\max}$

对于轴 $d_{作用} \leqslant d_{\max}$，$d_{实际} \geqslant d_{\min}$

当要求采用光滑极限量规检验遵守包容原则且为单一要素的孔或轴时，这个光滑极限量规应该符合泰勒原则。

符合泰勒原则的量规要求如下：通规用来控制工件的作用尺寸，它的测量面应是孔和轴形状的完整表面（通常称全形量规），其尺寸等于工件的最大实体尺寸，且长度等于配合长度。实际上通规就是最大实体边界。止规用来控制工件的实际尺寸，它的测量面应是点状的，其尺寸等于工件的最小实体尺寸。

三、量规公差与量规公差带

量规在制造过程中不可避免也会产生误差，因此对量规除提出了尺寸公差和形位公差外，为了保证通规具有一定的使用寿命，同时还对通规的最小磨损量作出了规定。因此通规公差由制造公差（T）和磨损公差两部分组成。止规由于不经常通过工件，所以只规定了制造公差。

1. 工作量规的公差带

工作量规的公差带相对于工件公差带的分布，有两种方案，如图 6-4 所示。T_1 为保证公差，表示工件制造时允许的最大公差；T_2 为生产公差，是考虑到量规制造后，工件可能的最小制造公差。

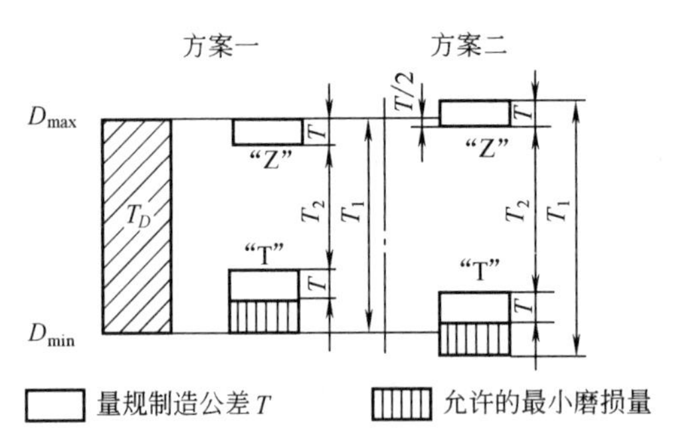

图 6-4 量规公差带分布的两种方案

T_1—保证公差；T_2—生产公差

方案一：量规公差带完全位于工件公差带之内，保证公差等于工件公差，采用这种方案可保证配合性质，充分保证产品的质量，但也可能使有些合格品误判为废品，并提高了加工要求。

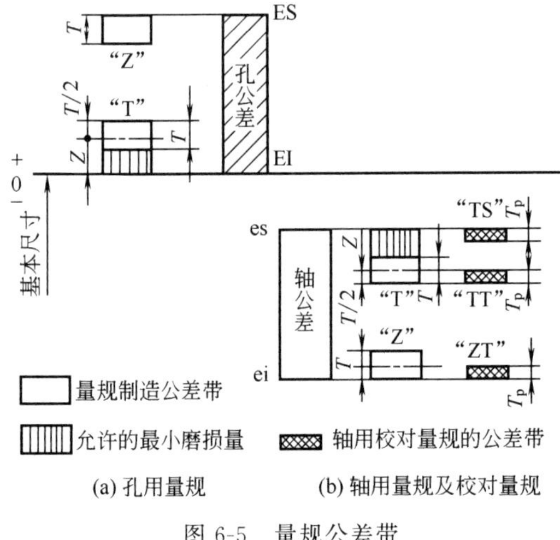

图 6-5 量规公差带

方案二：量规公差带和允许的最小磨损量部分超越工件公差带，保证公差大于工件公差带，这就可能将已超越极限尺寸的工件误判为合格品，会影响配合性质和产品质量。但生产公差较大，降低了量规的加工要求。

国家标准《光滑极限量规》(GB 10920—2008) 规定的量规公差带的分布采用方案一，孔用和轴用工作量规的公差带如图 6-5 所示。

图 6-5 中，T 为制造量规尺寸公差，Z 为位置要素（通规尺寸公差带的中心到工件最大实体尺寸之间的距离）。当通规磨损到最大实体尺寸时，通规就不能再使用。这时的极限就称为通规的磨损极限，磨损极限尺寸也就等于工件的最大实体尺寸。止规不通过工件，所以国家标准只规定制造量规的尺寸公差。国家标准 GB 10920—2008 对基本尺寸小于或等于 500mm，公差等级为 IT6～IT16 的孔、轴工作量规的 T 值和 Z 值作出了规定，其中 IT6～IT11 的具体数值见表 6-1。

2. 校对量规的公差带

轴用量规的校对量规公差带如图 6-5(b) 所示。校对量规的尺寸公差 T_p 为被校对工作量规尺寸公差的 50%。"TT" 为检验轴用通规的 "校通-通" 量规，检验时通过为合格。"ZT" 为检验用止规的 "校止-通" 量规，检验时通过为合格。"TS" 为检验轴的通规是否达到磨损极限的“校通-损”量规，检验时不通过为合格，通过即报废。

表 6-1 IT6～IT11 级工作量规制造公差和位置要素值 μm

工件公称尺寸 D/mm	IT6			IT7			IT8			IT9			IT10			IT11		
	IT6	T	Z	IT7	T	Z	IT8	T	Z	IT9	T	Z	IT10	T	Z	IT11	T	Z
≤3	6	1	1	10	1.2	1.6	14	1.6	2	25	2	3	40	2.4	4	60	3	6
>3～6	8	1.2	1.4	12	1.4	2	18	2	2.6	30	2.4	4	48	3	5	75	4	8
>6～10	9	1.4	1.6	15	1.8	2.4	22	2.4	3.2	36	2.8	5	58	3.6	6	90	5	9
>10～18	11	1.6	2	18	2	2.8	27	2.8	4	43	3.4	6	70	4	8	110	6	11
>18～30	13	2	2.4	21	2.4	3.4	33	3.4	5	52	4	7	84	5	9	130	7	13
>30～50	16	2.4	2.8	25	3	4	39	4	6	62	5	8	100	6	11	160	8	16
>50～80	19	2.8	3.4	30	3.6	4.6	46	4.6	7	74	6	9	120	7	13	190	9	19
>80～120	22	3.2	3.8	35	4.2	5.4	54	5.4	8	87	7	10	140	8	15	220	10	22
>120～180	25	3.8	4.4	40	4.8	6	63	6	9	100	8	12	160	9	18	250	12	25
>180～250	29	4.4	5	46	5.4	7	72	7	10	115	9	14	185	10	20	290	14	29
>250～315	32	4.8	5.6	52	6	8	81	8	11	130	10	16	210	12	22	320	16	32
>315～400	36	5.4	6.2	57	7	9	89	9	12	140	11	18	230	14	25	360	18	36
>400～500	40	6	7	63	8	10	97	10	14	155	12	20	250	16	28	400	20	40

3. 工作量规的形位公差

标准规定，量规的形状和位置误差应该在其尺寸公差带之内。其公差为量规尺寸公差的50%（圆度、圆柱度公差值为尺寸公差的 25%）。但当量规尺寸公差不超过 0.002mm 时，其形状和位置公差均为 0.001mm（圆度、圆柱度公差值为尺寸公差的 0.0005）。

第二节 工作量规的设计

一、量规的型式和尺寸

光滑极限量规型式多样，应合理选择使用。量规的型式选择主要根据被测工件尺寸的大小、生产数量、结构特点和使用方法等因素决定。

国家标准（GB 10920—2008）《光滑极限量规型式和尺寸》中，对光滑极限量规型式和尺寸以及适用的基本尺寸范围作出了具体规定。以下是几种常用的量规型式。

1. 检验孔用量规

（1）针式塞规　针式塞规如图 6-6 所示。主要用于检验直径尺寸为 1～6mm 的小孔。两个测头可用黏结剂粘牢在手柄的两端，一个测头作为通端，另一个测头作为止端。针式塞规的基本尺寸可按表 6-2 进行选择。

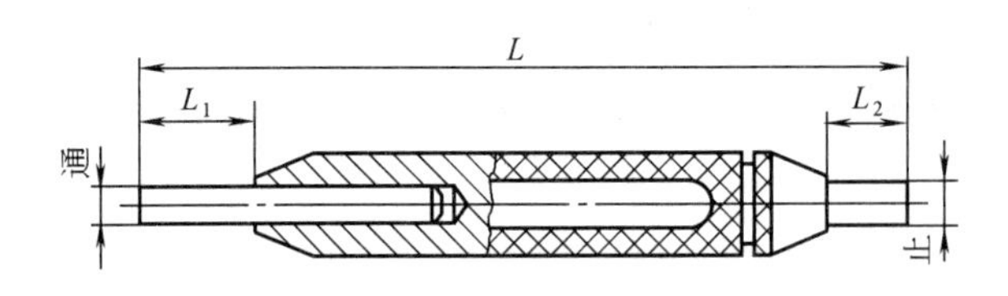

图 6-6 针式塞规

表 6-2 针式塞规尺寸 mm

公称尺寸	L	L_1	L_2
1～3	65	12	8
>3～6	80	15	10

(2) 锥柄圆柱塞规 锥柄圆柱塞规如图 6-7 所示，主要用于检验直径尺寸为 1～50mm 的孔。两测头带有圆锥形的柄部（锥度 1∶50），把它压入手柄的锥孔中，依靠圆锥的自锁性，把它们紧固在一起。由于通端测头检验工件时要通过孔，所以易磨损，为了拆换方便，在手柄上加工楔槽和楔孔，以便用工具将测头拆下来。锥柄圆柱塞规的尺寸见表 6-3。

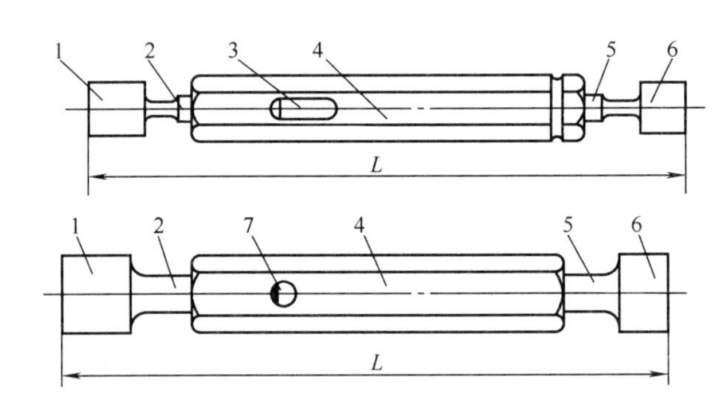

图 6-7 锥柄圆柱塞规

1—通端测头；2,5—锥柄；3—楔槽；4—手柄；6—止端测头；7—楔孔

表 6-3 锥柄圆柱塞规尺寸 mm

公称尺寸 D	L	公称尺寸 D	L	公称尺寸 D	L
1～3	62	>10～14	97	>24～30	136
>3～6	74	>14～18	110	>30～40	145
>6～10	85	>18～24	132	>40～50	171

(3) 三牙锁紧式圆柱塞规 三牙锁紧式圆柱塞规如图 6-8 所示，用于检验直径尺寸大于 40～120mm 的孔。由于测头直径较大，可制成环形的测头装在手柄端部，用螺钉将其固定在手柄上，为了防止测头转动，在测头上加工出等分的三个槽，在手柄上加工出等分的三个牙，装配时将牙与槽装在一起，再用螺钉固定，测头就牢固地固定在手柄上。通端测头轴向尺寸较大，一般为 25～40mm，所以测头前段磨损了还可把它拆下，调头后装在手柄上继续使用。当测头直径较大时，为了便于测量，可把它制成单头的，即将通端测头和止端测头分别装在两个手柄上。三牙锁紧式圆锥塞规尺寸见表 6-4。

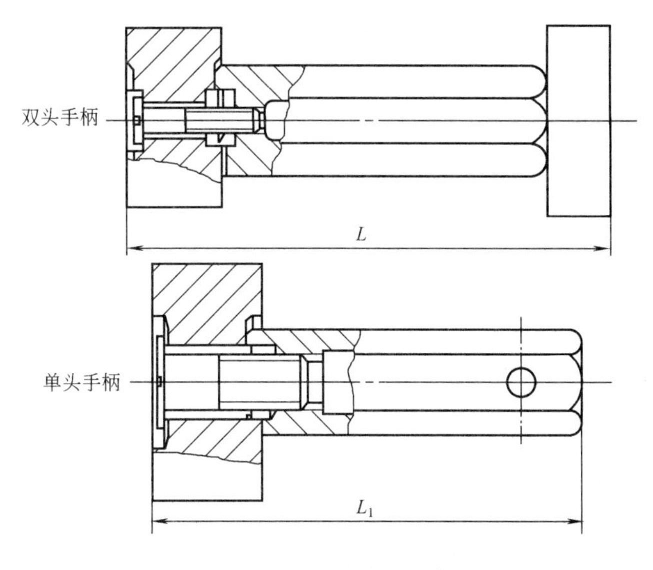

图 6-8　三牙锁紧式圆柱塞规

表 6-4　三牙锁紧式圆柱塞规尺寸　mm

<table>
<tr><th rowspan="3">公称尺寸 D</th><th>双头手柄</th><th colspan="2">单头手柄</th></tr>
<tr><th></th><th>通端塞规</th><th>止端塞规</th></tr>
<tr><th>L</th><th colspan="2">L_1</th></tr>
<tr><td>>40～50</td><td>164</td><td>148</td><td rowspan="2">141</td></tr>
<tr><td>>50～65</td><td>169</td><td>153</td></tr>
<tr><td>>65～80</td><td rowspan="6">—</td><td rowspan="5">173</td><td rowspan="6">165</td></tr>
<tr><td>>80～90</td></tr>
<tr><td>>90～95</td></tr>
<tr><td>>95～100</td></tr>
<tr><td>>100～110</td></tr>
<tr><td>>110～120</td><td>178</td></tr>
</table>

（4）三牙锁紧式非全形塞规　三牙锁紧式非全形塞规如图 6-9 所示，用于检验直径尺寸大于 80～180mm 的孔。三牙锁紧式非全形塞规与三牙锁紧式圆柱塞规的主要区别是测头形状不同，三牙锁紧式非全形塞规的测头只取圆柱中间部分，这就减轻了量规的重量，便于使用。三牙锁紧式非全形塞规尺寸见表 6-5。

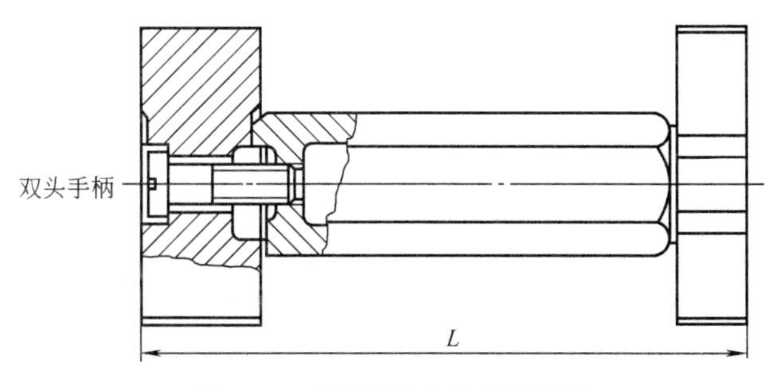

图 6-9　三牙锁紧式非全形塞规

表 6-5 三牙锁紧式非全形塞规尺寸 mm

公称尺寸 D	双头手柄	单头手柄	
		通端塞规	止端塞规
	L	L_1	
＞80～100	181	158	148
＞100～120	186	163	
＞120～150		181	168
＞150～180		183	

（5）非全形塞规　非全形塞规见图 6-10，用于检验直径尺寸大于 180～260mm 的孔。非全形塞规的通端和止端是分开的，它们是在非全形塞规测头上用螺钉、螺母将隔热片固定在其上，当作手把使用。非全形塞规的测头见图 6-11。为了区分通端和止端，一般在止端的测头上加工出一个小槽。

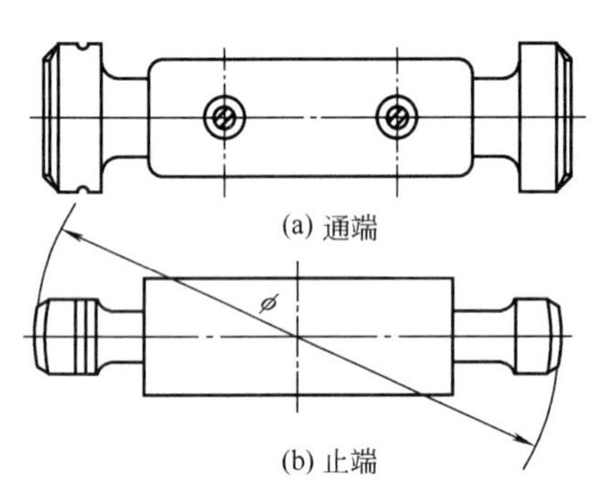

图 6-10　非全形塞规

（6）球端杆规　球端杆规见图 6-12，用于检验直径尺寸大于 120～500mm 的孔。这样大的直径孔，使用非全形塞规显得笨重，因此把塞规制成杆状。它的长度等于孔径极限尺寸，两端的工作面制成球面的一部分，球面半径为 16mm。在球端杆规的中部套着隔热套管，作为手持处。尺寸大于 120～250mm 的球端杆规，只有一个隔热套；尺寸大于 250～500mm 的球端杆规，有两个隔热套。球端杆规的最大优点是轻便。但是，由于杆规是细长形状，稍用力就会变形，影响检验的准确性，甚至把杆规卡死在工件孔内，使工件受到损伤。杆规的球端与孔壁间是点接触，因此磨损较快。球端杆规尺寸见表 6-6。

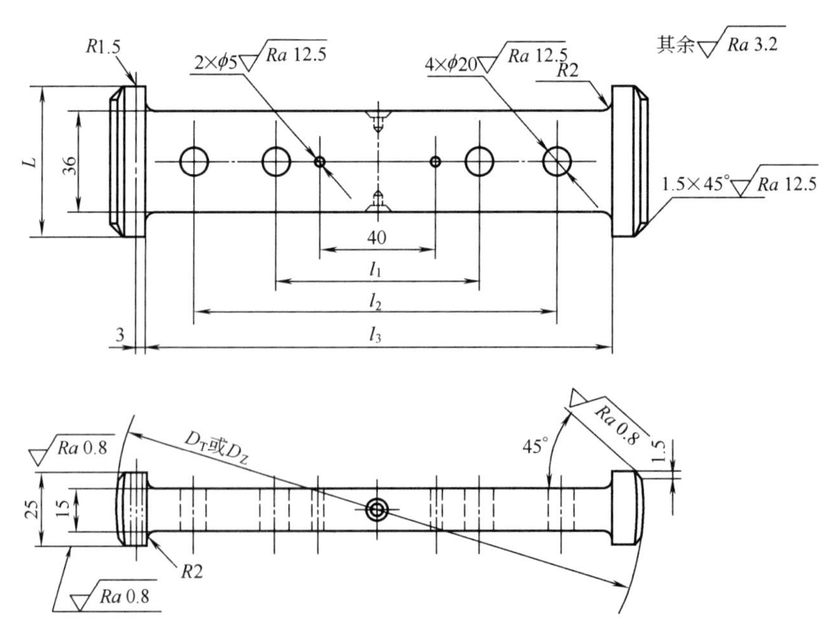

图 6-11　非全形塞规的测头

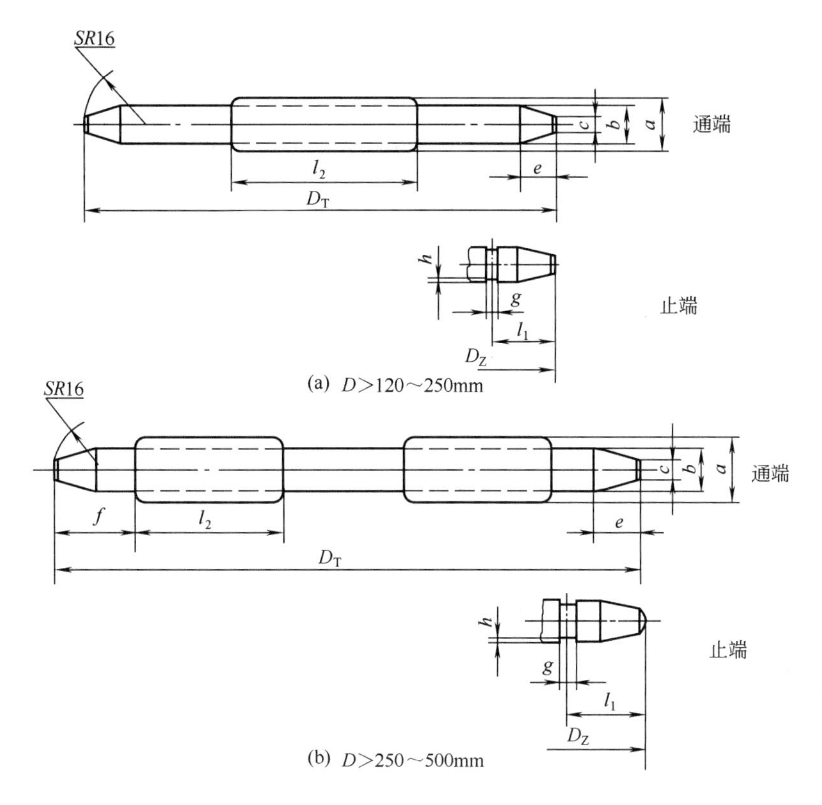

图 6-12　球端杆规

表 6-6　球端杆规尺寸　mm

公称尺寸 D	a	b	c	e	f	g	h	l_1	l_2
>120～180	16	12	8	12	—	2	0.6	22	60
>180～250									80
>250～315	20	16	12	16	30			26	50
>315～500	24	18	14	20	45	2.5	0.8	32	60

2. 轴用量规

（1）圆柱环规　圆柱环规见图 6-13，用于检验直径尺寸为 1～100mm 的轴。通端与止端是分开的，为了从外观上区分通端和止端，一般在止端外圆柱面上加工一尺寸为 b 的槽。

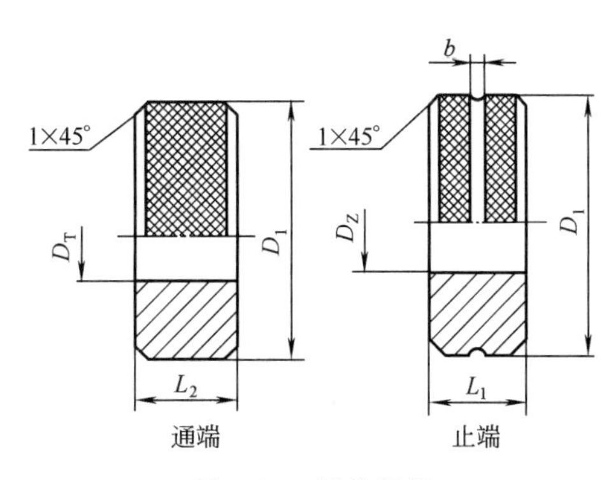

图 6-13　圆柱环规

圆柱环规尺寸见表6-7。圆柱环规具有内圆柱面的测量面，为防止使用中变形，环规应有一定的厚度。

表6-7 圆柱环规尺寸 mm

公称尺寸 D	D_1	L_1	L_2	b
1～2.5	16	4	6	1
>2.5～5	22	5	10	1
>5～10	32	8	12	1
>10～15	38	10	14	2
>15～20	45	12	16	2
>20～25	53	14	18	2
>25～32	63	16	20	2
>32～40	71	18	24	2
>40～50	85	20	32	3
>50～60	100	20	32	3
>60～70	112	24	32	3
>70～80	125	24	32	3
>80～90	140	24	32	3
>90～100	160	24	32	3

（2）双头组合卡规　双头组合卡规见图6-14，用于检验直径小于或等于3mm的小轴。卡规的通端和止端分布在两侧，由上卡规体和下卡规体用螺钉联结，并用圆柱销定位。

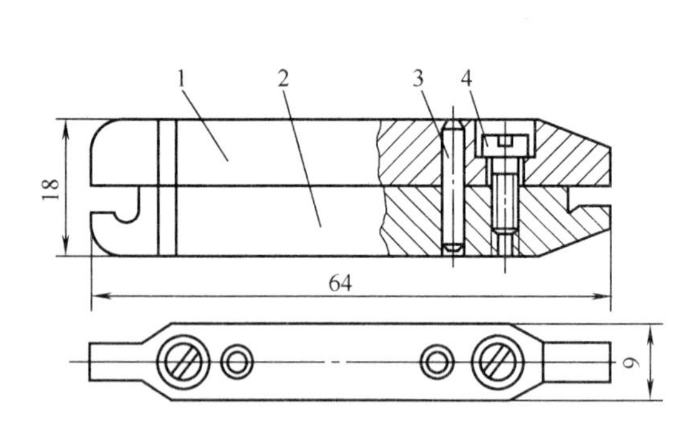

图6-14　双头组合卡规

1—上卡规体；2—下卡规体；3—圆柱销；4—螺钉

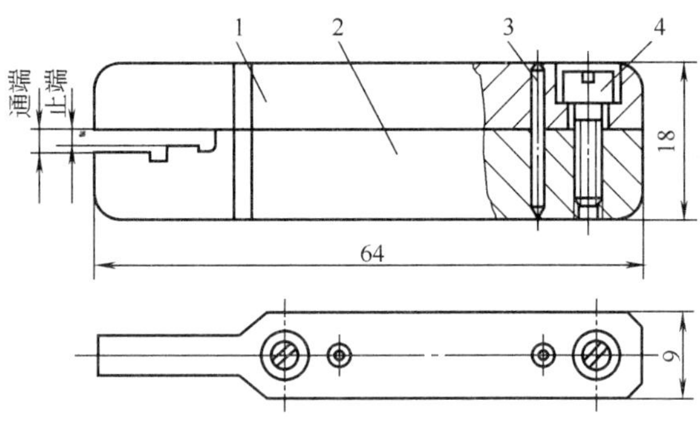

图6-15　单头双极限组合卡规

1—上卡规体；2—下卡规体；3—圆柱销；4—螺钉

（3）单头双极限组合卡规　单头双极限组合卡规见图6-15，用于检验直径小于或等于3mm的小轴。卡规的通端和止端在同侧，由上卡规体和下卡规体用螺钉联结，并用圆柱销定位。

（4）双头卡规　双头卡规见图6-16，用于检验直径尺寸大于3～10mm的轴。双头卡规是用3mm厚的钢板制成，具有两个平行的测量面，结构简单，一般工厂都能制造。卡规通端和止端分别在两侧。可根据卡规上文字识别通端和止端。双头卡规尺寸见表6-8。

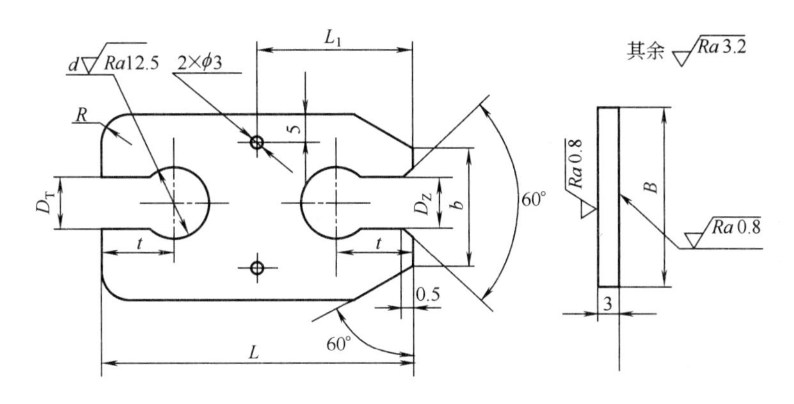

图 6-16　双头卡规

表 6-8　双头卡规尺寸　mm

公称尺寸 D	L	L_1	B	b	d	R	t
＞3～6	45	22.5	26	14	10	8	10
＞6～10	52	26	30	20	12	10	12

（5）单头双极限卡规　单头双极限卡规见图 6-17，用于检验直径为 1～80mm 的轴。一般由 3～10mm 厚的钢板制成，结构简单，通端和止端在同一侧，使用方便，应用比较广泛。单头双极限卡规尺寸见表 6-9。

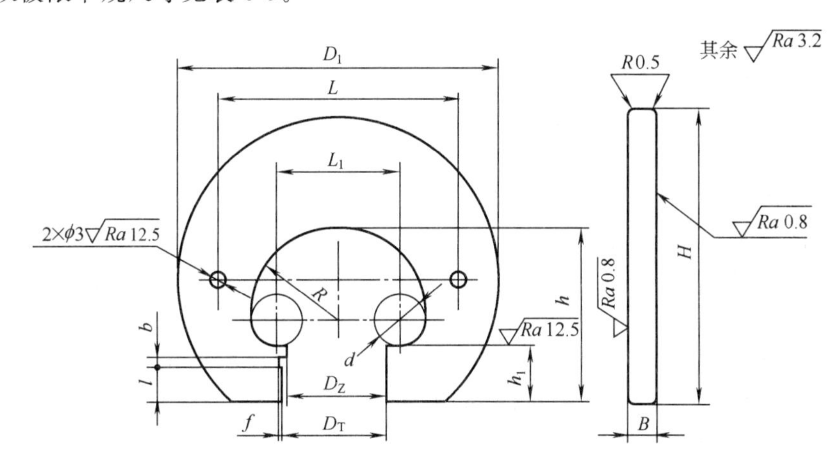

图 6-17　单头双极限卡规

表 6-9　单头双极限卡规尺寸　mm

公称尺寸 D	D_1	L	L_1	R	d	l	b	f	h	h_1	B	H
1～3	32	20	6	6	6	5	2	0.5	19	10	3	31
＞3～6	32	20	6	6	6	5	2	0.5	19	10	4	31
＞6～10	40	26	9	8.5	8	5	2	0.5	22.5	10	4	38
＞10～18	50	36	16	12.5	8	8	2	0.5	29	15	5	46
＞18～30	65	48	26	18	10	8	2	0.5	36	15	6	58
＞30～40	82	62	35	24	10	11	3	0.5	45	20	8	72
＞40～50	94	72	45	29	12	11	3	0.5	50	20	8	82
＞50～65	116	92	60	38	14	14	4	1	62	24	10	100
＞65～80	136	108	74	46	16	14	4	1	70	24	10	114

二、量规工作尺寸的计算

量规工作尺寸计算步骤如下：

（1）查出孔或轴的上极限偏差与下极限偏差；

（2）查出量规的尺寸公差 T 及通规的位置要素 Z；

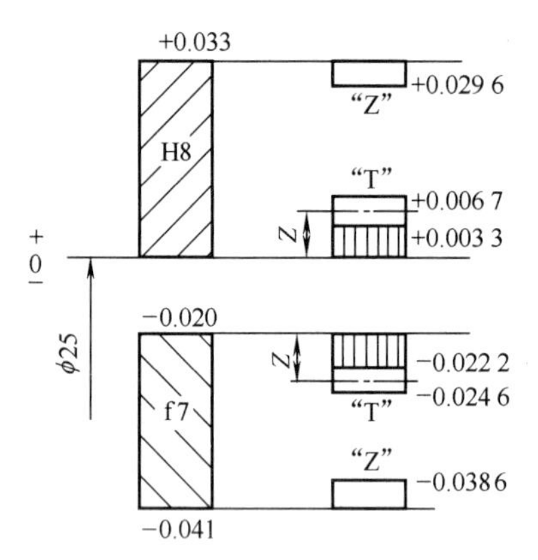

图 6-18 公差带图

（3）画出量规的公差带图；

（4）计算出量规的工作尺寸。

【例题 6-1】 计算 ϕ30H8/f7 孔用与轴用量规的工作尺寸。

解：（1）由表 2-5 查出孔与轴的上、下极限偏差为：

孔 ES＝＋0.033mm，EI＝0

轴 es＝－0.020mm，ei＝－0.041mm

（2）由表 6-1 查出 T 值及 Z 值：

塞规 T＝0.0034mm，Z＝0.005mm

卡规 T＝0.0024mm，Z＝0.0034mm

（3）画出量规公差带图，如图 6-18 所示。

（4）计算量规的极限偏差。

① ϕ30H8 孔用量规

通规：上极限偏差＝EI＋Z＋$T/2$＝0＋0.005＋0.0017＝＋0.0067（mm）

下极限偏差＝EI＋Z－$T/2$＝0＋0.005－0.0017＝＋0.0033（mm）

磨损极限＝EI＝0

止规：上极限偏差＝ES＝＋0.0033（mm）

下极限偏差＝ES－T＝0.033－0.0034＝＋0.0296（mm）

② ϕ30f8 轴用量规

通规：上极限偏差＝es－Z＋$T/2$＝－0.02－0.0034＋0.0012＝－0.0222（mm）

下极限偏差＝es－Z－$T/2$＝－0.02－0.0034－0.0012＝－0.0246（mm）

磨损极限＝es＝－0.02（mm）

止规：上极限偏差＝ei＋T＝－0.041＋0.0024＝－0.0386（mm）

下极限偏差＝ei＝－0.041（mm）

（5）确定量规的工作尺寸，列于表 6-10 中。

表 6-10 量规的工作尺寸 mm

被检验工件	量规	量规最大极限尺寸		量规尺寸标注		量规磨损极限尺寸
		最大尺寸	最小尺寸	方法一	方法二	
ϕ30H8	通规	ϕ30.0067	ϕ30.0033	$\phi30^{+0.0067}_{+0.0033}$	$\phi30.0067^{0}_{-0.0034}$	ϕ30
	止规	ϕ30.033	ϕ30.0296	$\phi30^{+0.0330}_{+0.0296}$	$\phi30.033^{0}_{-0.0034}$	—
ϕ30f7	通规	ϕ29.9778	ϕ29.9754	$\phi30^{-0.0222}_{-0.0246}$	$\phi29.9754^{+0.0024}_{0}$	ϕ29.98
	止规	ϕ29.9614	ϕ29.959	$\phi30^{-0.0386}_{-0.0410}$	$\phi29.959^{+0.0024}_{0}$	—

三、量规的其他技术要求

量规测量面的材料一般采用碳素工具钢（T10A、T12A）、合金工具钢（CrWMn）等耐磨合金钢制造，也可以在测量表面镀铬层或者氮化处理。量规手柄可选用 Q235、硬木、铝及布胶木等。

量规表面硬度为 58～65HRC。

为了消除量规材料中的内应力，提高量规的使用寿命，量规要经过稳定性处理。

GB/T 1957—2006 规定了 IT6～IT16 工件所用量规的形位公差。量规的形状和位置误差应在其尺寸公差带内，其公差为量规尺寸公差的 50%。考虑到制造和测量的因难，当量规的尺寸公差小于或等于 0.002mm 时，其形状和位置公差为 0.001mm。

量规测量表面的表面粗糙度按表 6-11 选用。

表 6-11　量规测量表面的表面粗糙度 *Ra* 值　μm

工作量规	工作量规公称尺寸/mm		
	≤120	>120～315	>315～500
IT6 级孔用量规	≤0.04	≤0.08	≤0.16
IT6～IT9 级轴用量规	≤0.08	≤0.16	≤0.32
IT7～IT9 级孔用量规			
IT10～IT12 级孔、轴用量规	≤0.16	≤0.32	≤0.63
IT13～IT16 级孔、轴用量规	≤0.32	≤0.63	≤0.63

在塞规测头端面或其他量规的非工作面或量规手柄上，应刻有被检工件的基本尺寸和公差带代号、通、止端标记。

思考题与习题

6-1　光滑极限量规有何特点？如何判断工件的合格性？

6-2　为什么要制定泰勒原则？具体内容有哪些？量规要符合泰勒原则应有哪些要求？

6-3　量规的通规除有制造公差外，为什么还要有磨损公差？

6-4　设计和计算 ϕ35H7/f6 孔用和轴用工作量规，选择量规型式，并画出量规工作图。

第七章　滚动轴承的公差与配合

滚动轴承作为传动支承件，是机械行业中应用极为广泛的一种标准部件。滚动轴承的工作性能和使用寿命，既取决于本身的制造精度，也与其配合件即外壳孔与传动轴的配合性质、尺寸精度、几何公差和表面粗糙度等因素有关。根据使用条件和国家标准的相关规定，正确选择滚动轴承的公差与配合，对于滚动轴承的使用具有重要意义。

第一节　滚动轴承的互换性和公差

一、滚动轴承的互换性

滚动轴承是机械制造业中应用极为广泛的一种标准部件，一般由外圈、内圈、滚动体和保持架所组成，见图 7-1。滚动轴承外圈与外壳体孔配合，内圈与传动轴的轴颈配合，属于典型的光滑圆柱连接。但它的结构特点和功能要求决定了其公差配合与一般光滑圆柱连接要求不同。按可承受载荷的方向，滚动轴承分为向心轴承和推力轴承等；按滚动体的种类分为球轴承和滚子轴承等。滚动轴承工作时，内圈和外圈以一定的转速做相对转动。

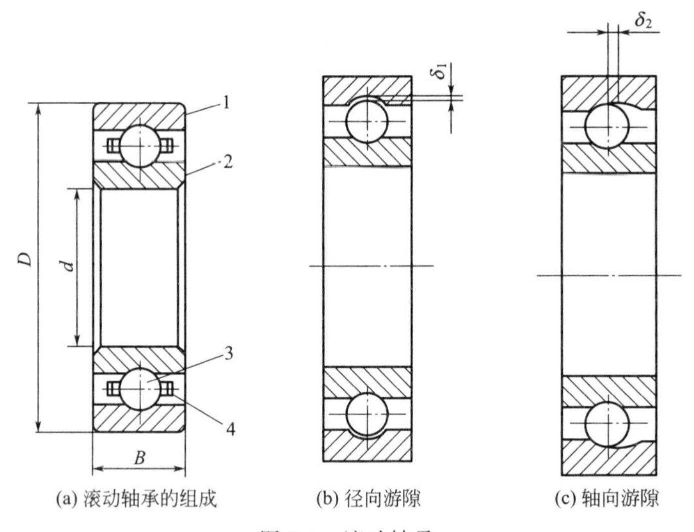

图 7-1　滚动轴承

1—外圈；2—内圈；3—滚动体；4—保持架

为了便于轴承在机器上的使用，轴承内圈内孔和外圈外圆柱面应具有完全互换性。基于技术经济上的考虑，对于轴承的装配，轴承某些零件的特定部位可以不具有完全互换性，而仅具有不完全互换性。为保证滚动轴承工作时的性能，必须满足下列要求：

（1）必要的旋转精度　轴承工作时轴承的内外圈和轴向的跳动应控制在允许的范围内，保证传动零件的回转精度。

（2）合适的游隙　滚动体与内外圈之间的游隙分为径向游隙和轴向游隙（图 7-

1）。轴承工作时，两种游隙的大小都应保持在合适的范围内，以保证轴承正常运转。

二、滚动轴承的精度等级及其应用

滚动轴承的精度等级是按外形尺寸精度和旋转精度分级的。滚动轴承外形尺寸精度是指轴承内径 d、外径 D、内圈宽度和外圈宽度的制造精度等。旋转精度主要指轴承内、外圈的径向跳动、端面对滚道的跳动和端面对内孔的跳动等。

根据 GB/T 307.1—2005 和 GB/T 307.4—2002 的规定，向心轴承分为 0、6、5、4 和 2 五个精度等级，它们依次由低到高，0 级最低，2 级最高；圆锥滚子轴承分为 0、6x、5 和 4 四级；推力轴承分为 0、6、5 和 4 四级。只有向心轴承有 2 级，圆锥滚子轴承有 6x 级而无 6 级。6x 级轴承与 6 级轴承的内径公差、外径公差和径向跳动公差均分别相同，仅前者装配宽度要求较为严格。

0 级轴承在机械制造业中应用最广，广泛用于旋转精度和运动平稳性要求不高的一般旋转机构中，如普通机床和汽车的变速机构。

6 级轴承应用于旋转精度和转速要求较高的旋转机构中，如普通机床主轴的后轴承等。

5 级、4 级轴承应用于旋转精度和转速要求高的旋转机构中，如高精度机床、精密螺纹车床、滚齿机的主轴轴承等。

2 级轴承应用于精密机械的旋转机构中，如精密坐标镗床和高精度齿轮磨床主轴轴系等。

表 7-1 列举了机床主轴轴承精度等级及其应用情况。

表 7-1　机床主轴轴承精度等级及其应用情况

轴承类型	精度等级	应用情况
深沟球轴承	4	高精度磨床、丝锥磨床、螺纹磨床、磨齿机、插齿刀磨床
角接触球轴承	5	精密镗床、内圆磨床、齿轮加工机床
	6	卧式车床、铣床
单列圆柱滚子轴承	4	精密丝杠车床、高精度车床、高精度外圆磨床
	5	精密车床、精密铣床、转塔车床、普通外圆磨床、多轴车床、镗床
	6	卧式车床、自动车床、铣床、立式车床
向心短圆柱滚子轴承、调心滚子轴承	6	精密车床及铣床的后轴承
圆锥滚子轴承	2、4	坐标镗床（2 级）、磨齿机（4 级）
	5	精密车床、精密铣床、镗床、精密转塔车床、滚齿机
	6	铣床、车床
推力球轴承	6	一般精度机床

三、滚动轴承内径、外径公差带及其特点

由于滚动轴承为标准部件，因此轴承内径与轴颈的配合应为基孔制，轴承外径与外壳孔

的配合应为基轴制。但这种基孔制和基轴制与普通光滑圆柱结合又有所不同，这是由滚动轴承配合的特殊需要所决定的。

轴承内、外径尺寸公差的特点是采用单向制，所有公差等级的公差都单向配置在零线下侧，即上偏差为零，下偏差为负值，如图 7-2 所示。

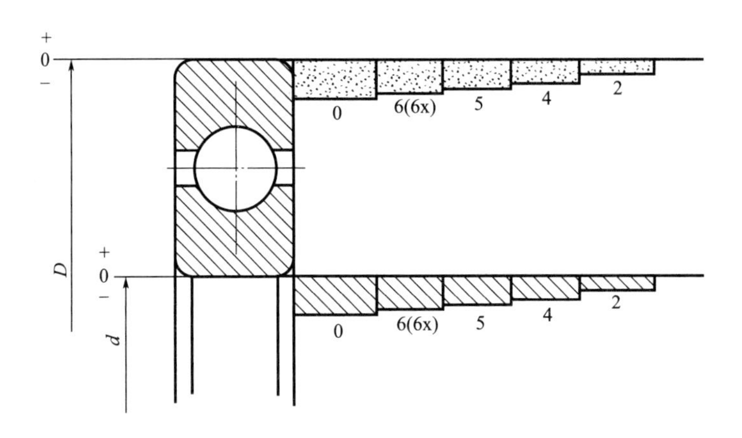

图 7-2 滚动轴承内、外径的公差带

轴承内圈通常与轴一起旋转，为防止内圈和轴颈的配合产生相对滑动而磨损，影响轴承的工作性能，因此要求配合面间具有一定的过盈，但过盈量不能太大。如果作为基准孔的轴承内圈仍采用基本偏差为 H 的公差带，轴颈也选用光滑圆柱结合国家标准中的公差带，则在配合时，无论选过渡配合（过盈量偏小）或过盈配合（过盈量偏大），都不能满足轴承工作的需要。若轴颈采用非标准的公差带，则又违反了标准化与互换性的原则。为此，国家标准规定：内圈基准孔公差带位于以公称内径 d 为零线的下方。因而这种特殊的基准孔公差带与 GB/T 1801—2009 中基孔制的各种轴公差带构成的配合的性质，相应地比国家标准《极限与配合》中基孔制同名配合要紧得多，配合性质向过盈增加的方向转化。

轴承外圈因安装在外壳中，通常不旋转，考虑到工作时温度升高会使轴热胀而产生轴向移动，因此两端轴承中有一端应是游动支承，可使外圈与外壳孔的配合稍松一点，使之能补偿轴的热胀伸长量，否则轴产生弯曲会被卡住，就会影响正常运转。为此规定轴承外圈公差带位于公称外径 D 为零线的下方，与基本偏差为 h 的公差带相类似，但公差值不同。轴承外圈采取这样的基准轴公差带与 GB/T 1801—2009 中基轴制配合的孔公差带所组成的配合，基本上保持了 GB/T 1801—2009 的配合性质。

因滚动轴承的内圈与外圈皆为薄壁零件，在制造与保管过程中极易变形（如变成椭圆形），但当轴承内圈与轴或外圈与外壳孔装配后，如果这种变形不大，极易得到纠正。因此，国家标准对轴承内、外径分别规定了两种尺寸公差及其尺寸的变动量，用于控制自由状态下的变形量。其中对配合性质影响最大的是单一平面平均内（外）径偏差 Δd_{mp}（ΔD_{mp}），即轴承套圈任意横截面内测得的最大直径与最小直径的平均值 d_{mp}（D_{mp}）与公称直径 d（D）的公差必须在极限偏差范围内，因为平均直径是配合时起作用的尺寸。

表 7-2 列出了部分向心轴承 Δd_{mp} 和 ΔD_{mp} 的极限值。

表 7-2　向心轴承 Δd_{mp} 和 ΔD_{mp} 的极限值（摘自 GB/T 307.1—2005）

精度等级			0		6		5		4		2	
基本直径/mm			极限偏差/μm									
	大于	到	上偏差	下偏差	上偏差	下偏差	上偏差	下偏差	上偏差	下偏差	上偏差	下偏差
内圈	10	18	0	−8	0	−7	0	−5	0	−4	0	−2.5
	18	30	0	−10	0	−8	0	−6	0	−5	0	−2.5
	30	50	0	−12	0	−10	0	−8	0	−6	0	−2.5
外圈	30	50	0	−11	0	−9	0	−7	0	−6	0	−4
	50	80	0	−13	0	−11	0	−9	0	−7	0	−4
	80	120	0	−15	0	−13	0	−10	0	−8	0	−5

第二节　滚动轴承与轴及外壳孔的配合

一、轴和外壳孔公差带的种类

由于轴承内径和外径公差带在制造时已确定，因此，它们分别与外壳孔、轴颈的配合，要由外壳孔和轴颈的公差带决定。故选择轴承的配合也就是确定轴颈和外壳孔的公差带。为了实现各种松紧程度的配合性质要求，GB/T 275—1993《滚动轴承与轴和外壳孔的配合》规定了 0 级和 6(6x) 级轴承与轴颈和外壳孔配合时轴颈和外壳孔的常用公差带，对轴颈规定了 17 种公差带，如图 7-3 所示，对外壳孔规定了 16 种公差带，如图 7-4 所示。

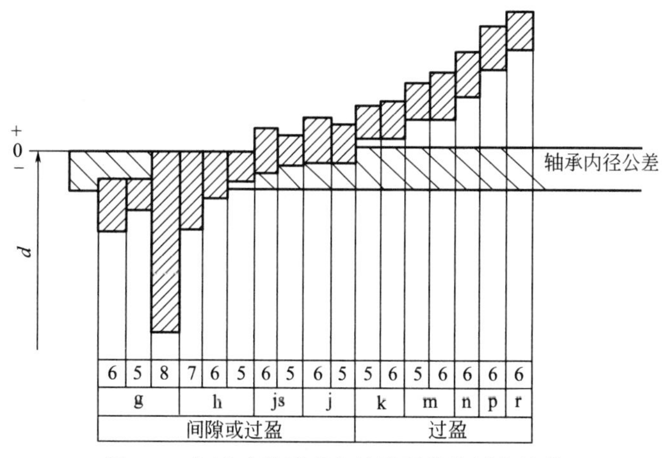

图 7-3　与滚动轴承配合的轴颈的常用公差带

由图可见，轴承内圈与轴颈的配合比 GB/T 1801—2009 中基孔制同名配合紧一些。轴承外圈与外壳孔的配合与 GB/T 1801—2009 中基轴制的同名配合相比较，虽然尺寸公差的代号相同，但配合性质有所不同。

二、轴和外壳孔与滚动轴承配合的选用

正确地选择配合，对保证轴承的正常运转，延长其使用寿命关系极大。为了使轴承具有较高的定心精度，一般在选择轴承两个套圈的配合时，都偏向紧密。但要防止太紧，因内圈

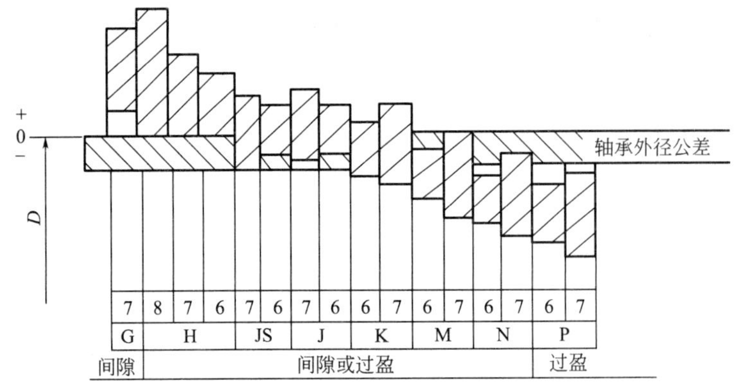

图 7-4 与滚动轴承配合的外壳孔的常用公差带

的弹性胀大和外圈的收缩会使轴承内部间隙减小甚至完全消除并产生过盈，不仅影响正常运转，还会使套圈材料产生较大的应力，以致降低轴承的使用寿命。

选择轴承配合时，要全面地考虑各个主要因素，应以轴承的工作条件、结构类型和尺寸、精度等级为依据，查表确定轴颈和外壳孔的尺寸公差带。表 7-3～表 7-6 适用于：

① 对主机的旋转精度、运转平衡性、工作温度无特殊要求的安装情况；

② 对轴承的外形尺寸、种类等符合有关规定，且公称内径小于或等于 500mm，公称外径小于或等于 500mm；

③ 轴承公差符合 0 级、6(6x) 级；

④ 轴为实心或厚壁钢制轴；

⑤ 外壳为铸钢和铸铁制件；

⑥ 轴承应是具有基本组的径向游隙，另有注解的除外。

表 7-3 安装向心轴承和角接触轴承的轴颈公差带

内圈工作条件		应用举例	深沟球轴承和角接触球轴承	圆柱滚子轴承和圆锥滚子轴承	调心滚子轴承	轴颈公差带
旋转状态	载荷类型		轴承公称内径/mm			
圆柱孔轴承						
内圈相对于载荷方向旋转或摆动	轻载荷	电器、仪表、机床主轴、精密机械、泵、通风机、传送带	≤18 >18～100 >100～200 —	— ≤40 >40～140 >140～200	— ≤40 >40～100 >100～200	h5 j6① k6① m6①
	正常载荷	一般机械、电动机、涡轮机、泵、内燃机、变速箱、木工机床	≤18 >18～100 >100～140 >140～200 >200～280 — — —	— ≤40 >40～100 >100～140 >140～200 >200～400 — —	— ≤40 >40～65 >65～100 >100～140 >140～280 >280～500 >500	j5 或 js5 k5② m5② m6 n6 p6 r6 r7
	重载荷	铁路车辆和电车的轴箱、牵引电动机、轧机、破碎机等重型机械	— — — —	>50～140 >140～200 >200 —	>50～100 >100～140 >140～200 >200	n6③ p6③ r6③ r7③

续表

内圈工作条件		应用举例	深沟球轴承和角接触球轴承	圆柱滚子轴承和圆锥滚子轴承	调心滚子轴承	轴颈公差带
旋转状态	载荷类型		轴承公称内径/mm			
内圈相对于载荷方向静止	各类载荷	静止轴上的各种轮子内圈必须在轴向容易移动	所有尺寸			g6①
		张紧滑轮、绳索轮内圈不需在轴向移动	所有尺寸			h6①
纯轴向载荷		所有应用场合	所有尺寸			j6 或 js6
圆锥孔轴承(带锥形套)						
所有载荷		火车和电车的轴箱	装在退卸套上的所有尺寸			h8(IT6)④
		一般机械或传动轴	装在紧定套上的所有尺寸			h9(IT7)⑤

① 对精度有较高要求的场合，应选用 j5、k5 等分别代替 j6、k6 等。
② 单列圆锥滚子轴承和单列角接触球轴承的内部游隙的影响不甚重要，可用 k6 和 m6 分别代替 k5 和 m5。
③ 应选用轴承径向游隙大于基本组游隙的滚子轴承。
④ 凡有较高的精度或转速要求的场合，应选用 h7，轴颈形状公差为 IT5。
⑤ 尺寸≥500mm，轴颈形状公差为 IT7。

表 7-4　安装向心轴承和角接触轴承的外壳孔公差带

外圈工作条件				应用举例	外壳孔公差带①
旋转状态	载荷类型	轴向位移的限度	其他情况		
外圈相对于载荷方向静止	轻、正常和重载荷	轴向容易移动	轴处于高温场合	烘干筒、有调心滚子轴承的大电动机	G7
			剖分式外壳	一般机械、铁路车辆轴箱轴承	H7①
	冲击载荷	轴向能移动	整体式或剖分式外壳	铁路车辆轴箱轴承	J7①
外圈相对于载荷方向摆动	轻和正常载荷			电动机、泵、曲轴主轴承	
	正常和重载荷	轴向不移动	整体式外壳	电动机、泵、曲轴主轴承	K7①
	重冲击载荷			牵引电动机	M7①
外圈相对于载荷方向旋转	轻载荷			张紧滑轮	M7①
	正常和重载荷			装有球轴承的轮毂	N7①
	重冲击载荷		薄壁、整体式外壳	装有滚子轴承的轮毂	P7①

① 对精度有较高要求的场合，应选用 P6、N6、M6、K6、J6 和 H6 分别代替 P7、N7、M7、K7、J7 和 H7，并应同时选用整体式外壳。
注：对于轻合金外壳应选择比钢或铸铁外壳较紧的配合。

表 7-5　安装推力轴承的轴颈公差带

轴圈工作条件		推力球和圆柱滚子轴承	推力调心滚子轴承	轴颈公差带
		轴承公称内径/mm		
纯轴向载荷		所有尺寸	所有尺寸	j6 或 js6
径向和轴向联合载荷	轴圈相对于载荷方向静止	— —	≤250 >250	j6 js6
	轴圈相对于载荷方向旋转或摆动	— — —	≤200 >200～400 >400	k6 m6 n6

表 7-6 安装推力轴承的外壳孔公差带

座圈工作条件		轴承类型	外壳孔公差带
纯轴向载荷		推力球轴承	H8
		推力圆柱滚子轴承	H7
		推力调心滚子轴承	①
径向和轴向联合载荷	座圈相对于载荷方向静止或摆动	推力调心滚子轴承	H7
	座圈相对于载荷方向旋转		M7

① 外壳孔与座圈间的配合间隙为 $0.0001D$，D 为外壳孔直径。

在确定轴承配合时，可参照表 7-3～表 7-6 对轴颈的公差带和外壳孔公差带进行选择，同时还应综合考虑以下因素。

1. 套圈与载荷方向的关系

（1）套圈相对于载荷方向静止　此种情况是指方向固定不变的定向载荷（如齿轮传动力、传动带拉力、车削时的径向切削力）作用于静止的套圈。如图 7-5(a) 中不旋转的外圈和图 7-5(b) 中不旋转的内圈皆受到方向始终不变的 F_r 的作用。减速器转轴两端轴承外圈、汽车与拖拉机前轮（从动轮）轴承内圈受力就是这种情况。此时套圈相对于载荷方向静止的受力特点是载荷集中作用，套圈滚道局部容易产生磨损。

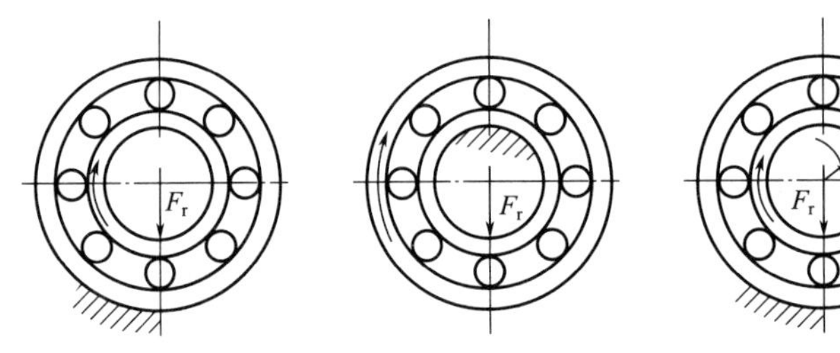

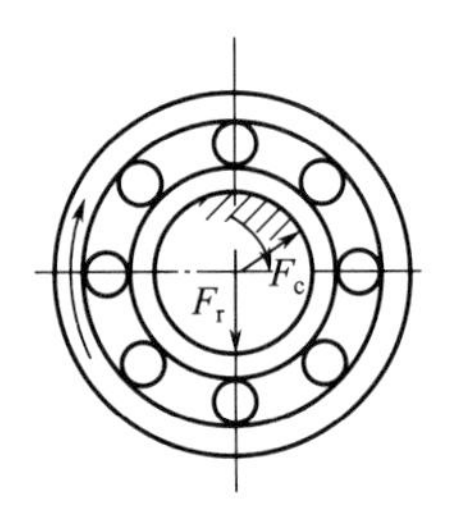

(a) 定向载荷、内圈转动　(b) 定向载荷、外圈转动　(c) 旋转载荷、内圈转动　(d) 旋转载荷、外圈转动

图 7-5　轴承套圈与载荷的关系

（2）套圈相对于载荷方向旋转　此种情况是指旋转载荷（如旋转工件上的惯性离心力、旋转镗杆上作用的径向切削力等）依次作用在套圈的整个滚道上。如图 7-5(a) 中 F_r 对旋转内圈和图 7-5(b) 中 F_r 对旋转外圈的作用，上述减速器转轴两端轴承内圈、汽车与拖拉机前轮轮毂中轴承外圈的受力就是这种情况。此时套圈相对于载荷方向旋转的受力特点是载荷呈周期性作用，套圈滚道产生均匀磨损。

（3）套圈相对于载荷方向摆动　当由定向载荷与旋转载荷所组成的合成径向载荷作用在套圈的部分滚道上时，该套圈便相对于载荷方向摆动。如图 7-5(c) 和图 7-5(d) 所示，轴承套圈受到定向载荷 F_r 和旋转载荷 F_c 的同时作用，二者的合成载荷将由小到大，再由大到小地周期性变化。当 $F_r > F_c$ 时（图 7-6），合成载荷就在 AB 弧区域内摆动，不旋转的套圈就相对于载荷方向摆动，而旋转的套圈则相对于载荷方向旋转。当 $F_r < F_c$ 时，合成载荷沿着圆周变动，不旋转的套圈就相对于载荷方向旋转，而旋转的套圈则相对于载荷方向摆动。

由此可知，套圈相对于载荷方向的状态不同（静止、旋转、摆动），载荷作用的性质亦不相同。相对静止状态呈局部载荷作用；相对旋转状态呈循环载荷作用；相对摆动状态呈摆动载荷作用。一般来说，受循环载荷作用的套圈与轴颈（或外壳孔）的配合应选得较紧一些；而承受局部载荷作用的套圈与外壳（或轴颈）的配合应选得松一些（既可使轴承避免局部磨损，又可使装配拆卸方便）；而承受摆动载荷的套圈与承受循环载荷作用的套圈在配合要求上可选得稍松一点。

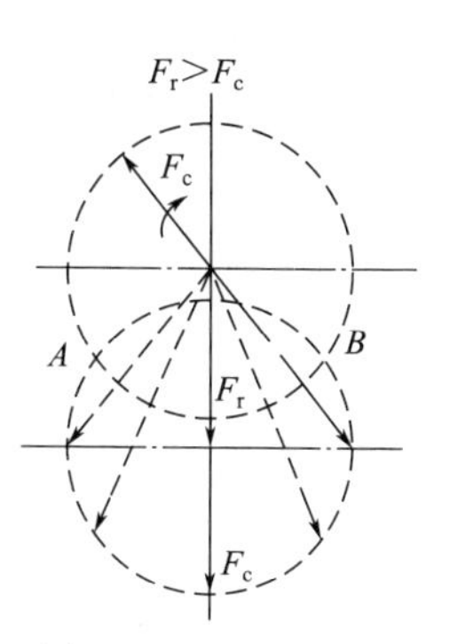

图 7-6　相对于载荷摆动的区域

2. 载荷的大小

选择滚动轴承与轴颈和外壳孔的配合还与载荷的大小有关。GB/T 275—1993 根据当量径向动载荷 P_r 与轴承产品样本中规定的额定动载荷 C_r 的比值大小，分为了轻、正常和重载荷三种类型（表 7-7），选择配合时，应逐渐变紧。这是因为在重载荷和冲击载荷的作用下，为了防止轴承产生变形和受力不均，引起配合松动，随着载荷的增大，过盈量应选得越大，承受变化载荷应比承受平稳载荷的配合选得较紧一些。

表 7-7　载荷的类型和大小

载荷大小	P_r/C_r
轻载荷	≤0.07
正常载荷	>0.07～0.15
重载荷	>0.15

总之，选择配合时，要考虑轴承套圈相对于载荷的状况，即相对载荷旋转或摆动套圈，应选择过盈配合或过渡配合。相对于载荷方向固定的套圈，应选择间隙配合。

当以不可分离型轴承作游动时，则应以相对载荷方向为固定的套圈作为游动套圈，选择间隙或过渡配合。

随着轴承尺寸的增大，所选择的过盈配合的过盈越大，间隙配合的间隙越大。

采用过盈配合会导致轴承游隙的减小，应检验安装后轴承的游隙是否满足使用要求，以便正确选择配合及轴承游隙。

3. 径向游隙

轴承的径向游隙按 GB/T 4604—2006 规定，分为 2、0、3、4、5 五组，游隙的大小依次由小到大，0 组为基本游隙。

游隙大小必须合适，过大不仅使转轴发生较大的径向跳动和轴向窜动，还会使轴承产生较大的振动和噪声。过小又会使轴承滚动体与套圈产生较大的接触应力，使轴承摩擦发热而降低寿命，故游隙大小应适度。

在常温状态下工作的具有基本组径向游隙的轴承（供应的轴承无游隙标记，即是基本组游隙），按表选取轴颈和外壳孔公差带一般都能保证有适度的游隙。但如因重载荷轴承内径选取过盈量较大的配合（表 7-2），则为了补偿变形引起的游隙过小，应选用大于基本组游隙的轴承。

4. 其他因素

（1）温度的影响　因轴承摩擦发热和其他热源的影响而使轴承套圈的温度高于相配件的温度时，内圈与轴颈的配合将会变松，外圈与壳孔的配合将会变紧，故当轴承工作温度高于 100℃时，应对所选定的配合适当修正（减小外圈与外壳孔的配合过盈，增加内圈与轴颈的配合过盈）。

（2）转速的影响　对于转速高又承受冲击动载荷作用的滚动轴承，轴承与轴颈和外壳孔的配合应选用过盈配合。

（3）公差等级的协调　选择轴颈和外壳孔公差等级时应与轴承公差等级相协调。如 0 级轴承配合轴颈一般为 IT6，外壳孔则为 IT7；对旋转精度和运动平稳性有较高要求的场合（如电动机），轴颈为 IT5 时，外壳孔为 IT6。

采取类比法选择轴颈和外壳孔的公差带时，可参考表 7-3～表 7-6 所列条件进行。

对于滚针轴承，外壳孔材料为钢或铸铁时，尺寸公差带可选用 N6；为轻合金时，可选用比 N6 略松的公差带。轴颈尺寸公差有内圈时可选用 k5（或 j6），无内圈时可选用 h5（或 h6）。

三、配合表面的其他技术要求

为了保证轴承的正常工作，不仅要正确选择轴承与轴颈和外壳孔的公差等级及配合，还应对轴颈和外壳孔的几何公差及表面粗糙度提出要求。

轴承套圈为薄壁件，装配后靠轴颈和外壳孔校正。为保证轴承正常工作，应对轴颈和外壳表面提出圆柱度要求。为保证轴承具有较高的旋转精度，应规定与套圈端面接触的轴肩及外壳孔肩的轴向圆跳动公差。表面粗糙度情况直接影响着配合质量和连接强度，所以应对与轴承内外圈配合表面的表面粗糙度提出较高的要求。

轴颈和外壳孔的几何公差与表面粗糙度可参照表 7-8 和表 7-9 进行选择，但必须强调：轴颈或外壳孔为避免套圈安装后产生变形，轴颈、外壳孔应采用包容要求，并规定更严的圆柱度公差。

表 7-8　轴颈和外壳孔的几何公差

公称尺寸/mm		圆柱度 t				端面圆跳动 t_1			
		轴颈		外壳孔		轴肩		外壳孔肩	
		轴承公差等级							
		0	6(6x)	0	6(6x)	0	6(6x)	0	6(6x)
超过	到	公差值/μm							
—	6	2.5	1.5	4	2.5	5	3	8	5
6	10	2.5	1.5	4	2.5	6	4	10	6
10	18	3.0	2.0	5	3.0	8	5	12	8
18	30	4.0	2.5	6	4.0	10	6	15	10
30	50	4.0	2.5	7	4.0	12	8	20	12
50	80	5.0	3.0	8	5.0	15	10	25	15
80	120	6.0	4.0	10	6.0	15	10	25	15
120	180	8.0	5.0	12	8.0	20	12	30	20
180	250	10.0	7.0	14	10.0	20	12	30	20
250	315	12.0	8.0	16	12.0	25	15	40	25
315	400	13.0	9.0	18	13.0	25	15	40	25
400	500	15.0	10.0	20	15.0	25	15	40	25

表 7-9　配合面的表面粗糙度

轴或轴承座直径/mm		轴或外壳配合面直径公差等级								
		IT7			IT6			IT5		
		表面粗糙度/μm								
超过	到	Rz	Ra		Rz	Ra		Rz	Ra	
			磨	车		磨	车		磨	车
—	80	10	1.6	3.2	6.3	0.8	1.6	4	0.4	0.8
80	500	16	1.6	3.2	10	1.6	3.2	6.3	0.8	1.6
端面		25	3.2	6.3	25	3.2	6.3	10	1.6	3.2

四、滚动轴承配合选择实例

图 7-7(a) 所示为直齿圆柱齿轮减速器输出轴轴颈的部分装配图，已知该减速器的功率为 5kW，从动轴转速为 83r/min，其两端的轴承为 6211 深沟球轴承（$d=55$mm，$D=100$mm），齿轮的模数为 3mm，齿数为 79。试确定轴颈和外壳孔的公差带代号（尺寸极限偏差）、几何公差值和表面粗糙度参数值，并将它们分别标注在装配图和零件图上。

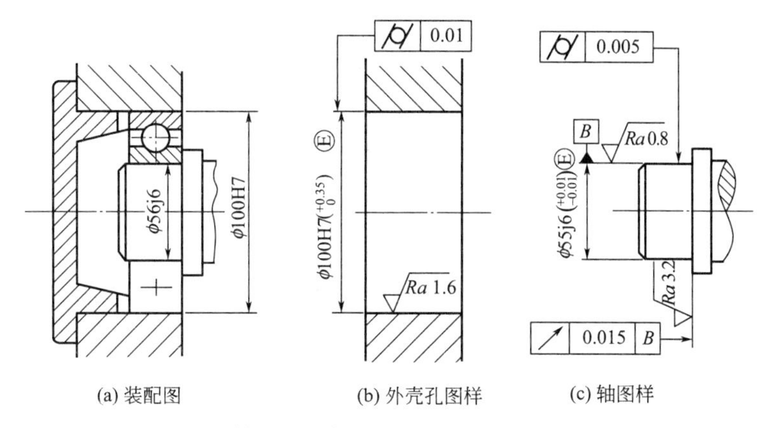

(a) 装配图　(b) 外壳孔图样　(c) 轴图样

图 7-7　轴颈和外壳孔公差在图样上的标注示例

① 减速器属于一般机械，轴的转速不高，所以选用 0 级轴承。

② 该轴承承受定向载荷的作用，内圈与轴一起旋转，外圈安装在剖分式壳体中，不旋转。因此，内圈相对于载荷方向旋转，它与轴颈的配合应较紧；外圈相对于载荷方向静止，它与外壳孔的配合应较松。

③ 按轴承的工作条件，由经验计算公式（参见《机械工程手册》第 29 篇　轴承中的计算公式），并经单位换算，求得该轴承的当量径向载荷 P_r 为 883N，查得 6211 球轴承的额定动载荷 C_r 为 43.2kN。则 $P_r/C_r=0.0204$，小于 0.07。故轴承的载荷类型属于轻载荷。

④ 按轴承工作条件从表 7-3 和表 7-4 选取轴颈公差带为 ϕ55j6（基孔制配合），外壳孔公差带为 ϕ100H7（基轴制配合）。

⑤ 按表 7-8 选取几何公差值：轴颈圆柱度公差 0.005mm，轴肩轴向圆跳动公差 0.015mm；外壳孔圆柱度公差 0.01mm。

⑥ 按表 7-9 选取轴颈和外壳孔的表面粗糙度参数值：轴颈 $Ra \leqslant 0.8\mu$m，轴肩端面 $Ra \leqslant 3.2\mu$m；外壳孔 $Ra \leqslant 1.6\mu$m。

⑦ 将确定好的上述公差标注在图样上，如图 7-7(b)、(c) 所示。

由于滚动轴承是外购的标准部件，因此，在装配图上只需注出轴颈和外壳孔的公差带代号，如图 7-7(a) 所示。轴和外壳孔上的标注如图 7-7(b)、(c) 所示。

思考题与习题

7-1　滚动轴承的精度有哪几个等级？哪个等级应用最广泛？

7-2　滚动轴承与轴、外壳孔配合，采用何种基准制？

7-3　滚动轴承内、外径公差带布置有何特点？

7-4　选择轴承与轴、外壳孔配合时主要考虑哪些因素？

7-5　在 C6132 车床主轴箱内第Ⅷ轴上，装有两个 0 级深沟球轴承，内孔直径为 ϕ20mm，外圆直径为 ϕ47mm，这两个轴承的外圈装在同一齿轮的孔内，与齿轮一起旋转，两个轴承的内圈与Ⅷ轴相配，轴固定在主轴箱箱壁上，通过该齿轮将主轴的旋转运动传给进给箱（图 7-8）。已知轴承承受的是轻载荷。

（1）确定与轴承配合的轴颈、齿轮内孔的公差带代号；

（2）计算内圈与轴颈、外圈与齿轮孔配合的极限间隙、极限过盈；

（3）确定轴颈和齿轮孔的几何公差和表面粗糙度值；

（4）参照图 7-8，把所选的各项公差标注在图样上。

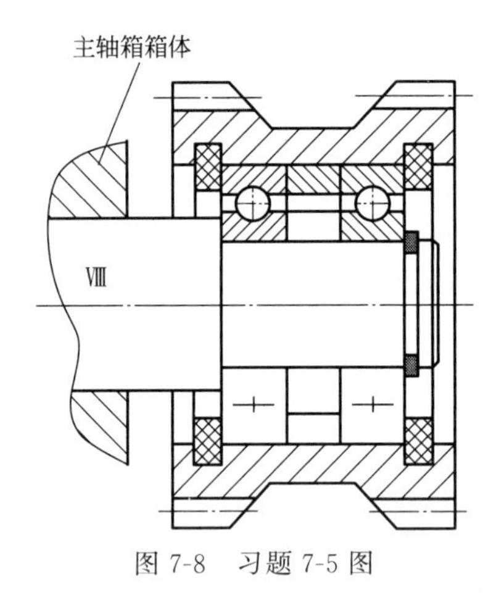

图 7-8　习题 7-5 图

第八章　键与花键的公差配合及其测量

键（单键）与花键是机械传动中应用十分广泛的一种联结零件，主要用于轴与轴上传动件（如齿轮、链轮、带轮或联轴器）之间的联结，用以传递转矩。若轴与传动件之间要求做轴向移动时，键联结和花键联结还能起导向作用，如变速箱中的变速齿轮可以沿花键轴移动以达以变换速度的目的。键联结和花键联结是一种可拆卸联结，常用于需要经常拆卸和便于装配之处。

第一节　单键联结

单键分为平键、半圆键、切向键和楔键等几种。其中平键应用最为广泛，平键可分为普通平键和导向平键，前者用于固定联结，后者用于导向联结，即零件之间有轴向相对运动的联结。

一、平键联结的公差与配合

1. 平键联结的几何参数

平键联结是由键、轴槽和轮毂槽三部分组成，其结合尺寸有键宽、键槽宽（轴槽宽和轮毂槽宽）、键高、槽深和键长等。平键联结剖面尺寸如图 8-1 所示。平键联结的剖面尺寸均已标准化，在 GB/T 1095—2003《平键、键槽的剖面尺寸》中作了规定，具体见表 8-1。

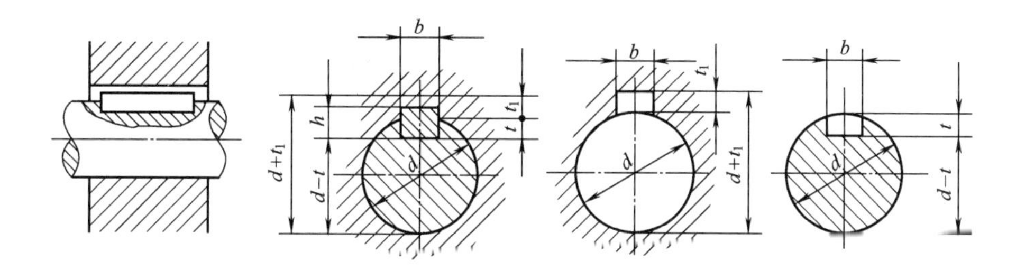

图 8-1　平键联结的剖面尺寸

2. 尺寸公差带

由于平键联结中的键是标准件，所以键与键槽宽 b 的配合采用基轴制，其尺寸大小是根据轴的直径进行选取的。按照配合的松紧不同，平键联结的配合分为松联结、正常联结和紧密联结三种，三种配合的应用场合见表 8-2。

GB/T 1059—2003 规定，键宽与键槽宽的公差带由 GB/T 1801—2009 中选取。对键宽规定了 h8 一种公差带，对轴槽宽规定了 H9、N9、P9 三种公差带，轮毂槽宽规定了 D10、JS9、P9 三种公差带，构成了上述三种配合，公差带如图 8-2 所示。

键联结中的非配合尺寸的公差带见表 8-3。键联结中非配合尺寸是指键高、键长和轴槽长。

表 8-1 普通平键键槽的尺寸与公差（摘自 GB/T 1095—2003） mm

键尺寸 $b\times h$	键槽											
	宽度 b						深度				半径 r	
	公称尺寸	极限偏差					轴 t_1		毂 t_2			
		松联结		正常联结		紧密联结						
		轴 H9	毂 D10	轴 N9	毂 JS9	轴和毂 P9	公称尺寸	极限偏差	公称尺寸	极限偏差	min	max
8×7	8	+0.036 0	+0.098 +0.040	0 −0.036	+0.018 −0.018	−0.015 −0.051	4.0	+0.2 0	3.3	+0.2 0	0.16	0.25
10×8	10						5.0		3.3		0.25	0.40
12×8	12	+0.043 0	+0.120 +0.050	0 −0.043	+0.0215 −0.0215	−0.018 −0.061	5.0		3.3			
14×9	14						5.5		3.8			
16×10	16						6.0		4.3			
18×11	18						7.0		4.4			
20×12	20	+0.052 0	+0.149 +0.065	0 −0.052	+0.026 −0.026	−0.022 −0.074	7.5		4.9		0.40	0.60
22×14	22						9.0		5.4			
25×14	25						9.0		5.4			
28×16	28						10.0		6.4			
32×18	32	+0.062 0	+0.180 +0.080	0 −0.062	+0.031 −0.031	−0.026 −0.088	11.0		7.4			
36×20	36						12.0	+0.3 0	8.4	+0.3 0	0.70	1.00
40×22	40						13.0		9.4			
45×25	45						15.0		10.4			
50×28	50						17.0		11.4			

注：$(d-t_1)$ 和 $(d+t_2)$ 两组合尺寸的极限偏差按相应的 t_1 和 t_2 的极限偏差选取，但 $(d-t_1)$ 的极限偏差应取负号。

表 8-2 平键联结的三种配合及其应用

配合种类	尺寸 b 的公差带			应用
	键	轴键槽	轮毂键槽	
松联结	h8	H9	D10	用于导向平键，轮毂可在轴上移动
正常联结		N9	JS9	键在轴键槽中和轮毂键槽中均固定，用于载荷不大的场合
紧密联结		P9	P9	键在轴键槽中和轮毂键槽中均牢固地固定，用于载荷较大、有冲击和双向转矩的场合

表 8-3 平键联结中非配合尺寸的公差带

各部分尺寸	键高 h	键长 L	轴槽长
公差代号	h11(h8)	h14	H14

注：括号中的代号（h8）用于 B 型键。

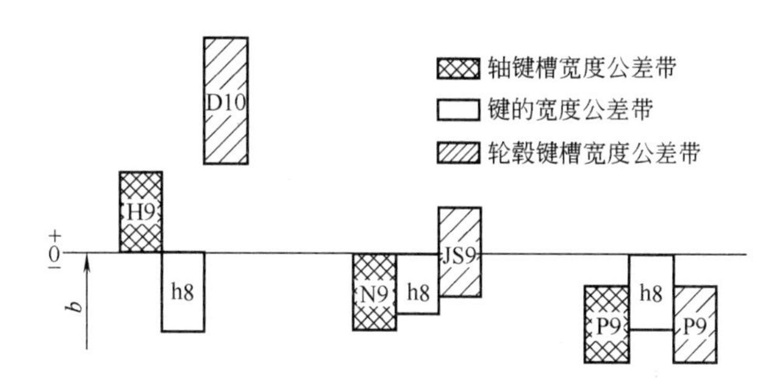

图 8-2　键宽与键槽宽的公差

3. 键联结的几何公差

为了便于装配，轴槽及轮毂槽对轴及轮毂轴线的对称度公差可按 GB/T 1184—1996 的规定选取，一般取 7～9 级。当键长 L 与键宽 b 之比大于或等于 8 时，键宽 b 的两侧面在长度方向的平行度应按 GB/T 1184—1996 选取：当$b\leqslant 6$mm 时按 7 级；$b>8\sim 36$mm 时按 6 级；当$b\geqslant 40$mm 时按 5 级。

4. 键联结的表面粗糙度

表面粗糙度对键联结配合性质的稳定性和使用寿命影响较大。按标准推荐，平键联结的表面粗糙度见表 8-4。

表 8-4　平键联结的表面粗糙度

平键联结的参数	表面粗糙度 Ra 最大允许值/μm
键侧表面	2.5
轴槽和轮毂侧面	1.6～3.2
非配合表面	6.3

轴槽和轮毂槽的剖面尺寸及其上、下极限偏差和键槽的几何公差、表面粗糙度参数值在图样上的标注如图 8-3 所示。

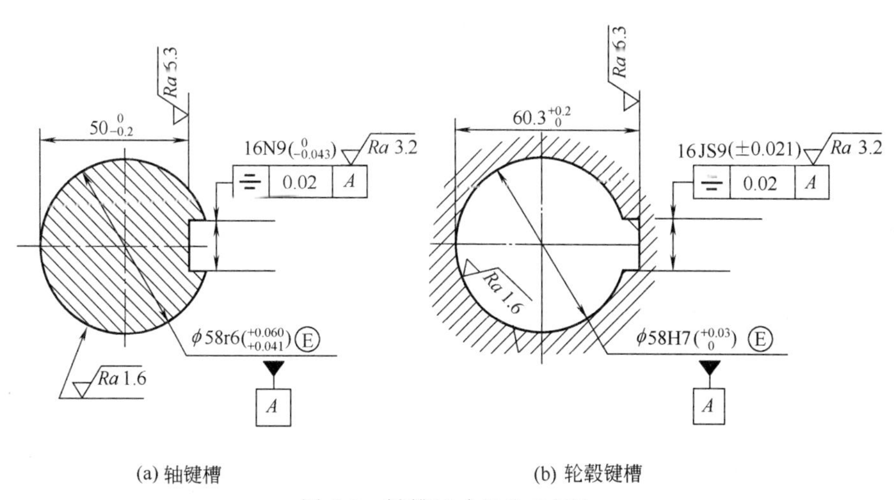

(a) 轴键槽　　(b) 轮毂键槽

图 8-3　键槽尺寸和公差标注

二、单键联结中键槽的检测

1. 尺寸检测

在单件小批生产中，键槽宽度和深度一般用游标卡尺、千分尺等通用测量仪来测量。在成批大量生产中可用量块或极限量规来检测，如图 8-4 所示。

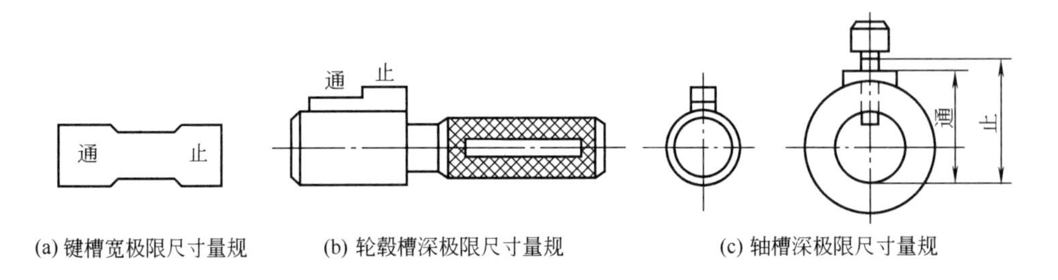

(a) 键槽宽极限尺寸量规　(b) 轮毂槽深极限尺寸量规　(c) 轴槽深极限尺寸量规

图 8-4　键槽尺寸检测的极限量规

2. 键槽截面对称度误差 f_1 和长度方向对称度误差 f_2 的测量

轴槽对称度误差可由图 8-5 所示方法测量。工件 1 的被测键槽中心平面和基准轴线用定位块（或量块）2 和 V 形架 3 模拟体现。

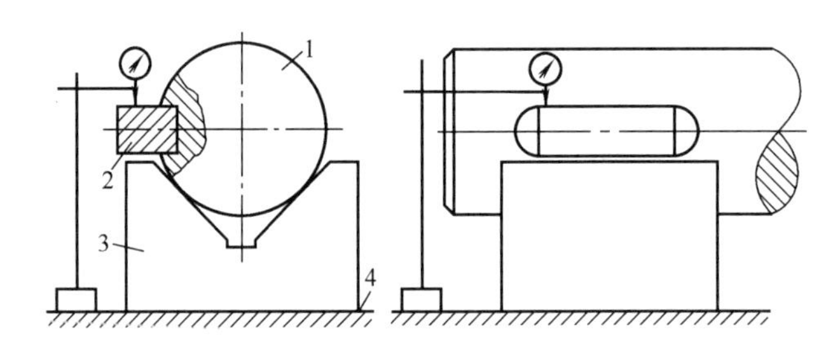

图 8-5　轴槽对称度误差测量

1—工件；2—量块；3—V 形架；4—平板

测量键槽截面对称度误差 f_1 时，首先调整被测工件，使定位块（或量块）沿工件径向与测量基准（平板）平行，然后测量定位块（或量块）至测量基准的距离，再将被测工件旋转 180°后重复上述测量。得到该截面上、下两对应点的读数差 a，则该截面的对称度误差 f_1 可按式(8-1) 计算。

$$f_1=a(t/2)/[r-(t/2)]=at/(d-t) \tag{8-1}$$

式中　r——轴的半径；

　　　t——轴槽深度。

测量键槽长度方向对称度误差 f_2 时，首先沿轴槽长度方向进行测量，然后取长度方向两点的最大读数差。该最大读数差即为键槽长度方向对称度误差 f_2。

当 f_1 和 f_2 的值被测量出来后，取 f_1 和 f_2 中最大值作为该键槽的对称度误差。

第二节　花 键 联 结

花键联结是由内花键（花键孔）和外花键（花键轴）两个零件组成。与单键联结相比，其主要优点是定心和导向精度高、承载能力强。

花键联结按其截面形状的不同，分为矩形花键、渐开线花键、三角形花键等几种。其中矩形花键应用最广。

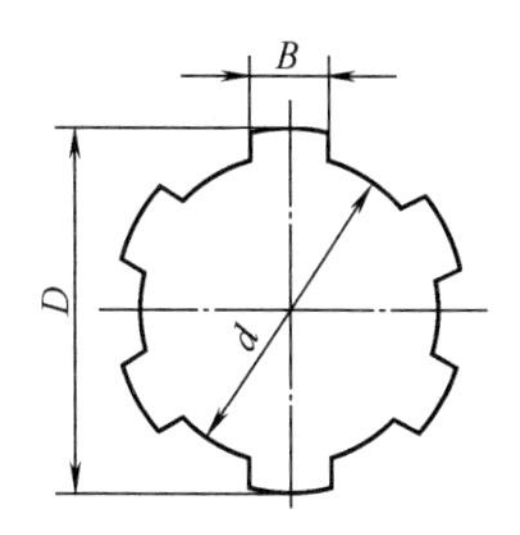

图 8-6　矩形花键的基本尺寸

一、矩形花键的基本尺寸

矩形花键联结有三个主要尺寸，分别是大径 D、小径 d、键（槽）宽 B，如图 8-6 所示。按承载能力将尺寸分为轻、中两个系列，见表 8-5。矩形花键的键数规定为偶数，有 6、8、10 三种。由表 8-5 可知，对同一小径 d，轻、中系列的键数相同，键宽（或键槽宽）相同，仅大径不同。

表 8-5　矩形花键基本尺寸系列（摘自 GB/T 1144—2001）　mm

小径 d	轻系列				中系列			
	规格 $N\times d\times D\times B$	键数 N	大径 D	键宽 B	规格 $N\times d\times D\times B$	键数 N	大径 D	键宽 B
11					6×11×14×3		14	3
13					6×13×16×3.5		16	3.5
16	—	—	—	—	6×16×20×4		20	4
18					6×18×22×5	6	22	5
21					6×21×25×5		25	
23	6×23×26×6		26	6	6×23×28×6		28	6
26	6×26×30×6	6	30		6×26×32×6		32	
28	6×28×32×7		32	7	6×28×34×7		34	7
32	6×32×36×6		36	6	8×32×38×6		38	6
36	8×36×40×7		40	7	8×36×42×7		42	7
42	8×42×46×8		46	8	8×42×48×8		48	8
46	8×46×50×9		50	9	8×46×54×9	8	54	9
52	8×52×58×10	8	58	10	8×52×60×10		60	10
56	8×56×62×10		62		8×56×65×10		65	
62	8×62×68×12		68		8×62×72×12		72	
72	10×72×78×12		78	12	10×72×82×12		82	12
82	10×82×88×12		88		10×82×92×12		92	
92	10×92×98×14	10	98	14	10×92×102×14	10	102	14
102	10×102×108×16		108	16	10×102×112×16		112	16
112	10×112×120×18		120	18	10×112×125×18		125	18

二、矩形花键的定心方式

矩形花键联结的结合面有三个，即大径结合面、小径结合面和键侧结合面。要保证三个结合面同时达到高精度的配合是比较困难的，也无此必要。因此，为了保证内、外花键的同轴度（定心精度）、联结强度和传递转矩的可靠性，改善加工工艺，只需选择其中一个结合面作为主要配合面，对其尺寸规定较高的精度，作为主要配合尺寸，以确定内、外花键的配合性质，并起定心作用，该表面称为定心表面。花键联结的定心方式有三种：小径 d 定心、大径 D 定心和键（槽）宽侧定心（图 8-7）。

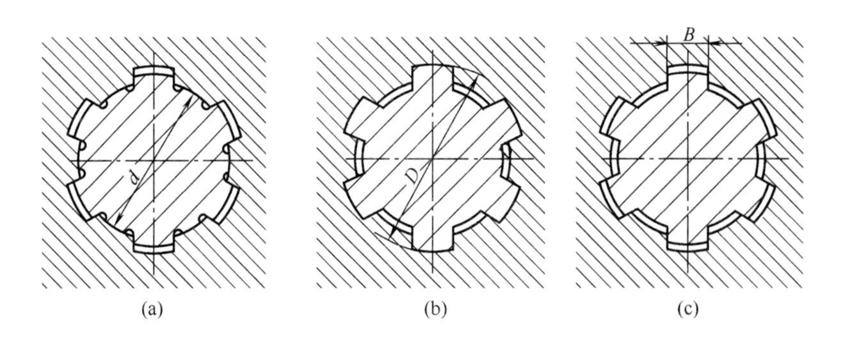

(a) (b) (c)

图 8-7 花键联结的定心方式

GB/T 1144—2001 规定矩形花键联结采用小径定心，即把小径的结合面作为定心表面。由于花键结合面的硬度要求较高，需淬火处理，为了保证定心表面的尺寸精度和形状精度，淬火后需要进行磨削加工。从加工工艺性来看，小径便于用磨削方法进行精加工，因此标准规定采用小径 d 定心，对定心小径 d 规定较高的精度。由于转矩是靠键和键槽的侧面传递，所以键（槽）宽要有足够的配合精度。大径 D 为非定心尺寸，可以采用较大的公差等级，并且非定心直径表面之间应留有较大间隙，以保证它们不接触，从而获得更高的定心精度，保证花键表面质量。

三、矩形花键的尺寸公差

内外花键定心小径、非定心大径和键（槽）宽的尺寸公差带分为一般用和精密传动用两类。一般用的花键公差带分为拉削后不热处理和拉削后热处理两种。内、外花键的配合分滑动、紧滑动和固定三种。为了减少拉刀数目，花键联结采用基孔制配合。

矩形花键的尺寸公差带见表 8-6。

表 8-6 矩形花键的尺寸公差带

<table>
<tr><th colspan="4">内 花 键</th><th colspan="3">外 花 键</th><th rowspan="3">装配型式</th></tr>
<tr><th rowspan="2">小径 d</th><th rowspan="2">大径 D</th><th colspan="2">键槽宽 B</th><th rowspan="2">小径 d</th><th rowspan="2">大径 D</th><th rowspan="2">键宽 B</th></tr>
<tr><th>拉削后不热处理</th><th>拉削后热处理</th></tr>
<tr><td colspan="8">一般用</td></tr>
<tr><td rowspan="3">H7</td><td rowspan="3">H10</td><td rowspan="3">H9</td><td rowspan="3">H11</td><td>f7</td><td rowspan="3">a11</td><td>d10</td><td>滑动</td></tr>
<tr><td>g7</td><td>f9</td><td>紧滑动</td></tr>
<tr><td>h7</td><td>h10</td><td>固定</td></tr>
<tr><td colspan="8">精密传动用</td></tr>
<tr><td rowspan="3">H5</td><td rowspan="6">H10</td><td rowspan="6" colspan="2">H7,H9</td><td>f5</td><td rowspan="6">a11</td><td>d8</td><td>滑动</td></tr>
<tr><td>g5</td><td>f7</td><td>紧滑动</td></tr>
<tr><td>h5</td><td>h8</td><td>固定</td></tr>
<tr><td rowspan="3">H6</td><td>f6</td><td>d8</td><td>滑动</td></tr>
<tr><td>g6</td><td>f7</td><td>紧滑动</td></tr>
<tr><td>h6</td><td>h8</td><td>固定</td></tr>
</table>

注：1. 精密传动的内花键，当需要控制键侧间隙时，槽宽可选用 H7。一般情况下可选用 H9。

2. d 为 H6 和 H7 的内花键，允许与高一级的外花键配合。

四、矩花键的几何公差

内、外花键定心小径表面的形状公差与尺寸公差的关系应遵守包容原则。影响花键联结互换性的因素除尺寸误差外，主要是花键在圆周上位置分布不均匀，相对于轴心线位置不正确等。为了控制这些误差，在大批量生产时，几何公差主要是控制键（键槽）的位置公差（包括等分度、对称度）以及大径对小径的同轴度，并遵守最大实体要求，其标注如图 8-8 所示。花键的位置度公差见表 8-7。

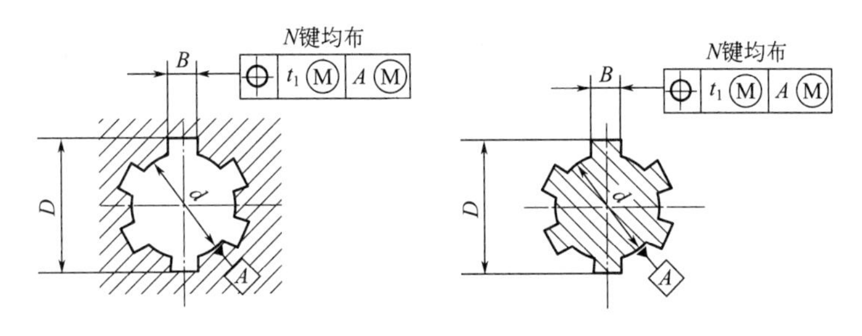

图 8-8　花键的位置度公差标注

表 8-7　矩形花键位置度公差 t_1 和对称度公差 t_2（摘自 GB/T 1144—2001）　　mm

公差			键槽宽或键宽 B			
			3	3.5～6	7～10	12～18
t_1	键槽宽		0.010	0.015	0.020	0.025
	键宽	滑动、固定	0.010	0.015	0.020	0.025
		紧滑动	0.006	0.010	0.013	0.016
t_2	一般用		0.010	0.012	0.015	0.018
	精密传动用		0.006	0.008	0.009	0.011

对单件或小批生产，可用检验键（键槽）的对称度和等分度误差代替检验位置度误差，并遵守独立原则。其标注见图 8-9，花键对称度公差见表 8-7。

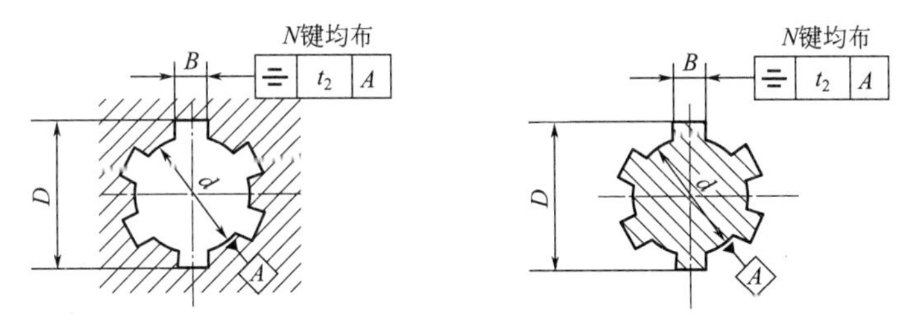

图 8-9　花键对称度公差标注

花键的等分度公差值等于花键对称度公差值。对较长花键还应规定花键各键齿（键槽）侧面对定心表面轴线的平行度公差，平行度的公差值可根据产品的性能自行规定。

内、外花键的大径分别按 H10 和 a11 加工，它们的配合间隙很大，因而对小径表面轴线的同轴度要求不高。

五、矩形花键的表面粗糙度

矩形花键的表面粗糙度参数 Ra 值一般为：对内花键，取小径表面不大于 1.6μm，键槽侧面不大于 6.3μm，大径表面不大于 6.3μm；对外花键，取小径表面不大于 0.8μm，键齿侧面不大于 1.6μm，大径表面不大于 3.2μm。

第三节 花键的标注及检测

一、花键的标注

矩形花键的配合代号和尺寸公差代号按照花键规格所规定的次序标注：

键数 N×小径 d×大径 D×键宽 B×基本尺寸及配合公差带代号和标准号

【例题 8-1】 某花键副 $N=8$，小径 d 为 ϕ23H7/f7，大径 D 为 ϕ26H10/a11，键宽（键槽宽）B 为 6H11/d10。根据不同需要各种标注如图 8-10 所示。

花键规格（$N \times d \times D \times B$）为

$$8 \times 23 \times 26 \times 6$$

花键副（标注花键规格和配合代号）标记为

$$8 \times 23\,\frac{H7}{f7} \times 26\,\frac{H10}{a11} \times 6\,\frac{H11}{d10}\quad \text{GB/T 1144—2001}$$

内花键（标注花键规格和尺寸公差代号）标记为

$$8 \times 23H7 \times 26H10 \times 6H11\quad \text{GB/T 1144—2001}$$

外花键（标注花键规格和尺寸公差代号）标记为

$$8 \times 23f7 \times 26a11 \times 6d10\quad \text{GB/T 1144—2001}$$

此外，在零件图上，对内、外花键除了标注尺寸公差带代号（或极限偏差）以外，还应标注几何公差和公差原则的要求，标注示例见图 8-8 和图 8-9。

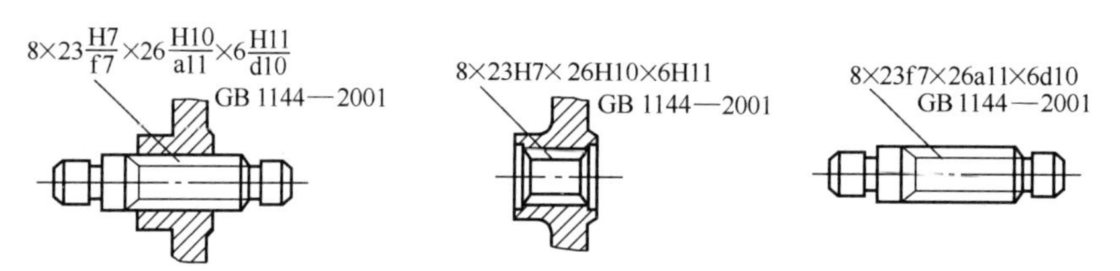

图 8-10 矩形花键参数的标注

二、花键的检测

花键的检测分为单项检测和综合检测两类。单项检测就是对花键的单项参数小径、大径、键宽（键槽宽）等尺寸和位置误差分别测量或检验。综合检测就是对花键的尺寸、几何误差按控制实效边界原则，用综合量规进行检验。

当花键小径定心表面采用包容原则，各键（键槽）的对称度公差及花键各部位均遵守独立原则时，一般采用单项检测。当花键小径定心表面采用包容原则，各键（键槽）位置度公差与键宽（键槽宽）的尺寸公差关系采用最大实体原则，且该位置度公差与小径定心表面（基准）尺寸公差的关系也采用最大实体原则时，应采用综合检测。

采用单项检测时，小径定心表面应采用光滑极限量规检验。在单件、小批生产时，大径、键宽的尺寸使用普通计量器具测量。在成批、大量的生产中，可用专用极限量规来检验。检验花键各要素极限尺寸用的量规如图 8-11 所示。花键的位置误差是很少进行单项测量的，若需分项测量位置误差时，可在光学分度头或万能工具显微镜上进行测量。

内花键用综合塞规，外花键用综合环规，对其小径、大径、键与槽宽、大径对小径的同

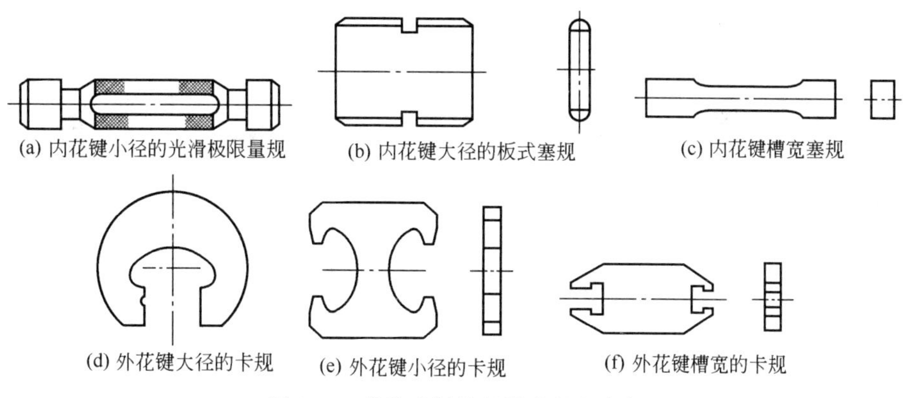

(a) 内花键小径的光滑极限量规　(b) 内花键大径的板式塞规　(c) 内花键槽宽塞规

(d) 外花键大径的卡规　(e) 外花键小径的卡规　(f) 外花键槽宽的卡规

图 8-11　检验花键的极限塞规和卡规

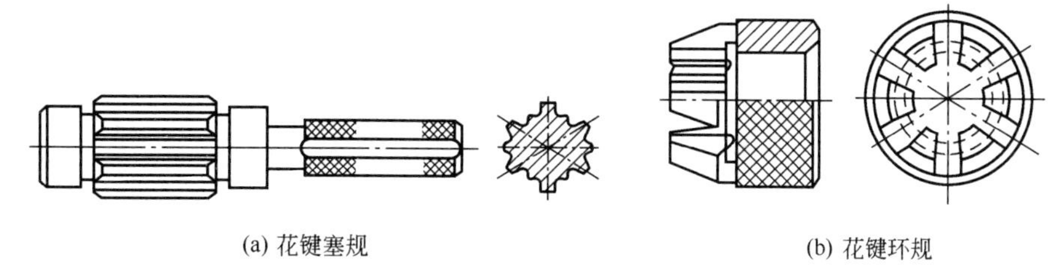

(a) 花键塞规　(b) 花键环规

图 8-12　花键综合量规

轴度、键与槽的位置度（包括等分度、对称度）进行综合检验。花键综合量规如图 8-12 所示。综合量规只有通端，故还需用单项止端塞规或止端卡规分别检验大径、小径、键（槽）宽等是否超过各自的最小实体尺寸。

检测时，综合通规能通过，单项止规不能通过，则判定花键合格；若综合通规不能通过时，则花键不合格。

思考题与习题

8-1　平键联结的配合种类有哪些？它们各用于什么场合？

8-2　平键联结中，键与键槽宽的配合采用的是什么配合制？为什么？

8-3　键槽的对称度误差包括哪两部分？如何确定键槽的对称度误差？

8-4　矩形花键联结的主要尺寸是什么？矩形花键的键数规定为哪三种？

8-5　什么是矩形花键的定心方式？有哪几种定心方式？国家标准为什么规定只采用小径定心？

8-6　试述小径定心矩形花键配合的种类。为什么花键联结采用基孔制配合？

8-7　矩形花键除规定尺寸公差带外，还规定了哪些位置公差？

8-8　花键联结检测分为哪两种？各应用于什么场合？

8-9　某传动轴（直径 $d=50$mm）与齿轮采用普通平键联结，配合类型选为一般联结，试确定键的尺寸，并按照 GB/T 1095—2003 确定键、轴槽及轮毂槽宽和高的公差值，并画出尺寸公差带图。

8-10　计算 $8\times 23\frac{H7}{f7}\times 26\frac{H10}{a11}\times 6\frac{H11}{d10}$，GB/T 1144—2001 花键联结的极限尺寸。

第九章　圆锥的公差配合及其测量

圆锥配合具有许多优点，在机床、工具中，圆锥配合应用非常广泛，如车床主轴前端锥孔及尾座套筒锥孔、锥度心轴、圆锥定位销、钻头与铰刀的锥柄等都是采用圆锥面配合。为保证圆锥配合的使用效果，需控制内、外圆锥角的加工误差和形状误差，基面距也应控制在允许变动的范围内。所以，在实际应用中，一方面要合理选取圆锥公差值和配合性质，另一方面要能够采用合适的方法准确测量角度和锥度。

第一节　基本术语及定义

一、圆锥配合的特点

圆锥配合在机械制造行业中应用很广泛。由图 9-1 可知，在圆柱间隙配合中，孔与轴的轴线有同轴度误差 $2e$ 产生，但在圆锥配合中，只要使内、外圆锥沿轴向配合移动，就可以使间隙消除，甚至可以产生过盈配合，从而消除同轴度误差 $2e$。

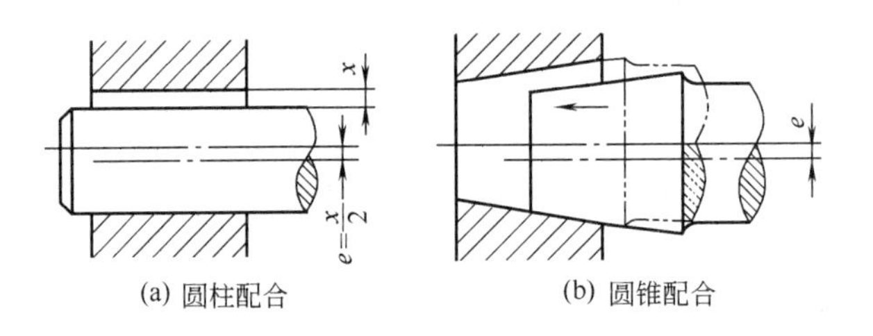

图 9-1　圆柱与圆锥配合的比较

圆锥配合的特点：

① 具有良好的对中性，拆装方便。

② 配合的性质可以调整（间隙配合及过盈配合）。

③ 密封性和自锁性好。

④ 结构比较复杂，加工和检验较困难。

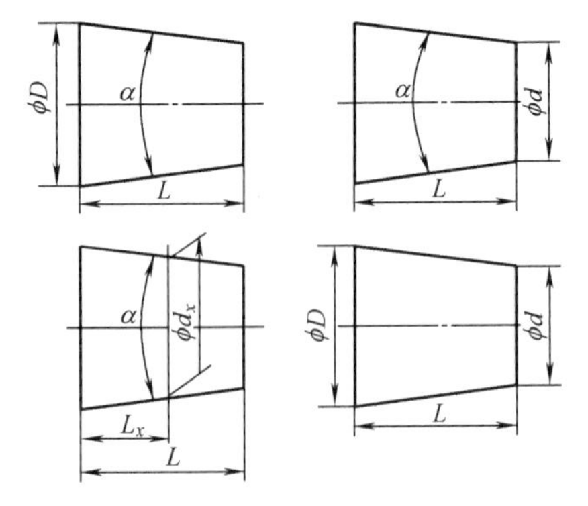

图 9-2　圆锥的主要几何参数

二、圆锥配合的主要技术参数

圆锥分为内圆锥（圆锥孔）和外圆锥（圆锥轴）两种，其主要几何参数见图 9-2。

（1）圆锥角（锥角 α）　指在通过圆锥轴线的截面内两条素线间的夹角。内圆锥角用 α_i 表示，外圆锥角用 α_e 表示。

（2）圆锥素线角　指圆锥素线与其轴线之间的夹角，它等于圆锥角的 1/2，即 $\alpha/2$。

（3）圆锥直径　圆锥在垂直于轴线的截面上的直径。

常用圆锥直径如下。

① 最大圆锥直径 D，内圆锥最大直径用 D_i 表示，外圆锥最大直径用 D_e 表示。

② 最小圆锥直径 d，内圆锥最小直径用 d_i 表示，外圆锥最小直径用 d_e 表示。

③ 任意给定截面圆锥直径 d_x。

(4) 圆锥长度 L　指最大圆锥直径截面与最小圆锥直径截面之间的轴向距离。内圆锥长度用 L_i 表示，外圆锥长度用 L_e 表示。

在零件图上，对圆锥只要标注一个圆锥直径（D、d 或 d_x）、圆锥角 α 和圆锥长度（L 或 L_x），或者标注圆锥最大与最小直径 D、d 和圆锥长度 L，如图 9-2 所示，则该圆锥就被完全确定了。

(5) 锥度 C　指两个垂直圆锥轴线截面的圆锥直径 D 和 d 之差与其两截面间的轴向距离 L 之比，即

$$C=(D-d)/L \tag{9-1}$$

锥度 C 与圆锥角 α 的关系为

$$C=2\tan(\alpha/2) \tag{9-2}$$

锥度一般用比例或分数表示，例如，$C=1:5$ 或 $C=1/5$。GB/T 157—2001《圆锥的锥度与锥角系列》规定了一般用途圆锥的锥度与圆锥角系列（表 9-1）和特殊用途圆锥的锥度与圆锥角系列（表 9-2），它们只适合于光滑圆锥。

表 9-1　一般用途圆锥的锥度与圆锥角（摘自 GB/T 157—2001）

公称值		推算值			
系列 1	系列 2	圆锥角 α			锥度 C
		(°)(′)(″)	(°)	rad	
120°		—	—	2.09439510	1∶0.2886751
90°		—	—	1.57079633	1∶0.5000000
	75°	—	—	1.30899694	1∶0.6516127
60°		—	—	1.04719755	1∶0.8660254
45°		—	—	0.78539816	1∶1.2071068
30°		—	—	0.52359878	1∶1.8660254
1∶3		18°55′28.7199″	18.92464442°	0.33029735	—
	1∶4	14°15′0.1177″	14.25003270°	0.24870999	—
1∶5		11°25′16.2706″	11.42118627°	0.19933730	—
	1∶6	9°31′38.2202″	9.52728338°	0.16628246	—
	1∶7	8°10′16.4408″	8.17123356°	0.14261493	—
	1∶8	7°9′9.6075″	7.15266875°	0.12483762	—
1∶10		5°43′29.3176″	5.72481045°	0.09991679	—
	1∶12	4°46′18.7970″	4.77188806°	0.08328516	—
	1∶15	3°49′5.8975″	3.81830487°	0.06664199	—

续表

公称值		推 算 值			
系列 1	系列 2	圆锥角 α			锥度 C
		(°)(′)(″)	(°)	rad	
1∶20		2°51′51.0925″	2.86419237°	0.04998959	—
1∶30		1°54′34.8570″	1.90968251°	0.03333025	—
1∶50		1°8′45.1586″	1.14587740°	0.01999933	—
1∶100		34′22.6309″	0.57295302°	0.00999992	—
1∶200		17′11.3219″	0.28647830°	0.00499999	—
1∶500		6′52.5295″	0.11459152°	0.00200000	—

注：系列 1 中 120°～1∶3 的数值近似按 R10/2 优先数系列，1∶5～1∶500 按 R10/3 优先数系列（见 GB/T 321）。

表 9-2 特殊用途圆锥的锥度与圆锥角（摘自 GB/T 157—2001）

公称值	推算值				标准号 GB/T(ISO)	用途
	圆锥角 α			锥度 C		
	(°)(′)(″)	(°)	rad			
7∶24	16°35′39.4443″	16.59429008°	0.28962500	1∶3.4285714	3837.3 (297)	机床主轴 工具配合
1∶19.002	3°0′52.3956″	3.01455434°	0.05261390	—	1443(296)	莫氏锥度 No.5
1∶19.180	2°59′11.7258″	2.98659050°	0.05212584	—	1443(296)	莫氏锥度 No.6
1∶19.212	2°58′53.8255″	2.98161820°	0.05203905	—	1443(296)	莫氏锥度 No.0
1∶19.254	2°58′30.4217″	2.97511713°	0.05192559	—	1443(296)	莫氏锥度 No.4
1∶19.922	2°52′31.4463″	2.87540176°	0.05018523	—	1443(296)	莫氏锥度 No.3
1∶20.020	2°51′40.7960″	2.86133223°	0.04993967	—	1443(296)	莫氏锥度 No.2
1∶20.047	2°51′26.9283″	2.85748008°	0.04987244	—	1443(296)	莫氏锥度 No.1

在零件图样上，锥度用特定的图形符号和比例（或分数）来标注，如图 9-3 所示。图形符号放置在平行于圆锥轴线的基准线上，并且其方向与圆锥方向一致，在基准线的上面标注锥度的数值，用指引线将基准线与圆锥素线相连。若在图上标注了锥度，就不必标注圆锥角，两者不应重复标注。

（6）圆锥配合长度 H　指内、外圆锥配合部分的长度。

（7）基面距 a　指相互结合的内、外圆锥基面之间的距离，如图 9-4 所示。基面距用来确定内、外圆锥轴线的相对位置。基面距的大小取决于圆锥配合直径。若以外圆锥最小直径 d_e 为公称直径，则基面距的位置在小端。若以内圆锥最大直径为公称直径，则基面距的位置在大端。

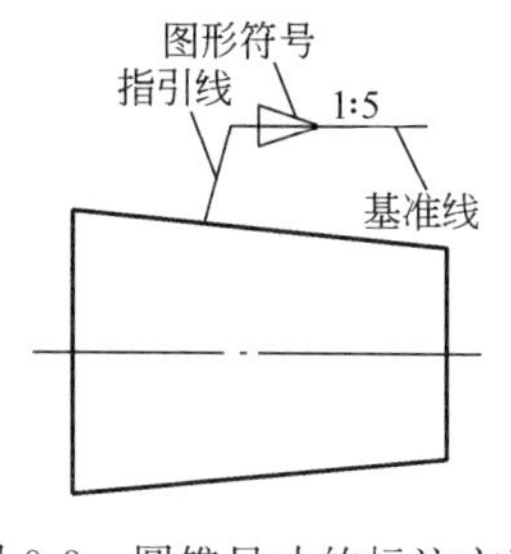

图 9-3 圆锥尺寸的标注方法

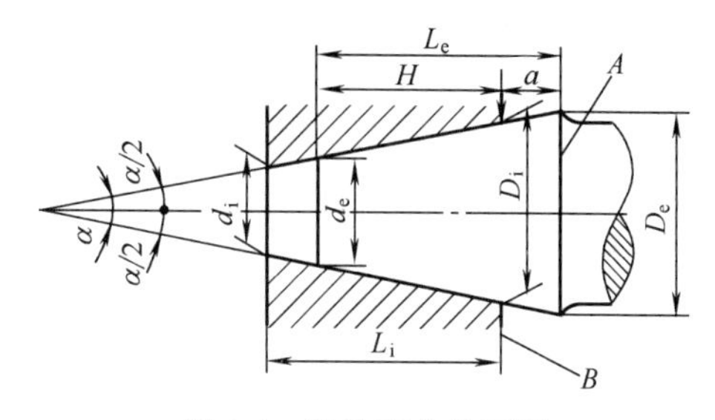

图 9-4 圆锥配合基面距

第二节 圆锥公差

一、圆锥公差项目

为了保证圆锥零件的精度，限制圆锥零件几何参数误差的影响，须有相应的公差指标。这里介绍国家标准 GB/T 11334—2005《圆锥公差》的有关内容。

圆锥公差包括：圆锥直径公差 T_D、圆锥角公差 AT、圆锥形状公差 T_F 和给定截面圆锥直径公差 T_{DS}。

1. 圆锥直径公差 T_D

圆锥直径公差 T_D 是指圆锥直径的允许变动量，即允许的上极限圆锥直径 D_{max}（或 d_{max}）与下极限圆锥直径 D_{min}（或 d_{min}）之差，如图 9-5 所示。在圆锥轴向截面内两个极限圆锥所限定的区域就是圆锥直径的公差带（公差区）。

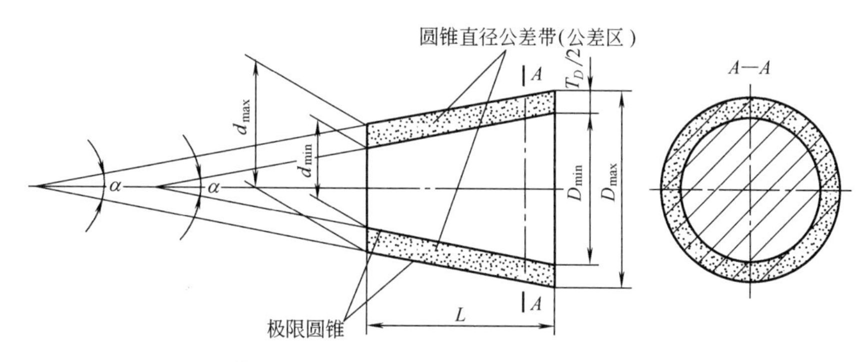

图 9-5 极限圆锥及直径公差带（公差区）

一般以最大圆锥直径 D 为公称尺寸，按 GB 1800 规定的标准公差选取，其数值适用于圆锥长度范围内的所有圆锥直径。对于有配合要求的圆锥按国家标准《圆锥配合》GB/T 12360—2005 中的有关规定选用。对无配合要求的圆锥，推荐选用基本偏差 JS 或 js，其公差等级按功能要求确定。如内圆锥最大直径为 ϕ50mm，无配合要求，可选用 ϕ50JS10（±0.050）。

2. 圆锥角公差AT

圆锥角公差 AT 是指圆锥角允许的变动量，即允许的上极限圆锥角 α_{max}与下极限圆锥角 α_{min}之差。其公差带（公差区）是由两个极限圆锥角所限定的区域。圆锥角公差 AT 有两种表示方式，一是角度值表示的值 AT_α（弧度、度、分或秒）；二是以线性值表示的值 AT_D（单位为 μm）。圆锥角公差分为 12 个公差等级，从 AT1～AT12，AT1 为最高等级，AT12

为最低等级。AT_α 与 AT_D 的转换关系为：

$$AT_D = AT_\alpha \times L \times 10^{-3} \tag{9-3}$$

式中，AT_D、AT_α、圆锥长度 L 的单位分别为 μm、μrad 和 mm。例如，L 为 63mm，选用 AT7，查表 9-3 得 AT_α 为 315μrad 或 1′05″，AT_D 为 20μm；如果 L 为 50mm，选用 AT7，查表得 AT_α 为 315μrad 或 1′05″，则

$$AT_D = AT_\alpha \times L \times 10^{-3} = 315 \times 50 \times 10^{-3} = 15.75\ (\mu m)$$

取 AT_D 为 15.8μm。

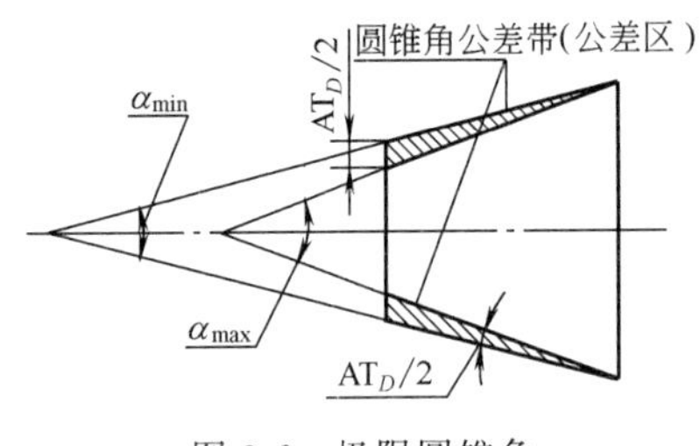

图 9-6 极限圆锥角

圆锥角公差 AT 等级与同等级尺寸公差加工难易程度相当，如 AT7 与同级尺寸公差 IT7 的加工难易程度相当。GB/T 11334—2005《圆锥公差》规定的圆锥公差的数值见表 9-3。

一般情况下，可不必单独规定圆锥角公差，而是将实际圆锥角控制在圆锥直径公差带（公差区）内，此时圆锥角 α_{max} 和 α_{min} 是圆锥直径公差内可能产生的极限圆锥角，如图 9-6 所示。表 9-4 列出圆锥长度 L 为 100mm 时，圆锥直径公差 T_D 所限制的最大圆锥角误差 $\Delta\alpha_{max}$。

表 9-3 圆锥角公差（摘自 GB/T 11334—2005）

基本圆锥长度 L/mm		圆锥角公差等级								
		AT4			AT5			AT6		
		AT_α		AT_D	AT_α		AT_D	AT_α		AT_D
大于	至	μrad		μm	μrad		μm	μrad		μm
16	25	125	26″	>2.0～3.2	200	41″	>3.2～5.0	315	1′05″	>5.0～8.0
25	40	100	21″	>2.5～4.0	160	33″	>4.0～6.3	250	52″	>6.3～10.0
40	63	80	16″	>3.2～5.0	125	26″	>5.0～8.0	200	41″	>8.0～12.5
63	100	63	13″	>4.0～6.3	100	21″	>6.3～10.0	160	33″	>10.0～16.0
100	160	50	10″	>5.0～8.0	80	16″	>8.0～12.5	125	26″	>12.5～20.0

基本圆锥长度 L/mm		圆锥角公差等级								
		AT7			AT8			AT9		
		AT_α		AT_D	AT_α		AT_D	AT_α		AT_D
大于	至	μrad		μm	μrad		μm	μrad		μm
16	25	500	1′43″	>8.0～12.5	800	2′54″	>12.5～20.0	1 250	4′18″	>20～32
25	40	400	1′22″	>10.0～16.0	630	2′10″	>16.0～25.0	1 000	3′26″	>25～40
40	63	315	1′05″	>12.5～20.0	500	1′43″	>20.0～32.0	800	2′45″	>32～50
63	100	250	52″	>16.0～25.0	400	1′22″	>25.0～40.0	630	2′10″	>40～63
100	160	200	41″	>20.0～32.0	315	1′05″	>32.0～50.0	500	1′43″	>50～80

如果对圆锥角公差有更高的要求时，除规定圆锥直径公差 T_D 外，还应给定圆锥角公差 AT。圆锥角的极限偏差可按单向或者双向（对称或不对称）取值，如图 9-7 所示。具体选用时按照圆锥结构和配合要求而定。

表 9-4　$L=100$mm 的圆锥直径公差 T_D 所限制的最大圆锥角误差 $\Delta\alpha_{max}$（摘自 GB/T 11334—2005）　μrad

标准公差等级	圆锥直径/mm												
	≤3	3～6	6～10	10～18	18～30	30～50	50～80	80～120	120～180	180～250	250～315	315～400	400～500
IT4	30	40	40	50	60	70	80	100	120	140	160	180	200
IT5	40	50	60	80	90	110	130	150	180	200	230	250	270
IT6	60	80	90	110	130	160	190	220	250	290	320	360	400
IT7	100	120	150	180	210	250	300	350	400	460	520	570	630
IT8	140	180	220	270	330	390	460	540	630	720	810	890	970
IT9	250	300	360	430	520	620	740	870	1000	1150	1300	1400	1550
IT10	400	480	580	700	840	1000	1200	1400	1600	1850	2100	2300	2500

注：圆锥长度不等于 100mm 时，需将表中的数值乘 $100/L$，L 的单位为 mm。

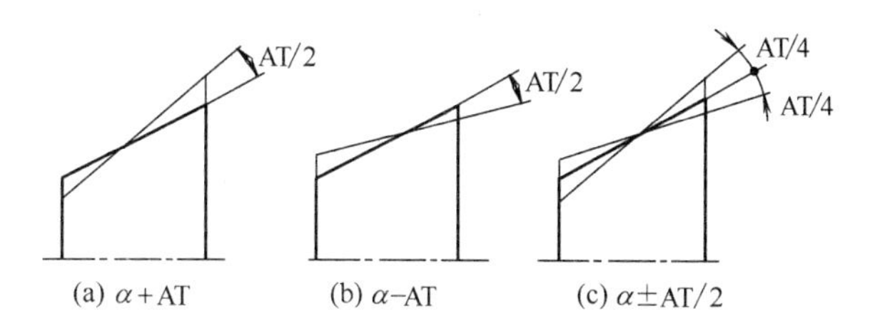

图 9-7　圆锥角极限偏差

3. 给定截面圆锥直径公差 T_{DS}

给定截面圆锥直径公差 T_{DS}指在垂直圆锥轴线的给定截面内，圆锥直径 d_x 允许的变动量，公差带（公差区）是在给定的圆锥截面内，由两个同心圆所限定的区域，如图 9-8 所示。T_{DS}的数值以 d_x 为公称尺寸，按 GB/T 1800 规定的标准公差选取。

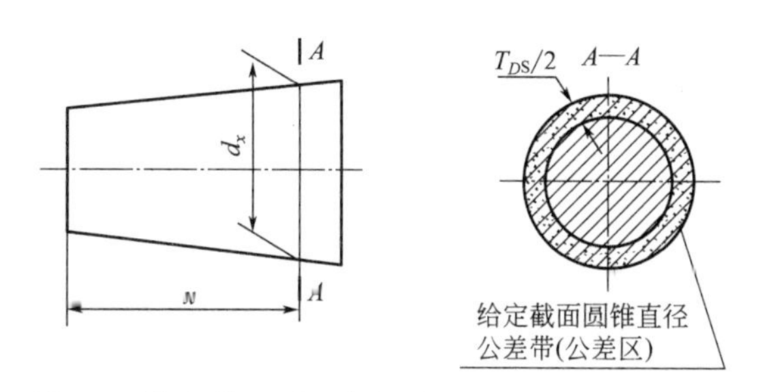

图 9-8　给定截面圆锥直径公差及公差带（公差区）

4. 圆锥的形状公差 T_F

圆锥形状公差包括圆锥素线直线度公差和圆度公差。对要求不高的圆锥工件，其形状误差由圆锥直径公差带（公差区）来限制。对要求较高的圆锥工件，应单独给出形状公差 T_F，T_F 的数值按 GB/T 1184—1996 标准进行选取。

5. 圆锥公差的给定方法

圆锥公差可按 GB/T 11334—2005 规定给出，其给出方法有两种。

① 给出圆锥的公称圆锥角 α（或锥度 C）和圆锥直径公差 T_D。此时，圆锥角公差和圆锥形状误差均应在极限圆锥所限定的区域内，故圆锥直径公差带（公差区）控制圆锥截面公

差、圆锥角偏差和圆锥形状误差。当圆锥角公差和圆锥形状误差有更高要求时，可直接给出圆锥形状公差 T_F 和圆锥角公差 AT，此时 T_F 和 AT 仅占 T_D 的一部分。按这种方法给出的圆锥公差，在圆锥公差后边加注符号“Ⓣ”，如 $\phi40+0.0035$ Ⓣ。

② 给出给定截面圆锥直径公差 T_{DS} 和圆锥角公差 AT。此时，给定的截面圆锥直径和圆锥角应分别满足这两项公差要求，二者各自独立规定，分别满足。当圆锥形状公差有更高要求时，可以再给出圆锥形状公差 T_F。

二、圆锥的表面粗糙度

圆锥的表面粗糙度的选用参见表 9-5。

表 9-5 圆锥的表面粗糙度推荐值

表　面	定心连接	紧密连接	固定连接	支承轴	工具圆锥面	其他
	$Ra/\mu m$ ≤					
外表面	0.4～1.6	0.1～0.4	0.4	0.4	0.4	1.6～6.3
内表面	0.8～3.2	0.2～0.8	0.6	0.8	0.8	1.6～6.3

三、未注公差角度的极限偏差

未注公差角度的极限偏差见表 9-6。它是在车间一般加工条件下可以保证的公差。

表 9-6 未注公差角度的极限偏差（摘自 GB/T 1804—2000）

公差等级	长　度/mm				
	≤10	>10～50	>50～120	>120～400	>400
m(中等级)	±1°	±30′	±20′	±10′	±5′
c(粗糙级)	±1°30′	±1°	±30′	±15′	±10′
v(最粗级)	±3°	±2°	±1°	±30′	±20′

注：1. 适用于金属切削加工件的角度。

2. 图样上未注公差角度的极限偏差，按本表规定的公差等级选取，并由相应的技术文件作出规定。

3. 未注公差角度的极限偏差规定见表 9-5，其值按角度短边长度确定。对圆锥角按圆锥素线长度确定。

4. 未注公差角度的公差等级在图样或技术文件上用标准号和公差等级符号表示。例如，选用中等级时，表示为：GB/T 1804—m。

四、圆锥公差要求在图样上的标注

圆锥的公差标注，应根据圆锥的功能要求和工艺特点选择公差项目。在图样上标注相配内、外圆锥的尺寸和公差时，内、外圆锥必须具有相同的公称圆锥角（或公称锥度），标注

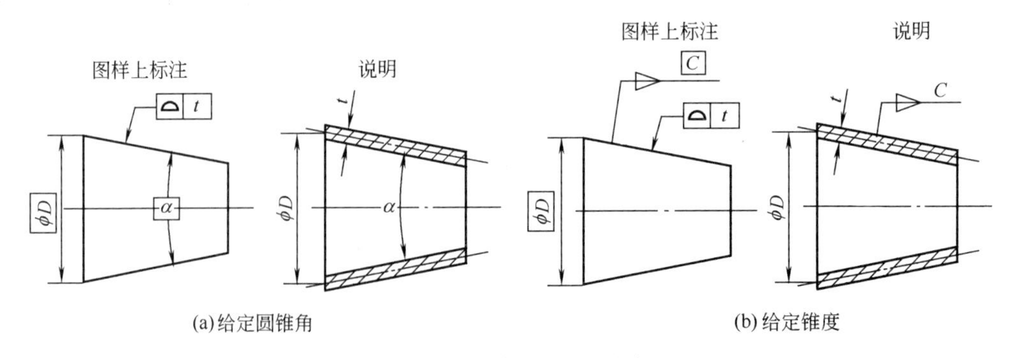

图 9-9 面轮廓度法标注实例

直径公差的圆锥直径必须具有相同的公称尺寸。圆锥公差通常可以采用面轮廓度法（图 9-9）。有配合要求的结构型内、外圆锥，也可采用公称锥度法（图 9-10），当无配合要求时可采用公差锥度法标注（图 9-11）。

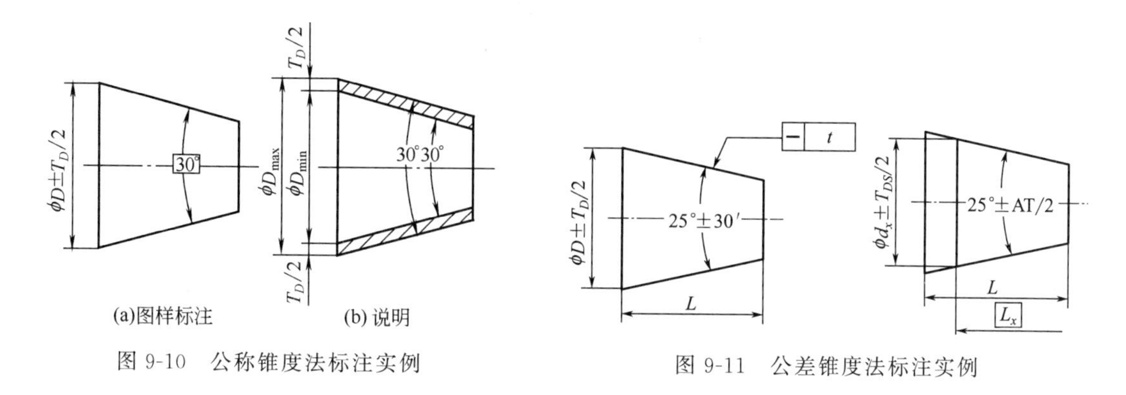

图 9-10　公称锥度法标注实例

图 9-11　公差锥度法标注实例

第三节　圆锥配合

GB/T 12360—2005《圆锥配合》适用于锥度 C 为 1∶3～1∶500、公称圆锥长度 L 为 6～630mm、直径至 500mm 光滑圆锥的配合。

圆锥公差与配合制是由基准制、圆锥公差和圆锥配合组成。圆锥配合的基准制分基孔制和基轴制，优先采用基孔制；圆锥公差由 GB/T 11334—2005 确定；圆锥配合分间隙配合、过渡配合和过盈配合，相互配合的两圆锥公称尺寸应相同。

一、圆锥配合的定义

圆锥配合是指公称圆锥相同的内、外圆锥直径之间，由于结合不同所形成的相互关系。

圆锥配合时，其配合间隙或过盈是在圆锥素线的垂直方向上起作用的。但在一般情况下，可认为圆锥素线垂直方向的量与圆锥径向的量两者差别很小，可忽略不计。这里的配合间隙或过盈是指垂直圆锥轴线的间隙和过盈。

二、圆锥配合种类

圆锥配合也分间隙、过渡、过盈配合。间隙配合适用于圆锥配合面间有回转要求的场合，过渡配合适用于密封或定心；过盈配合适用于传递转矩，其特点是过盈配合不再需要时，内、外圆锥体可以拆开。

三、圆锥配合的形成

圆锥配合的特点是通过规定相互结合的内、外锥的相对轴向位置形成的。按确定圆锥轴向位置的不同方法，圆锥配合形式有两种：第一种由圆锥的结构形成的配合称为结构型圆锥配合；第二种由圆锥的轴向位移所形成的配合称为位移型圆锥配合。

1. 结构型圆锥配合

结构型圆锥配合如图 9-12 所示。这种配合形式是由内、外圆锥的结构或基面距确定它们之间最终的轴向相对位置，并因此而获得的配合。它们可以是间隙配合、过渡配合和过盈配合。

另外内、外圆锥直径公差带（公差区）按圆柱配合国家标准 GB/T 1801—2009 选取，

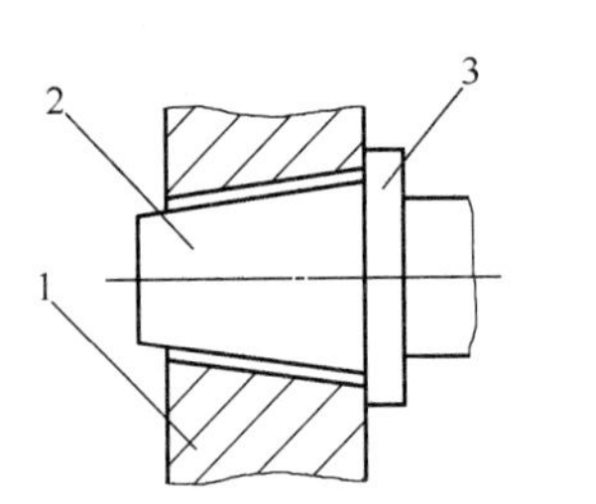

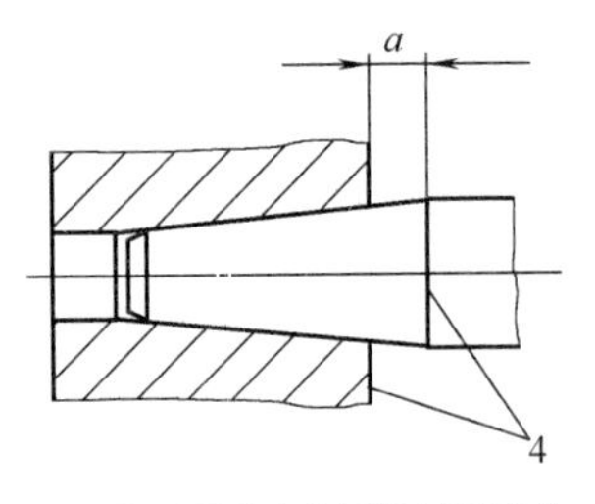

(a) 由结构形成的圆锥间隙配合 (b) 由基面距形成的圆锥过盈配合

图 9-12 结构型圆锥配合

1—内圆锥；2—外圆锥；3—轴肩；4—基准平面

对于结构型圆锥配合推荐优先采用基孔制。由于内、外圆锥直径公差 T_D 的大小直接影响配合精度，因此对结构型圆锥配合，推荐内、外圆锥直径公差不大于 IT9。对接触精度有更高要求的，可给出圆锥角公差 AT 和圆锥形状公差 T_F，此时圆锥角公差 AT 和圆锥形状公差 T_F 仅占圆锥直径公差 T_D 的一部分。

2. 位移型圆锥配合

位移型圆锥配合如图 9-13 所示。这种配合形式由内、外圆锥从实际初始位置开始（P_a），沿轴线方向做一定量的相对轴向位移（E_a）或施加一定的装配力产生轴向位移而获得的配合。位移型圆锥配合的特点是，由轴向力来确定内、外圆锥相对的轴向位置从而获得不同种类的配合。

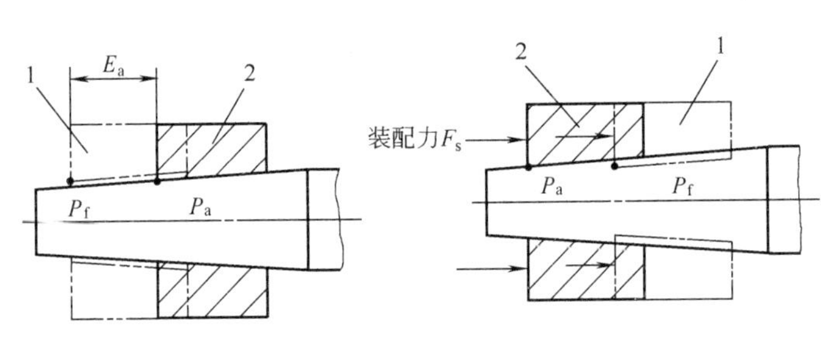

(a) 由轴向位移形成圆锥间隙配合 (b) 由施加装配力形成圆锥过盈配合

图 9-13 位移型圆锥配合

1—终止位置；2—实际初始位置

位移型圆锥配合的内、外圆锥直径公差带（公差区）的基本偏差推荐选用 H、h 或者 JS、js。位移型圆锥配合的轴向位移极限值（E_{amax}、E_{amin}）和轴向位移公差 T_E 可按照下列公式计算：

（1）间隙配合

$$E_{amax}=X_{max}/C，E_{amin}=X_{min}/C，T_E=E_{amax}-E_{amin}=(X_{max}-X_{min})/C \quad (9\text{-}4)$$

式中 C——锥度；

X_{max}——配合的最大间隙；

X_{min}——配合的最小间隙。

（2）过盈配合

$$E_{amax}=|Y_{max}|/C，E_{amin}=|Y_{min}|/C，T_E=E_{amax}-E_{amin}=(|Y_{max}|-|Y_{min}|)/C \quad (9\text{-}5)$$

式中 C——锥度；

Y_{max}——配合的最大过盈；

Y_{min}——配合的最小过盈。

应该指出，结构型圆锥配合由内、外圆锥直径公差带（公差区）决定其配合性质，位移型圆锥配合由内、外圆锥相对轴向位移（E_a）决定其配合性质。

【例题 9-1】 配合圆锥的锥度 C 为 1∶50，要求配合性质达到 H8/u7，配合圆锥的公称直径为 ϕ100mm，试计算轴向位移量和轴向位移公差。

解： 查表得，ϕ100H8，ES＝＋0.054mm；EI＝0；ϕ100u7，es＝＋0.159mm，ei＝＋0.124mm。

最大过盈　$Y_{max}=EI-es=0-(+0.159)=-0.159$（mm）

最小过盈　$Y_{min}=ES-ei=+0.054-(+0.124)=-0.070$（mm）

最大轴向位移量　$E_{amax}=|Y_{max}|/C=50\times0.159=7.95$（mm）

最小轴向位移量　$E_{amin}=|Y_{min}|/C=50\times0.070=3.5$（mm）

轴向位移公差　$T_E=E_{amax}-E_{amin}=7.95-3.5=4.45$（mm）

第四节　角度和锥度的检测

一、比较测量法

比较测量法是用角度量具与被测角度比较，用光隙法或涂色法估计被测角度的误差。比较法的常用量具有：角度量块、直角尺、圆锥量规和锥度样板等。

1. 角度量块

角度量块是一种结构简单的精密角度测量工具。主要用于检测某些角度测量工具（如万能角度尺）、校对角度样板；也可用于精密机床加工时的角度调整或直接检测工件角度。

成套的角度量块有 36 块组和 94 块组。每套都有三角形和四角形的两种角度量块（图 9-14）。三角形量块有一个工作角（α），四角形量块有四个工作角（α、β、γ、δ），角度量块可以单独使用，也可以组合起来使用。角度量块的精度分为 1、2 两级，其工作角的极限偏差为：（1 级精度级）±10″，（2 级精度级）±30″。角度量块的测量范围为 10°～350°。

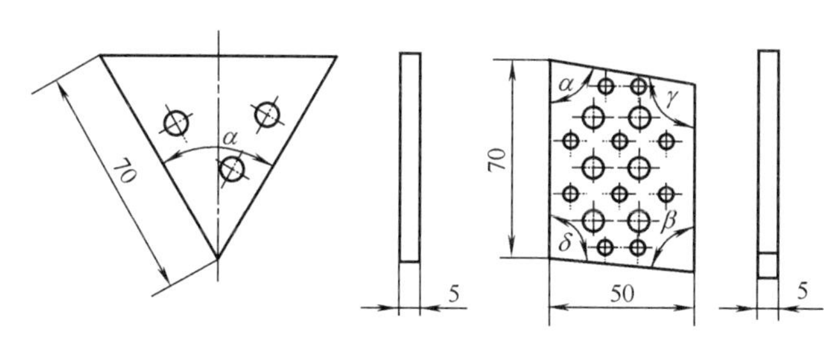

图 9-14　角度量块

2. 直角尺

直角尺（90°角尺）是另一种角度检验工具，用于检验工件的直角偏差，检验时借目测光隙大小和用塞尺来确定偏差大小，见图 9-15。

3. 圆锥量规

根据 GB/T 11852—2003《圆锥量规公差与技术条件》规定，圆锥量规用来检验圆锥锥度 C 为 1∶3～1∶50、圆锥长度 L 为 6～630mm、圆锥直径至 500mm 的光滑圆锥。

圆锥量规如图 9-16 所示，检验内圆锥用圆锥塞规，检验外圆锥用圆锥环规。圆锥量规也分工作量规和校对量规。

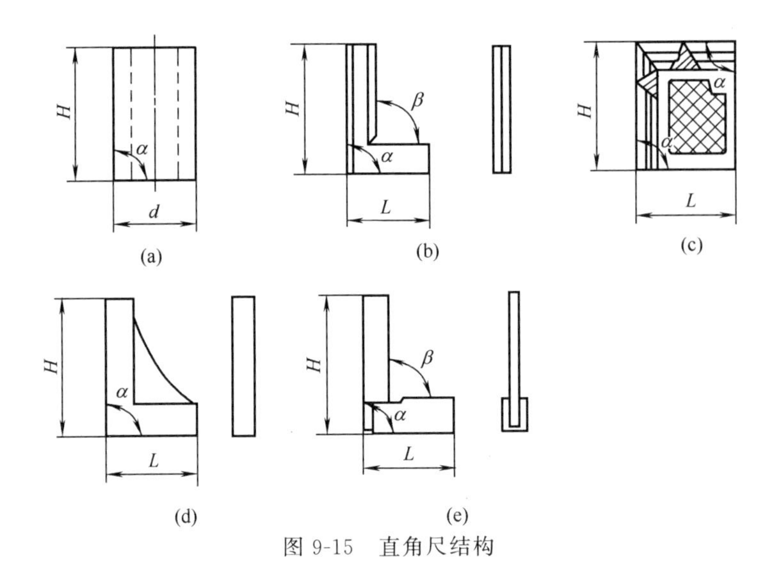

图 9-15　直角尺结构

用工作圆锥量规检验工件圆锥直径时，工件大端直径平面（或小端直径平面）应处在 Z 标志线（图9-17）内，Z 标志线是根据工件圆锥直径公差按其锥度计算出来的允许轴向位移量。圆锥量规可以用涂色研合的方法来检验工件的锥角，检验时若工件圆锥端面介于圆锥量规的两刻线之间，则为合格。

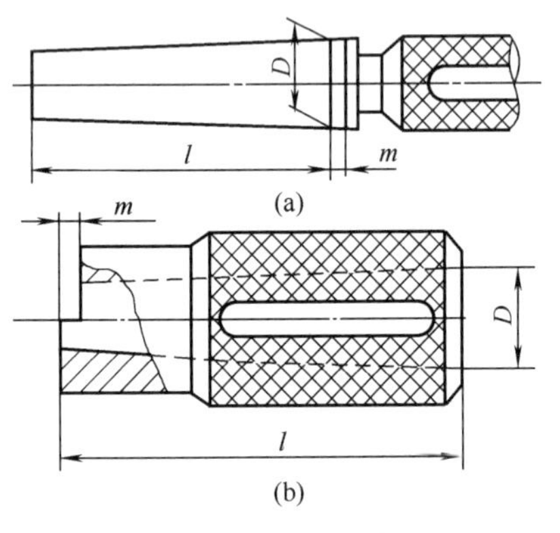

图 9-16　圆锥量规

用涂色法检验工件内圆锥角，可在圆锥塞规表面沿素线方向涂上 3 条均布的、极薄的红丹涂料，与被检工件套合后施加轴向力进行配研，根据接触情况来判断该锥角是否合格。

用校对塞规检验工作环规时，圆锥环规大直径端面应与校对塞规的圆锥大端直径的平面标志重合，允许向外有不大于 Z 的轴向差距。

二、间接测量法

间接测量法是通过测量有关尺寸，再经过计算得到被测角度的方法。这种方法简单、实用，适合小批量生产。使用工具有圆球、圆柱、平板和万能量具等。

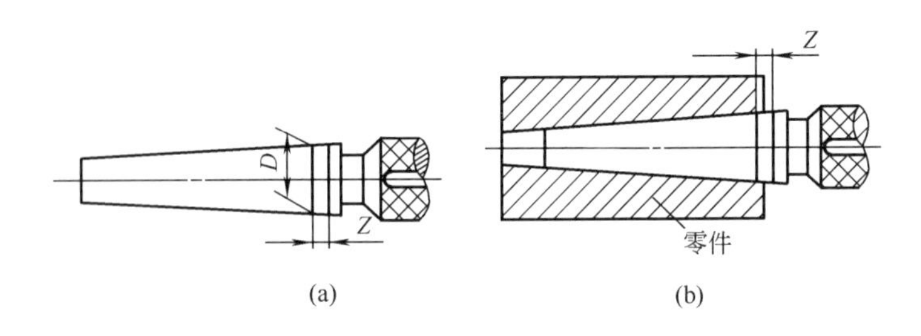

图 9-17　圆锥塞规

1. 角度测量

如图 9-18 所示，为了测量内角 α，可将两个半径为 R 的圆柱放在 OA 与 OB 两平面之间，使它们相互接触，用量块测得尺寸 E。

在直角 ΔO_1CO_2 中，$O_2C=E$，$O_1O_2=2R$，则

$$\sin\alpha=O_2C/O_1O_2=E/(2R)$$

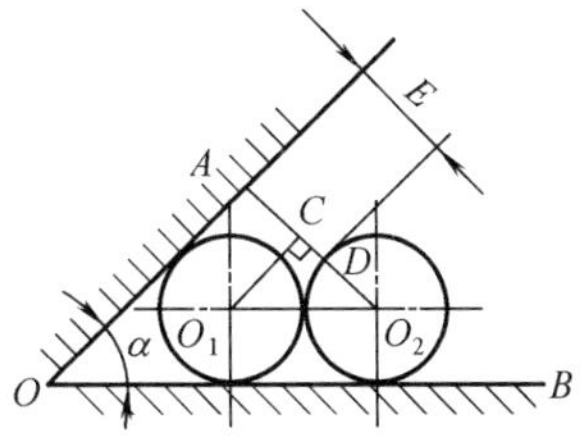

图 9-18　内角测量

2. 锥角的测量

(1) 用圆柱或圆球测量　如图 9-19 所示，用两个半径为 R 的圆柱测量外圆锥的锥角。先测出尺寸 N，然后用量块同时将圆柱垫高 H，再测出尺寸 M。在直角△abc 中，可以得出

$$\tan(\alpha/2)=bc/ab=(M-N)/(2H)$$

如图 9-20 所示，用两个半径不同的圆球测量内圆锥的锥角。先可将半径为 R_1 的小球放入孔中，测出尺寸 H_1，再换半径为 R_2 的大球，测出尺寸 H_2，在直角△abc 中可得到：

$$\sin(\alpha/2)=bc/ab=(R_2-R_1)/[(H_1+R_1)-(H_2+R_2)]$$

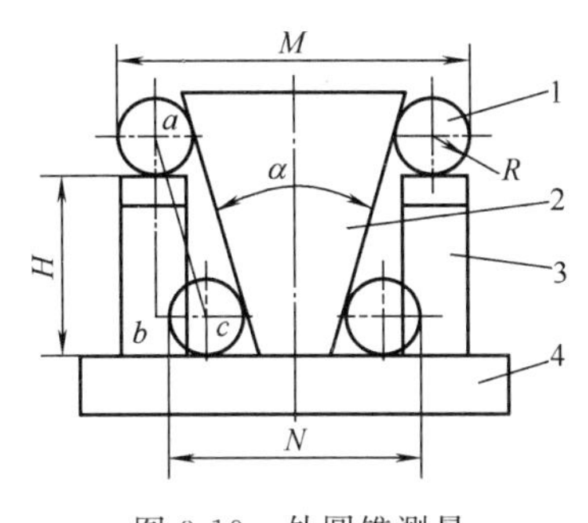

图 9-19　外圆锥测量

1—圆柱；2—工件；3—量块；4—平板

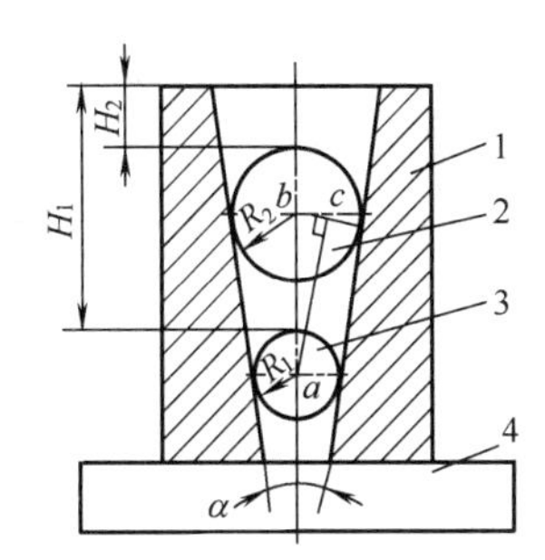

图 9-20　内圆锥测量

1—工件；2—大圆球；3—小圆球；4—平板

(2) 用正弦规测量　正弦规是一种根据正弦函数原理，利用量块的组合尺寸，以间接方法测量角度的测量器具。

正弦规可测量内、外锥体的锥度，样板的角度，孔中心线与平面之间的夹角，外锥体的小端和大端直径，圆锥螺纹量规的中径以及检定水平仪等。因为正弦规的精度较高，一般只用来测量或加工比较精密的零件、工具或测量器具。

图 9-21 是用正弦规测量外圆锥角的示意图，在正弦规的一个圆柱下垫上高度为 h 的量块，若被测圆锥的公称圆锥角为 α，正弦规两圆柱的中心距为 L，则 $h=L\sin\alpha$。此时正弦规工作台面相对于平板倾斜了 α 角，将被测圆锥放置在正弦规上，用指示表测量圆锥上相距为 l 的 a、b 两点，由 a、b 两点读数差 n 对长度 l 之比，即为所求得的锥度误差。具体测量时，必须注意 a、b 两点值的大小，若 a 点值大于 b 点值，则实际锥角大于理论锥角 α，计算出的 $\Delta\alpha$ 为正值，反之 $\Delta\alpha$ 为负值。

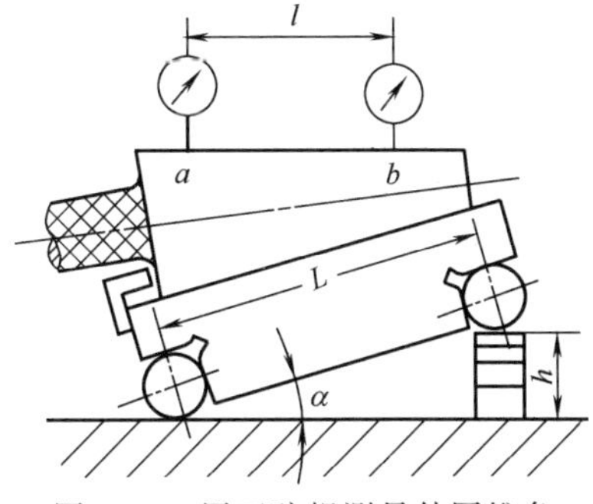

图 9-21　用正弦规测量外圆锥角

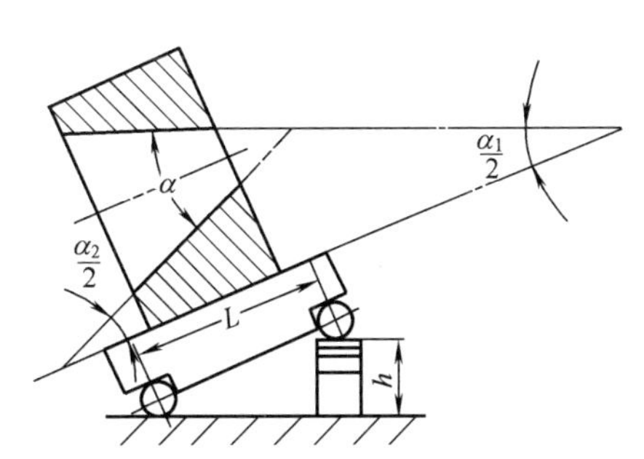

图 9-22　用正弦规测量内圆锥角

锥度误差 $\Delta C=n/l$，若换算成锥角误差，则 $\Delta\alpha=\Delta C/0.0003(')$。

图 9-22 为用正弦规测量内圆锥角的示意图，其基本原理与测量外圆锥角相类似。

三、绝对测量法

绝对测量法是用测量角度的量具、量仪直接测量被测角度，被测的角度值可以从量具、量仪上直接读出数值。绝对测量法常用的量具、量仪有万能角度尺和光学分度头等。

1. 万能角度尺

万能角度尺是在机械制造中广泛使用的常用量具。游标读数值为 2′和 5′的万能角度尺，其示值误差分别不大于±2′和±5′。

万能角度尺如图 9-23 所示，它是按游标原理读数，其测量范围为 0°～320°。直尺 4 可在 90°角尺架 3 上的夹子 5 中活动和固定。可按不同的方式组合基尺、角尺和直尺来测量不同的角度值，如图 9-24 所示。

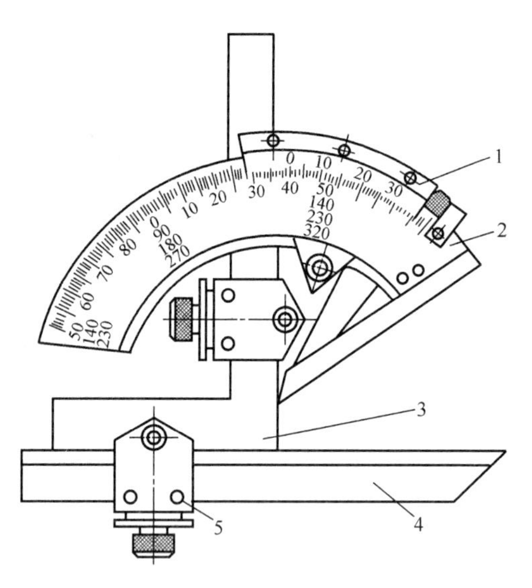

图 9-23 万能角度尺

1—游标尺；2—尺身；3—90°角尺架；4—直尺；5—夹子

2. 光学分度头

光学分度头适用于精密的角度测量和工件的精密分度工作。一般是以工件的旋转中心作

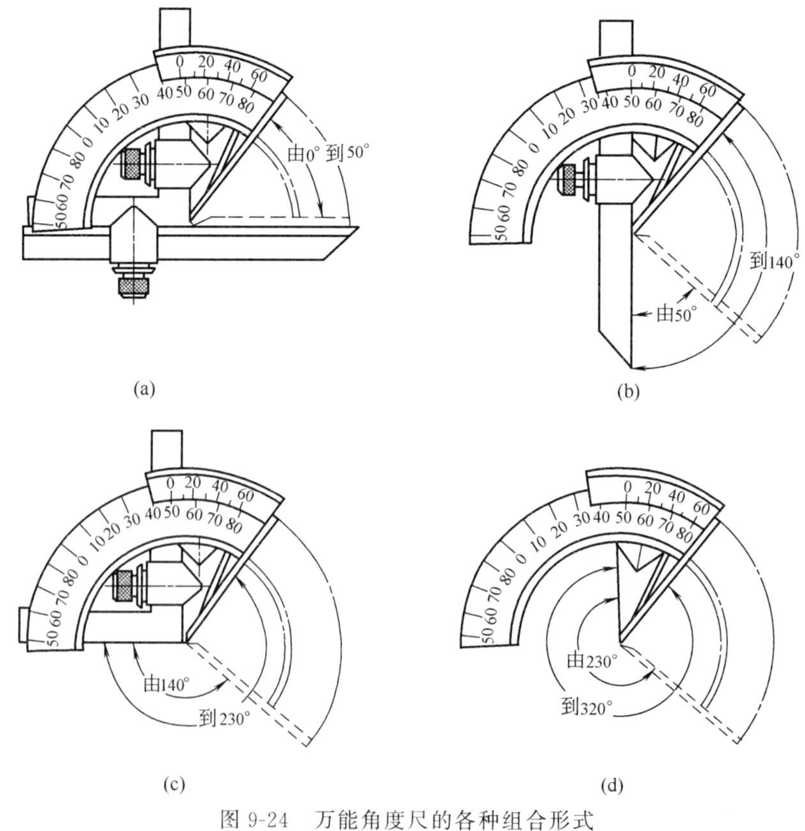

图 9-24 万能角度尺的各种组合形式

为测量基准，以此来测量工件的中心夹角。

光学分度头的结构类似于一般的机械分度头，所不同的是它具有精密的光学分度装置。分度值有1′、10″、5″、2″或1″等几种，其中，1′分度头现已很少使用。

图9-25为5″投影式光学分度头，其示值误差不大于10″。图9-26为分度头影屏视场，视场方框内出现90°的“度”刻线（它是光学分度头度盘上刻线在影屏上的像）和“分”分划板双线，下面的小扇形窗是分度值为5″的“秒”度盘刻线。中间为不动的指标值。使用时，旋转读数手轮，即转动“秒”度盘和移动“分”分划板双线，使视场中“度”刻线像夹到邻近一对“分”分划板双线的正中，读数值为影屏视场方框内的读数和小扇形窗内读数之和。图9-26中，读数值为90°30′+3′54″=90°33′54″（4″为估读值）。

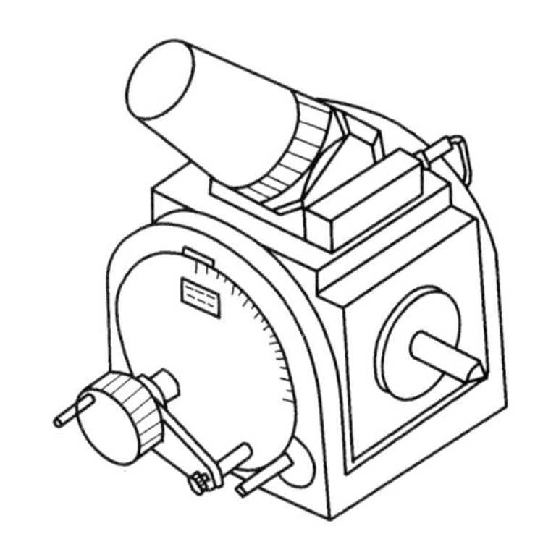

图9-25　5″投影式光学分度头

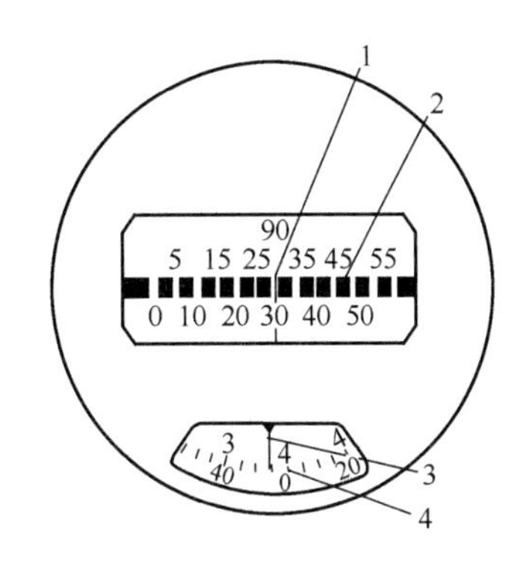

图9-26　光学分度读数值

1—“度”刻线；2—“分”分划板双线；3—“秒”度盘指示线；4—“秒”度盘刻线

思考题与习题

9-1　圆锥的配合分为哪几类？各用于什么场合？

9-2　圆锥公差的给定方法有哪几种？它们各适用于什么场合？

9-3　有一外圆锥，已知圆锥最大直径 $D_e=20\text{mm}$，圆锥最小直径 $d_e=5\text{mm}$，圆锥长度 $L=100\text{mm}$，试求锥度和圆锥角。

9-4　锥度为1∶10的圆锥配合，内、外圆锥的直径公差分别为 $\phi45\text{H}8$ 和 $\phi45\text{h}8$，试求配合时的基面距极限偏差。

9-5　锥度为1∶30的圆锥配合，要求基面距公差为0.8mm，配合圆锥的公称直径为 $\phi45\text{mm}$，试确定内、外圆锥直径公差。

9-6　配合圆锥的锥度 C 为1∶50，要求配合性质达到H7/s6，配合圆锥的公称直径为 $\phi80\text{mm}$，试计算轴向位移和轴向位移公差。

第十章　螺纹的公差配合及其测量

螺纹在机械制造和仪器制造中应用十分广泛，是一种典型的具有互换性的联结结构。它由相互结合的内、外螺纹组成，通过相互旋合及牙侧面的接触作用来实现零部件的联结、紧固和相对位移等功能。在制造业中，螺纹联结和传动的应用很多，占有非常重要的作用。

本章主要介绍普通螺纹的公差、配合与检测，并简要介绍机床梯形螺纹丝杠、螺母的精度和公差。

第一节　概　　述

一、螺纹的分类及使用要求

螺纹结合在机械制造及装配安装中是广泛采用的一种结合形式，按用途不同可分为以下三大类：

1. 普通螺纹

主要用于联结和紧固机械零件，因此又称为紧固螺纹，其牙型为三角形，如公制普通螺纹，这是使用最广泛的一种螺纹。对它的使用要求是有良好的可旋入性和联结的可靠性。

2. 传动螺纹

主要用于传递动力或精确位移，其牙型为梯形、矩形和锯齿形等，如千斤顶起重螺纹、机床传动丝杠和量仪测微螺杆上的螺纹。对它的使用要求是传递动力的可靠性、传递位移的准确性和具有一定的间隙以保证润滑。

3. 紧密螺纹

主要用于密封的螺纹联结，如管螺纹，用于水管和煤气管道中的管件联结。对它的使用要求是结合紧密，结合具有过盈，以保证密封性和一定的联结强度，达到不漏水、不漏油和不漏气的密封要求。

本章主要讨论普通螺纹，并简要介绍丝杠、螺母。

二、普通螺纹联结的基本要求

普通螺纹，常用于机械设备、仪器仪表中，用于联结和紧固零部件，为使其实现规定的功能要求，须满足以下要求：

① 可旋入性。指同规格的内、外螺纹在装配时不经挑选就能在给定的轴向长度内全部旋合。

② 联结可靠性。指用于联结和紧固时，应具有足够的联结强度和紧固性，确保机器或装置的使用性能。

三、普通螺纹的基本牙型和几何参数

1. 普通螺纹的基本牙型

如图 10-1 所示，普通螺纹基本牙型是指按规定将原始三角形按 GB/T 192—2003 规定

的削平高度，截去顶部和底部所形成的螺纹牙型。内、外螺纹的大径、中径、小径的基本尺寸都定义在基本牙型上。

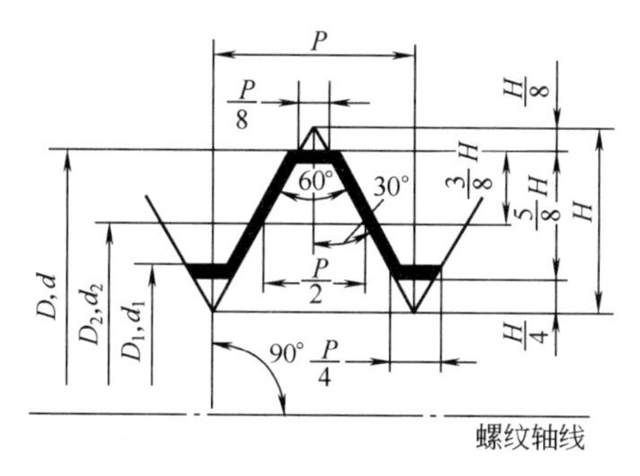

图 10-1　普通螺纹的基本牙型

2. 普通螺纹的几何参数

(1) 原始三角形高度 H　原始三角形高度为原始三角形的顶点到底边的垂直距离。原始三角形为一等边三角形，H 与螺距 P 的几何关系为（图 10-1）

$$H=\frac{\sqrt{3}}{2}P \tag{10-1}$$

(2) 大径 $D(d)$　螺纹的大径指在基本牙型上，与外螺纹牙顶（内螺纹牙底）相重合的假想圆柱直径，如图 10-1 所示。内、外螺纹的大径分别用 D、d 表示。外螺纹的大径又称外螺纹的顶径。国家标准规定米制普通螺纹大径的基本尺寸即为内、外螺纹的公称直径。

(3) 小径 $D_1(d_1)$　螺纹的小径指在螺纹的基本牙型上，与内螺纹牙顶（外螺纹牙底）相重合的假想圆柱直径。内、外螺纹的小径分别用 D_1、d_1 表示。内螺纹的小径又称为内螺纹的顶径。

(4) 中径 $D_2(d_2)$　为一假想圆柱体直径，其母线在 $H/2$ 处，在此母线上牙体与牙槽的宽度相等。内、外螺纹中径分别用 D_2、d_2 表示。

(5) 螺距 P　在螺纹中径圆柱面的母线（即中径线）上，相邻两牙同侧面间的一段轴向长度称为螺距 P，如图 10-1 所示。国家标准中规定了普通螺纹的公称直径与螺距系列，见表 10-1。

表 10-1　普通螺纹的公称直径和螺距（摘自 GB/T 193－2003）　mm

公称直径 D,d			螺　距　P					
第一系列	第二系列	第三系列	粗　牙	细　牙				
10			1.5			1.25	1	0.75
		11	1.5		1.5		1	0.75
12			1.75			1.25	1	
	14		2		1.5	1.25	1	
		15			1.5		1	
16			2		1.5		1	
		17			1.5		1	
	18		2.5	2	1.5		1	

续表

公称直径 D,d			螺距 P					
第一系列	第二系列	第三系列	粗牙	细牙				
20			2.5	2	1.5		1	
	22		2.5	2	1.5		1	
24			3	2	1.5		1	
	27		3	2	1.5		1	
30			3.5	(3)	2	1.5	1	

注：1. 直径优先选用第一系列，其次选择第二系列，最后选择第三系列。

2. 括号内螺距尽可能不用。

(6) 单一中径 D_{2s}或 d_{2s}　单一中径是指螺纹的牙槽宽度等于基本螺距一半处所在的假想圆柱的直径，如图 10-2 所示。当无螺距偏差时，单一中径与中径一致。因它在实际螺纹上可以测得，故用单一中径代表螺纹中径的实际尺寸。

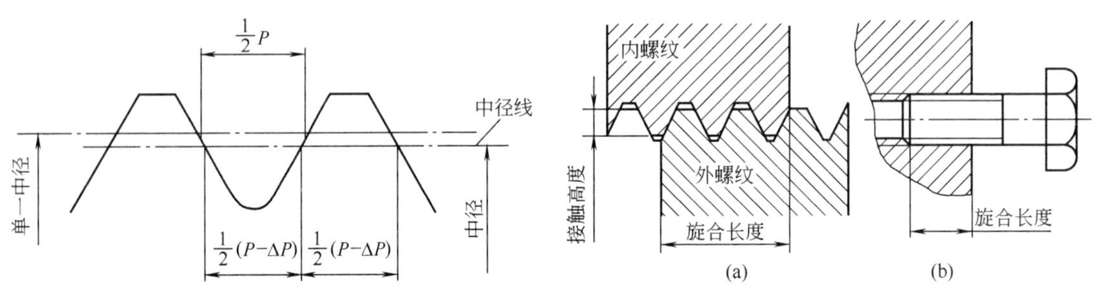

图 10-2　螺纹的单一中径与中径

P—螺距；ΔP—螺距偏差

图 10-3　螺纹的接触高度与旋合长度

(7) 牙型角 α　螺纹的牙型角是指在螺纹牙型上，相邻两个牙侧面的夹角，如图 10-1 所示。米制普通螺纹的基本牙型角为 60°。

(8) 牙型半角 $\alpha/2$　螺纹的牙型半角是指在螺纹牙型上，牙侧与螺纹轴线垂直线间的夹角，如图 10-1 所示。米制普通螺纹的牙型半角为 30°。

(9) 牙型高度 h　牙型高度是指螺纹牙顶与牙底间的垂直距离，$h=\frac{5}{8}H$。

(10) 螺纹的接触高度　螺纹接触高度是指在两个相互旋合的螺纹的牙型上，牙侧重合部分在垂直于螺纹轴线方向上的距离，如图 10-3(a) 所示，普通螺纹的接触高度的基本值等于 $5H/8$。

(11) 螺纹的旋合长度　螺纹的旋合长度是指两个相互旋合的螺纹，沿螺纹轴线方向相互旋合部分的长度，如图 10-3(b) 所示。

实际工作中，如要求某螺纹（已知公称直径即大径和螺距）中径、小径尺寸时，可根据基本牙型按下列公式计算

$$D_2(d_2)=D(d)-2\times\frac{3}{8}H=D(d)-0.6495P \tag{10-2}$$

$$D_1(d_1)=D(d)-2\times\frac{5}{8}H=D(d)-1.0825P \tag{10-3}$$

如有资料，则不必计算，可直接查螺纹表格。

第二节　普通螺纹几何参数对互换性的影响

一、螺纹直径误差对互换性的影响

螺纹实际直径的大小直接影响螺纹结合的松紧程度，要保证螺纹结合的旋合性，就必须使内螺纹的实际直径大于或等于外螺纹的实际直径。但是由于螺纹在加工过程中，不可避免地会有加工误差，对螺纹结合的互换性造成影响。就螺纹中径而言，若外螺纹的中径比内螺纹的中径大，内、外螺纹将因干涉而无法旋合从而影响螺纹的可旋合性；若外螺纹的中径与内螺纹的中径相比太小，又会使螺纹结合过松，同时影响接触高度，降低螺纹联结的可靠性。

由于螺纹的配合面是牙侧面，故中径偏差对螺纹互换性的影响比大径偏差、小径偏差的更大。为了使实际的螺纹结合避免在大、小径处发生干涉而影响螺纹的可旋合性，在制定螺纹公差时，保证在大径、小径的结合处具有一定量的间隙。

为了保证螺纹的互换性，普通螺纹公差标准中对中径规定了公差，对大径、小径也规定了公差或极限尺寸。

二、螺距误差对互换性的影响

普通螺纹螺距误差可分为单个螺距误差 ΔP 和螺距累积误差 ΔP_{Σ} 两种。单个螺距误差是指单个螺距的实际值与其基本值之代数差，它与旋合长度无关。螺距累积误差是指在规定的螺纹长度内，任意两同名牙侧与中径线交点间的实际轴向距离与其基本值的最大差值，它与旋合长度有关。螺距累积误差对互换性的影响更为明显。

如图 10-4 所示，假设内螺纹无螺距误差和半角误差，并假设外螺纹无半角误差但存在螺距累积误差。因此内、外螺纹旋合时，牙侧面会干涉，且随着旋进牙数的增加，牙侧的干涉量会增大，最后无法再旋合进去，从而影响螺纹的可旋合性。由图 10-4 可知，为了让一个实际有螺距累积误差的外螺纹仍能在所要求的旋合长度内全部与内螺纹旋合，需要将外螺纹的中径减小 f_{p}，该量称为螺距累积误差的中径当量，由图示关系可知，螺距累积误差的中径当量 f_{p} 的值为：

$$f_{p}=|\Delta P_{\Sigma}|\cot\frac{\alpha}{2} \tag{10-4}$$

当 $\alpha=60°$时　　$f_{p}=\sqrt{3}|\Delta P_{\Sigma}|=1.732|\Delta P_{\Sigma}|$

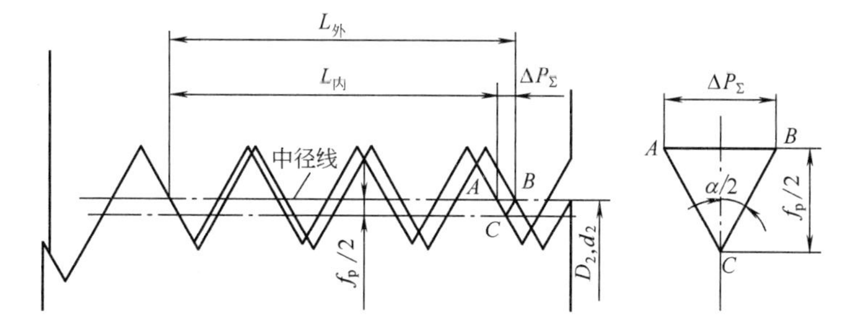

图 10-4　螺距累积误差对可旋合性的影响

同理，当内螺纹存在螺距累积误差时，为保证可旋合性，应将内螺纹的中径增大 f_{p}。

三、螺纹牙型半角误差对互换性的影响

螺纹牙型半角误差等于实际牙型半角与其理论牙型半角之差。螺纹牙型半角误差分两种，一种是螺纹的左、右牙型半角不相等，即 $\Delta\frac{\alpha}{2}_{(左)}\neq\Delta\frac{\alpha}{2}_{(右)}$，如图 10-5(a) 所示。车削螺纹时，若车刀未装正，便会造成这种结果。另一种是螺纹的左、右牙型半角相等，但不等于 30°，如图 10-5(b) 所示。这是由于螺纹加工刀具的角度不等于 60°所致。不论哪种牙型半角误差，都对螺纹的互换性有影响。图 10-6 所示为外螺纹存在半角误差时对螺纹旋合性的影响，具体分析如下。假设内螺纹具有理想的牙型，且外螺纹无螺距误差，而外螺纹的左半角误差 $\Delta\frac{\alpha}{2}_{(左)}<0$，右半角误差 $\Delta\frac{\alpha}{2}_{(右)}>0$。由图 10-6 可见，由于外螺纹存在半角误差，当它与具有理想牙型的内螺纹旋合时，将分别在牙的上半部 $3H/8$ 处和下半部 $2H/8$ 处发生干涉（用阴影示出），从而影响内、外螺纹的旋合性。为了让一个有半角误差的外螺纹仍能旋入内螺纹中，须将外螺纹的中径减小一个量，该量称为半角误差的中径当量 $f_{\frac{\alpha}{2}}$。这样，阴影所示的干涉区就会消失，从而保证了螺纹的可旋合性。由图 10-6 中的几何关系，可以推导出在一定的半角误差情况下，外螺纹牙型半角误差的中径当量 $f_{\frac{\alpha}{2}}$ 为

$$f_{\frac{\alpha}{2}}=0.073P\left[K_1\left|\Delta\frac{\alpha}{2}_{(左)}\right|+K_2\left|\Delta\frac{\alpha}{2}_{(右)}\right|\right] \tag{10-5}$$

式中 P——螺距，mm；

$\Delta\frac{\alpha}{2}_{(左)}$——左半角误差，(′)；

$\Delta\frac{\alpha}{2}_{(右)}$——右半角误差 (′)；

K_1，K_2——系数。

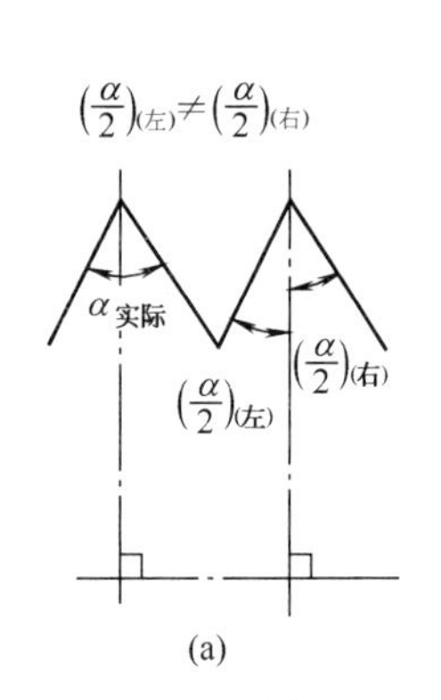

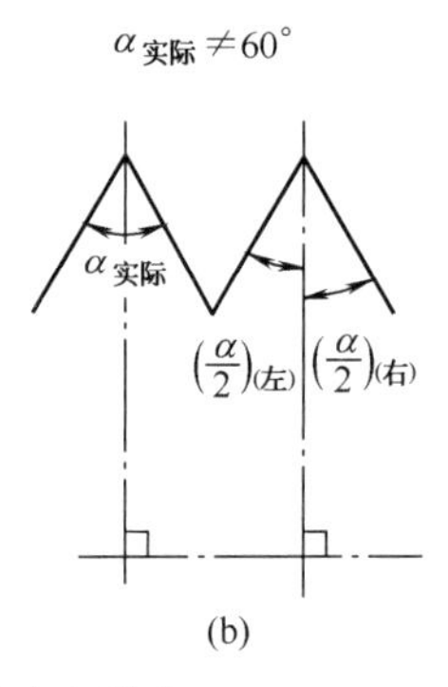

图 10-5 螺纹的半角误差

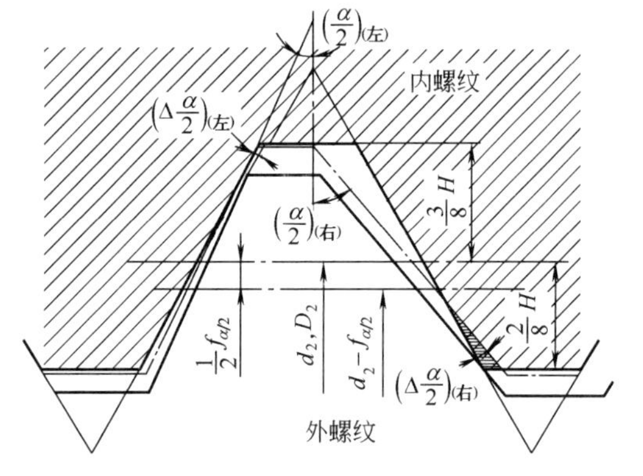

图 10-6 半角误差对螺纹可旋合性的影响

式(10-5) 是一个通式，是以外螺纹存在半角误差时推导整理出来的。当假设外螺纹具有理想牙型，而内螺纹存在半角误差时，就需要将内螺纹的中径加大 $f_{\frac{\alpha}{2}}$，所以上式对内螺纹同样适用。关于式中 K_1、K_2 两个系数的取法，规定如下：不论是外螺纹还是内螺纹存在半径误差，当左半角误差（或右半角误差）导致干涉区在牙型的上半部（$3H/8$ 处）时，K_1（或 K_2）取 3；当左半角误差（或右半角误差）导致干涉区在牙型的下半部（$2H/8$ 处）时，K_1（或 K_2）取 2。为清楚起见，将 K_1、K_2 的取值列于表 10-2，供选用。

表 10-2　K_1、K_2 值的取法

内螺纹				外螺纹			
$\Delta\frac{\alpha}{2}_{(左)}>0$	$\Delta\frac{\alpha}{2}_{(左)}<0$	$\Delta\frac{\alpha}{2}_{(右)}>0$	$\Delta\frac{\alpha}{2}_{(右)}<0$	$\Delta\frac{\alpha}{2}_{(左)}>0$	$\Delta\frac{\alpha}{2}_{(左)}<0$	$\Delta\frac{\alpha}{2}_{(右)}>0$	$\Delta\frac{\alpha}{2}_{(右)}<0$
K_1		K_2		K_1		K_2	
3	2	3	2	2	3	2	3

四、保证普通螺纹互换性条件

1. 普通螺纹作用中径的概念

螺纹的作用中径（D_{2m}，d_{2m}）是指在规定的旋合长度内，恰好包容实际螺纹的一个假想螺纹的中径。这个假想螺纹具有理想的螺距、半角和牙型高度，并在牙顶处和牙底处留有间隙，以保证不与实际螺纹的大、小径发生干涉，故作用中径是螺纹旋合时实际起作用的中径。

当普通螺纹没有螺距误差和牙型半角误差时，内、外螺纹旋合时起作用的中径便是螺纹的实际中径。但当螺纹存在误差时，如外螺纹有牙型半角误差，为了保证其可旋合性，须将外螺纹的中径减小 $f_{\frac{\alpha}{2}}$，否则外螺纹将旋不进具有理想牙型的内螺纹，即相当于外螺纹在旋合中真正起作用的中径比实际中径增大了 $f_{\frac{\alpha}{2}}$ 值；同理，当该外螺纹同时又存在螺距累积误差时，该外螺纹真正起作用的中径又比原来增大了 f_p 值，即对于外螺纹而言，螺纹结合中起作用的中径（作用中径）为

$$d_{2m}=d_{2s}+(f_{\frac{\alpha}{2}}+f_p) \tag{10-6}$$

对于内螺纹而言，当存在牙型半角误差和螺距累积误差时，相当于内螺纹在旋合中起作用的中径值减小了，即内螺纹的作用中径为

$$D_{2m}=D_{2s}-(f_{\frac{\alpha}{2}}+f_p) \tag{10-7}$$

因此，螺纹在旋合时起作用的中径（作用中径）是由实际中径（单一中径）、螺距累积误差、牙型半角误差三者综合作用的结果而形成的。

2. 保证普通螺纹互换性的条件

对于内、外螺纹来讲，作用中径不超过一定的界限，螺纹的可旋合性就能保证。而螺纹的实际中径不超过一定的值，螺纹的联结强度就能保证。因此，要保证螺纹的互换性，就要保证内、外螺纹的作用中径和单一中径不超过各自一定的界限值。在概念上，作用中径与作用尺寸等同，而单一中径与实际尺寸等同，因此，按照极限尺寸判断原则，螺纹互换性条件为：螺纹的作用中径不能超过螺纹的最大实体牙型中径，任何位置上的单一中径不能超过螺纹的最小实体牙型中径。最大（最小）实体牙型，指的是在螺纹中径的公差范围内，螺纹含材料量最多（最少）且与基本牙型一致的螺纹牙型。因此普通螺纹互换性合格的条件为：

对外螺纹　$d_{2m}\leqslant d_{2max}$　且 $d_{2s}\geqslant d_{2min}$

对内螺纹　$D_{2m}\geqslant D_{2min}$　且 $D_{2s}\leqslant D_{2max}$

第三节　普通螺纹的公差与配合

要保证螺纹的互换性，必须对螺纹的几何精度提出要求。对普通螺纹，国家颁布了 GB/T 197—2003《普通螺纹　公差》标准，规定了供选用的螺纹公差带及具有最小保证间隙（包括最小间隙为零）的螺纹配合、旋合长度及精度等级。螺纹的公差带由公差带的位置和公差带的大小决定，螺纹的公差精度则由公差带和旋合长度决定，如图 10-7 所示。

一、普通螺纹的公差带

普通螺纹的公差带是由基本偏差决定其位置，公差等级决定其大小的。普通螺纹的公差带沿着螺纹的基本牙型分布，如图 10-8 所示。图中 ES（es）、EI（ei）分别为内（外）螺纹的上、下极限偏差，T_D（T_d）分别为内（外）螺纹的中径公差。由图可知，除对内、外螺纹的中径规定了公差外，对外螺纹的顶径（大径）和内螺纹的顶径（小径）规定了公差，对外螺纹的小径规定了上极限尺寸，对内螺纹的大径规定了下极限尺寸，这样则可保证内、外螺纹有一定间隙，避免螺纹旋合时在大径、小径处发生干涉，以保证螺纹的互换性。同时在外螺纹的小径处有刀具圆弧过渡，则可提高螺纹受力时的抗疲劳强度。

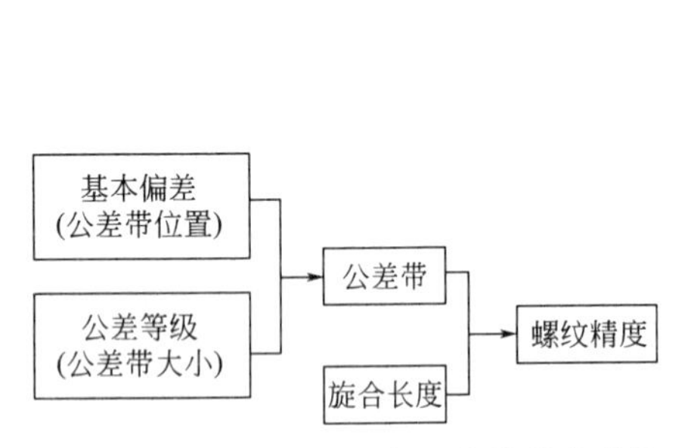

图 10-7　普通螺纹公差与配合的基本结构

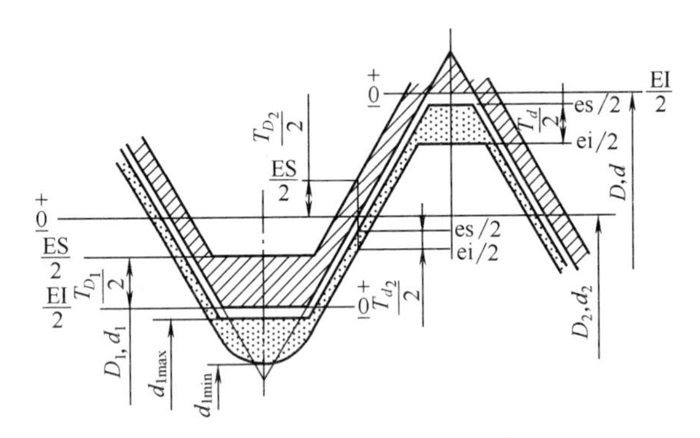

图 10-8　普通螺纹的公差带

1. 公差带的位置和基本偏差

国家标准 GB/T 197—2003 中分别对内、外螺纹规定了基本偏差，用以确定内、外螺纹公差带相对于基本牙型的位置，螺纹的基本牙型是计算螺纹偏差的基准。

标准对内螺纹规定了两种基本偏差，代号分别为 H、G，基本偏差为下极限偏差 EI，H 的基本偏差为零，G 的基本偏差值为正，如图 10-9(a) 所示。对外螺纹规定了四种偏差，代

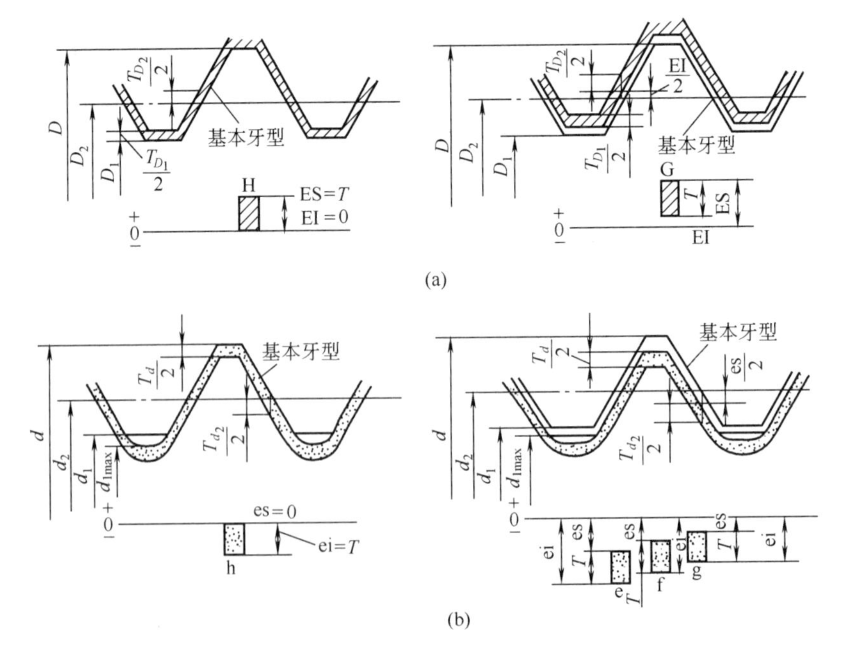

图 10-9　内、外螺纹的基本偏差

号分别为h、g、f、e，基本偏差为上极限偏差es，h的基本偏差为零，e、f、g的基本偏差值为负，如图10-9(b) 所示。

内、外螺纹基本偏差的含义和代号取自《公差与配合》标准中的相对应的孔和轴的基本偏差代号，但内、外螺纹的基本偏差值系由经验公式计算而来，并经过一定的处理。除H、h两个所对应的基本偏差值为0和孔、轴相同外，其余基本偏差代号所对应的基本偏差值和孔、轴均不同，而与其基本螺距有关。

规定诸如G、g、f、e这些基本偏差，主要是考虑应给螺纹配合留着最小保证间隙，以及为一些有表面镀涂要求的螺纹提供镀涂层余量，或为一些高温条件下工作的螺纹提供热膨胀余地。内、外螺纹的基本偏差值见表10-3。

表10-3　内、外螺纹的基本偏差（摘自GB/T 197—2003）　μm

螺距 P/mm	内螺纹 D_2、D_1		外螺纹 d_2、d_1			
	G	H	e	f	g	h
	EI		es			
0.75	+22	0	−56	−38	−22	0
0.8	+24		−60	−38	−24	
1	+26		−60	−40	−26	
1.25	+28		−63	−42	−28	
1.5	+32		−67	−45	−32	
1.75	+34		−71	−48	−34	
2	+38		−71	−52	−38	
2.5	+42		−80	−58	−42	
3	+48		−85	−63	−48	

2. 公差带的大小和公差等级

国家标准规定了内、外螺纹的公差等级，它的含义和孔、轴公差等级相似，但是有自己的系列和数值，见表10-4。普通螺纹公差带的大小由其公差值决定。公差等级中6级是基本级，3级精度最高，公差值最小，9级精度最低，公差值最大。公差值除与公差等级有关外，还与基本螺距有关。考虑到内、外螺纹加工的工艺等价性，在公差等级和螺距的基本值均一样的情况下，内螺纹的公差值比外螺纹的公差值大32%。内螺纹的公差值是由经验公式计算而得的。

表10-4　螺纹的公差等级

螺纹直径	公差等级	螺纹直径	公差等级
内螺纹小径 D_1	4、5、6、7、8	外螺纹中径 d_2	3、4、5、6、7、8、9
内螺纹中径 D_2	4、5、6、7、8	外螺纹大径 d	4、6、8

普通螺纹中径和顶径公差见表10-5、表10-6。

二、螺纹旋合长度、螺纹公差带和配合选用

1. 螺纹旋合长度

螺纹的旋合长度分为短旋合长度、中等旋合长度和长旋合长度三种，分别用S、N、L表示。中等旋合长度为螺纹公称直径的0.5～1.5倍。设计时一般选用中等旋合长度(N)，只有当结构或强度上需要时，才选用短旋合长度（S）或长旋合长度（L）。各种旋合长度的数值见表10-7。

表 10-5 普通螺纹中径公差（摘自 GB/T 197—2003） μm

公称直径/mm		螺距 P/mm	内螺纹中径公差 T_{D2}					外螺纹中径公差 T_{d2}						
			公差等级											
>	≤		4	5	6	7	8	3	4	5	6	7	8	9
5.6	11.2	0.75	85	106	132	170	—	50	63	80	100	125	—	—
		1	95	118	150	190	236	56	71	90	112	140	180	224
		1.25	100	125	160	200	250	60	75	95	118	150	190	236
		1.5	112	140	180	224	280	67	85	106	132	170	212	265
11.2	22.4	1	100	125	160	200	250	60	75	95	118	150	190	236
		1.25	112	140	180	224	280	67	85	106	132	170	212	265
		1.5	118	150	190	236	300	71	90	112	140	180	224	280
		1.75	125	160	200	250	315	75	95	118	150	190	236	300
		2	132	170	212	265	335	80	100	125	160	200	250	315
		2.5	140	180	224	280	355	85	106	132	170	212	265	335
22.4	45	1	106	132	170	212	—	63	80	100	125	160	200	250
		1.5	125	160	200	250	315	75	95	118	150	190	236	300
		2	140	180	224	280	355	85	106	132	170	212	265	335
		3	170	212	265	335	425	100	125	160	200	250	315	400
		3.5	180	224	280	355	450	106	132	170	212	265	335	425
		4	190	236	300	375	475	112	140	180	224	280	355	450
		4.5	200	250	315	400	500	118	150	190	236	300	375	475

表 10-6 内、外螺纹顶径公差 T_{D1}、T_d（摘自 GB/T 197—2003） μm

螺距 P/mm	内螺纹顶径(小径)公差 T_{D1}					外螺纹顶径(大径)公差 T_d		
	4	5	6	7	8	4	6	8
0.75	118	150	190	236	—	90	140	—
0.8	125	160	200	250	315	95	150	236
1	150	190	236	300	375	112	180	280
1.25	170	212	265	335	425	132	212	335
1.5	190	236	300	375	475	150	236	375
1.75	212	265	335	425	530	170	265	425
2	236	300	375	475	600	180	280	450
2.5	280	355	450	560	710	212	335	530
3	315	400	500	630	800	236	375	600

表 10-7 螺纹的旋合长度（摘自 GB/T 197—2003） mm

公称直径		螺距 P	旋合长度			
			S	N		L
>	≤		≤	>	≤	>
5.6	11.2	0.75	2.4	2.4	7.1	7.1
		1	3	3	9	9
		1.25	4	4	12	12
		1.5	5	5	15	15
11.2	22.4	1	3.8	3.8	11	11
		1.25	4.5	4.5	13	13
		1.5	5.6	5.6	16	16
		1.75	6	6	18	18
		2	8	8	24	24
		2.5	10	10	30	30
22.4	45	1	4	4	12	12
		1.5	6.3	6.3	19	19
		2	8.5	8.5	25	25
		3	12	12	36	36
		3.5	15	15	45	45
		4	18	18	53	53
		4.5	21	21	63	63

2. 螺纹公差带及其选择

螺纹基本偏差和公差等级相组合成许多公差带，给使用和选择提供了条件，但实际上并不能用这么多的公差带，一是因为这样一来，定值的量具和刃具规格必然增多，造成经济和管理上的困难，二是有些公差带在实际使用中效果不太好。因此，须对公差带进行筛选，国家标准对内、外螺纹公差带的筛选结果见表 10-8 和表 10-9。选用公差带时可参考表中的注解。除非特殊需要，一般不选用表 10-8、表 10-9 规定以外的公差带。

表 10-8　内螺纹的选用公差带

公差精度	公差带位置 G			公差带位置 H		
	S	N	L	S	N	L
精密	—	—	—	4H	5H	6H
中等	(5G)	**6G**	(7G)	**5H**	**[6H]**	**7H**
粗糙	—	(7G)	(8G)	—	7H	8H

注：公差带优先选用顺序为：粗体字体公差带、一般字体公差带、括号内公差带。带方框的粗体字体公差带用于大量生产的紧固螺纹。

表 10-9　外螺纹的选用公差带

公差精度	公差带位置 e			公差带位置 f			公差带位置 g			公差带位置 h		
	S	N	L	S	N	L	S	N	L	S	N	L
精密	—	—	—	—		—	—	(4g)	(5g4g)	(3h4h)	**4h**	(5h4h)
中等	—	**6e**	(7e6e)		**6f**		(5g6g)	**[6g]**	(7g6g)	(5h6h)	6h	(7h6h)
粗糙	—	(8e)	(9e8e)	—		—	—	8g	(9g8g)	—	—	—

注：公差带优先选用顺序为：粗体字体公差带、一般字体公差带、括号内公差带。带方框的粗体字体公差带用于大量生产的紧固螺纹。

螺纹公差带的写法是公差等级在前，基本偏差代号在后，这与光滑圆柱体公差带的写法不同，须注意。外螺纹的基本偏差代号用小写，内螺纹用大写，表 10-8、表 10-9 中有些螺纹的公差带是由两个公差带代号组成的，其中前面一个公差带代号为中径公差带，后面的一个为顶径公差带（对外螺纹是大径公差带，对内螺纹是小径公差带）。当顶径与中径公差带相同时，合写为一个公差带代号。

3. 精度等级和旋合长度

从表 10-8、表 10-9 中可看出，对于同一精度等级而旋合长度不同的螺纹，其中径公差等级相差一级，如中等级的 S、N、L 其对应的精度等级分别为 5、6、7 级。这是因为螺纹的精度不仅与螺纹直径的公差等级有关，而且与螺纹的旋合长度有关，当公差等级一定时，旋合长度越长，加工时产生的螺距累积误差和牙型半角误差就可能越大，加工就越困难。因此公差等级相同而旋合长度不同的螺纹的精度等级也就不同。

GB/T 197—2003 按照螺纹的公差等级和旋合长度规定了三种精度等级，即精密级、中等级和粗糙级。螺纹精度等级的高低，代表了螺纹加工的难易程度。同一级则意味着加工难易程度相同，但随着旋合长度的增加，螺纹的公差等级相应降低。

对螺纹精度选择的一般原则是：精密级用于精密联结螺纹，要求配合性质稳定及保证一定的定位精度的场合，如飞机零件的螺纹可采用 5H 内螺纹与 4h 外螺纹配合；中等级用于一般的联结螺纹，如用在一般机械、仪器和构件中；粗糙级用于对精度要求不高或制造困难的螺纹（如在热轧棒料上和深盲孔内加工螺纹），也用于使用环境较恶劣的螺纹（如建筑用螺纹）。通常使用的螺纹是中等旋合长度的6级公差螺纹。

4. 配合的选用

由表10-8、表10-9所列的内、外螺纹公差带可以组成许多供选用的配合，但从保证螺纹的使用性能和保证一定的牙型接触高度考虑，选用配合最好是H/g，H/h，G/h。如为了便于装拆，提高效率，可选用H/g或G/h的配合，原因是G/h或H/g配合所形成的最小极限间隙可用来对内、外螺纹的旋合起引导作用，表面需要镀涂的内、外螺纹，完工后的实际牙型也不得超过H(h)基本偏差所限定的边界。单件小批生产的螺纹，宜选用H/h配合。

三、螺纹在图样上的标注

完整的螺纹标注由普通螺纹特征代号（M）、尺寸代号（公称直径×螺距，单位为mm）、公差带代号及其他信息（旋合长度组代号、旋向代号）组成，并且尺寸代号、公差带代号、旋合长度组代号和旋向代号之间各用横线“—”分开。例如：

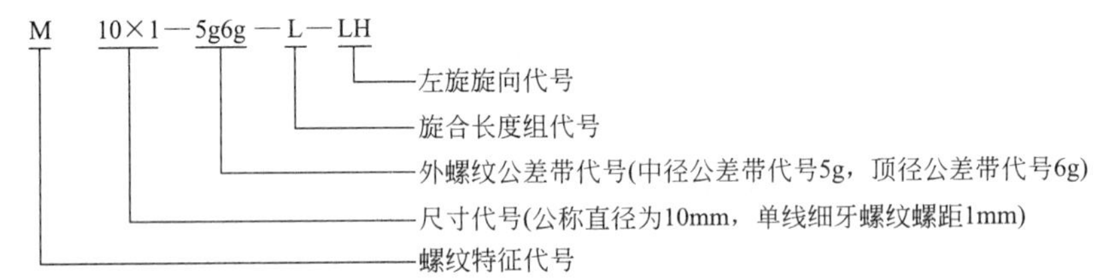

当螺纹是粗牙螺纹时，螺距不标出；公差带代号包含中径公差带代号和顶径公差带代号，中径公差带代号在前，顶径公差带代号在后，若螺纹的中径和顶径公差带相同，则可合写为一个；对短旋合长度组和长旋合长度组的螺纹，宜在公差代号后分别标出“S”和“L”代号，中等旋合长度组螺纹不标出旋合长度代号“N”；对左旋螺纹，应在旋合长度代号后标出“LH”代号，右旋螺纹则不标出。

示例1：M10×1—6H—L

示例2：M8—6H

示例3：M6×0.75—5h6h—S—LH

标注螺纹配合时，内、外螺纹公差代号用斜线分开，左边为内螺纹公差代号，右边为外螺纹公差代号。

示例4：M20×2—6H/6g

四、螺纹的表面粗糙度

螺纹牙型表面粗糙度主要根据中径公差等级来确定。表10-10列出了螺纹牙侧表面粗糙度参数 Ra 的推荐值。

表10-10　螺纹牙侧表面粗糙度参数 *Ra* 值　　μm

工　件	螺纹中径公差等级		
	4,5	6,7	7～9
	Ra（不大于）		
螺栓、螺钉、螺母	1.6	3.2	3.2～6.3
轴及套上的螺纹	0.8～1.6	1.6	3.2

五、应用实例

【例题10-1】　一螺纹配合为M20×2—6H/5g6g，试查表求出内、外螺纹的中径、大径和小径的极限偏差，并计算内、外螺纹的中径、小径和大径的极限尺寸。

解： 本题由列表法将各计算值列出。

(1) 确定内、外螺纹的中径、小径和大径的基本尺寸　已知公称直径为螺纹大径的基本尺寸，即 $D=d=20$mm。

从普通螺纹各参数的关系知

$$D_1=d_1=d-1.0825P \qquad D_2=d_2=d-0.6495P$$

实际工作中，可直接查有关表格。

(2) 确定内、外螺纹的极限偏差　内、外螺纹的极限偏差可以根据螺纹公称直径、螺距和内、外螺纹的公差带代号，由表 10-3、表 10-5、表 10-6 中查出。具体见表 10-11。

(3) 计算内、外螺纹的极限尺寸　由内、外螺纹的各自基本尺寸及各极限偏差算出的极限尺寸见表 10-11。

表 10-11　M20×2—6H/5g6g 的极限尺寸　mm

名称		内螺纹		外螺纹	
公称尺寸	大径	$D=d=20$			
	中径	$D_2=d_2=18.701$			
	小径	$D_1=d_1=17.835$			
极限偏差		ES	EI	es	ei
由表 10-3、表 10-5、表 10-6 查出	大径	—	0	−0.038	−0.318
	中径	0.212	0	−0.038	−0.163
	小径	0.375	0	−0.038	按牙底形状
极限尺寸		上极限尺寸	下极限尺寸	上极限尺寸	下极限尺寸
大径		—	20	19.962	19.682
中径		18.913	18.701	18.663	18.538
小径		18.210	17.835	<17.797	牙底轮廓不超出 $H/8$ 削平线

【例题 10-2】 M20－6g 的外螺纹，实测 $d_{2s}=18.230$mm，牙型半角误差为 $\Delta\frac{\alpha}{2}_{(左)}=+30'$，$\Delta\frac{\alpha}{2}_{(右)}=-45'$，螺距累积误差 $\Delta P_{\Sigma}=+50\mu$m。试求该螺纹的作用中径，并判别其合格性。

解： (1) 求螺纹中径的基本尺寸及极限尺寸　查表 10-1 知 $d=20$mm 时，螺距为 2.5mm，代入计算式 $d_2=d-0.6195P$，得 $d_2=18.376$mm（或查表）。

查表 10-3、表 10-5 得螺纹的中径上极限偏差 es＝－42μm，下极限偏差

$$ei=es-T_{d2}=-212\ (\mu m)$$

则中径的极限尺寸为 $d_{2max}=18.334$mm，$d_{2min}=18.164$mm。

(2) 求中径当量 f_p 及 $f_{\frac{\alpha}{2}}$　由式(10-4) 得：

$$f_p=1.732|\Delta P_{\Sigma}|=86.6\ (\mu m)$$

由表 10-2 可知，$\Delta\frac{\alpha}{2}_{(左)}>0$ 时，$K_1=2$，$\Delta\frac{\alpha}{2}_{(右)}<0$ 时，$K_2=3$，代入式(10-5) 得

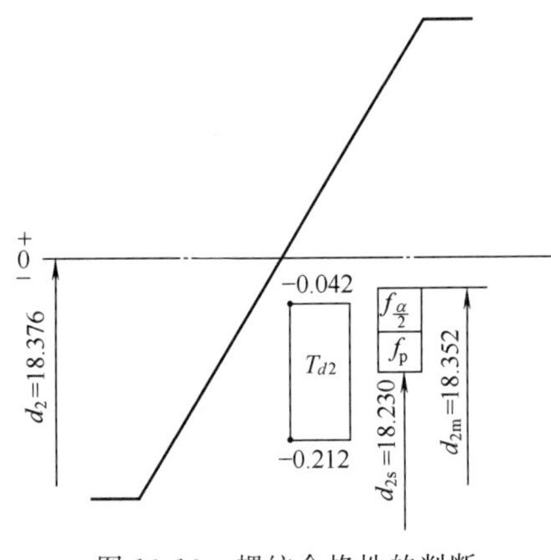

图 10-10　螺纹合格性的判断

$$f_{\frac{\alpha}{2}}=0.073P[K_1|\Delta\frac{\alpha}{2}_{(左)}|+K_2|\Delta\frac{\alpha}{2}_{(右)}|]$$
$$=0.073\times2.5\times[2\times|30'|+3\times|-45'|]$$
$$\approx35.6\ (\mu m)$$

（3）求作用中径 d_{2m}　由式(10-6)得

$$d_{2m}=d_{2s}+(f_p+f_{\frac{\alpha}{2}})=18.352\ (mm)$$

（4）螺纹合格性判断　由极限尺寸判断原则知，对外螺纹，螺纹互换性合格的条件为

$$d_{2m}\leqslant d_{2max}; \ d_{2s}\geqslant d_{2min}$$

但该螺纹的 $d_{2m}>d_{2max}$，即该螺纹的作用中径超出了最大实体尺寸，故该螺纹不合格，见图 10-10。

第四节　螺纹的检测

一、综合检验

综合检验是指一次同时检验螺纹的几个参数，以几个参数的综合误差来判断螺纹的合格性。对螺纹进行综合检验时使用的是螺纹量规和光滑极限量规，它们都由通规（通端）和止规（止端）组成。光滑极限量规用于检测内、外螺纹顶径尺寸的合格性，螺纹量规的通规用于检测内、外螺纹的作用中径及底径的合格性，螺纹量规的止规用于检测内、外螺纹单一中径的合格性。

螺纹量规分为检验外螺纹用的螺纹环规和卡规，检验内螺纹用的螺纹塞规。螺纹量规是按极限尺寸判断原则而设计的，螺纹通规体现的是最大实体牙型边界，具有完整的牙型，并且其长度应等于被检测螺纹的旋合长度，以用于正确的检测作用中径。若被检的螺纹的作用中径未超过螺纹的最大实体牙型中径，且被检螺纹的底径也合格，那么螺纹通规就会在旋合长度内与被检螺纹顺利旋合。

螺纹量规的止规用于检测被检螺纹的单一中径。为了避免牙型半角误差及螺距累积误差对检测的影响，止规的牙型常制成截短型牙型，以使止端只在单一中径处与被检螺纹的牙侧接触，并且止端的螺纹只做出几牙。

如图 10-11 所示，用卡规先检验外螺纹顶径的合格性，再用螺纹量规（检验外螺纹的称为螺纹环规）的通端检验，若外螺纹的作用中径合格，且底径（外螺纹小径）没有大于其上极限尺寸，通端应能在旋合长度内与被检螺纹旋合。若被检螺纹的单一中径合格，螺纹环规的止端不应通过被检螺纹，但允许旋进最多 2～3 牙。

如图 10-12 所示，用光滑极限量规（塞规）检验内螺纹顶径的合格性。再用螺纹量规（螺纹塞规）的通端检验内螺纹的作用中径和底径，若作用中径合格，且内螺纹的大径不小于其下极限尺寸，通规应在旋合长度内与内螺纹旋合。若内螺纹的单一中径合格，螺纹塞规的止端就不通过，但允许旋进最多 2～3 牙。

二、单项测量

单项测量是利用各种测量工具或仪器，分别测量螺纹的中径、牙型半角和螺距，并分别确定其合格性。单项测量主要用于螺纹量规、螺纹刀具、丝杠和精度比较高的工件螺纹的测

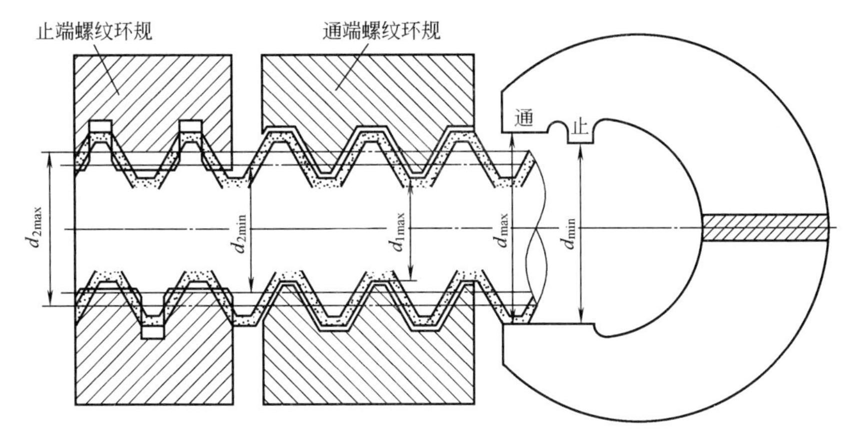

图 10-11　外螺纹的综合检验

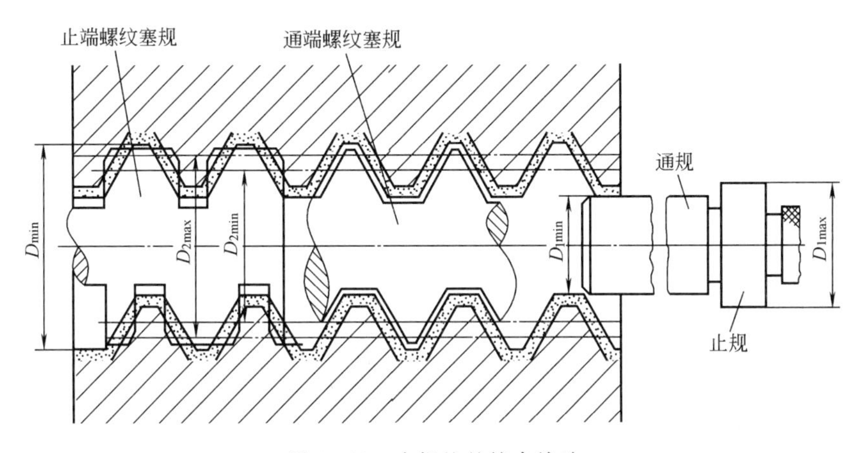

图 10-12　内螺纹的综合检验

量，也用于分析工艺因素对螺纹各参数的影响。常用的单项测量方法有量针测量、工具显微镜测量等。

1. 量针测量

量针测量螺纹中径有单针法、双针法和三针法。其特点是方法简单，测量精度高。

单针法主要用于大直径螺纹的中径测量，如图 10-13 所示。双针法适用于大直径或大螺距的螺纹，特别是牙数较少的螺纹（如止端螺纹量规）测量。

图 10-14(a) 为三针法测量螺纹中径的示意图。它是根据被测螺纹的螺距，选择合适的量针直径，按图示位置放在被测螺纹的牙槽内，夹在两测头之间。合适直径的量针，是使量针与牙槽接触点的轴间距离正好在基本螺距 1/2 处，即三针法测量的是螺纹的单一中径。从仪器上读得 M 值后，再根据螺纹的螺距 P、牙型半角 $\frac{\alpha}{2}$ 及量针的直径 d_0 按式(10-8) 算出所测出的单一中径 d_{2s}。

$$d_{2s}=M-d_0\left(1+\frac{1}{\sin\alpha/2}\right)+\frac{P}{2}\cot\frac{\alpha}{2} \tag{10-8}$$

对于米制普通三角形螺纹，其牙型半角 $\frac{\alpha}{2}=30°$，代入上式得

$$d_{2s}=M-3d_0+\frac{\sqrt{3}}{2}P \tag{10-9}$$

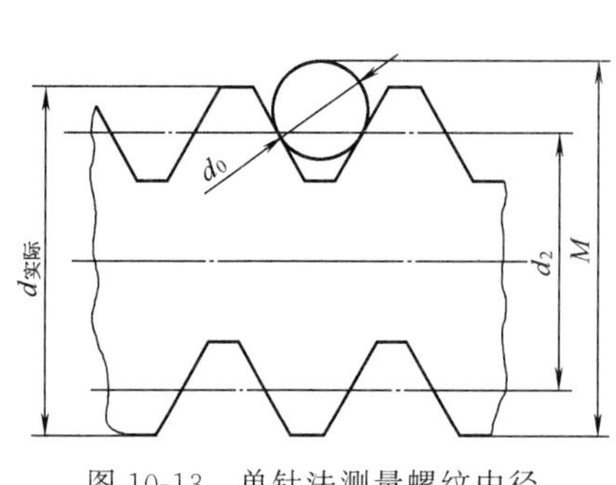

图 10-13　单针法测量螺纹中径

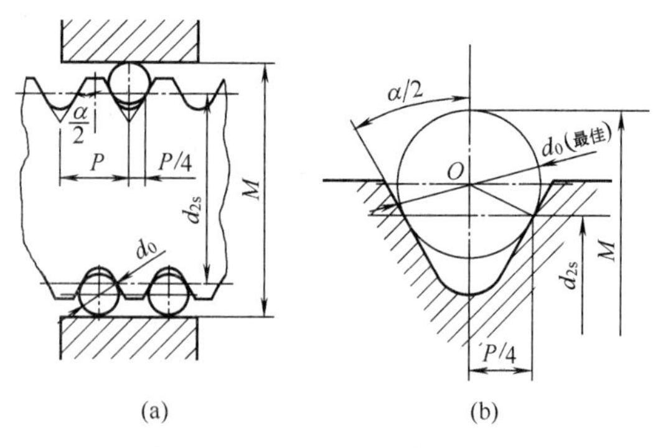

图 10-14　三针法测量螺纹中径

当螺纹存在牙型半角误差时，量针与牙槽接触位置的轴向距离便不在$\frac{P}{2}$处，这就造成了测量误差，为了减小牙型半角误差对测量的影响，应选取最佳量针直径 $d_{0最佳}$。由图 10-14(b)可知：

$$d_{0最佳}=\frac{1}{\sqrt{3}}P$$

所以最后的计算公式可简化为

$$d_{2s}=M-\frac{3}{2}d_{0最佳} \tag{10-10}$$

2. 用工具显微镜测量螺纹各参数

用工具显微镜测量螺纹参数的方法有影像法和轴切法，其中影像法应用较为广泛，它能测量螺纹的大径、中径、小径、螺距、牙型半角等几何参数。

图 10-15 为大型显微镜外观图，其中，底座用以支撑量仪整体；工作台用以放置工件，工作台中央是一个透明玻璃板，以使该玻璃板下的光线能透射上来，在目镜视场内

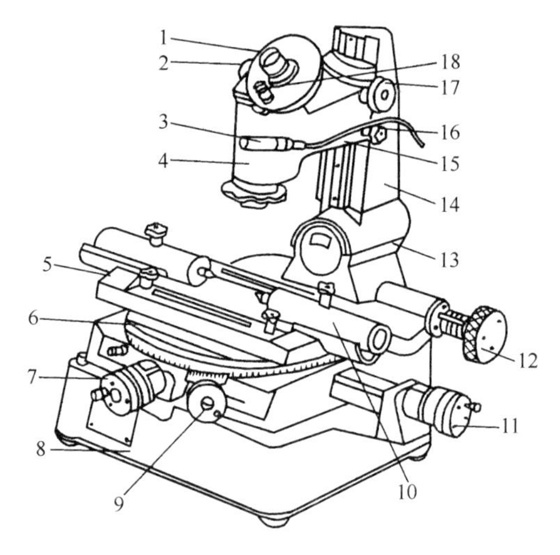

图 10-15　大型显微镜外观

1—目镜；2—旋转米字线手轮；3—角度读数目镜光源；4—光学放大镜组；5—顶尖座；6—圆工作台；7—横向千分尺；8—底座；9—圆工作台转动手轮；10—顶尖；11—纵向千分尺；12—立柱倾斜手轮；13—连接座；14—立柱；15—立臂；16—锁紧螺钉；17—升降手轮；18—角度目镜

形成被测工件的轮廓影像，工作台可横向、纵向、转位移动，并能读出其位移值；光学显微镜组用于把工件轮廓影像放大并送至目镜视场以供测量；立柱用于安装光学放大镜组及相关部件。

现以测量螺纹牙型半角为例，简单介绍一下用工具显微镜测量螺纹几何参数。

先将工件顶在工具显微镜上的两顶尖间，接通电源后根据被测螺纹的中径尺寸，调好合适的光阑直径，转动立柱倾斜手轮 12，使立柱 14 倾斜一个被测螺纹的螺旋角 φ，转动目镜 1 上的调整螺钉，使目镜视场的米字线清晰，松开锁紧螺钉 16，转动升降手轮 17，使目镜视场内被测螺纹的牙型轮廓变得清晰，再旋紧锁紧螺钉 16。

当角度目镜 18 中的示值为 0°0′时，表示米字线中间虚线 $A—A$ 垂直于工作台纵向轴线。将 $A—A$ 线与牙型轮廓影像的一个牙侧面相靠，如图 10-16(a) 所示，此时角度读数目镜中的示值即为该侧牙型的半角值。

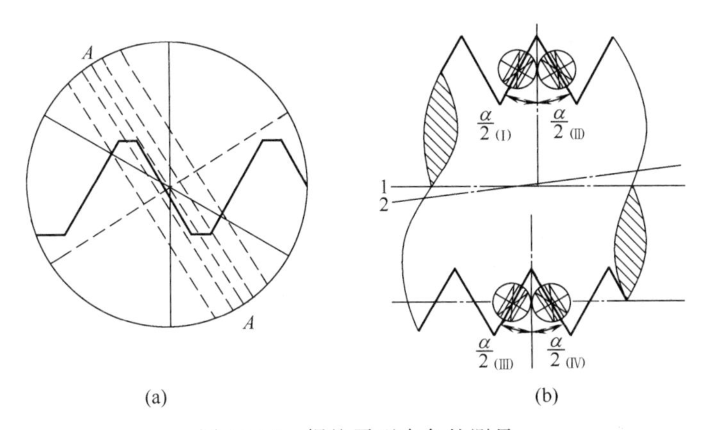

图 10-16　螺纹牙型半角的测量

为了消除被测螺纹安装误差对测量结果的影响，应在左、右两侧面分别测出$\frac{\alpha}{2}_{(\mathrm{I})}$、$\frac{\alpha}{2}_{(\mathrm{II})}$、$\frac{\alpha}{2}_{(\mathrm{III})}$、$\frac{\alpha}{2}_{(\mathrm{IV})}$，见图 10-16(b)，并计算出其平均值

$$\frac{\alpha}{2}_{(左)}=\frac{1}{2}\left[\frac{\alpha}{2}_{(\mathrm{I})}+\frac{\alpha}{2}_{(\mathrm{II})}\right] \qquad \frac{\alpha}{2}_{(右)}=\frac{1}{2}\left[\frac{\alpha}{2}_{(\mathrm{II})}+\frac{\alpha}{2}_{(\mathrm{III})}\right] \tag{10-11}$$

将它们与牙型半角的基本值$\frac{\alpha}{2}$比较，得牙型半角误差值为

$$\Delta\frac{\alpha}{2}_{(左)}=\frac{\alpha}{2}_{(左)}-\frac{\alpha}{2} \qquad \Delta\frac{\alpha}{2}_{(右)}=\frac{\alpha}{2}_{(右)}-\frac{\alpha}{2} \tag{10-12}$$

第五节　梯形螺纹、滚珠丝杠副简介

一、机床丝杠、螺母的基本牙型及主要参数

机床上的丝杠螺母机构用于传递准确的运动、位移及力。丝杠为外螺纹，螺母为内螺纹，其牙型为梯形。GB/T 5796.1—2005《梯形螺纹》规定的设计牙型见图 10-17。主要几何参数也在图中示出。由图 10-17 可知，丝杠、螺母的牙型为 30°，牙型半角为 15°。丝杠的大径、小径的基本尺寸，分别小于螺母的大径、小径的基本尺寸，而丝杠、螺母的中径基本尺寸是相同的。

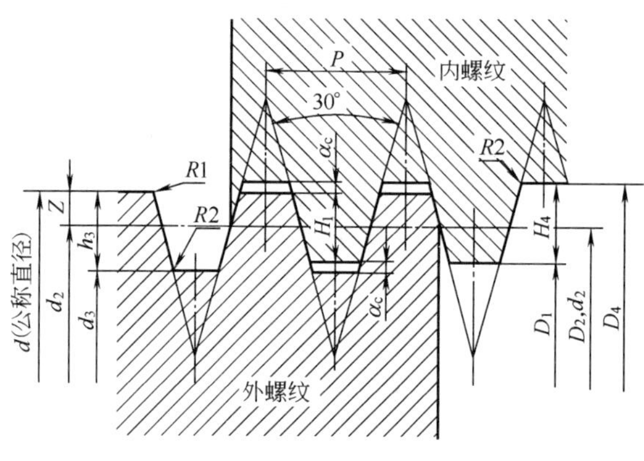

图 10-17　梯形螺纹的设计牙型

二、对机床丝杠、螺母工作精度的要求

根据丝杠的功用，提出了轴向的传动精度要求，即对螺旋线（或螺距）提出了公差要求。又因丝杠、螺母有相互间的运动，为保证其传动精度，要求螺纹牙侧表面接触均匀，并使牙侧面的磨损小，故对丝杠提出了牙型半角的极限偏差要求、中径尺寸的一致性要求等，以保证牙侧面的接触均匀性。

三、丝杠、螺母公差（JB/T 2886—2008）

1. 丝杠、螺母的精度等级

机床丝杠、螺母的精度分七级，即 3、4、5、6、7、8、9 级。其中 3 级精度最高，9 级精度最低。各级精度的常用范围是：3 级和 4 级用于超高精度的坐标镗床和坐标磨床的传动定位丝杠和螺母。5、6 级用于高精度的螺纹磨床、齿轮磨床和丝杠车床中的主传动丝杠和螺母。7 级用于精密螺纹车床、齿轮机床、镗床、外圆磨床和平面磨床等的精确传动丝杠和螺母。8 级用于卧式车床和普通铣床的进给丝杠和螺母。9 级用于低精度的进给机构中。

2. 丝杠的公差项目

（1）螺旋线轴向公差　螺旋线轴向公差是指丝杠螺旋线轴向实际测量值对于理论值的允许变动量。用于限制螺旋线轴向误差。对于螺旋线轴向误差的评定，分别在丝杠螺纹的任意一周、任意 25mm、100mm、300mm 螺纹长度内及螺纹有效长度上进行评定，并在中径线上测量，分别用代号 $\Delta L_{2\pi}$、ΔL_{25}、ΔL_{100}、ΔL_{300} 及 $\Delta L\mathrm{u}$ 表示。其所对应的螺旋线轴向公差分别用 $\delta_{\mathrm{L}2\pi}$、$\delta_{\mathrm{L}25}$、$\delta_{\mathrm{L}100}$、$\delta_{\mathrm{L}300}$ 及 δ_{Lu}。对螺旋线轴向误差的评定，可以全面反映丝杠螺纹的轴向工作精度。但因测量条件限制，目前只用于高精度（3～6 级）丝杠的评定，见表 10-12。

表 10-12　丝杠螺纹的螺旋线轴向公差

精度等级	$\delta_{\mathrm{L}2\pi}$	$\delta_{\mathrm{L}25}$	$\delta_{\mathrm{L}100}$	$\delta_{\mathrm{L}300}$	在下列螺纹有效长度内的 δ_{Lu}/mm				
					≤1000	>1000～2000	>2000～3000	>3000～4000	>4000～5000
	允差/μm								
3	0.9	1.2	1.8	2.5	4	—	—	—	—
4	1.5	2	3	4	6	8	12	—	—
5	2.5	3.5	4.5	6.5	10	14	19	—	—
6	4	7	8	11	16	21	27	33	39

（2）螺距公差　螺距公差分两种，一种用于评定单个螺距的误差，称单个螺距公差，用 δ_P 表示。单个螺距误差是指单一螺距的实际尺寸相对于公称尺寸的最大代数差，用 ΔP 表示。另一种公差用于评定螺距累积误差，称为螺距累积公差。螺距累积误差是指在规定的长度内，螺纹牙型任意两个同侧表面的轴向实际尺寸相对于公称尺寸的最大代数差。在丝杠螺纹的任意 60mm、300mm 螺纹长度内及螺纹有效长度内评定，并在螺纹中径线上测量，分别用 ΔP_{60}、ΔP_{300} 和 ΔP_{Lu} 表示，其所对应的螺距累积公差分别用 δ_{P60}、δ_{P300} 及 δ_{PLu}。

评定螺距误差不如评定螺旋线轴向误差全面，但其方法比较简单。常用于评定 7～9 级的丝杠螺纹，见表 10-13。

表 10-13　丝杠螺纹的螺距公差和螺距累积公差

精度等级	δ_P	δ_{P60}	δ_{P300}	在下列螺纹有效长度内的 δ_{PLu}/mm					
				≤1000	＞1000～2000	＞2000～3000	＞3000～4000	＞4000～5000	＞5000，长度每增加 1000，δ_{PLu}增加
	允差/μm								
7	6	10	18	28	36	44	52	60	8
8	12	20	35	55	65	75	85	95	10
9	25	40	70	110	130	150	170	190	20

（3）牙型半角的极限偏差　牙型半角误差是指丝杠螺纹牙型半角实际值对公称值的代数差。当丝杠的牙型半角存在误差时，会使丝杠与螺母牙侧接触不均匀，影响耐磨性并影响传递精度。故标准中规定了丝杠牙型半角的极限偏差，见表 10-14，用于控制牙型半角误差。

表 10-14　丝杠螺纹牙型半角的极限偏差

螺距 P/mm	精度等级						
	3	4	5	6	7	8	9
	牙型半角极限偏差/(′)						
2～5	±8	±10	±12	±15	±20	±30	±30
6～10	±6	±8	±10	±12	±18	±25	±28
12～20	±5	±6	±8	±10	±15	±20	±25

（4）丝杠直径的极限偏差　标准中对丝杠螺纹的大径、中径、小径分别规定了极限偏差，用于控制直径误差。直径的极限偏差不分精度等级，每种螺距的公差值和基本偏差各只有一种，见表 10-15。大径和小径的上偏差为零，下偏差为负值，中径的上、下偏差均为负值。对于配作螺母的 6 级以上丝杠，其中径公差带相对于基本尺寸线（中径线）是对称分布的。

（5）中径的一致性公差　丝杠螺纹的工作部分全长范围内，若实际中径的尺寸变化太大会影响丝杠与螺母配合间隙的均匀性和丝杠螺纹两牙侧面螺旋面的一致性。因此规定了中径尺寸的一致性公差，见表 10-16。

表 10-15 丝杠螺纹的大径、中径和小径的极限偏差

螺距 P /mm	公称直径 d/mm	螺纹大径		螺纹中径		螺纹小径	
		下偏差	上偏差	下偏差	上偏差	下偏差	上偏差
		允差/μm					
6	30～42	-300	0	-522	-56	-635	0
	44～60			-550		-646	
	65～80			-572		-665	
	120～150			-585		-720	
8	22～28	-400	0	-590	-67	-720	0
	44～60			-620		-758	
	65～80			-656		-765	
	160～190			-682		-830	
10	30～40	-550	0	-680	-75	-820	0
	44～60			-696		-854	
	65～80			-710		-865	
	200～220			-738		-900	
12	30～42	-600	0	-754	-82	-892	0
	44～60			-772		-948	
	65～80			-789		-955	
	85～110			-800		-978	

表 10-16 丝杠螺纹有效长度上中径尺寸的一致性公差

精度等级	螺纹有效长度/mm					
	≤1000	>1000～2000	>2000～3000	>3000～4000	>4000～5000	>5000，长度每增加 1000，一致性公差应增加
	螺纹中径尺寸的一致性公差					
	允差/μm					
3	5	—	—	—	—	—
4	6	11	17	—	—	—
5	8	15	22	30	38	—
6	10	20	30	40	50	5
7	12	26	40	53	65	10
8	16	36	53	70	90	20
9	21	48	70	90	116	30

(6) 大径表面对螺纹轴线的径向圆跳动　丝杠为细长件，易发生弯曲变形，从而影响丝杠轴向传动精度以及牙侧面的接触均匀性，故提出大径表面对螺纹轴线的径向圆跳动公差，见表 10-17。

表 10-17 丝杠大径表面对螺纹轴线的径向圆跳动公差　μm

长径比	精度等级						
	3	4	5	6	7	8	9
>20～25	4	6	10	16	40	63	125
>25～30	5	8	12	20	50	80	160
>30～35	6	10	16	25	60	100	200

续表

长径比	精度等级						
	3	4	5	6	7	8	9
>35～40	—	12	20	32	80	125	250
>40～45	—	16	25	40	100	160	315
>45～50	—	20	32	50	120	200	400
>50～60	—	—	—	63	150	250	500
>60～70	—	—	—	80	180	315	630

注：长径比系指丝杠全长与螺纹公称直径之比。

3. 螺母的公差

对于与丝杠配合的螺母规定了大、中、小径的极限偏差。因螺母这一内螺纹的螺距累积误差和半角误差难以测量，故用中径公差加以综合控制。与丝杠配作的螺母，其中径的极限尺寸是以丝杠的实际中径为基值，按JB/T 2886—2008规定的螺母与丝杠配作的中径径向间隙来确定。6～9级精度的非配作螺母螺纹中径的极限偏差见表10-18，螺母螺纹的大径和小径的极限偏差见表10-19。

表10-18　非配作螺母螺纹中径的极限偏差

螺距 P /mm	精度等级			
	6	7	8	9
	允差/μm			
2～5	+55 0	+65 0	+85 0	+100 0
6～10	+65 0	+75 0	+100 0	+120 0
12～20	+75 0	+85 0	+120 0	+150 0

表10-19　螺母螺纹的大径和小径的极限偏差

螺距 P /mm	公称直径 d /mm	螺纹大径		螺纹小径	
		上偏差	下偏差	上偏差	下偏差
		允差/μm			
6	30～42 44～60 65～80 120～150	+578 +590 +610 +660	0	+300	0
8	22～28 44～60 65～80 160～190	+650 +690 +700 +765	0	+400	0
10	30～42 44～60 65～80 200～220	+745 +778 +790 +825	0	+500	0
12	30～42 44～60 65～80 85～110	+813 +865 +872 +895	0	+600	0

4. 丝杠和螺母的表面粗糙度

JB/T 2886—2008 标准对丝杠和螺母的牙侧面、顶径和底径提出了相应的表面粗糙度要求，以满足和保证丝杠和螺母的使用质量，见表 10-20。

表 10-20 丝杠和螺母的表面粗糙度 *Ra* μm

精度等级	螺纹大径		牙型侧面		螺纹小径	
	丝杠	螺母	丝杠	螺母	丝杠	螺母
3	0.2	3.2	0.2	0.4	0.8	0.8
4	0.4	3.2	0.4	0.8	0.8	0.8
5	0.4	3.2	0.4	0.8	0.8	0.8
6	0.4	3.2	0.4	0.8	1.6	0.8
7	0.8	6.3	0.8	1.6	3.2	1.6
8	0.8	6.3	1.6	1.6	6.3	1.6
9	1.6	6.3	1.6	1.6	6.3	1.6

注：丝杠和螺母的牙型侧面不应有明显的裂纹。

四、丝杠、螺母的标记

示例 1：T55×12—6

示例 2：T55×12LH—6

由示例可见，丝杠、螺母标记的写法是：丝杠螺纹代号“T”后跟尺寸规格（标称直径×螺距）、旋向代号（右旋不写出，左旋写代号“LH”）和精度等级。其中旋向代号与精度等级间用横线“—”相隔。上面的示例 1 所表示的是公称直径为 55mm，螺距为 12mm，6 级精度的右旋丝杠螺纹。示例 2 所表示的是公称直径为 55mm，螺距为 12mm，6 级精度的左旋丝杠螺纹。

思考题与习题

10-1 以外螺纹为例，试比较其中径 d_2、单一中径 d_{2s}、作用中径 d_{2m} 的异同点，三者在什么情况下是相等的？

10-2 什么是普通螺纹的互换性要求？从几何精度上如何保证普通螺纹的互换性要求？

10-3 同一精度级的螺纹，为什么旋合长度不同，中径公差等级也不同？

10-4 用螺纹量规检验螺纹，已知被检螺纹的顶径是合格的，检验时螺纹通规未通过检验螺纹，而止规却通过了，试分析被检螺纹存在的实际误差。

10-5 用三针法测量外螺纹的单一中径时，为什么要选取最佳直径的量针？

10-6 丝杠螺纹与普通螺纹精度要求有何区别？试说明。

10-7 查表求出 M16—6H/6g 内、外螺纹的中径、大径和小径的极限偏差，计算内、外螺纹的中径、大径和小径的极限尺寸，绘出内、外螺纹的公差带图。

10-8 有一外螺纹 M27×2—6h，测量得其单一中径 $d_{2s}=25.5$mm，螺纹累积误差 $\Delta P_{\Sigma}=35\mu$m，牙型半角误差 $\Delta\frac{\alpha}{2}_{(左)}=30'$，$\Delta\frac{\alpha}{2}_{(右)}=-40'$，问此加工方法允许中径的实际尺寸变动范围是多少？

10-9 试说明下列代号的含义

(1) M24—6H

(2) M36×2—5g6g—L

(3) M30×2—6H/5h6h

第十一章　圆柱齿轮传动的公差及其测量

在机器和仪器仪表中，齿轮传动是一种重要的传动形式，尤其是渐开线圆柱齿轮的应用更广。对于以齿轮传动为主要传动形式的机构或机器，齿轮的精度在一定程度上影响着整台机器或仪器的质量和工作性能。影响齿轮传动质量的因素很多，主要是齿轮加工和齿轮副安装的精度，因而必须规定齿轮传动几何参数的加工和安装公差。

第一节　圆柱齿轮的基本知识

一、圆柱齿轮传动的基本要求

各种机器和仪表中使用的传动齿轮因使用场合不同对齿轮传动的要求也各不相同，综合各种使用要求，归纳为以下四个主要方面。

1. 传递运动的准确性（运动精度）

从齿轮啮合原理可知，在一对理想的渐开线齿轮传动过程中，两传动比是恒定的，如图11-1(a) 所示，这时，传递运动是准确的。但是在实际加工过程中，存在着齿轮的加工误差和齿轮副的安装误差，使齿轮的传动比发生变化，从而影响传递运动准确性，如图 11-1(b) 所示。传递运动准确性反映的是一个周期的变化，其结果使从动轮在一转的过程中，其实际转角与理论转角有差别，必须加以限制。

2. 传递运动的平稳性（工作平稳性）

由于齿轮齿廓存在制造误差，在一对齿轮啮合过程中，传动比发生高频的瞬时突变，如图 11-1(c) 所示。传动比的这种小周期的变化将引起齿轮转动的冲击、振动和噪声，影响到

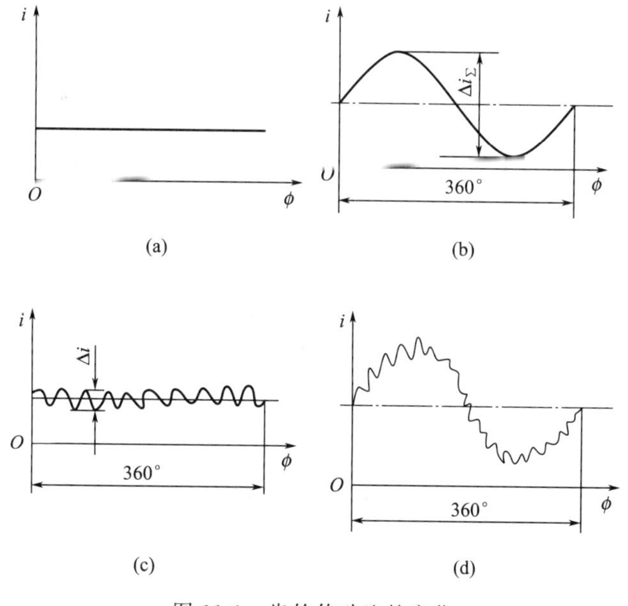

图 11-1　齿轮传动比的变化

机器的工作性能、能量消耗和使用寿命，故必须加以限制。

传递运动准确性和传递运动的平稳性是同时存在的，但两者的性质不同，前者反映的是长周期误差，后者反映的是短周期误差，如图 11-1(d) 所示。

3. 载荷分布的均匀性（接触精度）

齿轮传动中的工作齿面接触良好，则承载均匀，可避免应力集中。在传递载荷时，若工作齿面实际接触面积小，会造成局部接触应力增大，使齿面的载荷分布不均匀，加剧齿面磨损，缩短齿轮的使用寿命。

4. 传动侧隙的合理性

在齿轮传动中，为储存润滑油、补偿齿轮受力变形和热变形以及齿轮制造和安装误差，齿轮相啮合的非工作面应留有一定的齿侧间隙（侧隙），以防止卡死和烧伤。对于经常需要正反转的传动齿轮副，侧隙过大会引起换向冲击，产生空程，所以要合理地确定侧隙的数值。

对齿轮传动的上述四项使用要求，将随齿轮使用场合不同而有所侧重，具体见表 11-1。

表 11-1 齿类传动的分类及要求

分类	使用场合	特点	要求
低速动力齿轮	矿山机械、起重机械等	传递动力大，转速低	接触精度高，侧隙较大
高速动力齿轮	汽轮机、减速器等	传递动力大，转速高	传动平稳，接触精度高
读数分度齿轮	测量仪器、分度机构等	传递动力小，转速低	运动要求准确，侧隙小

二、齿轮加工误差简述

齿轮的加工误差主要来源于组成工艺系统的机床、刀具、夹具和齿轮坯的误差及其安装误差。由于齿轮的齿形较复杂，故引起齿轮加工误差的因素也较多。下面以滚切直齿圆柱齿轮为例，来分析在切齿过程中所产生的主要加工误差。图 11-2 为滚齿加工示意图，齿轮加工和安装误差的来源及对齿轮传动的影响见表 11-2。

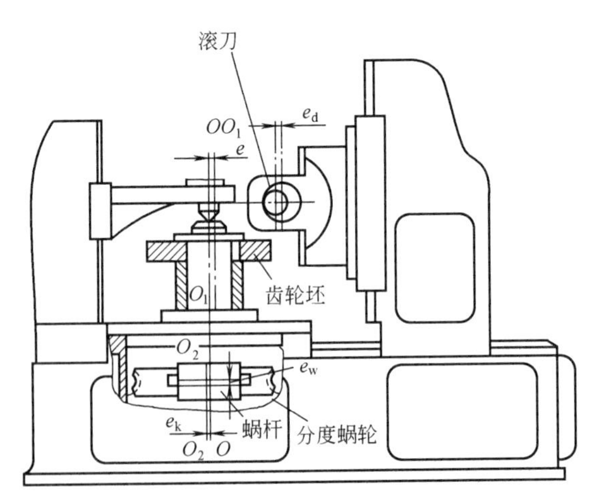

$O—O$ 为工作台旋转轴线；$O_1—O_1$ 为齿坯孔的轴线；

$O_2—O_2$ 为分度蜗轮轴线

图 11-2 滚齿加工示意图

表 11-2　齿轮加工和安装误差的来源及对齿轮传动的影响

类　别	来　源	周　期	影　响
运动误差	(1)运动偏心　在滚切加工中，机床分度蜗轮对主轴有偏心，引起齿坯运动不均，呈周期性变化(图 11-1 偏距 e_k) (2)几何偏心　在加工中，齿坯与机床主轴有间隙，或端面有跳动，或使用中齿轮与传动轴有间隙，都会造成偏心(图 11-1 偏距 e)	一转	引起切向误差，使轮齿在齿圈上分布不均，表现为公法线长度变动、齿距累积偏差等 引起径向误差，表现为齿距不均、齿槽宽度不均、齿轮径向跳动等，因而在传动中侧隙发生周期性变化
平稳性误差	在加工中机床分度蜗杆的几何偏心 e_w(图 11-1)和轴向窜动，刀具的偏心 e_d(图 11-1)倾斜及刀具本身制造误差	一齿	引起小周期的误差，即在一转中多次重复出现的高频误差，导致齿轮瞬时传动比产生变化，从而使齿轮在运转中产生冲击、噪声和振动。表现为基节偏差、齿距偏差、一齿切向、径向综合偏差、齿廓偏差等
载荷分布不均	在齿轮加工和安装上的误差		使齿轮不能每瞬间都沿全齿宽接触。表现为齿向偏差、轴向齿距偏差等
齿轮副安装误差	齿轮副安装不正确，如轴线不平行等		引起接触不好，载荷不均，表现为轴线不平行、接触斑点不足

由表 11-2 可知影响齿轮传递运动准确性的主要误差是以齿轮一转为周期的误差，称为长周期误差，这类误差来源于齿坯安装的几何偏心和机床的运动偏心。齿轮的一齿转角误差是以齿轮转过一齿距角为周期，一转中定期地多次重复出现，称为短周期误差或高频误差，该误差影响传动的平稳性。

第二节　圆柱齿轮的精度指标及其检测

为了保证齿轮传动工作质量，必须控制齿轮的偏差。国家标准 GB/T 10095.1—2008 与 GB/T 10095.2—2008 中规定了 20 多种齿轮偏差项目，其中有的属于单项测量，有的属于综合测量，标准规定以单项指标为主。由于各种偏差之间存在相关性和可替代性，故测量全部的偏差既不经济也没有必要，因此将齿轮精度检测项目分成强制性检测项目和非强制性检测项目两类。强制性检测项目可以客观地评定齿轮的加工质量，而对于非强制性检测项目可由供需双方协商确定。另外，新国家标准把偏差、公差都称为偏差，为了能从符号上区分偏差、公差和极限偏差，在符号前加“Δ”的为偏差。

一、圆柱齿轮的强制性检测精度指标、侧隙指标及其检测

1. 影响齿轮传递运动准确性的强制性检测精度指标及其检测

影响齿轮传递运动准确性的精度指标是齿距累积总偏差 ΔF_p，对于齿数较多且精度要求很高的齿轮、非圆整齿轮或高速齿轮，还要评定一段齿范围内（k 个齿距范围内）的齿距累积偏差 ΔF_{pk}。

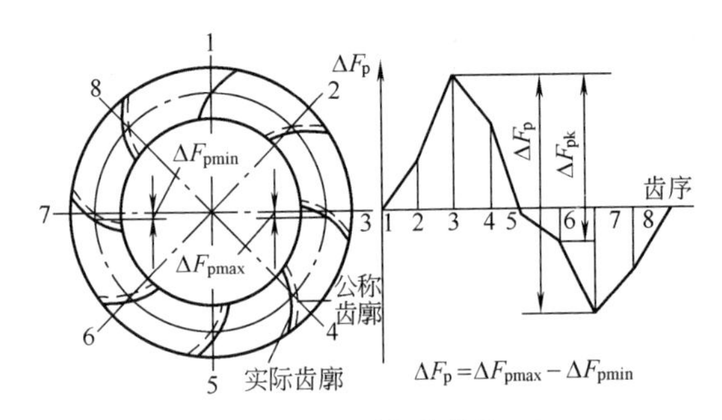

图 11-3 齿距累积总偏差 ΔF_p
（实线轮廓表示轮齿的实际位置；
虚线齿廓表示轮齿的理想位置）

齿距累积总偏差 ΔF_p 是指在齿轮端平面上，在接近齿高中部的一个与齿轮基准轴线同心的圆上，任意两个同侧齿面间的实际弧长与公称弧长的代数差中的最大绝对值，如图 11-3所示。

齿距累积偏差 ΔF_{pk} 是指在齿轮端平面上，在接近齿高中部的一个与齿轮基准轴线同心的圆上，任意 k 个齿距的实际弧长与公称弧长的代数差，取其中绝对值最大的数值 ΔF_{pkmax} 作为评定值，如图 11-4 所示。除非另有规定，ΔF_{pk} 的计值仅限于不超过圆周 1/8 的弧段内，因此，ΔF_{pk} 的允许值适用于齿距数 k 为 $2\sim z/8$ 的弧段内。通常取 $k=z/8$ 就足够了。

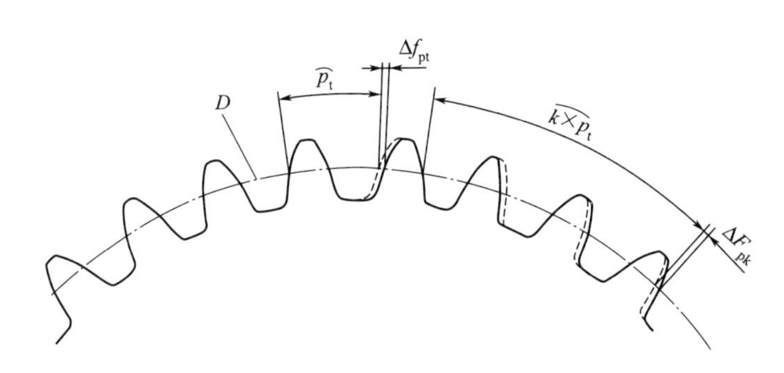

图 11-4 单个齿距偏差 Δf_{pt} 与齿轮累积偏差 ΔF_{pk}
p_t—单个理论齿距；D—接近齿高中部的圆的直径
（实线轮廓表示轮齿的实际位置；虚线齿廓表示轮齿的理想位置）

对于一般齿轮传动，不需要评定 ΔF_{pk}。

ΔF_p 反映了齿轮几何偏心和运动偏心使齿轮齿距不均匀所产生的齿距累积误差，ΔF_p 越大，则齿廓间的相互位置误差就越大，齿轮一周内的最大转角误差也就越大，传递运动的准确性就越差。

测量一个齿轮的齿距累积总偏差 ΔF_p 和齿距累积偏差 ΔF_{pk} 时，其合格条件是：ΔF_p 不大于齿距累积总偏差允许值 F_p；所有的 ΔF_{pk} 都在齿距累积偏差允许值 $\pm F_{pk}$ 的范围内，即：

$$\Delta F_p\leqslant F_p \qquad -F_{pk}\leqslant\Delta F_{pk}\leqslant+F_{pk}$$

齿距累积总偏差允许值 F_p 可按表 11-3 查取。

$$F_{pk}=f_{pt}+1.6\sqrt{(k-1)m_n}$$

式中，k 为测量 ΔF_{pk} 时的齿距数；m_n 为齿轮的法向模数；f_{pt} 可按表 11-4 查取。

表 11-3 齿距累积总偏差允许值 F_p（摘自 GB/T 10095.1—2008） μm

分度圆直径 d/mm	模数 m/mm	精度等级												
		0	1	2	3	4	5	6	7	8	9	10	11	12
$5\leqslant d\leqslant 20$	$0.5\leqslant m\leqslant 2$	2.0	2.8	4.0	5.5	8.0	11.0	16.0	23.0	32.0	45.0	64.0	90.0	127.0
	$2<m\leqslant 3.5$	2.1	2.9	4.2	6.0	8.5	12.0	17.0	23.0	33.0	47.0	66.0	94.0	133.0

续表

分度圆直径 d/*mm*	模数 m/*mm*	精度等级												
		0	1	2	3	4	5	6	7	8	9	10	11	12
20＜d≤50	0.5≤m≤2	2.5	3.6	5.0	7.0	10.0	14.0	20.0	29.0	41.0	57.0	81.0	115.0	162.0
	2＜m≤3.5	2.6	3.7	5.0	7.5	10.0	15.0	21.0	30.0	42.0	59.0	84.0	119.0	168.0
	3.5＜m≤6	2.7	3.9	5.5	7.5	11.0	15.0	22.0	31.0	44.0	62.0	87.0	123.0	174.0
	6＜m≤10	2.9	4.1	6.0	8.0	12.0	16.0	23.0	33.0	46.0	65.0	93.0	131.0	185.0
50＜d≤125	0.5≤m≤2	3.3	4.6	6.5	9.0	13.0	18.0	26.0	37.0	52.0	74.0	104.0	147.0	208.0
	2＜m≤3.5	3.3	4.7	6.5	9.5	13.0	19.0	27.0	38.0	53.0	76.0	107.0	151.0	214.0
	3.5＜m≤6	3.4	4.9	7.0	9.5	14.0	19.0	28.0	39.0	55.0	78.0	110.0	156.0	220.0
	6＜m≤10	3.6	5.0	7.0	10.0	14.0	20.0	29.0	41.0	58.0	82.0	116.0	164.0	231.0
	10＜m≤16	3.9	5.5	7.5	11.0	15.0	22.0	31.0	44.0	62.0	88.0	124.0	175.0	248.0
	16＜m≤25	4.3	6.0	8.5	12.0	17.0	24.0	34.0	48.0	68.0	96.0	136.0	193.0	273.0
125＜d≤280	0.5≤m≤2	4.3	6.0	8.5	12.0	17.0	24.0	35.0	49.0	69.0	98.0	138.0	195.0	276.0
	2＜m≤3.5	4.4	6.0	9.0	12.0	18.0	25.0	35.0	50.0	70.0	100.0	141.0	199.0	282.0
	3.5＜m≤6	4.5	6.5	9.0	13.0	18.0	25.0	36.0	51.0	72.0	102.0	144.0	204.0	288.0
	6＜m≤10	4.7	6.5	9.5	13.0	19.0	26.0	37.0	53.0	75.0	106.0	149.0	211.0	299.0
	10＜m≤16	4.9	7.0	10.0	14.0	20.0	28.0	39.0	56.0	79.0	112.0	158.0	223.0	316.0
	16＜m≤25	5.5	7.5	11.0	15.0	21.0	30.0	43.0	60.0	85.0	120.0	170.0	241.0	341.0
	25＜m≤40	6.0	8.5	12.0	17.0	24.0	34.0	47.0	67.0	95.0	134.0	190.0	269.0	380.0

齿距累积总偏差 ΔF_{p} 和齿距累积偏差 ΔF_{pk} 的测量方法有绝对法和相对法，其中相对法应用较广。

（1）相对测量法　图 11-5 为手持式齿距仪并以齿顶圆定位测量齿距的示意图。测量时，先用定位支脚 1 和 2 在被测齿轮齿顶圆上定位，也可用齿根圆或齿轮的内孔定位（图 11-6），调整活动量爪 3 和固定量爪 4，使其在相邻两齿同侧齿廓的分度圆附近与齿面接触。以齿轮任意一个齿距为基准，将仪器的指示表 5 调到零位。然后依次测出其余各实际齿距相对于基准齿距的偏差，经数据处理，便可求出齿距累积偏差 ΔF_{pk} 和齿距累积总偏差 ΔF_{p}。

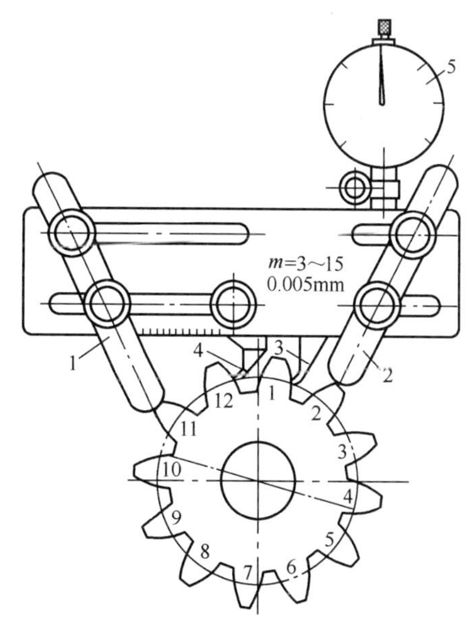

图 11-5　手持式齿距仪

1，2—定位支脚；3—活动量爪；4—固定量爪；5—指示表

（2）绝对测量法　如图 11-7 所示，用指示表在齿轮分度圆上进行定位，用读数显微镜及分度盘进行读数，两相邻齿面定位后读出数值之差即为齿距偏差，最大正、负偏差之差即为齿距累积总偏差 ΔF_{p}。

绝对法测量不受测量误差累积的影响，可达很高精度，其测量精度主要取决于分度装置，缺点是检查麻烦，费时，效率低，应用较少。

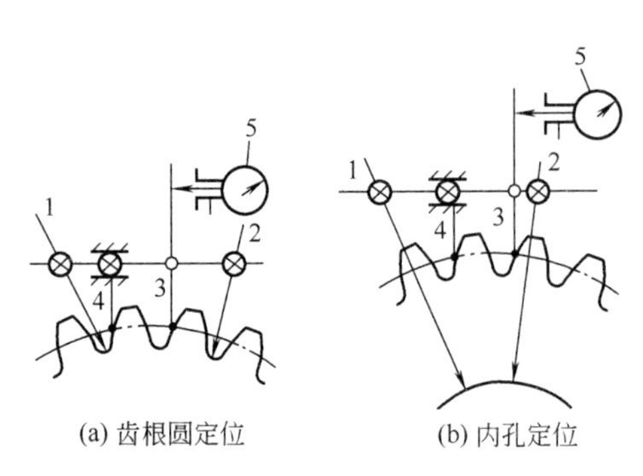

图 11-6　手持式齿距仪测量定位

1，2—定位支脚；3—活动量爪；4—固定量爪；5—指示表

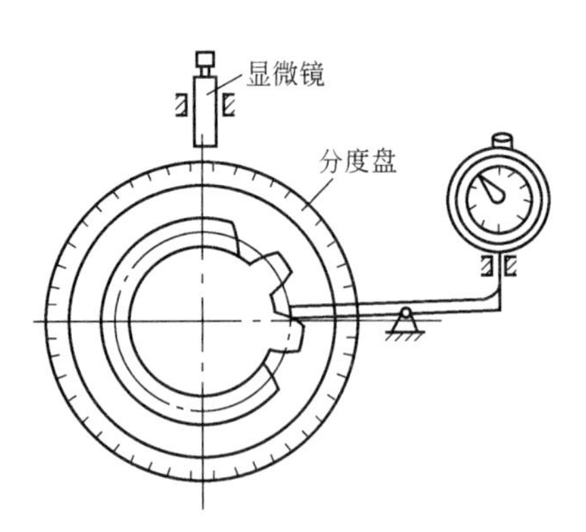

图 11-7　用绝对法测量 ΔF_p

2. 影响齿轮传动平稳性的强制性检测精度指标及其检测

（1）单个齿距偏差　单个齿距偏差 Δf_{pt} 是指在端平面上，在接近齿高中部的一个与齿轮轴线同心的圆上，实际齿距与公称齿距的代数差，取其中绝对值最大的数值 Δf_{ptmax} 作为评定值，如图 11-4 所示。单个齿距偏差 Δf_{pt} 和齿距累计总偏差 ΔF_p、齿距累计偏差 ΔF_{pk} 是用同一量仪同时测出的。采用相对法测量 Δf_{pt} 时，用所测得的各个实际齿距的平均值作为公称齿距。滚齿加工时，Δf_{pt} 主要是由分度蜗杆跳动及轴向窜动，即机床传动链误差所造成的。

单个齿距偏差 Δf_{pt} 的合格条件为：

$$-f_{pt} \leqslant \Delta f_{pt} \leqslant +f_{pt}$$

式中，单个齿距偏差允许值 $\pm f_{pt}$ 值按表 11-4 查取。

表 11-4　单个齿距偏差允许值 $\pm f_{pt}$（摘自 GB/T 10095.1—2008）　　μm

分度圆直径 d/mm	模数 m/mm	精度等级												
		0	1	2	3	4	5	6	7	8	9	10	11	12
$5 \leqslant d \leqslant 20$	$0.5 \leqslant m \leqslant 2$	0.8	1.2	1.7	2.3	3.3	4.7	6.5	9.5	13.0	19.0	26.0	37.0	53.0
	$2 < m \leqslant 3.5$	0.9	1.3	1.8	2.6	3.7	5.0	7.5	10.0	15.0	21.0	29.0	41.0	59.0
$20 < d \leqslant 50$	$0.5 \leqslant m \leqslant 2$	0.9	1.2	1.8	2.5	3.5	5.0	7.0	10.0	14.0	20.0	28.0	40.0	56.0
	$2 < m \leqslant 3.5$	1.0	1.4	1.9	2.7	3.9	5.5	7.5	11.0	15.0	22.0	31.0	44.0	62.0
	$3.5 < m \leqslant 6$	1.1	1.5	2.1	3.0	4.3	6.0	8.5	12.0	17.0	24.0	34.0	48.0	68.0
	$6 < m \leqslant 10$	1.2	1.7	2.5	3.5	4.9	7.0	10.0	14.0	20.0	28.0	40.0	56.0	79.0
$50 < d \leqslant 125$	$0.5 \leqslant m \leqslant 2$	0.9	1.3	1.9	2.7	3.8	5.5	7.5	11.0	15.0	21.0	30.0	43.0	61.0
	$2 < m \leqslant 3.5$	1.0	1.5	2.1	2.9	4.1	6.0	8.5	12.0	17.0	23.0	33.0	47.0	66.0
	$3.5 < m \leqslant 6$	1.1	1.6	2.3	3.2	4.6	6.5	9.0	13.0	18.0	26.0	36.0	52.0	73.0
	$6 < m \leqslant 10$	1.3	1.8	2.6	3.7	5.0	7.5	10.0	15.0	21.0	30.0	42.0	59.0	84.0
	$10 < m \leqslant 16$	1.6	2.2	3.1	4.4	6.5	9.0	13.0	18.0	25.0	35.0	50.0	71.0	100.0
	$16 < m \leqslant 25$	2.0	2.8	3.9	5.5	8.0	11.0	16.0	22.0	31.0	44.0	63.0	89.0	125.0

续表

分度圆直径 d/mm	模数 m/mm	精度等级												
		0	1	2	3	4	5	6	7	8	9	10	11	12
$125<d\leqslant280$	$0.5\leqslant m\leqslant2$	1.1	1.5	2.1	3.0	4.2	6.0	8.5	12.0	17.0	24.0	34.0	48.0	67.0
	$2<m\leqslant3.5$	1.1	1.6	2.3	3.2	4.6	6.5	9.0	13.0	18.0	26.0	36.0	51.0	73.0
	$3.5<m\leqslant6$	1.2	1.8	2.5	3.5	5.0	7.0	10.0	14.0	20.0	28.0	40.0	56.0	79.0
	$6<m\leqslant10$	1.4	2.0	2.8	4.0	5.5	8.0	11.0	16.0	23.0	32.0	45.0	64.0	90.0
	$10<m\leqslant16$	1.7	2.4	3.3	4.7	6.5	9.5	13.0	19.0	27.0	38.0	53.0	75.0	107.0
	$16<m\leqslant25$	2.1	2.9	4.1	6.0	8.0	12.0	16.0	23.0	33.0	47.0	66.0	93.0	132.0
	$25<m\leqslant40$	2.7	3.8	5.5	7.5	11.0	15.0	21.0	30.0	43.0	61.0	86.0	121.0	171.0

(2) 齿廓总偏差 齿廓偏差是指实际齿廓偏离设计齿廓的量，该量在端平面内且垂直于渐开线齿廓的方向计值。齿廓总偏差 ΔF_a 是指在计值范围 L_a 内，包容实际齿廓轨线的两条设计齿廓迹线间的距离，如图 11-8 所示。齿廓总偏差允许值 F_a 见表 11-5。齿廓总偏差 ΔF_a 包含了齿廓形状偏差和齿廓倾斜偏差。

表 11-5 齿廓总偏差允许值 F_a（摘自 GB/T 10095.1—2008） μm

分度圆直径 d/mm	模数 m/mm	精度等级												
		0	1	2	3	4	5	6	7	8	9	10	11	12
$5\leqslant d\leqslant20$	$0.5\leqslant m\leqslant2$	0.8	1.1	1.6	2.3	3.2	4.6	6.5	9.0	13.0	18.0	26.0	37.0	52.0
	$2<m\leqslant3.5$	1.2	1.7	2.3	3.3	4.7	6.5	9.5	13.0	19.0	26.0	37.0	53.0	75.0
$20<d\leqslant50$	$0.5\leqslant m\leqslant2$	0.9	1.3	1.8	2.6	3.6	5.0	7.5	10.0	15.0	21.0	29.0	41.0	58.0
	$2<m\leqslant3.5$	1.3	1.8	2.5	3.6	5.0	7.0	10.0	14.0	20.0	29.0	40.0	57.0	81.0
	$3.5<m\leqslant6$	1.6	2.2	3.1	4.4	6.0	9.0	12.0	18.0	25.0	35.0	50.0	70.0	99.0
	$6<m\leqslant10$	1.9	2.7	3.8	5.5	7.5	11.0	15.0	22.0	31.0	43.0	61.0	87.0	123.0
$50<d\leqslant125$	$0.5\leqslant m\leqslant2$	1.0	1.5	2.1	2.9	4.1	6.0	8.5	12.0	17.0	23.0	33.0	47.0	66.0
	$2<m\leqslant3.5$	1.4	2.0	2.8	3.9	5.5	8.0	11.0	16.0	22.0	31.0	44.0	63.0	89.0
	$3.5<m\leqslant6$	1.7	2.4	3.4	4.8	6.5	9.5	13.0	19.0	27.0	38.0	54.0	76.0	108.0
	$6<m\leqslant10$	2.0	2.9	4.1	6.0	8.0	12.0	16.0	23.0	33.0	46.0	65.0	92.0	131.0
	$10<m\leqslant16$	2.5	3.5	5.0	7.0	10.0	14.0	20.0	28.0	40.0	56.0	79.0	112.0	159.0
	$16<m\leqslant25$	3.0	4.2	6.0	8.5	12.0	17.0	24.0	34.0	48.0	68.0	96.0	136.0	192.0
$125<d\leqslant280$	$0.5\leqslant m\leqslant2$	1.2	1.7	2.4	3.5	4.9	7.0	10.0	14.0	20.0	28.0	39.0	55.0	78.0
	$2<m\leqslant3.5$	1.6	2.2	3.2	4.5	6.5	9.0	13.0	18.0	25.0	36.0	50.0	71.0	101.0
	$3.5<m\leqslant6$	1.9	2.6	3.7	5.5	7.5	11.0	15.0	21.0	30.0	42.0	60.0	84.0	119.0
	$6<m\leqslant10$	2.2	3.2	4.5	6.5	9.0	13.0	18.0	25.0	36.0	50.0	71.0	101.0	143.0
	$10<m\leqslant16$	2.7	3.8	5.5	7.5	11.0	15.0	21.0	30.0	43.0	60.0	85.0	121.0	171.0
	$16<m\leqslant25$	3.2	4.5	6.5	9.0	13.0	18.0	25.0	36.0	51.0	72.0	102.0	144.0	204.0
	$25<m\leqslant40$	3.8	5.5	7.5	11.0	15.0	22.0	31.0	43.0	61.0	87.0	123.0	174.0	246.0

齿廓总偏差 ΔF_a 的测量常用单盘式或万能式渐开线检查仪，其原理是利用精密机构发生正确的渐开线与实际齿廓进行比较以确定齿形误差。图 11-9 所示为单盘渐开线检查仪原

理图。被测齿轮 2 与一直径等于该齿轮基圆直径的基圆盘 1 同轴安装。转动手轮 6、丝杠 5 使纵滑板 7 移动，直尺 3 与基圆盘在一定的接触压力下做纯滚动，杠杆 4 一端为测头并与齿面接触，另一端与指示表 8 相连，直尺 3 与基圆盘 1 接触点在其切平面上。滚动时，测量头与齿廓相对运动的轨迹应是正确的渐开线。若被测齿廓不是理想渐开线，则测头摆动经杠杆 4 在指示表 8 上读出 ΔF_a。

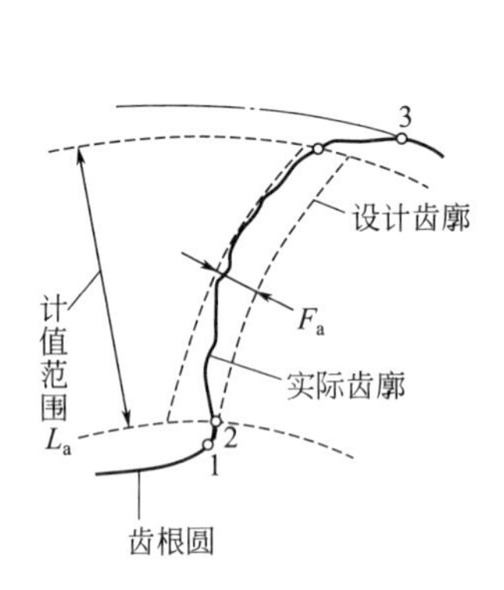

图 11-8 齿轮齿廓偏差

1—齿根圆角或挖根的起点；2—相配齿轮的齿顶圆；3—齿顶、齿顶倒棱或齿顶倒圆的起点

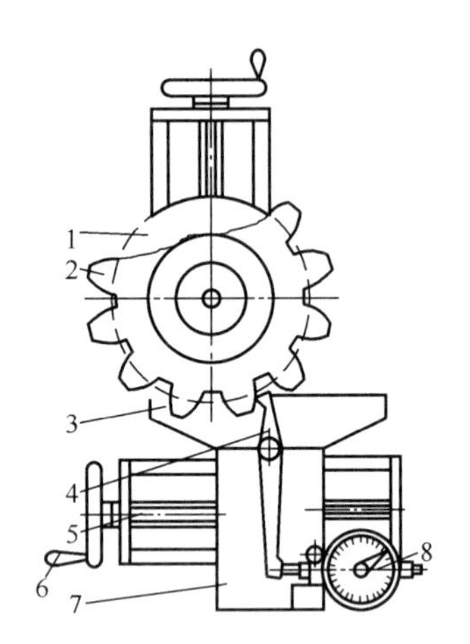

图 11-9 单盘渐开线检查仪测量 ΔF_a

1—基圆盘；2—被测齿轮；3—直尺；4—杠杆；5—丝杠；6—手轮；7—纵滑板；8—指示表

3. 影响轮齿载荷分布均匀性的强制性检测精度指标及其检测

评定轮齿载荷分布均匀性的强制性检测精度指标，在齿宽方向是螺旋线总偏差 ΔF_β，在齿高方向是其传动平稳性的强制性检测精度指标。

螺旋线偏差是指在端面基圆切线方向上测得的实际螺旋线与设计螺旋线的偏离量。螺旋线总偏差 ΔF_β 是指在螺旋线计值范围 L_β 内，包容实际螺旋线轨迹的两条设计螺旋线轨迹间的距离，如图 11-10 所示。螺旋线总偏差包括螺旋线形状偏差 $f_{f\beta}$ 和螺旋线倾斜偏差 $f_{H\beta}$。

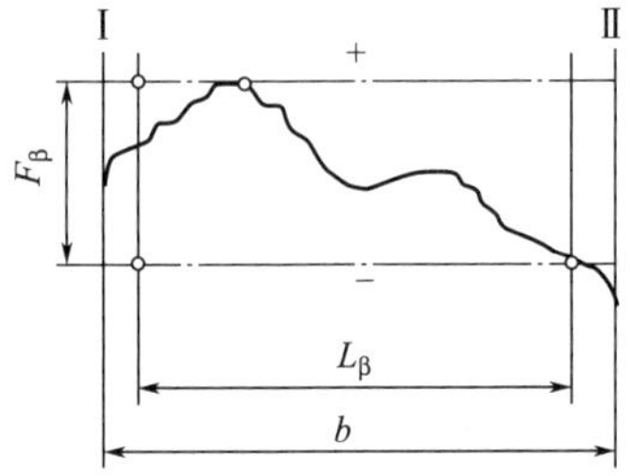

图 11-10 齿轮螺旋线总偏差

（实线为实际螺旋线，点画线为设计螺旋线，b 为齿宽）

ΔF_β 主要是由滚齿机分度蜗杆和进给机构的跳动引起的短周期误差。该项目用以评定传动功率大，转速高的 6 级精度以上的宽斜齿轮。ΔF_β 可用螺旋线检查仪和三坐标测量机等测量。螺旋线总偏差允许值 F_β 见表 11-6。

表 11-6 螺旋线总偏差允许值 F_β（摘自 GB/T 10095.1—2008） μm

分度圆直径 d/mm	齿宽 b/mm	精度等级												
		0	1	2	3	4	5	6	7	8	9	10	11	12
$5 \leqslant d \leqslant 20$	$4 \leqslant b \leqslant 10$	1.1	1.5	2.2	3.1	4.3	6.0	8.5	12.0	17.0	24.0	35.0	49.0	69.0
	$10 < b \leqslant 20$	1.2	1.7	2.4	3.4	4.9	7.0	9.5	14.0	19.0	28.0	39.0	55.0	78.0
	$20 < b \leqslant 40$	1.4	2.0	2.8	3.9	5.5	8.0	11.0	16.0	22.0	31.0	45.0	63.0	89.0
	$40 < b \leqslant 80$	1.6	2.3	3.3	4.6	6.5	9.5	13.0	19.0	26.0	37.0	52.0	74.0	105.0

续表

分度圆直径 d/mm	齿宽 b/mm	精度等级												
		0	1	2	3	4	5	6	7	8	9	10	11	12
$20<d\leqslant50$	$4\leqslant b\leqslant10$	1.1	1.6	2.2	3.2	4.5	6.5	9.0	13.0	18.0	25.0	36.0	51.0	72.0
	$10<b\leqslant20$	1.3	1.8	2.5	3.6	5.0	7.0	10.0	14.0	20.0	29.0	40.0	57.0	81.0
	$20<b\leqslant40$	1.4	2.0	2.9	4.1	5.5	8.0	11.0	16.0	23.0	32.0	46.0	65.0	92.0
	$40<b\leqslant80$	1.7	2.4	3.4	4.8	6.5	9.5	13.0	19.0	27.0	38.0	54.0	76.0	107.0
	$80<b\leqslant160$	2.0	2.9	4.1	5.5	8.0	11.0	16.0	23.0	32.0	46.0	65.0	92.0	130.0
$50<d\leqslant125$	$4\leqslant b\leqslant10$	1.2	1.7	2.4	3.3	4.7	6.5	9.5	13.0	19.0	27.0	38.0	53.0	76.0
	$10<b\leqslant20$	1.3	1.9	2.6	3.7	5.5	7.5	11.0	15.0	21.0	30.0	42.0	60.0	84.0
	$20<b\leqslant40$	1.5	2.1	3.0	4.2	6.0	8.5	12.0	17.0	24.0	34.0	48.0	68.0	95.0
	$40<b\leqslant80$	1.7	2.5	3.5	4.9	7.0	10.0	14.0	20.0	28.0	39.0	56.0	79.0	111.0
	$80<b\leqslant160$	2.1	2.9	4.2	6.0	8.5	12.0	17.0	24.0	33.0	47.0	67.0	94.0	133.0
	$160<b\leqslant250$	2.5	3.5	4.9	7.0	10.0	14.0	20.0	28.0	40.0	56.0	79.0	112.0	158.0
	$250<b\leqslant400$	2.9	4.1	6.0	8.0	12.0	16.0	23.0	33.0	46.0	65.0	92.0	130.0	184.0
$125<d\leqslant280$	$4\leqslant b\leqslant10$	1.3	1.8	2.5	3.6	5.0	7.0	10.0	14.0	20.0	29.0	40.0	57.0	81.0
	$10<b\leqslant20$	1.4	2.0	2.8	4.0	5.5	8.0	11.0	16.0	22.0	32.0	45.0	63.0	90.0
	$20<b\leqslant40$	1.6	2.2	3.2	4.5	6.5	9.0	13.0	18.0	25.0	36.0	50.0	71.0	101.0
	$40<b\leqslant80$	1.8	2.6	3.6	5.0	7.5	10.0	15.0	21.0	29.0	41.0	58.0	82.0	117.0
	$80<b\leqslant160$	2.2	3.1	4.3	6.0	8.5	12.0	17.0	25.0	35.0	49.0	69.0	98.0	139.0
	$160<b\leqslant250$	2.6	3.6	5.0	7.0	10.0	14.0	20.0	29.0	41.0	58.0	82.0	116.0	164.0
	$250<b\leqslant400$	3.0	4.2	6.0	8.5	12.0	17.0	24.0	34.0	47.0	67.0	95.0	134.0	190.0
	$400<b\leqslant650$	3.5	4.9	7.0	10.0	14.0	20.0	28.0	40.0	56.0	79.0	112.0	158.0	224.0

评定轮齿载荷分布均匀性的精度时，应在被测轮齿圆周上测量均匀分布的三个轮齿或更多的轮齿左、右齿面的螺旋线总偏差，取其中的最大值 $\Delta F_{\beta\max}$ 作为评定值。如果 $\Delta F_{\beta\max}$ 不大于螺旋线总偏差允许值 F_β（$\Delta F_{\beta\max}\leqslant F_\beta$），则表示合格。

4. 侧隙指标及其检测

侧隙是一对啮合齿轮轮齿的非工作齿面间留有的间隙，是齿轮传动正常工作的必要条件，加工齿轮时要适当减薄齿厚。齿轮齿厚减薄量可以用齿厚偏差或公法线长度偏差来评定。

（1）齿厚偏差　齿厚偏差 ΔE_{sn} 是指在分度圆柱面上，实际齿厚与公称齿厚之差（对于斜齿轮是指法向齿厚），如图 11-11(a) 所示。公称齿厚可按下式计算：

对外齿轮：
$$S_n=m_n\left(\frac{\pi}{2}+2\tan\alpha_n x\right)\tag{11-1}$$

对内齿轮：
$$S_n=m_n\left(\frac{\pi}{2}-2\tan\alpha_n x\right)\tag{11-2}$$

对于斜齿轮，S_n 值应在法平面内测量。

齿厚的上极限 S_{ns} 和齿厚的下极限 S_{ni} 是齿厚的两个极限的允许尺寸。齿厚的实际尺寸应该位于这两个极限尺寸之间，如图 11-11(b) 所示。

齿厚允许的上偏差 E_{sns} 和下偏差 E_{sni} 统称为齿厚允许的偏差。

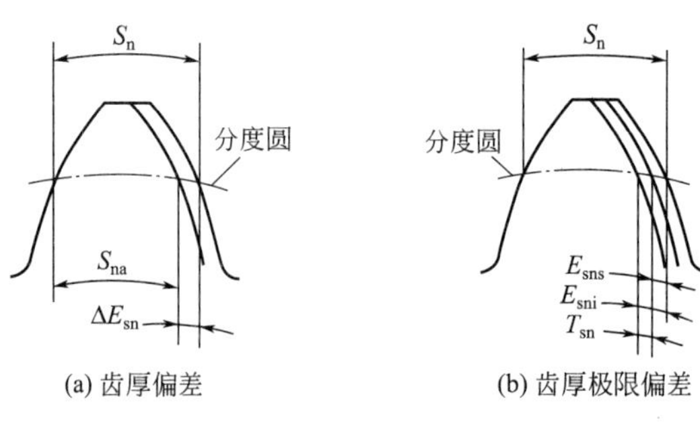

(a) 齿厚偏差　　(b) 齿厚极限偏差

图 11-11　齿厚偏差和齿厚极限偏差

S_n—公称齿厚；S_{na}—实际齿厚；ΔE_{sn}—齿厚偏差；

E_{sns}—齿厚上偏差；E_{sni}—齿厚下偏差；T_{sn}—齿厚公差

$$E_{sns}=S_{ns}-S_n \tag{11-3}$$

$$E_{sni}=S_{ni}-S_n \tag{11-4}$$

式中　S_n——法向齿厚；

S_{ns}——齿厚的上极限；

S_{ni}——齿厚的下极限。

齿厚公差 T_{sn}是指齿厚的上偏差减下偏差，即

$$T_{sn}=E_{sns}-E_{sni}$$

齿厚偏差的确定，要考虑齿轮的几何形状、轮齿的强度、安装和侧隙等工程问题。

① 齿厚允许的上偏差 E_{sns}。是保证获得最小侧隙 j_{bnmin}的齿厚最小减薄量，计算时考虑加工误差与安装误差。通常两齿轮齿厚上偏差，按下式计算

$$|E_{sns}|=\frac{j_{bnmin}+J_{bn}}{2\cos\alpha_n}+f_a\tan\alpha_n \tag{11-5}$$

式中，J_{bn}为补偿齿轮和箱体的制造误差和安装误差所引起的侧隙减小量。

$$J_{bn}=\sqrt{1.76f_{pt}^{\ 2}+[2+0.34(L/b)^2]F_\beta^2} \tag{11-6}$$

式中　α_n——标准压力角；

f_{pt}——大齿轮单个齿距偏差允许值，可按表 11-4 查取；

L——箱体上轴承跨距；

b——齿宽；

F_β——大齿轮螺旋线总偏差允许值，可按表 11-6 查取；

f_a——中心距极限偏差，可按表 11-5 查取。

② 齿厚公差 T_{sn}。T_{sn}主要取决于齿轮径向跳动 F_r 和切齿加工时的径向进刀公差 b_r，按随机误差合成后，将径向误差换算成齿厚方向。齿厚公差 T_{sn}按式(11-7) 计算：

$$T_{sn}=2\tan\alpha_n\sqrt{F_r^2+b_r^2} \tag{11-7}$$

式中　T_{sn}——齿厚公差；

F_r——齿轮径向跳动允许值，可按表 11-9 查取；

b_r——切齿进刀公差，可按表 11-7 查取。

表 11-7　切齿时的径向进刀公差 b_r

齿轮传递运动准确性的精度等级	4 级	5 级	6 级	7 级	8 级	9 级
b_r	1.26IT7	IT8	1.26IT8	IT9	1.26IT9	IT10

注：IT 值按分度圆直径查 GB/T 1800.3—2009。

③ 齿厚允许的下偏差。齿厚允许的下偏差 E_{sni} 按式(11-8) 计算：

$$E_{sni}=E_{sns}-T_{sn} \tag{11-8}$$

④ 公称弦齿厚及其测量。根据定义，齿厚是以分度圆弧长（弧齿厚）计值，但是不便于测量。测量时往往根据仪器的使用，在弦齿高的位置测量齿厚。为此，要计算与之对应的公称弦齿厚 s_{nc} 与公称弦齿高 h_c：

$$s_{nc}=mz\sin\delta \tag{11-9}$$

$$h_c=r_a-\frac{mz}{2}\cos\delta \tag{11-10}$$

$$\delta=\frac{\pi}{2z}+\frac{2x}{z}\tan\alpha$$

式中　δ——分度圆弦齿厚之半所对应的中心角；

r_a——齿轮齿顶圆的公称半径；

m——齿轮模数；

z——齿轮齿数；

α——标准压力角；

x——齿轮的变位系数。

在图样上，标注公称弦齿高 h_c 和公称弦齿厚 s_{nc} 及其上下偏差，即 $s_{nc}{}^{E_{sns}}_{E_{sni}}$。齿厚偏差的合格条件为：

$$E_{sni}\leqslant\Delta E_{sn}\leqslant E_{sns}$$

测量齿厚时，以齿顶圆为基准，常用齿厚游标卡尺测量（图 11-12）。由于分度圆弧齿厚不易测量，一般测量分度圆弦齿厚。测量前，先将垂直游标卡尺调整到被测齿轮的公称弦齿高 h_c 处，然后用水平游标卡尺测量分度圆弦齿厚的实际值。将分度圆弦齿厚的实际值减去其公称值，即为分度圆弦齿厚的偏差值。

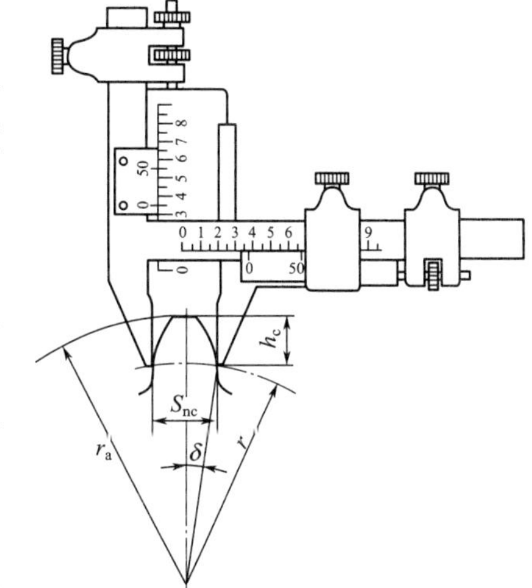

图 11-12　分度圆弦齿厚的测量

r—分度圆半径；r_a—齿顶圆半径

(2) 公法线长度偏差

公法线长度 W_k 是指齿轮上几个轮齿的两端异向齿廓间所包含的一段基圆圆弧，即该两端异向齿廓间基圆切线线段的长度，如图 11-13 所示。

直齿轮的公称公法线长度和测量时的跨齿数 k 可按式(11-11) 计算：

$$W_k=m\cos\alpha[\pi(k-0.5)+z\,\mathrm{inv}\alpha]+2xm\sin\alpha \tag{11-11}$$

式中　m——齿轮模数；

z——齿轮齿数；

α——标准压力角；

x——齿轮的变位系数。

$$k=\frac{z}{9}+0.5(\text{标准齿轮}) \tag{11-12}$$

斜齿轮的公称公法线长度和测量时的跨齿数 k 可按式(11-13) 计算：

$$W_{kn}=m_n\cos\alpha_n[\pi(k-0.5)+z\,\mathrm{inv}\alpha_t]+2x_nm_n\sin\alpha_n \tag{11-13}$$

式中 m_n——斜齿轮的法向模数；

α_n——斜齿轮的标准压力角；

z——齿轮齿数；

α_t——斜齿轮的端面压力角；

x_n——斜齿轮的法向变位系数。

$$k=\frac{z'}{9}+0.5(\text{标准斜齿轮，其中 } z'=z\,\mathrm{inv}\alpha_t/\mathrm{inv}\alpha_n) \tag{11-14}$$

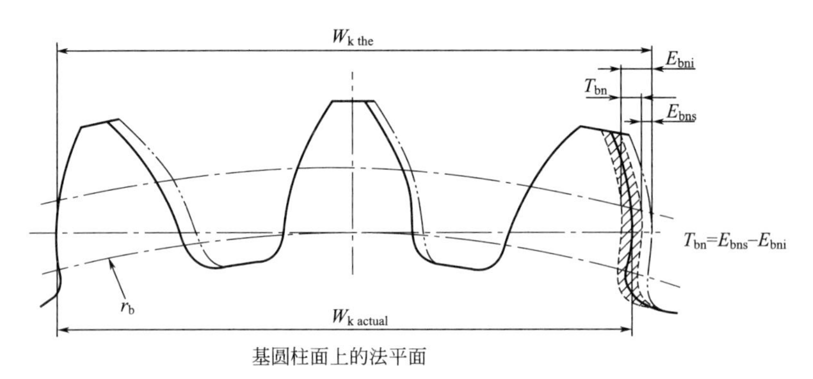

图 11-13 公法线长度与公法线长度偏差

公法线长度偏差 ΔE_{bn}是指实际公法线长度与公称公法线长度之差。ΔE_{bn}是以公法线长度的极限偏差 E_{bns}和 E_{bni}来加以限制的，其合格条件为：

$$E_{bni}\leqslant\Delta E_{bn}\leqslant E_{bns}$$

若使用控制公法线长度极限偏差 ΔE_{bn}的办法来保证侧隙，可用式(11-15）换算：

外齿轮

$$\begin{aligned}&\text{上偏差}\quad E_{bns}=E_{sns}\cos\alpha-0.72F_r\sin\alpha\\&\text{下偏差}\quad E_{bni}=E_{sni}\cos\alpha+0.72F_r\sin\alpha\end{aligned} \tag{11-15}$$

ΔE_{bn}的测量与 W_k 的测量方法相同，可用公法线千分尺、公法线指示卡规以及游标卡尺等测量，如图 11-14 所示。一般大模数齿轮采用测量齿厚偏差来控制齿轮副的侧隙，中、小模数和高精度齿轮采用测量公法线长度偏差来控制齿轮副的侧隙。

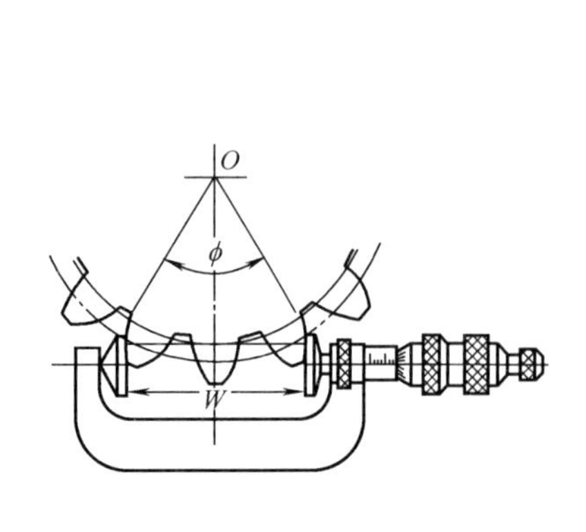

(a) 用公法线千分尺测量齿轮的公法线长度

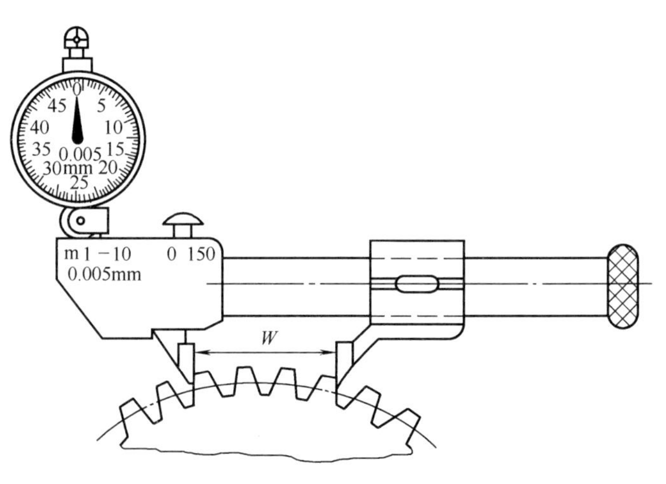

(b) 用公法线指示卡规测量齿轮的公法线长度

图 11-14 公法线长度测量

二、圆柱齿轮的非强制性检测精度指标及其检测

1. 切向综合总偏差

切向综合总偏差 $\Delta F'_i$ 是指被测齿轮与测量齿轮单面啮合检验时，被测齿轮一转内，齿轮分度圆上实际圆周位移与理论圆周位移的最大差值，如图 11-15 所示。切向综合总偏差 $\Delta F'_i$ 反映齿距累计总偏差 ΔF_p 和单齿误差的综合结果，通过分度圆切线方向反映出来，以分度圆弧长计值。

切向综合总偏差 $\Delta F'_i$ 是评定传递运动准确性的综合指标，是以齿轮一转为周期的转角误差，每转出现一次，其合格条件为：

$$F'_i \geqslant \Delta F'_i$$

切向综合总偏差允许值 F'_i 可按式(11-16) 计算：

$$F'_i = F_p + f'_i \tag{11-16}$$

式中　F_p——齿距累积总偏差允许值（表 11-3）；

f'_i——一齿切向综合偏差允许值（表 11-8）。

切向综合总偏差 $\Delta F'_i$ 是用齿轮单面啮合检查仪（简称单啮仪）测量的。单啮仪有机械式、光栅式和磁分度式等。下面以最简单的机械式单啮仪为例来说明单啮仪的测量原理，如图 11-16 所示。

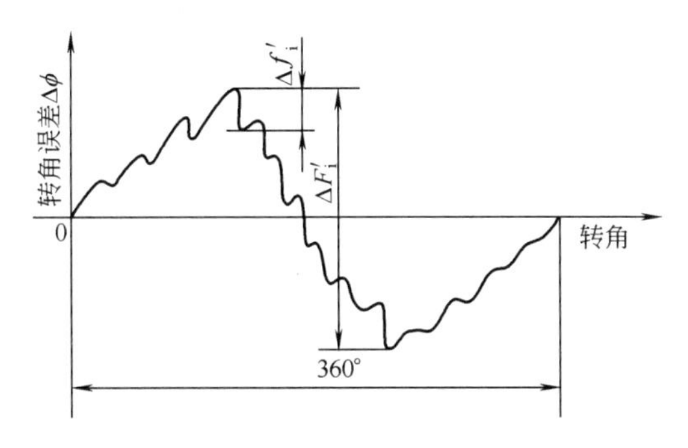

图 11-15　切向综合总偏差曲线

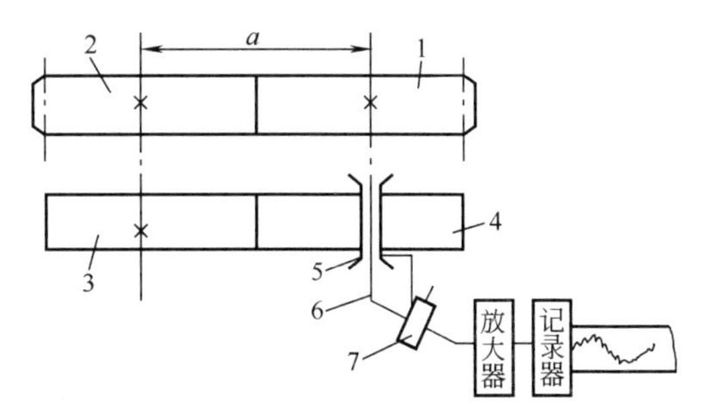

图 11-16　双圆盘摩擦式单啮仪原理图

1—被测齿轮；2—理想精确测量齿轮；3—精密摩擦盘；4—圆盘；5—空心轴；6—转轴；7—传感器

图 11-16 是双圆盘摩擦式单啮仪测量原理示意图。被测齿轮 1 与作为测量基准的理想精确测量齿轮 2，在公称中心距 a 下形成单面啮合齿轮副的传动。直径分别等于齿轮 1、2 分度圆直径的精密摩擦盘 3 和圆盘 4 的纯滚动形成标准传动。若被测齿轮 1 没有误差，则其转轴 6 与圆盘 4 同步回转，传感器 7 无信号输出。若被测齿轮 1 有误差，则转轴 6 与圆盘不同步，两者产生的相对转角误差由传感器 7 经放大器传至记录仪，并可画出一条光滑的、连续的齿轮转角误差曲线（图 11-15）。该曲线称为切向偏差曲线，$\Delta F'_i$ 就是这条误差曲线的最大幅值。

2. 一齿切向综合偏差

一齿切向综合偏差 $\Delta f'_i$ 是指被测齿轮一转中对应一个齿距范围内的实际圆周位移与理论圆周位移的最大差值，即图 11-15 曲线上，小波纹的最大幅值，属切向短周期综合误差。一齿切向综合偏差 $\Delta f'_i$ 反映单个齿距偏差和齿廓偏差等单齿误差的综合结果。

一齿切向综合偏差允许值 f'_i 可按式(11-17) 计算：

$$f'_i = k(4.3 + f_{pt} + F_a) \tag{11-17}$$

即 $$f'_{\mathrm{i}}=k(9+0.3m+3.2\sqrt{m}+0.34\sqrt{d}) \tag{11-18}$$

式中　k——系数，当总重合度 $\varepsilon_{\mathrm{r}}<4$ 时，$k=0.2\left(\frac{\varepsilon_{\mathrm{r}}+4}{\varepsilon_{\mathrm{r}}}\right)$；当 $\varepsilon_{\mathrm{r}}\geqslant 4$ 时，$k=0.4$。

一齿切向综合偏差允许值 f'_{i} 也可由表 11-8 中给出的 f'_{i}/k 的数值乘以系数 k 得到。

表 11-8　f'_{i}/k 的比值（摘自 GB/T 10095.1—2008）　μm

分度圆直径 d/mm	模数 m/mm	精度等级												
		0	1	2	3	4	5	6	7	8	9	10	11	12
$5\leqslant d\leqslant 20$	$0.5\leqslant m\leqslant 2$	2.4	3.4	4.8	7.0	9.5	14.0	19.0	27.0	38.0	54.0	77.0	109.0	154.0
	$2<m\leqslant 3.5$	2.8	4.0	5.5	8.0	11.0	16.0	23.0	32.0	45.0	64.0	91.0	129.0	182.0
$20<d\leqslant 50$	$0.5\leqslant m\leqslant 2$	2.5	3.6	5.0	7.0	10.0	14.0	20.0	29.0	41.0	58.0	82.0	115.0	163.0
	$2<m\leqslant 3.5$	3.0	4.2	6.0	8.5	12.0	17.0	24.0	34.0	48.0	68.0	96.0	135.0	191.0
	$3.5<m\leqslant 6$	3.4	4.8	7.0	9.5	14.0	19.0	27.0	38.0	54.0	77.0	108.0	153.0	217.0
	$6<m\leqslant 10$	3.9	5.5	8.0	11.0	16.0	22.0	31.0	44.0	63.0	89.0	125.0	177.0	251.0
$50<d\leqslant 125$	$0.5\leqslant m\leqslant 2$	2.7	3.9	5.5	8.0	11.0	16.0	22.0	31.0	44.0	62.0	88.0	124.0	176.0
	$2<m\leqslant 3.5$	3.2	4.5	6.5	9.0	13.0	18.0	25.0	36.0	51.0	72.0	102.0	144.0	204.0
	$3.5<m\leqslant 6$	3.6	5.0	7.0	10.0	14.0	20.0	29.0	40.0	57.0	81.0	115.0	162.0	229.0
	$6<m\leqslant 10$	4.1	6.0	8.0	12.0	16.0	23.0	33.0	47.0	66.0	93.0	132.0	186.0	263.0
	$10<m\leqslant 16$	4.8	7.0	9.5	14.0	19.0	27.0	38.0	54.0	77.0	109.0	154.0	218.0	308.0
	$16<m\leqslant 25$	5.5	8.0	11.0	16.0	23.0	32.0	46.0	65.0	91.0	129.0	183.0	259.0	366.0
$125<d\leqslant 280$	$0.5\leqslant m\leqslant 2$	3.0	4.3	6.0	8.5	12.0	17.0	24.0	34.0	49.0	69.0	97.0	137.0	194.0
	$2<m\leqslant 3.5$	3.5	4.9	7.0	10.0	14.0	20.0	28.0	39.0	56.0	79.0	111.0	157.0	222.0
	$3.5<m\leqslant 6$	3.9	5.5	7.5	11.0	15.0	22.0	31.0	44.0	62.0	88.0	124.0	175.0	247.0
	$6<m\leqslant 10$	4.4	6.0	9.0	12.0	18.0	25.0	35.0	50.0	70.0	100.0	141.0	199.0	281.0
	$10<m\leqslant 16$	5.0	7.0	10.0	14.0	20.0	29.0	41.0	58.0	82.0	115.0	163.0	231.0	326.0
	$16<m\leqslant 25$	6.0	8.5	12.0	17.0	24.0	34.0	48.0	68.0	96.0	136.0	192.0	272.0	384.0
	$25<m\leqslant 40$	7.5	10.0	15.0	21.0	29.0	41.0	58.0	82.0	116.0	165.0	233.0	329.0	465.0

在单面啮合检查仪上测量切向综合总偏差的同时，也可以测出一齿切向综合偏差。

3. 径向跳动

齿轮径向跳动 ΔF_{r} 是指将测头相继放入被测齿轮的每个齿槽内，于接近齿高中部的位置与左、右齿面接触时，从它到该齿轮基准轴线的最大距离与最小距离之差，如图 11-17 所示。

ΔF_{r} 主要是由几何偏心引起的。切齿时由于齿坯孔与心轴有间隙，使两旋转轴线不重合而产生偏心，造成齿圈上各点到孔轴线距离不等，形成以齿轮一转为周期的径向长周期误差，齿距或齿厚也不均匀。当齿轮具有运动偏心 e_{k} 时，该测量方法是不能检测出来的。此外，齿坯轴向跳动也会引起附加偏心。

ΔF_{r} 可用 40°锥形或槽形测头及球形、圆柱测头测量。测量时将测头放入齿槽，使测头与齿廓在分度圆附近接触，球测头直径可按式(11-19) 计算：

$$d=1.68m \tag{11-19}$$

式中　m——齿轮的模数。

径向跳动 ΔF_r 的合格条件为：

$$F_r \geqslant \Delta F_r$$

径向跳动允许值 F_r 可按表 11-9 查取。

径向跳动可在径向跳动检查仪上或普通偏摆检查仪上测量，如图 11-18 所示。

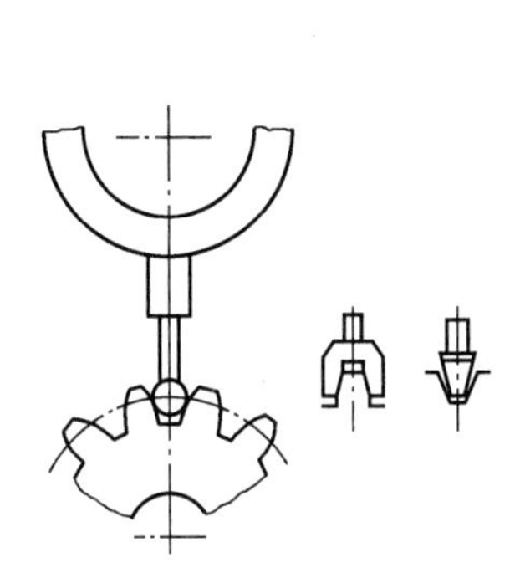

图 11-17　径向跳动 ΔF_r

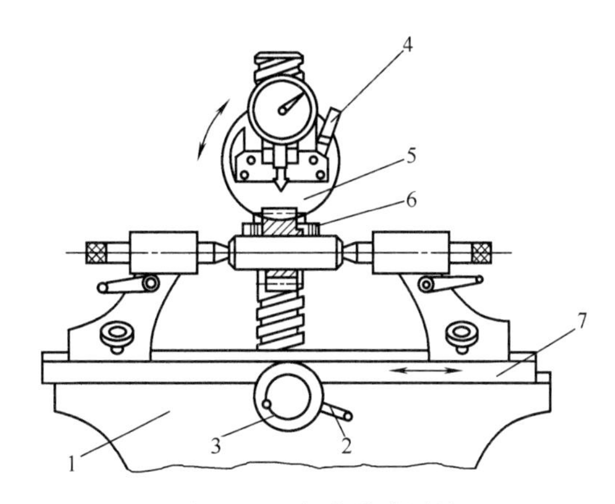

图 11-18　径向跳动测量

1—底座；2—手柄；3—手轮；4—拨动手柄；
5—千分表架；6—升降螺母；7—顶尖座

表 11-9　径向跳动允许值 F_r（摘自 GB/T10095.2—2008）　μm

分度圆直径 d/mm	法向模数 m_n/mm	精度等级												
		0	1	2	3	4	5	6	7	8	9	10	11	12
$5 \leqslant d \leqslant 20$	$0.5 \leqslant m_n \leqslant 2.0$	1.5	2.5	3.0	4.5	6.5	9.0	13	18	25	36	51	72	102
	$2.0 < m_n \leqslant 3.5$	1.5	2.5	3.5	4.5	6.5	9.5	13	19	27	38	53	75	106
$20 < d \leqslant 50$	$0.5 \leqslant m_n \leqslant 2.0$	2.0	3.0	4.0	5.5	8.0	11	16	23	32	46	65	92	130
	$2.0 < m_n \leqslant 3.5$	2.0	3.0	4.0	6.0	8.5	12	17	24	34	47	67	95	134
	$3.5 < m_n \leqslant 6.0$	2.0	3.0	4.5	6.0	8.5	12	17	25	35	49	70	99	139
	$6.0 < m_n \leqslant 10$	2.5	3.5	4.5	6.5	9.5	13	19	26	37	52	74	105	148
$50 < d \leqslant 125$	$0.5 \leqslant m_n \leqslant 2.0$	2.5	3.5	5.0	7.5	10	15	21	29	42	59	83	118	167
	$2.0 < m_n \leqslant 3.5$	2.5	4.0	5.5	7.5	11	15	21	30	43	61	86	121	171
	$3.5 < m_n \leqslant 6.0$	3.0	4.0	5.5	8.0	11	16	22	31	44	62	8.8	125	176
	$6.0 < m_n \leqslant 10$	3.0	4.0	6.0	8.0	12	16	23	33	46	65	92	131	185
	$10 < m_n \leqslant 16$	3.0	4.5	6.0	9.0	12	18	25	35	50	70	99	140	198
	$16 < m_n \leqslant 25$	3.5	5.0	7.0	9.5	14	19	27	39	55	77	109	154	218
$125 < d \leqslant 280$	$0.5 \leqslant m_n \leqslant 2.0$	3.5	5.0	7.0	10	14	20	28	39	55	78	110	156	221
	$2.0 < m_n \leqslant 3.5$	3.5	5.0	7.0	10	14	20	28	40	56	80	113	159	225
	$3.5 < m_n \leqslant 6.0$	3.5	5.0	7.0	10	14	20	29	41	58	82	115	163	231
	$6.0 < m_n \leqslant 10$	3.5	5.5	7.5	11	15	21	30	42	60	85	120	169	239
	$10 < m_n \leqslant 16$	4.0	5.5	8.0	11	16	22	32	45	63	89	126	179	252
	$16 < m_n \leqslant 25$	4.5	6.0	8.5	12	17	24	34	48	68	96	136	193	272
	$25 < m_n \leqslant 40$	4.5	6.5	9.5	13	19	27	36	54	76	107	152	215	304

测量时，把被测齿轮的内孔装在心轴上（内孔定位），心轴支承在仪器的两顶针之间，把百分表测杆上专用测量头与轮齿的齿高中点双面接触，逐个依次测量各轮齿，在齿轮一转中指示表最大读数与最小读数之差就是被测齿轮的径向跳动值。

4. 径向综合总偏差

径向综合总偏差 $\Delta F''_i$ 是在径向（双面啮合）综合检验时，被测齿轮的左右齿面同时与测量的齿轮接触，并转过一整圈时出现的中心距最大值与最小值之差。径向综合总偏差 $\Delta F''_i$ 的合格条件为：

$$F''_i \geqslant \Delta F''_i$$

径向综合总偏差允许值 F''_i 可按表 11-10 查取。

表 11-10 径向综合总偏差允许值 F''_i（摘自 GB/T 10095.2—2008） μm

分度圆直径 d/mm	法向模数 m_n/mm	精度等级								
		4	5	6	7	8	9	10	11	12
$5 \leqslant d \leqslant 20$	$0.2 \leqslant m_n \leqslant 0.5$	7.5	11	15	21	30	42	60	85	120
	$0.5 < m_n \leqslant 0.8$	8.0	12	16	23	33	46	66	93	131
	$0.8 < m_n \leqslant 1.0$	9.0	12	18	25	35	50	70	100	141
	$1.0 < m_n \leqslant 1.5$	10	14	19	27	38	54	76	108	153
	$1.5 < m_n \leqslant 2.5$	11	16	22	32	45	63	89	126	179
	$2.5 < m_n \leqslant 4.0$	14	20	28	39	56	79	112	158	223
$20 < d \leqslant 50$	$0.2 \leqslant m_n \leqslant 0.5$	9.0	13	19	26	37	52	74	105	148
	$0.5 < m_n \leqslant 0.8$	10	14	20	28	40	56	80	113	160
	$0.8 < m_n \leqslant 1.0$	11	15	21	30	42	60	85	120	169
	$1.0 < m_n \leqslant 1.5$	11	16	23	32	45	64	91	128	181
	$1.5 < m_n \leqslant 2.5$	13	18	26	37	52	73	103	146	207
	$2.5 < m_n \leqslant 4.0$	16	22	31	44	63	89	126	178	251
	$4.0 < m_n \leqslant 6.0$	20	28	39	56	79	111	157	222	314
	$6.0 < m_n \leqslant 10$	26	37	52	74	104	147	209	295	417
$50 < d \leqslant 125$	$0.2 \leqslant m_n \leqslant 0.5$	12	16	23	33	46	66	93	131	185
	$0.5 < m_n \leqslant 0.8$	12	17	25	35	49	70	98	139	197
	$0.8 < m_n \leqslant 1.0$	13	18	26	36	52	73	103	146	206
	$1.0 < m_n \leqslant 1.5$	14	19	27	39	55	77	109	154	218
	$1.5 < m_n \leqslant 2.5$	15	22	31	43	61	86	122	173	244
	$2.5 < m_n \leqslant 4.0$	18	25	36	51	72	102	144	204	288
	$4.0 < m_n \leqslant 6.0$	22	31	44	62	88	124	176	248	351
	$6.0 < m_n \leqslant 10$	28	40	57	80	114	161	227	321	454
$125 < d \leqslant 280$	$0.2 \leqslant m_n \leqslant 0.5$	15	21	30	42	60	85	120	170	240
	$0.5 < m_n \leqslant 0.8$	16	22	31	44	63	89	126	178	252
	$0.8 < m_n \leqslant 1.0$	16	23	33	46	65	92	131	185	261
	$1.0 < m_n \leqslant 1.5$	17	24	34	48	68	97	137	193	273
	$1.5 < m_n \leqslant 2.5$	19	26	37	53	75	106	149	211	299
	$2.5 < m_n \leqslant 4.0$	21	30	43	61	86	121	172	243	343
	$4.0 < m_n \leqslant 6.0$	25	36	51	72	102	144	203	287	406
	$6.0 < m_n \leqslant 10$	32	45	64	90	127	180	255	360	509

径向综合总偏差采用齿轮双面啮合检查仪测量，其测量原理如图 11-19(a) 所示。

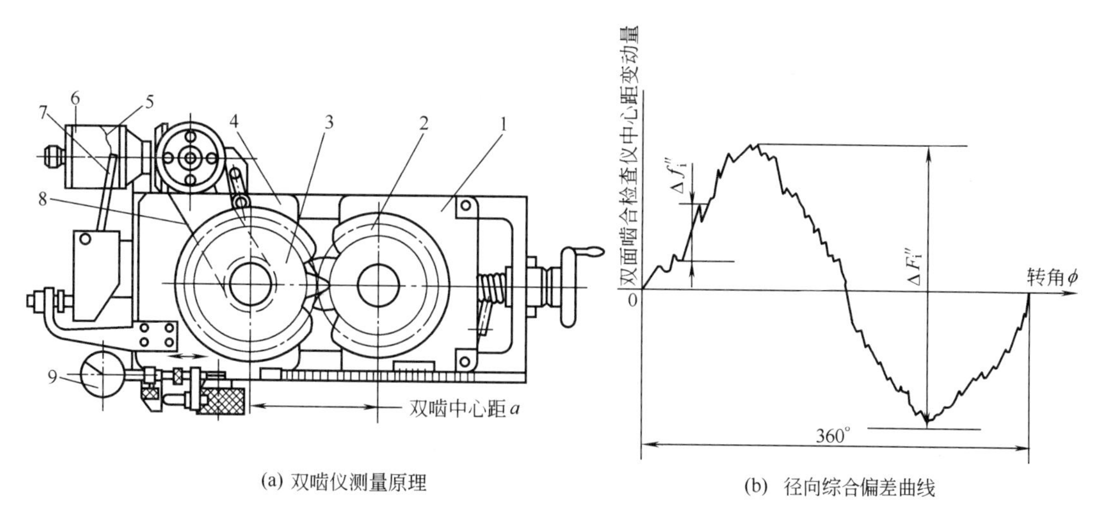

(a) 双啮仪测量原理　　(b) 径向综合偏差曲线

图 11-19　双面啮合综合测量

1—固定拖板；2—被测齿轮；3—测量齿轮；4—浮动滑板；5—误差曲线；6—记录纸；7—划针；8—转送带；9—指示表

被测齿轮与标准齿轮分别装于固定和浮动滑板的轴上，借助弹簧力的作用使两齿轮做无侧隙双面啮合。被测齿轮旋转一周，双啮中心距连续变动使浮动滑板位移，通过指示表 9 测出最大与最小中心距变动的差值，即为径向综合总偏差 $\Delta F''_i$。借助自动记录装置，可得双啮中心距误差曲线，如图 11-19(b) 所示，误差曲线的最大幅值即为 $\Delta F''_i$。

径向综合总偏差 $\Delta F''_i$ 的测量效果相当于测量齿轮径向跳动 ΔF_r，可用来评定齿轮传递运动准确性的精度，径向综合总偏差允许值 F''_i 可按表 11-10 查取。

5. 一齿径向综合偏差

一齿径向综合偏差 $\Delta f''_i$ 是指当被测齿轮啮合一整圈时，对应一个齿距角（$360°/z$）的径向综合偏差值［图 11-19(b)］。被测齿轮所有轮齿的 $\Delta f''_i$ 的最大值不应超过规定的允许值，即 $\Delta f''_i \leqslant f''_i$。一齿径向综合偏差允许值 f''_i 可按表 11-11 查取。$\Delta f''_i$ 主要反映由刀具制造和安装误差（如齿距、齿形误差及偏心等）所造成的径向短周期综合误差。

$\Delta f''_i$ 可用来评定齿轮传动平稳性的精度。

表 11-11　一齿径向综合偏差允许值 f''_i（摘自 GB/T 10095.2—2008）　μm

分度圆直径 d/mm	法向模数 m_n/mm	精度等级								
		4	5	6	7	8	9	10	11	12
$5 \leqslant d \leqslant 20$	$0.2 \leqslant m_n \leqslant 0.5$	1.0	2.0	2.5	3.5	5.0	7.0	10	14	20
	$0.5 < m_n \leqslant 0.8$	2.0	2.5	4.0	5.5	7.5	11	15	22	31
	$0.8 < m_n \leqslant 1.0$	2.5	3.5	5.0	7.0	10	14	20	28	39
	$1.0 < m_n \leqslant 1.5$	3.0	4.5	6.5	9.0	13	18	25	36	50
	$1.5 < m_n \leqslant 2.5$	4.5	6.5	9.5	13	19	26	37	53	74
	$2.5 < m_n \leqslant 4.0$	7.0	10	14	20	29	41	58	82	115

续表

分度圆直径 d/mm	法向模数 m_n/mm	精度等级								
		4	5	6	7	8	9	10	11	12
$20<d\leqslant50$	$0.2\leqslant m_n\leqslant0.5$	1.5	2.0	2.5	3.5	5.0	7.0	10	14	20
	$0.5<m_n\leqslant0.8$	2.0	2.5	4.0	5.5	7.5	11	15	22	31
	$0.8<m_n\leqslant1.0$	2.5	3.5	5.0	7.0	10	14	20	28	40
	$1.0<m_n\leqslant1.5$	3.0	4.5	6.5	9.0	13	18	25	36	51
	$1.5<m_n\leqslant2.5$	4.5	6.5	9.5	13	19	26	37	53	75
	$2.5<m_n\leqslant4.0$	7.0	10	14	20	29	41	58	82	116
	$4.0<m_n\leqslant6.0$	11	15	22	31	43	61	87	123	174
	$6.0<m_n\leqslant10$	17	24	34	48	67	95	135	190	269
$50<d\leqslant125$	$0.2\leqslant m_n\leqslant0.5$	1.5	2.0	2.5	3.5	5.0	7.5	10	15	21
	$0.5<m_n\leqslant0.8$	2.0	3.0	4.0	5.5	8.0	11	16	22	31
	$0.8<m_n\leqslant1.0$	2.5	3.5	5.0	7.0	10	14	20	28	40
	$1.0<m_n\leqslant1.5$	3.0	4.5	6.5	9.0	13	18	26	36	51
	$1.5<m_n\leqslant2.5$	4.5	6.5	9.5	13	19	26	37	53	75
	$2.5<m_n\leqslant4.0$	7.0	10	14	20	29	41	58	82	116
	$4.0<m_n\leqslant6.0$	11	15	22	31	44	62	87	123	174
	$6.0<m_n\leqslant10$	17	24	34	48	67	95	135	191	269
$125<d\leqslant280$	$0.2\leqslant m_n\leqslant0.5$	1.5	2.0	2.5	3.5	5.5	7.5	11	15	21
	$0.5<m_n\leqslant0.8$	2.0	3.0	4.0	5.5	8.0	11	16	22	32
	$0.8<m_n\leqslant1.0$	2.5	3.5	5.0	7.0	10	14	20	29	41

三、齿轮副的偏差及其检测

齿轮副的精度是指一对齿轮安装好了之后，影响传动性能的精确程度。齿轮副的精度不仅取决于两个齿轮的加工精度，而且与齿轮副的安装精度有关。

1. 齿轮副中心距偏差

齿轮副中心距偏差 Δf_a 是指在齿轮副的齿宽中间平面内，实际中心距与公称中心距之差。强调“齿宽中间平面”是为了排除轴线平行度干扰。中心距的变动将影响齿侧间隙及啮合角大小，改变齿轮传动时的受力状态。

中心距偏差 Δf_a 是用中心距极限偏差 $\pm f_a$ 来加以限制的，其合格条件为：

$$-f_a\leqslant\Delta f_a\leqslant f_a$$

齿轮副中心距极限偏差可按表 11-12 查取。

2. 轴线的平行度偏差

由于轴线平行度偏差的影响与其向量的方向有关，对“轴线平面内的偏差”$\Delta f_{\Sigma\delta}$ 和“垂直平面上的偏差”$\Delta f_{\Sigma\beta}$ 作了不同的规定。轴线平面内的偏差 $\Delta f_{\Sigma\delta}$ 是在两轴线的公共平面上测量的，该公共平面是两轴承跨距中较长的一个 L 和另一根轴上的一个轴承来确定的，如果两个轴承的跨距相同，则用小齿轮轴和大齿轮轴的一个轴承。垂直平面上的偏差 $\Delta f_{\Sigma\beta}$ 是在与轴线公共平面相垂直的“交错轴平面”上测量的。每项平行度偏差是以与轴相关轴轴承间距离 L 相关联的值来表示的，如图 11-20 所示。

表 11-12　中心距极限偏差 $\pm f_a$　μm

齿轮副中心距 a/mm		5～6(f_a=IT7/2)	7～8(f_a=IT8/2)
>6	到 10	7.5	11
>10	18	9	13.5
>18	30	10.5	16.5
>30	50	12.5	19.5
>50	80	15	23
>80	120	17.5	27
>120	180	20	31.5
>180	250	23	36
>250	315	26	40.5
>315	400	28.5	44.5

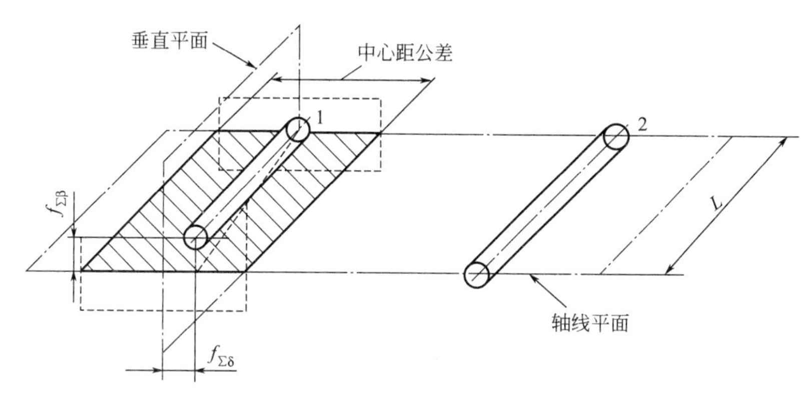

图 11-20　齿轮副轴线的平行度偏差

轴线平面内的轴线偏差影响螺旋线啮合偏差，它的影响是工作压力角的正弦函数，而垂直平面上的轴线偏差的影响则是工作压力角的余弦函数。所以，一定量的垂直平面上偏差导致的啮合偏差将比同样大小的平面内偏差导致的啮合偏差要大 2～3 倍，对这两种偏差要素要规定不同的最大推荐值。

$$f_{\Sigma\delta}=2F_{\Sigma\beta} \tag{11-20}$$

$$f_{\Sigma\beta}=0.5(L/b)F_{\beta} \tag{11-21}$$

齿轮副轴线平行度误差的合格条件为：

$$\Delta f_{\Sigma\delta}\leqslant f_{\Sigma\delta}$$

$$\Delta f_{\Sigma\beta}\leqslant f_{\Sigma\beta}$$

3. 齿轮副的接触斑点

齿轮副的接触斑点是指装配好的齿轮副在轻微制动下运转后齿面的接触擦亮痕迹，可以用沿齿高方向和沿齿长方向的百分数来表示，如图 11-21 所示。

接触斑点是评定齿轮副载荷分布均匀性的综合指标，检验时可使用滚动检验机。它综合了齿轮加工误差和安装误差对载荷分布的影响。如果齿轮副的接触斑点不小于规定的百分数，则齿轮副的载荷分布均匀性满足要求，此时齿轮副中单个齿轮的载荷分布均匀性项目可不检验。

GB/Z 18620.4—2008 规定了一般齿轮副接触斑点的分布位置及大小，表 11-13 为直齿轮装配后的接触斑点要求。

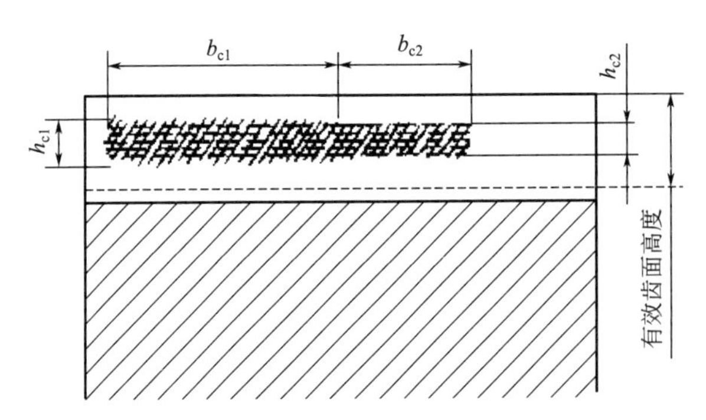

图 11-21　接触斑点

b_{c1}—接触斑点的较大长度；b_{c2}—接触斑点的较小长度；

h_{c1}—接触带点的较大高度；h_{c2}—接触带点的较小高度

表 11-13　直齿轮装配后的轮齿接触斑点（摘自 GB/Z 18620.4—2008）

精度等级	b_{c1}占齿宽的百分比	h_{c1}占有效齿面高度的百分比	b_{c2}占齿宽的百分比	h_{c2}占有效齿面高度的百分比
4 级以上	50%	70%	40%	50%
5 和 6 级	45%	50%	35%	30%
7 和 8 级	35%	50%	35%	30%
9～12 级	25%	50%	25%	30%

4. 齿轮副的侧隙

齿轮副的侧隙是两个相配齿轮的工作齿面相接触时，在两个非工作齿面之间形成的间隙，如图 11-22 所示。

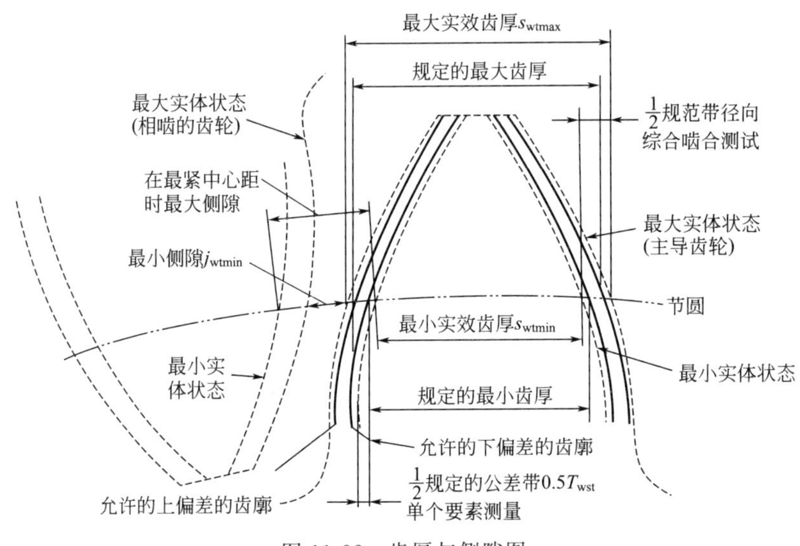

图 11-22　齿厚与侧隙图

齿轮副的侧隙分为圆周侧隙 j_{wt}（圆周最大极限极侧隙 j_{wtmax}、圆周最小极限 j_{wtmin}）、法向侧隙 j_{bn}（法向最大极限侧隙 j_{bnmax}、法向最小极限侧隙 j_{bnmin}）与径向间隙 j_r。

圆周侧隙 j_{wt}是当固定两相啮合齿轮中的一个，另一个齿轮能转过的节圆弧长的最大值。

法向侧隙 j_{bn}是当两个齿轮的工作齿面互相接触时，其非工作齿面的最短距离。它与圆周侧隙 j_{wt}的关系为：

$$j_{bn}=j_{wt}\cos\alpha_{wt}\cos\beta_b \qquad (11\text{-}22)$$

式中 α_{wt}——端面压力角；

β_b——基圆螺旋角。

如图 11-23 所示，将两个相配齿轮的中心距缩小，直到左侧和右侧都接触时，这个缩小的量即为径向间隙 j_r。

$$j_r=\frac{j_{wt}}{2\tan\alpha_t} \qquad (11\text{-}23)$$

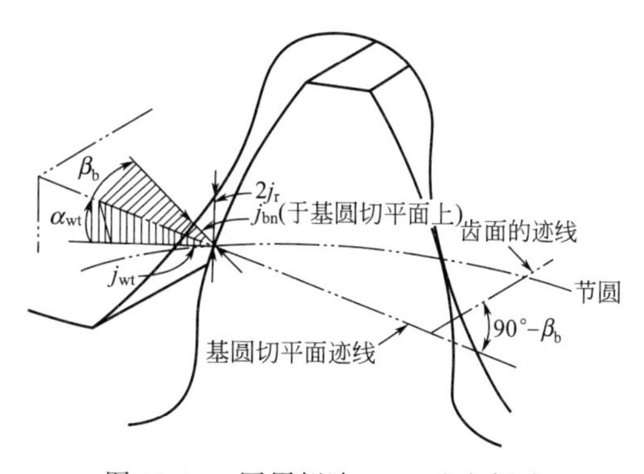

图 11-23 圆周侧隙 j_{wt}、法向侧隙 j_{bn} 和径向间隙 j_r 之间的关系

单个齿轮没有侧隙，它只有齿厚，相啮合的齿轮侧隙是由一对齿轮啮合时的中心距以及每个齿轮的实际齿厚所控制。

啮合齿轮的侧隙可以保证非工作齿面不会相互接触。在齿轮啮合中，侧隙会在运动中受速度、温度、负载等变化而变化。因此，在静态测量时必须要有足够的侧隙。侧隙需要的量和齿轮的大小、精度、安装和应用情况有关。

最小侧隙（j_{bnmin} 或 j_{wtmin}）是根据齿轮传动时的工作温度、润滑方式和齿轮的圆周速度来确定的。最小法向侧隙 j_{bnmin} 应能保证齿轮正常贮油润滑和补偿材料变形。

（1）保证正常储油润滑所需的最小侧隙 j_{bn1min} 的推荐值 保证正常储油润滑所需的侧隙 j_{bn1min} 的推荐值见表 11-14。

表 11-14 j_{bn1min} 的推荐值

润滑方式	圆周速度 v/m·s^{-1}	j_{bn1min}/μm
油池润滑		$(5\sim10)m_n$
喷油润滑	$v\leqslant10$	$10m_n$
	$10<v\leqslant25$	$20m_n$
	$25>v\leqslant60$	$30m_n$
	$v>60$	$(30\sim50)m_n$

注：m_n 为法向模数，mm。

（2）补偿热度变形所需的最小侧隙 j_{bn2min} 补偿热度变形所需的最小侧隙 j_{bn2min} 的计算式为：

$$j_{bn2min}=a(\alpha_1\Delta t_1-\alpha_2\Delta t_2)2\sin\alpha_n \qquad (11\text{-}24)$$

式中 a——齿轮的中心距；

α_1，α_2——齿轮和箱体材料的线（膨）胀系数；

Δt_1，Δt_2——齿轮和箱体工作温度与标准温度（20℃）之差；

α_n——齿轮的标准压力角。

$$j_{bnmin}=j_{bn1min}+j_{bn2min} \qquad (11\text{-}25)$$

除上述方法外，通常也可根据传动的要求参考表 11-15 选取最小侧隙 j_{bnmin}。

表 11-15 最小侧隙 j_{bnmin} 参考值 μm

类别	中心距/mm								
	≤80	>80～125	>125～180	>180～250	>250～315	>315～400	>400～500	>500～630	>630～800
较小侧隙	74	87	100	115	130	140	155	175	200
中等侧隙	120	140	160	185	210	230	250	280	320
较大侧隙	90	220	250	290	320	360	400	440	500

注：中等侧隙规定的 j_{bnmin}，对于钢或铸铁传动，当齿轮和壳体温差为 25℃时，不会由于发热而卡住。

另外在实际工作中，在不具备上述某一计算条件而不能确定 j_{bnmin} 时，可参考机床行业圆柱齿轮副侧隙企业标准（C级为常用级），见表11-16。

表11-16 机床用圆柱齿轮副 j_{bnmin} μm

种类	中心距/mm						
	≤50	>50～80	>80～125	>125～180	>180～250	>250～315	>315～400
b(IT10)	100	120	140	160	185	210	230
c(IT9)	62	74	87	100	115	130	140
d(IT8)	39	46	54	63	72	81	89
e(IT7)	25	30	35	40	46	52	57

圆周侧隙 j_{wt} 可以用指示表测量，当齿轮副中一个齿轮固定时，另一个齿轮的圆周晃动量，以分度圆弧长计，如图11-24(a) 所示。

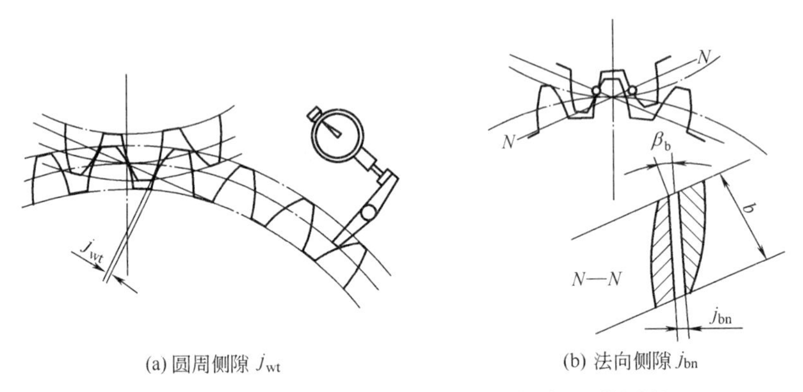

(a) 圆周侧隙 j_{wt} (b) 法向侧隙 j_{bn}

图11-24 齿轮副圆周侧隙 j_{wt} 和法向侧隙 j_{bn} 的测量

法向侧隙 j_{bn} 是指装配好的齿轮副，当工作齿面接触时，非工作齿面之间的最小距离，其值可以用塞尺测量，如图11-24(b) 所示。

齿轮副侧隙是用最小和最大极限侧隙 j_{wtmax}、j_{wtmin}（或 j_{bnmax}、j_{bnmin}）来加以限制的。其合格条件为：

$$j_{wtmin} \leqslant j_{wt} \leqslant j_{wtmax}$$

$$j_{bnmin} \leqslant j_{bn} \leqslant j_{bnmax}$$

第三节 圆柱齿轮精度设计

我国现行的齿轮精度国家标准有：GB/T 10095.1—2008《圆柱齿轮 精度制 第1部分：轮齿同侧齿面偏差的定义和允许值》、GB/T 10095.2—2008《圆柱齿轮 精度制 第2部分：径向综合偏差与跳动的定义和允许值》。另外还有四个国家标准化指导性文件：GB/Z 18620.1—2008《圆柱齿轮 检验实施规范 第1部分：轮齿同侧齿面的检验》、GB/Z 18620.2—2008《圆柱齿轮 检验实施规范 第2部分：径向综合偏差、径向跳动、齿厚和侧隙的检验》、GB/Z 18620.3—2002《圆柱齿轮 检验实施规范 第3部分：齿轮坯、轴中心线和轴线平行度的检验》、GB/Z 18620.4—2002《圆柱齿轮 检验实施规范 第4部分：表面结构和轮齿接触斑点的检验》。

一、齿轮精度等级及选择

GB/T 10095.1—2008 与 GB/T 10095.2—2008 对圆柱齿轮精度指标的公差（F''_i 和 f''_i 除外）分别规定了 13 个等级，用 0、1、2…12 表示。其中 0 级最高、12 级最低。0～2 级目前工艺方法和测量条件还很难达到，所以很少采用。3～5 级为高精度等级、6～9 级为中等精度等级、10～12 级为低精度等级。对 F''_i和 f''_i分别规定了 9 个精度等级（4、5…12)。5 级精度是各级精度中的基础级。

齿轮精度等级的选择取决于用途、技术要求和工作条件，一般可用计算法、类比法进行选择，多采用类比法。类比法根据以往产品设计、性能试验、使用过程中所积累的经验以及可靠的技术资料进行对比，从而确定齿轮精度。表 11-17 给出了各精度等级齿轮的适用范围和切齿方法，供选择时参考。

表 11-17　各精度等级齿轮的适用范围

精度等级	工作条件与适用范围	圆周速度/m·s^{-1}		齿面的最后加工
		直齿	斜齿	
3	用于最平稳且无噪声的极高速下工作的齿轮;特别精密的分度机构齿轮;特别精密机械中的齿轮;控制机构齿轮;检测 5、6 级的测量齿轮	到 40	到 75	特精密的磨齿和珩磨用精密滚刀滚齿或单边剃齿后的大多数不经淬火的齿轮
4	用于精密分度机构的齿轮;特别精密机械中的齿轮;高速透平齿轮;控制机构齿轮;检测 7 级的测量齿轮	到 35	到 70	精密磨齿;大多用精密滚刀滚齿和珩齿或单边剃齿
5	用于高平稳且低噪声的高速传动中的齿轮;精密机构中的齿轮;透平传动的齿轮;检测 8、9 级的测量齿轮;重要的航空、船用齿轮箱齿轮	到 20	到 40	精密磨齿;大多数用精密滚刀加工，进而研齿或剃齿
6	用于高速下平稳工作、需要高效率及低噪声的齿轮;航空、汽车用齿轮;读数装置中的精密齿轮;机床传动链齿轮;机床传动齿轮	到 15	到 30	精密磨齿或剃齿
7	在高速和适度功率或大功率及适当速度下工作的齿轮;机床变速箱进给齿轮;高速减速器的齿轮;起重机齿轮;汽车以及读数装置中的齿轮	到 10	到 15	无须热处理的齿轮，用精确刀具加工 对于淬硬齿轮必须精整加工(磨齿、研齿、珩磨)
8	一般机器中无特殊精度要求的齿轮;机床变速齿轮;汽车制造业中的不重要齿轮;冶金、起重机械齿轮;通用减速器的齿轮;农业机械中的重要齿轮	到 6	到 10	滚、插齿均可，不用磨齿;必要时剃齿或研齿
9	用于无精度要求的精糙工作的齿轮;因结构上考虑受载低于计算载荷的传动用齿轮;重载、低速不重要工作机械的传力齿轮;农机齿轮	到 2	到 4	不需要特殊的精加工工序

二、齿轮精度的标注

新标准对齿轮精度等级在图样上的标注未作明确规定，只说明在文件需要叙述齿轮精度要求时，应注明 GB/T 10095.1 或 GB/T 10095.2。

若齿轮轮齿同侧齿面各检验项目同为某一级精度等级时（如同 6 级），可标注为

6　GB/T 10095.1—2008

若齿轮检验项目的精度等级不同时，如齿廓总偏差和单个齿距偏差为 6 级、齿距累积总偏差和螺旋线总偏差为 7 级，则标注为：

$6(F_{\alpha}、f_{pt})、7(F_{p}、F_{\beta})$　GB/T 10095.1—2008

若检验径向综合偏差（或径向跳动），如径向综合总偏差和齿距累积偏差均为 7 级，则标注为：

$7(F''_{i}、F_{pk})$　GB/T 10095.2—2008

三、齿坯精度

齿坯是供制造齿轮用的工件。齿坯的尺寸误差、几何误差和表面粗糙度不仅直接影响齿轮的加工质量和检验精度，还影响齿轮副的接触精度和运行的平稳性。因此，应控制好齿坯的制造精度以保证齿轮的加工质量。

1. 确定基准轴线的方法

齿轮在加工、检验和装配时的径向基准和轴向辅助基准面应尽量一致，并标注在零件图上。为了保证齿轮的精度要求，设计时应使基准轴线和工作轴线重合，即将安装面作为确定基准线的基准面。

确定基准轴线，通常有三种方法：

① 如图 11-25 所示，用两个短圆柱或圆锥面上设定的两个圆的圆心连线确定为基准轴线（即两个要素组成的公共基准）。

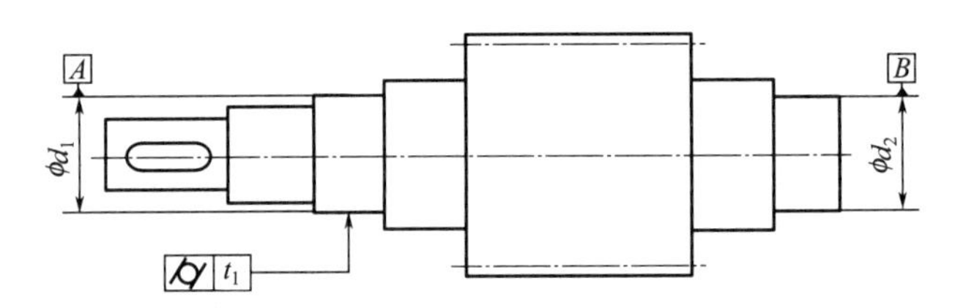

图 11-25　第一种基准轴线的确定方法

② 如图 11-26 所示，用一个长圆柱或圆锥面来确定的轴线为基准轴线，圆柱孔的轴线可以用与之正确装配的工作心轴来模拟。

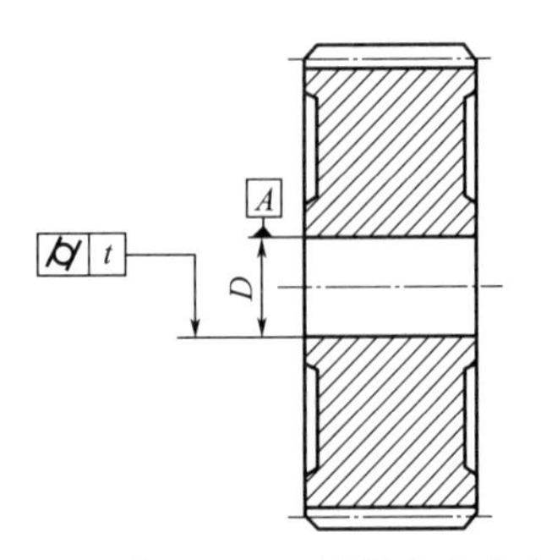

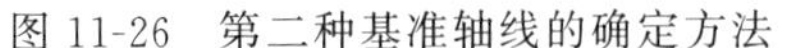

图 11-26　第二种基准轴线的确定方法

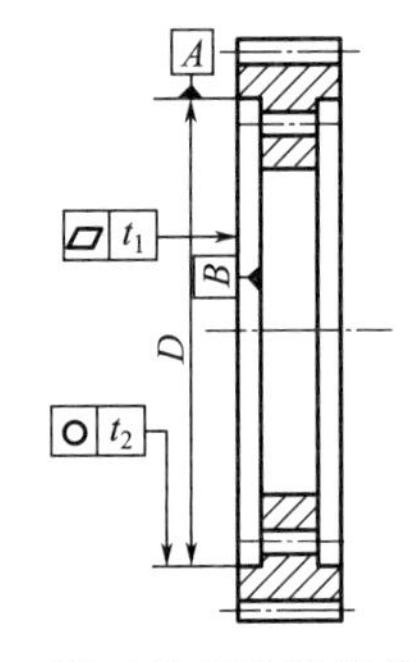

图 11-27　第三种基准轴线的确定方法

③ 如图 11-27 所示，用一个“短”圆柱孔（或圆柱面）上的一个圆心来确定基准轴线的位置，其方向垂直于它的一个基准面。

2. 齿坯公差的确定方法

齿坯公差是指在齿坯上，影响轮齿加工精度和齿轮传动质量的三个表面的公差：尺寸公差、几何公差以及表面粗糙度。各部分公差及齿轮主要表面粗糙度见表 11-18～表 11-21。

表 11-18　齿坯尺寸公差和形状公差数值

齿轮精度等级①		6	7	8	9
孔	尺寸公差	IT6	IT7		IT8
	形状公差	6	7		8
轴颈	尺寸公差	IT5	IT6		IT7
	形状公差	5	6		7
顶圆直径②		IT7	IT8		IT9

① 当各项公差的精度等级不同时，按最高的精度等级确定公差值。

② 当顶圆不作测量齿厚的基准时，尺寸公差按 IT11 给定，但不大于 $0.1m_n$。

表 11-19　齿坯基准面与安装面的形状公差（摘自 GB/Z 18620.3—2008）

确定轴线的基准面	公差项目		
	圆度	圆柱度	平面度
两个"短的"圆柱或圆锥形基准面	$0.04(L/b)F_\beta$ 或 $0.1F_p$ 取两者中之小值		
一个"长的"圆柱或圆锥形基准面		$0.04(L/b)F_\beta$ 或 $0.1F_p$ 取两者中之小值	
一个短的圆柱面和一个端面	$0.06F_p$		$0.06(D_d/b)F_\beta$

注：齿轮坯的公差应减至能经济地制造的最小值。

表 11-20　安装面的跳动公差（摘自 GB/Z 18620.3—2008）

确定轴线的基准面	跳动量（总的指示幅度）	
	径向	轴向
仅指圆柱或圆锥形基准面	$0.15(L/b)F_\beta$ 或 $0.3F_p$ 取两者中之大值	
一个圆柱基准面和一个端面基准面	$0.3F_p$	$0.2(D_d/b)F_\beta$

注：齿轮坯的公差应减至能经济地制造的最小值。

表 11-21　齿轮的表面粗糙度推荐值 *Ra*　μm

齿轮精度等级	5	6	7		8	9	
齿面加工方法	磨齿	磨或珩	剃或珩	精滚、插	插或滚齿	滚齿	铣齿
轮齿齿面	0.32～0.63	0.63～1.25	1.25	2.5	5(2.5)	5	10
齿轮基准孔	0.32～0.63	1.25	1.25～2.5			5	
齿轮基准轴颈	0.32	0.63	1.25		2.5		
基准端面	1.25～2.5	2.5～5	2.5～5			3.2～5	
齿轮顶圆	1.25～2.5		3.2～5				

注：齿轮各类公差精度等级不同时，按其中最高等级。

四、齿轮精度设计的综合举例

圆柱齿轮精度设计一般包括下列内容：

① 确定齿轮的精度等级；

② 确定齿轮的强制性检测精度指标的公差（偏差允许值）；

③ 确定齿轮的侧隙指标及其极限偏差；

④ 确定齿面的表面粗糙度；

⑤ 确定齿坯公差；

⑥ 确定齿轮副中心距的极限偏差和两轴线的平行度公差。

【例题 11-1】 有一功率为 4kW 的斜齿圆柱齿轮减速器，高速轴为齿轮轴，其转速 $n_1=327\text{r/min}$，主动轮与从动轮皆为螺旋角 $\beta=8°6'34''$的标准斜齿轮，采用油池润滑。法向模数 $m_n=3\text{mm}$，标准压力角 $\alpha_n=20°$，小齿轮的齿数为 $z_1=23$，大齿轮的齿数为 $z_2=76$，齿宽系数 $\varphi_a=0.4$。大齿轮基准孔的公称尺寸为 $\phi58\text{mm}$，箱体上轴承跨距均为 115mm。

齿轮的材料为钢，线（膨）胀系数 $\alpha_1=11.5\times10^{-6}℃^{-1}$；箱体材料为铸铁，线（膨）胀系数 $\alpha_2=10.5\times10^{-6}℃^{-1}$。减速器工作时，齿轮温度为 $t_1=45℃$，箱体温度为 $t_2=30℃$。

对大齿轮进行精度设计和确定齿轮中心距的极限偏差和两轴线的平行度公差，并将设计所得的各项技术要求标注在零件图上。

解：（1）确定齿轮的精度等级

小齿轮的分度圆直径 $d_1=\dfrac{m_n z_1}{\cos\beta}=\dfrac{3\times23}{\cos8°6'34''}=69.697\ (\text{mm})$

大齿轮的分度圆直径 $d_2=\dfrac{m_n z_2}{\cos\beta}=\dfrac{3\times76}{\cos8°6'34''}=230.303\ (\text{mm})$

公称中心距 $a=\dfrac{d_1+d_2}{2}=(69.697+230.303)/2=150\ (\text{mm})$

大齿轮宽度 $b_2=a\varphi_a=150\times0.4=60\ (\text{mm})$

齿轮圆周速度 $v=\pi d_1 n_1=3.14\times327\times69.697/1000=71.6\ (\text{m/min})\approx1.19\text{m/s}$

参照表 11-17，结合该齿轮减速器中齿轮的圆周速度，确定齿轮传递运动准确性、传动平稳性、轮齿载荷分布均匀性的精度等级分别为 8 级、8 级、7 级。

（2）确定齿轮的强制性检测精度指标的偏差允许值　由表 11-3 查得齿距累积总偏差允许值为 $F_p=70\mu\text{m}$，由表 11-4 查得单个齿距偏差允许值 $\pm f_{pt}=\pm18\mu\text{m}$，由表 11-5 查得齿廓总偏差允许值 $F_\alpha=25\mu\text{m}$，由表 11-6 查得螺旋线总偏差允许值 $F_\beta=21\mu\text{m}$。

（3）确定公称齿厚及其偏差　经计算，分度圆上的公称弦齿高 $h_c=4.18\text{mm}$，公称弦齿厚 $s_{nc}=4.71\text{mm}$。如果采用公法线长度偏差作为侧隙指标，则不必计算 h_c 和 s_{nc} 的数值。

确定齿厚极限偏差时，首先确定齿轮副所需的最小法向侧隙 j_{bnmin}。

首先确定补偿热变形所需的侧隙：

$$
\begin{aligned}
j_{bn2}&=a(\alpha_1\Delta t_1-\alpha_2\Delta t_2)\times2\sin\alpha_n\\
&=150\times(11.5\times25-10.5\times10)\times10^{-6}\times2\times0.342=0.019\ (\text{mm})
\end{aligned}
$$

由于减速器采用油池润滑，查表 11-14 得到 $j_{bn1}=0.03\text{mm}$，故有

$$j_{bnmin}=j_{bn1}+j_{bn2}=0.03+0.019=0.049\ (\text{mm})=49\mu\text{m}$$

然后，按式(11-6) 计算为补偿齿轮和箱体的制造误差和安装误差所引起的侧隙减小量 J_{bn}。查表 11-4 得 $f_{pt}=18\mu\text{m}$，查表 11-6 得 $F_\beta=21\mu\text{m}$，故有

$$
\begin{aligned}
J_{bn}&=\sqrt{1.76f_{pt}^2+[2+0.34(L/b)^2]F_\beta^2}\\
&=\sqrt{1.76\times18^2+[2+0.34\times(115/60)^2]\times21^2}=44.8\ (\mu\text{m})
\end{aligned}
$$

由表 11-12 查得中心距极限偏差 $f_a=31.5\mu\text{m}$，所以大齿轮齿厚上偏差为：

$$E_{sns2}=-\left(\frac{j_{bnmin}+J_{bn}}{2\cos\alpha_n}+f_a\tan\alpha_n\right)=-\left(\frac{49+44.8}{2\cos20°}+31.5\tan20°\right)=-61\ (\mu\text{m})$$

由表 11-9 可查得齿轮径向跳动允许值 $F_r=56\mu m$，由表 11-7 可查得切齿时径向进刀公差 $b_r=1.26IT9=1.26\times115=145\mu m$。

所以，齿厚公差为

$$T_{sn2}=2\tan\alpha_n\sqrt{b_r^2+F_r^2}=2\tan20°\sqrt{145^2+56^2}=113\ (\mu m)$$

齿厚下偏差

$$E_{sni2}=E_{sns2}-T_{sn2}=(-61)-113=-174\ (\mu m)$$

(4) 确定公称法向公法线长度及其偏差　由于测量公法线长度比较方便，且测量精度较高，故本例采用公法线长度偏差作为侧隙指标。由式(11-13)、式(11-14)，公称法向公法线长度 W_{kn} 和测量时跨齿数 k 的计算公式如下：

$$W_{kn}=m_n\cos\alpha_n[\pi(k-0.5)+z_2\text{inv}\alpha_t]+2x_nm_n\sin\alpha_n$$

$$k=\frac{z'}{9}+0.5$$

本例中，$\alpha_n=20°$，斜齿轮的端面压力角 α_t、假想齿数 z' 和跨齿数 k 分别为

$$\alpha_t=\arctan(\tan\alpha_n/\cos\beta)=\arctan(\tan20°/\cos8°6'34'')=20.186°$$

$$\text{inv}20.186°=0.015333,\text{inv}20°=0.014904$$

$$z'=z_2\text{inv}\alpha_t/\text{inv}\alpha_n=78.188$$

$$k=\frac{z'}{9}+0.5=9.188，取\ 9$$

$$W_{kn}=m_n\cos\alpha_n[\pi(k-0.5)+z_2\text{inv}\alpha_t]+2x_nm_n\sin\alpha_n$$

$$=3\cos20°[3.14\times8.5+76\times0.015333]=78.526\ (\text{mm})$$

由表 11-9 查得 $F_r=56\mu m$，按式(11-15) 计算确定公法线长度的上、下偏差分别为

$$E_{bns}=E_{sns}\cos\alpha-0.72F_r\sin\alpha=-61\cos20°-0.72\times56\times\sin20°=-71\ (\mu m)$$

$$E_{bni}=E_{sni}\cos\alpha+0.72F_r\sin\alpha=-174\cos20°+0.72\times56\times\sin20°=-150\ (\mu m)$$

(5) 确定齿面的表面粗糙度值　由表 11-21 可查得，齿面的表面粗糙度 Ra 值取 $1.25\mu m$。

(6) 确定齿坯公差　基准孔直径尺寸公差为 IT7，公差带确定为 $\phi58H7(^{+0.03}_{0})$，并采

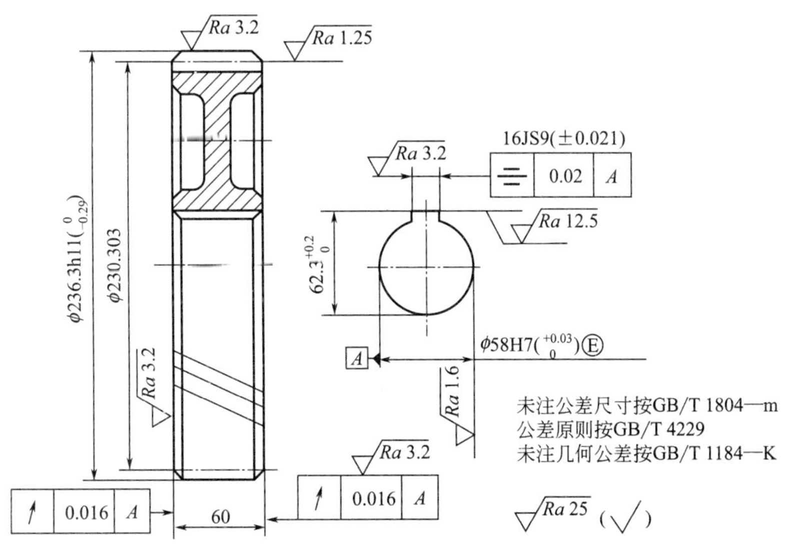

图 11-28　齿轮的零件图

用包容要求“Ⓔ”。

齿顶圆柱面不作为测量齿厚的基准和切齿时的找正基准，齿顶圆直径尺寸公差带确定为$\phi 236.3h11(^{0}_{-0.29})$。

根据表 11-20，齿坯基准端面对基准孔轴线的轴向圆跳动公差为：

$$t_t=0.2(D_d/b)F_\beta=0.2\times(223/60)\times0.021\approx0.016\ (\text{mm})$$

(7) 确定齿轮副中心距极限偏差和两轴线的平行度公差　由表 11-12 查得中心距极限偏差 $f_a=31.5\mu m$，取中心距为 (150 ± 0.032)mm。

由于箱体上两对轴承的跨距相等，均为 115mm，因此可选齿轮副两轴线中的任一条轴线作为基准线。轴线平面上的平行度公差和垂直平面上的平行度公差分别按式(11-20) 和式(11-21) 确定：

$$f_{\Sigma\delta}=(L/b)F_\beta=(115/60)\times21=40\ (\mu m)=0.04\ (\text{mm})$$

$$f_{\Sigma\beta}=0.5f_{\Sigma\delta}=0.02\ (\text{mm})$$

本例的齿轮零件图见图 11-28，相关数据见表 11-22。

表 11-22　齿轮参数数据表

法向模数		m_n	3
齿数		z_2	76
标准压力角		GB/T 1356—2001，$\alpha_n=20°$	
变位系数		x_2	0
螺旋角及方向		β	8°6′34″右旋
精度等级		8-8-7　GB/T 10095.1—2008	
齿距累积总偏差允许值		F_p	0.070
单个齿距偏差允许值		$\pm f_{pt}$	±0.018
齿廓总偏差允许值		F_a	0.025
螺旋线总偏差允许值		F_β	0.021
法向公法线长度	跨齿数	k	9
	公称值及极限偏差	$W^{+E_{bns}}_{+E_{bni}}$	$78.526^{-0.071}_{-0.150}$
配偶齿轮的齿数		z_1	23
中心距及其极限偏差		$\alpha\pm f_a$	150±0.032

思考题与习题

11-1　齿轮传动的使用要求主要有哪几项？各有什么具体要求？

11-2　试说明齿轮副标记“8(F_i'')、7(f_i'')　GB/T 10095.2—2008”的全部含义。

11-3　切向综合偏差与径向综合偏差同属综合偏差，它们之间有何不同？

11-4　已知一标准渐开线直齿圆柱齿轮的模数 $m=3$mm，压力角 $\alpha=20°$，齿数 $z=30$，齿轮的精度等级为 7 级。若检验结果为：$\Delta F_r=0.025$mm，$\Delta F_p=0.038$mm。问该齿轮的精度是否合格？

11-5　某铣床主轴箱内连接电动机的一对直齿圆柱齿轮，$m=3$mm，$\alpha=20°$，$z_1=26$，$z_2=54$，齿宽 $b_1=28$mm，$b_2=23$mm，小齿轮材料 20CrG58，大齿轮材料 40CrG52，箱体材料为铸铁，电动机转速 $n=1450$r/min，功率 $P=7.5$kW，齿轮工作温度为 60℃，箱体工作温度为 40℃，试确定小齿轮的精度等级、齿厚偏差（或公法线长度偏差）、检验项目及其偏差允许值、齿坯公差、齿轮各部分粗糙度并画出齿轮零件图。

第十二章　现代检测技术简介

随着科学技术的迅速发展，几何量检测技术已从应用机械原理、几何光学原理发展到应用更多的、新的物理原理的阶段，并且引用许多最新的技术成果（如光栅、激光、感应同步器、CCD 器件以及射线技术等）。特别是计算机技术的发展和应用，使得计量仪器的发展跨跃到一个新的领域，涌现出了许多高精度、高效率和智能化的计量仪器，如三坐标测量机、圆度仪、双频激光干涉仪等。

第一节　三坐标测量技术

三坐标测量机是 20 世纪 60 年代发展起来的一种新型高效的精密测量仪器。它广泛应用于机械行业、汽车制造业、电子工业、航空制造业和模具制造业等工业领域，它可以进行零件和部件的尺寸与形位公差的检测，特别适用于箱体、缸体、模具、精密铸件、涡轮和叶片、汽车外壳、发动机零件、凸轮以及飞机等空间型面的测量，还可以用于划线、定中心孔、光刻集成线路等，并可对连续曲面进行扫描及制备数控机床的加工程序等。由于其通用性强、测量范围大、精度高、效率高、性能好，能与柔性制造系统相连接，因此称为“测量中心”。

一、三坐标测量机的工作原理

三坐标测量机是由三个相互垂直的运动轴 X，Y，Z 建立起一个直角坐标系，测头的一切运动都在这个坐标系中进行，测头的运动轨迹由测球中心点来表示。测量时，把被测零件放在工作台上，测头与零件表面接触，三坐标测量机的检测系统可以随时给出测球中心点在坐标系中的精确位置。当测球沿着工作的几何型面移动时，就可以得出被测几何型面上各点的坐标值。将这些数据送入计算机，通过相应的软件进行处理，就可以精确地计算出被测工件的几何尺寸及其相关误差如图 12-1 所示，要测量工件上两孔的孔径大小及孔心距 O_1O_2，利用坐标测量原理，应先测出 P_1、P_2、P_3 三点坐标值，根据这三点坐标即可计算出孔心 O_1 的坐标及孔径。然后根据 P_4、P_5、P_6 三点求出孔心 O_2 的坐标及孔径，再利用孔心 O_1、O_2 坐标计算中心距。

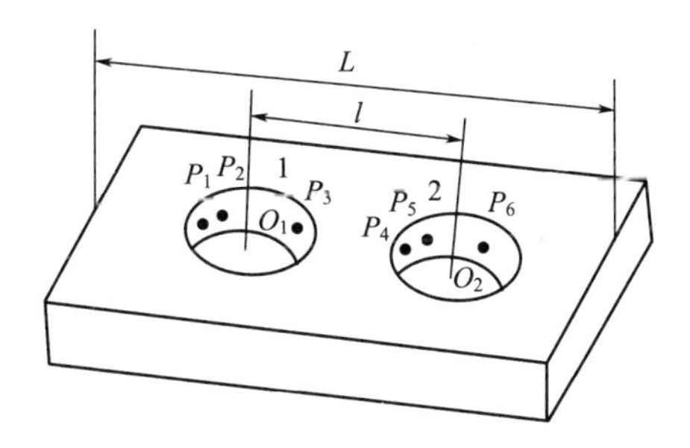

图 12-1　三坐标测量机测量孔径示意图

1,2—孔

由此可以将三坐标测量机定义为“采用触发式、扫描式等形式的传感器随 X，Y，Z 三个相互垂直的导轨相对移动，与固定于工作台上的被测件接触或非接触发信，采样，并通过数据处理器或计算机等计算出工件的各点坐标及各项功能测量的仪器”。三坐标测量机的测量功能应包括尺寸精度、定位精度、几何精度及轮廓精度等。

二、三坐标测量机的组成

三坐标测量机是典型的机电一体化设备。作为一种测量仪器，它主要是比较被测量与标准量，并将比较结果用数值表示出来。三坐标测量机需要三个方向的标准器（标尺），利用导轨实现沿相应方向的运动，还需要三维测头对被测量进行探测和瞄准。此外，三坐标测量机还具有数据处理和自动检测等功能，它由相应的电气控制系统与计算机软硬件来实现。

三坐标测量机可分为机械系统、测量系统和电气系统三大部分，见图 12-2。

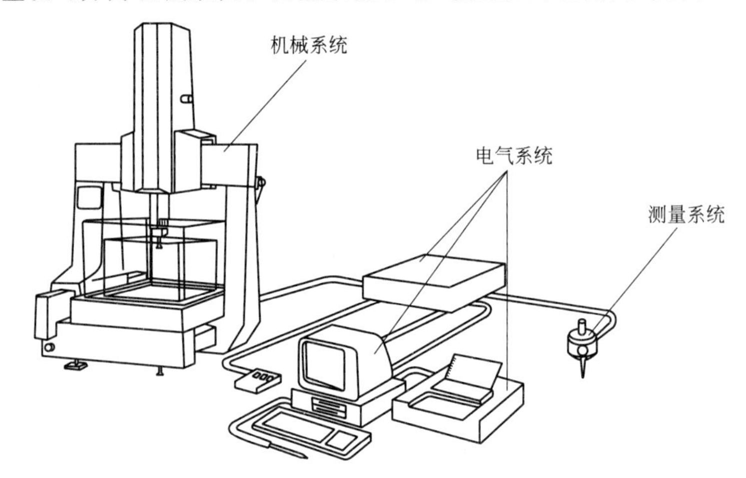

图 12-2 三坐标测量机的组成

1. 机械系统

三坐标测量机的机械系统主要包括框架结构、导轨、驱动装置、平衡部件、转台与附件等部分。

(1) 框架结构 是指测量机的主体机械结构框架，它是工作台、立柱、桥框、壳体等机械结构的集合体。

(2) 导轨 是三坐标测量机实现三维运动的重要部件，三坐标测量机多采用滑动导轨、滚动导轨和气浮导轨，但常用的为滑动导轨和气浮导轨，滚动导轨应用较少，因为其耐磨性较差，刚度也较滑动导轨低。在早期的三坐标测量机中，许多机型采用滑动导轨，它具有精度高、承载能力强的优点，但摩擦阻力大，易磨损，低速运行时易产生爬行，也不易在高速下运行。目前，多数三坐标测量机采用气浮导轨，它具有制造简单、精度高、摩擦力极小、工作平稳等优点。气浮导轨主要是由导轨体和气垫组成，有的导轨体和工作台合二为一，它还应包括气源、稳压器、过滤器、气管、分流器等装置。

(3) 驱动装置 是三坐标测量机的重要运动机构，可实现机动和程序控制伺服运动。在三坐标测量机上采用的驱动装置是丝杠螺母、滚动轮、钢丝、齿形带、齿轮齿条、光轴滚动轮等，并配以伺服电动机驱动或直线电动机驱动。

(4) 平衡部件 主要用于 Z 轴框架结构中。它的功能是平衡 Z 轴的重量，使 Z 轴上下运动时无偏重干扰，使检测时 Z 向测力稳定。如更换 Z 轴上所装的测头时，应重新调节平衡力的大小，以达到新的平衡。Z 轴平衡装置有重锤、发条或弹簧、汽缸活塞杆等。

(5) 转台与附件 转台是三坐标测量机的重要元件，它使三坐标测量机增加一个转动运动的自由度，便于某些种类零件的测量。转台包括分度台、单轴回转台、万能转台和数控转台等。用于三坐标测量机的附件很多，视需要而定，一般有基准平尺、角尺、步距规、标准球体、测微仪及用于自检的精度检测样板等。

2. 测量系统

三坐标测量机的测量系统由标尺系统和测头系统构成，它是三坐标测量机的关键组成部分，决定着三坐标测量机测量精度的高低。

（1）标尺系统　用来度量各轴的坐标数值。三坐标测量机使用的标尺系统种类很多，与在各种机床和仪器上使用的标尺系统大致相同，按其性质可以分为机械式标尺系统（如精密丝杠加微分鼓轮，精密齿条及齿轮，滚动直尺）、光学式标尺系统（如光学读数刻线尺，光学编码器，光栅，激光干涉仪）和电气式标尺系统（如感应同步器，磁栅），见表 12-1。目前，三坐标测量机中使用最多的是光栅，其次是感应同步器和光学编码器。有些高精度三坐标测量机的标尺系统采用了激光干涉仪。

表 12-1　各种标尺系统的精度范围

标尺系统		精度范围/μm	标尺系统	精度范围/μm
丝杠或齿条		10～50	感应同步器	2～10
刻线尺	光屏投影	1～10	磁尺	2～10
	光电扫描	0.2～1	码尺	10
光栅		1～10	激光干涉仪	0.1

（2）测头系统　三坐标测量机是用测头来拾取信号的，测头的基本功能是测微（即测出与给定的标准坐标值的偏差量）和触发瞄准并过零发信。因而测头的性能直接影响测量精度和测量效率，没有先进的测头，就无法充分发挥三坐标测量机的功能。

三坐标测量机测头，按结构原理可分为机械式、光学式和电气式等，机械式主要用于手动测量，光学式多用于非接触式测量，电气式多用于接触式自动测量。按测量方法可分为接触式和非接触式两类。按功用又可分为用于瞄准的测头和用于测微的测头。

① 机械接触式测头。这类测头的形状简单，制造容易，但是测量力的大小取决于操作者的经验和技能，因此测量精度差、效率低。目前除少数手动测量机还采用此种测头外，绝大多数测量机已不再使用这类测头。三坐标测量机使用的机械式测头的种类很多，根据其触测部位的形状，可以分为球形测头、圆锥形测头、圆柱形测头、半圆柱测头、1/4 圆柱面测头、盘形测头、凹圆锥测头、点测头、V 形块测头、直角测头等。

② 电气接触式测头。这类测头在现今的三坐标测量机中使用最多、应用范围最广，它可以解决机械测头测量时受人为因素影响的问题。电气测头多采用电触、电容、电感、应变片、压电晶体等作为传感器接收测量信号，可以达到很高的测量精度。按照功能，电气测头可以分为开关测头（只作瞄准作用）和模拟测头（具有瞄准和测微功能）；按照感受的运动维数可以分为单向电测头、双向电测头和三向电测头。

③ 光学测头。它是利用光学成像原理进行瞄准定位的非接触式测头。与机械接触式测头相比，光学测头有许多突出优点：由于不存在测量力，适合于测量各种软的和薄的工件；由于是非接触测量，可以对工件表面进行快速扫描测量；具有比较大的量程；可以探测工件上一般机械测头难以探测到的部位。但光学测头受被测物体的尺寸特性和辐射特性的影响较大。

目前在三坐标测量机上应用的光学测头的种类也较多，如一维测头（三角法测头、激光聚集测头、光纤测头）、二维测头（各种视像测头）、三维测头（体视测头、接触式光栅测头）等。

3. 电气系统

三坐标测量机的电气系统主要包括电气控制系统、计算机硬件部分、测量软件、打印与绘图装置。

（1）电气控制系统　它是三坐标测量机的关键组成部分之一。其主要功能是：读取空间坐标值，控制测量瞄准系统对测头信号进行实时响应与处理，控制机械系统实现测量所必需的运动，实时监控三坐标测量机的状态以保障整个系统的安全性与可靠性等。

现在三坐标测量机中 CNC 型控制系统日益普及，它是通过程序来控制三坐标测量机自动进给和进行数据采样，同时在计算机中完成数据处理。CNC 型控制系统的测量进给是由计算机控制的。它可以通过程序对测量机各轴的运动进行控制以及对测量机运行状态进行实时监测，从而实现自动测量。

（2）计算机硬件部分　三坐标测量机可以采用各种计算机，一般有 PC 机和工作站等。

（3）测量软件　包括控制软件与数据处理软件。这些软件可进行坐标交换与测头校正，生成探测模式与测量路径，可用于基本几何元素及其相互关系的测量，形状与位置误差测量，齿轮、螺纹和凸轮的测量，曲线与曲面的测量等。具有统计分析、误差补偿和网络通信等功能。

（4）打印与绘图装置　此装置可根据测量要求，打印出数据、表格，亦可绘制图形，为测量结果的输出设备。

三、三坐标测量机的分类

三坐标测量机的分类方法很多，常见的分类方法主要有以下几种。

1. 按测量机的技术水平分类

（1）数字显示及打印型　这类测量机主要用于几何尺寸测量，可数字显示并打印出测量结果，但要获得所需的几何尺寸形位误差，还需进行人工运算，其技术水平较低，目前已基本被淘汰。

（2）带有计算机进行数据处理型　这类测量机技术水平略高，目前应用较多。其测量仍为手动或机动，但用计算机处理测量数据，可完成诸如工件安装倾斜的自动校正、计算、坐标变换、孔心距计算、偏差值计算等数据处理工作。

（3）计算机数字控制型　这类测量机技术水平较高，可像数控机床一样，按照编制好的程序对工件进行自动检测，也可以按照实物测量结果编程。

2. 按测量机的测量范围分类

（1）小型坐标测量机　这类测量机在其最长一个坐标轴方向上的测量范围小于 500mm，主要用于小型精密模具、工具、刀具与集成线路板等精度较高零件的测量。

（2）中型坐标测量机　这类测量机在其最长一个坐标轴方向上的测量范围为 500～2000mm，是应用最多的机型，主要用于箱体、模具类零件的测量。

（3）大型坐标测量机　这类测量机在其最长一个坐标轴方向上的测量范围大于 2000mm，主要用于汽车与发动机外壳、航空发动机叶片等大型零件的测量。

3. 按测量机的精度分类

（1）中、低精度坐标测量机　低精度测量机的单轴最大测量不确定度大体在 $1\times10^{-4}L$ 左右，空间最大测量不确定度为 $(2\sim3)\times10^{-4}L$，中等精度 CMM 的单轴最大测量不确定度约为 $1\times10^{-5}L$，空间最大测量不确定度为 $(2\sim3)\times10^{-5}L$。这类测量机一般放在生产车间内，用于生产过程检测。

（2）精密型坐标测量机　其单轴最大测量不确定度小于 $1\times10^{-6}L$（L 为最大量程，单位为 mm），空间最大测量不确定度小于 $(2\sim3)\times10^{-6}L$，一般放在具有恒温条件的计量室内，用于精密测量或作为计量器具的检定和误差传递使用。

4. 按测量机的结构形式分类

三坐标测量机按照结构形式，可分为移动桥式、固定桥式、龙门式、悬臂式、水平臂式、立柱式、卧镗式、仪器台式等，见表 12-2。

表 12-2　三坐标测量机的结构形式及特点

结构形式	结构示意图	优　缺　点	用　　途
移动桥式		目前应用最广泛的一种结构形式 优点：结构简单、紧凑，刚度好，敞开性好，工件安装在固定工作台上，承载能力强 缺点：X 向驱动从一侧进行，容易引起爬行现象，并造成较大的绕 Z 轴的偏摆；X 向标尺在工作台的一侧，在 Y 方向存在较大的阿贝臂，这种偏摆会引起较大的阿贝误差	主要用于中等精度的中小型测量机
固定桥式		优点：桥框固定不动，X 向标尺和驱动机构可安装在工作台下方中部，Y 向阿贝臂及工作台绕 Z 轴偏摆小，其主要部件的运动稳定性好，运动误差小，适用于高精度测量 缺点：工作台负载能力小、运动惯性大，不宜测重型工件；在相同量程下，占据空间比移动桥式大；结构敞开性不好	主要用于高精度的中小型测量机
龙门式		优点：与移动桥式结构的主要区别是它的移动部分只是横梁，移动部分质量小，整个结构刚性好，三个坐标测量范围较大时也可保证测量精度 缺点：立柱限制了工件装卸，不易调整，操作性能不够理想，单侧驱动时仍会带来较大的阿贝误差，而双侧驱动方式在技术上较为复杂，只有 Y 向跨距很大	主要用于精度要求较高的大型测量机
悬臂式　悬臂移动式		优点：结构简单，工作台开阔，由于 Y 轴能后退，更便于装卸工件，工件也能用起重工具从上面放到工作台上，操作性能好 缺点：当滑架在悬臂上做 Y 向运动时，会使悬臂的变形发生变化，故测量精度不高，设计时要注意补偿变形误差	主要用于测量精度要求不太高的小型测量机
悬臂式　悬臂固定式		优点：结构简单，工作台开阔，装卸工件方便，操作性能好，可以放置底面积大于台面的零件 缺点：当滑架在悬臂上做 Y 向运动时，会使悬臂的变形发生变化，故测量精度不高，设计时要注意补偿变形误差	适用于 X 轴小于 500mm，Y 轴小于 300mm，Z 轴小于 1000mm 的坐标测量机

续表

结构形式	结构示意图	优　缺　点	用　　途
水平臂式	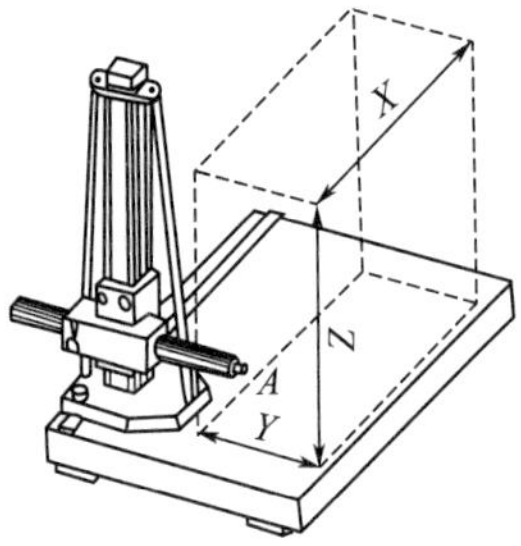	优点：结构简单，空间开阔 缺点：水平臂的刚度难以提高，由自重引起的变形大，影响测量精度	常用于划线和车间测量，如汽车车身检测和油泥模造型
立柱式	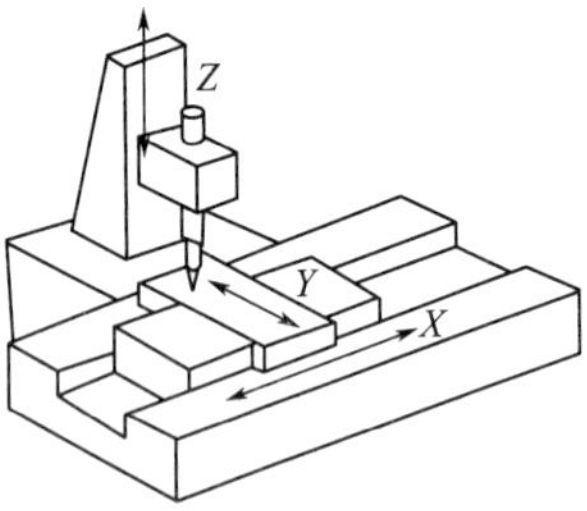	优点：结构牢靠，精度高，可以将加工与检测合为一体 缺点：工件的重量对工作台运动有影响，同时工作台做 X、Y 向运动，两个方向都增大了占地空间，测量时间相对较长	适用于中、小型精密测量机
卧镗式	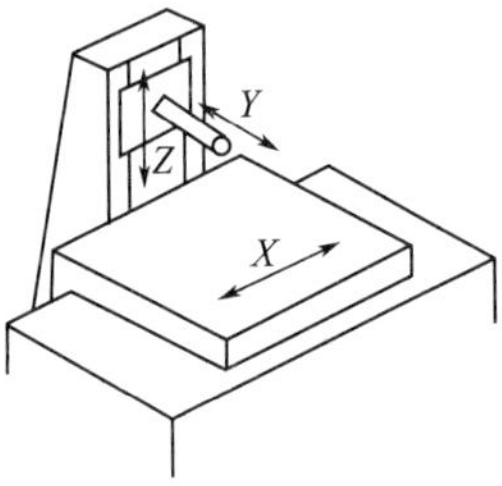	优点：操作性能好，便于测横向深孔及工件内形 缺点：Y 轴为悬臂，刚度较差，Y 向行程较小，多用于中小工件尺寸和形位测量	用于测量卧镗加工类零件和生产线上作自动检测，适用于中、小型测量机
仪器台式	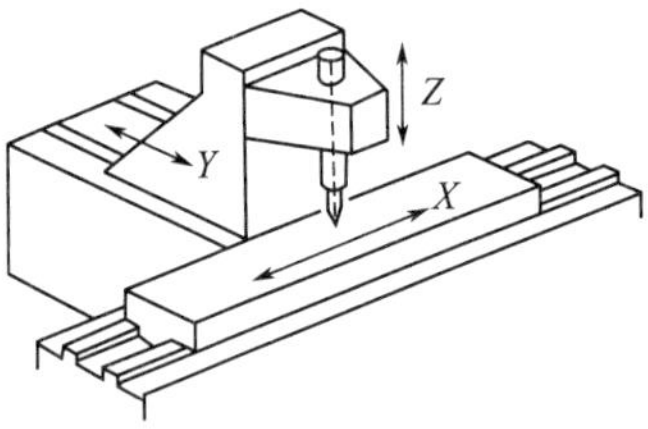	该结构是在万能工具显微镜的结构基础上发展起来的，常称为三坐标测量仪 优点：操作方便，测量精度高 缺点：测量范围小	适用于小型测量机

四、三坐标测量机的测量方法

三坐标测量机可以测量各种形状工件的几何参数。用三坐标测量机进行零件参数检测，一般是按照下述步骤进行的。

① 首先分析被测工件图纸，通过分析被测工件图纸，明确工件的设计和加工基准，确定建立坐标系所需的元素和建立方法，明确需要检测的项目和测量元素，进而确定工件的摆放方位和所需测头角度及测针的大小等。

② 测头选配组合及安装，并对测头进行校正。

③ 建立工件坐标系。

④ 根据图纸要求，对工件的几何参数进行测量。

⑤ 记录评价信息，输出检测报告。

下面以 PC-DIMS 测量软件为例，简要说明三坐标测量机的测量过程。

1. 建立测量文件

启动 PC-DIMS 软件时，为该次测量建立一个测量文件，在菜单中输入相关信息，见图 12-3。

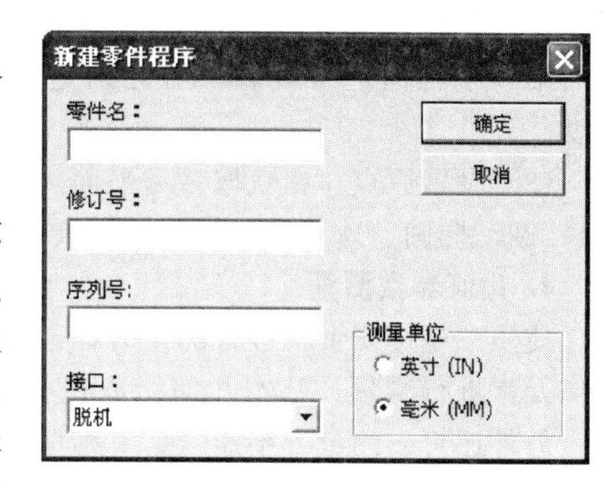

图 12-3 建立测量文件界面

2. 测头校正

在三坐标测量机的多数测量任务中，需要在不同的坐标平面内进行不同性质的测量，比如直线、平面、夹角等。要完成测量任务，不但需要选用长度、直径、方位不同的测针以达到能触测的目的，还要知道所选测针球心之间的相对位置关系，这样才能使不同测针测量的几何元素具有正确的坐标关系。

(1) 测头校正目的　测头校正的主要目的是得到测针的准确直径和位置坐标，以保证对每一触测点的数据能进行正确补偿；建立测针不同角度之间的坐标转换关系，以保证在零件测量过程中，使用不同角度测针的测量数据的精确性。用三坐标测量机进行测量时，软件在获取每一个触测点时，得到的是测头红宝石球心点的位置，而我们最终想要获得的是红宝石球与工件表面接触的特征点，这两个点之间的间距为触测方向上的测针半径值，这就需要通过测头补偿（测头校正）来实现。

(2) 测头校正方法　测头校正主要是用标准球进行。标准球的直径在 10～50mm 之间，其直径和形状误差需经校准。在进行测头较正时，对于每一个测头都要在标准球上均匀地探测 5 个点以上，为了补正测头的弯曲量，减小误差的影响，在测头轴方向上测量 2 个点，与轴垂直的圆周方向上测量 4 点，共探测 6 个点，见图 12-4。机器自动完成当前测头的校准，自动保存校正结果。

3. 工件坐标系建立

与传统的测量仪器不同，三坐标测量机测量工件时，通常不需要对被测工件进行精确的调整定位，因为软件提供的功能可以让操作者根据工件上基准要素的实际方位来建立工件坐标系，即柔性定位。因此在利用三坐标测量机对工件参数进行测量时，坐标系建立的好坏将直接影响工件的测量精度和测量效率。

三坐标测量机中建立坐标系的方法主要有“3-2-1”法、迭代法和最佳拟合法三种。其中以“3-2-1”法最为常用，该方法一般分为如下三个步骤（图 12-5）。

(1) 零件的找正　在零件上测量一个平面，利用此平面的法线矢量确定一个坐标轴方向，即把零件找正。其目的是保证测量时总是垂直零件表面而不是垂直于机器坐标轴。

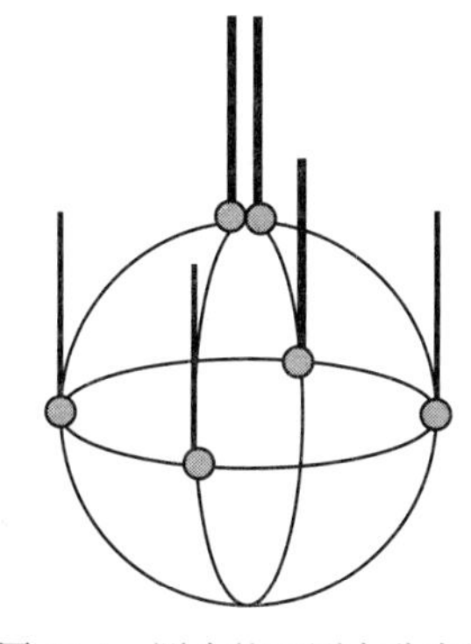

图 12-4 测头校正测点分布图

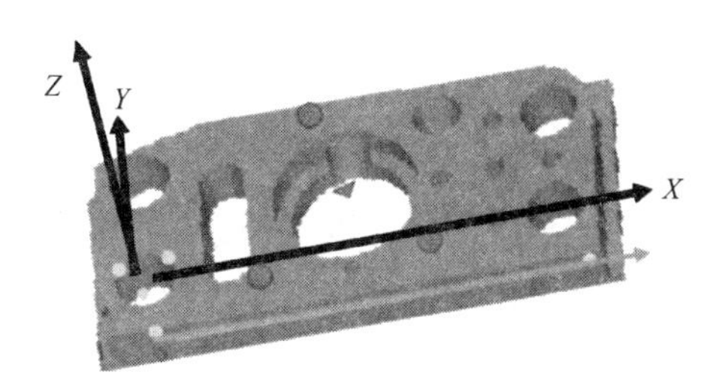

图 12-5 工件坐标系的建立

（2）旋转到轴线　获取一个参考平面后，在零件上测量一条直线，该直线可以围绕已确定的第一个轴向进行旋转，由此确定第二个轴向，即旋转。其目的是锁定零件的旋转自由度。

（3）设置原点　在获取参考平面、直线后，需确定第三个基准位置，即将所需的点元素（点、圆、椭圆、球）确定为坐标原点。

4. 几何参数测量

使用三坐标测量机进行测量时，通常是将被测对象分解为基本几何元素后，再分别对各几何元素进行测量。基本几何元素包括点、直线、平面、圆、椭圆、圆柱、圆锥和球共八种，另外还可以测量二维曲线、三维曲线、三维自由曲面。

（1）点的测量　用手动、指令驱动或程序驱动等方式移动机器，将测头接近欲测点附近，使测头与表面接触完成测量点的采集。三坐标测量机对工件的每一次测量都是测取一个点的坐标值，该坐标值是与工件接触的测头探针中心相对于测量机的坐标值，见图12-6。

（2）直线的测量　测量直线时至少需要两个测点，直线的方向是通过它在工件坐标系坐标平面上的投影与该坐标平面坐标轴的夹角表示的，它的大小是通过与坐标平面的交点坐标反映的。当测得点数大于2时，可以得到被测直线的任意方向直线度误差值，见图12-7。

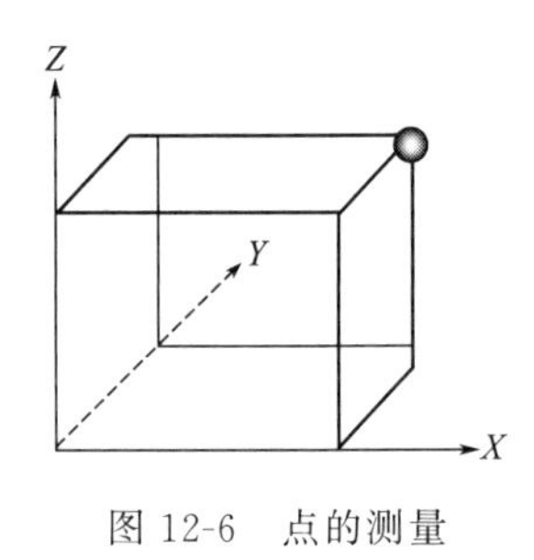

图12-6　点的测量

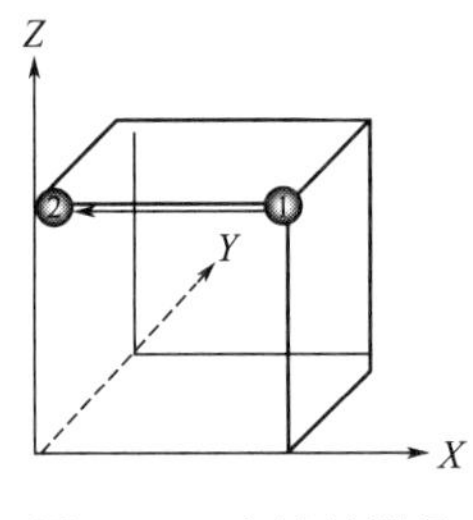

图12-7　直线的测量

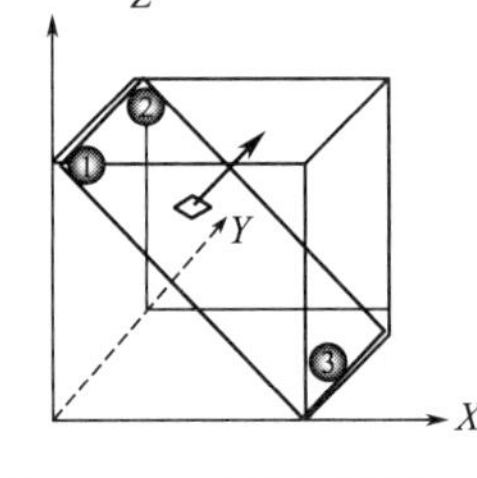

图12-8　平面的测量

（3）平面的测量　测量平面时至少需要三个测点，当沿相同的测量方向对工件表面进行测量时，平面的方向即以其法线方向表示，其大小通过它与坐标轴的交点坐标反映。当可用测点数多于3时，将按最小二乘法计算出实际平面的最佳拟合平面作为测得平面，如图12-8所示。

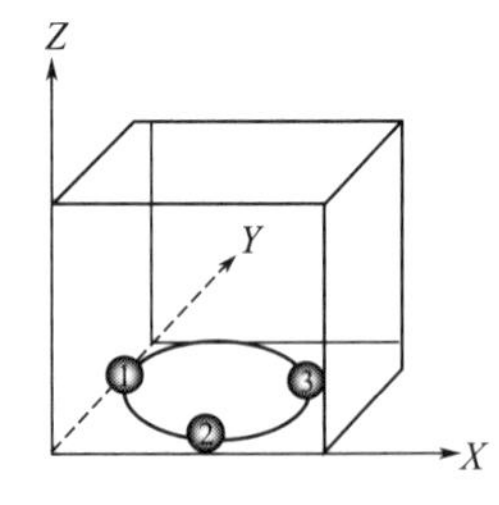

图12-9　圆的测量

（4）圆的测量　测圆的点最少为3点，尽可能把测量点分布开来，圆是由圆心坐标和圆的半径来反映。当可用的测点数多于3时，将按最小二乘法计算出实际圆的最佳拟合圆作为测得圆，如图12-9所示。

（5）圆柱的测量　圆柱的测量类似圆的测量，不过应该测两个圆，注意在第一个圆测完后再进行第二个圆的测量。测圆柱的最少点数是6点（每个圆3点），圆柱用其轴线的方向、轴线与工件坐标系坐标平面的交点坐标及其直径来反映，如图12-10所示。

（6）圆锥的测量　测量圆锥类似测量圆柱，由于各截面直径不同，PC-DIMS软件会自动进行判断。测量圆锥的最小点数是6点（每个圆3点），应注意测同一圆时高度方向应变化不大，如图12-11所示。

（7）球的测量　测量球类似于测量圆，但需在顶部测一点，这样，PC-DIMS软件会自动进行球的计算，如图 12-12 所示。

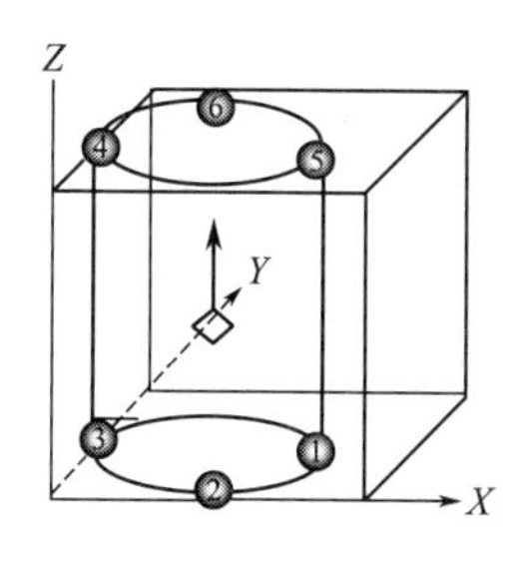

图 12-10 圆柱的测量

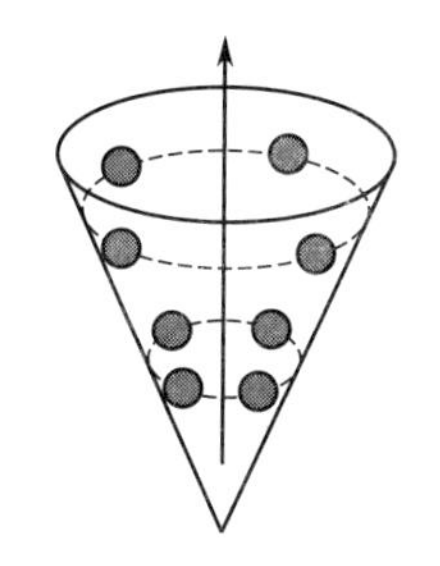
图 12-11 圆锥的测量

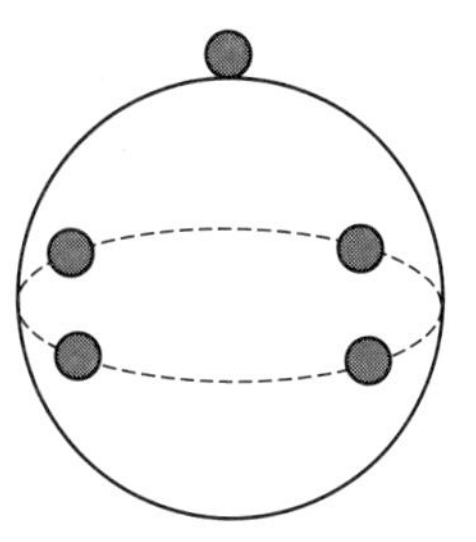
图 12-12 球的测量

5. 几何公差的测量

PC-DMIS 软件可以处理的几何公差项目包括直线度、平面度、圆度、圆柱度、平行度、垂直度、倾斜度、对称度、同轴度、位置度、径向跳动和轴向跳动，而线轮廓度和面轮廓度的处理则要在曲线/曲面测量软件中进行。

利用三坐标测量机测量几何误差时，将几何误差的测量过程规范化：

① 将全部测量过程转化为坐标点位置的测量，以三坐标测量机的坐标系为基准；

② 数据处理由软件完成，数据处理软件可以方便地根据所测得的采样点坐标，按选定的评定准则算出所需的形位公差值。

6. 打印输出

PC-DMIS 既可以在编辑窗口也可以在检测报告中显示检测程序。检测报告包含所有检测运行的尺寸结果（包括名义尺寸及公差信息），还包括测头信息及给报告加的注释。

五、三坐标测量机的应用

三坐标测量机作为大型空间几何量检测设备，在汽车工业、机械制造工业、电子工业、航空航天工业中得到广泛应用，从精密零件到冲压或钣金件，从细小零件到汽车整车，从量规到粗糙的铸件和柔软的零件。

1. 箱体类零件检测

箱体类零件是指由基本几何元素（点、线、面、圆、圆柱、圆锥、球）组成的几何零件。用三坐标测量机检测这类零件时，要严格按照图纸或设计要求，通过采集有限的能够定义其规则形状的点，确定零件特征之间的形状、尺寸、位置及相关配合尺寸。

当采用传统的检测手段对复杂箱体类零件（如齿轮箱、发动机箱体或者是由简单的自由形状曲面组成的冲压模、铸模等）进行测量时，存在很多困难，如零件基准建立困难，数据处理复杂，有些关联要素还需经过组合测量才能得到。采用三坐标测量机检测时，全部的检测过程转化为在同一坐标系下不同位置点坐标值的检测，数据处理也是由软件完成的，检测过程就变得十分简单，如图 12-13 所示。

2. 复杂几何形状零件检测

复杂几何形状零件主要由具有明确数学定义的复杂曲线、曲面构成，如各种类型的齿轮、齿轮加工刀具、凸轮轴、配对螺旋压缩机转子部件、蜗杆蜗轮以及拉刀等。这类零件可以直接用测量机进行评价和分析，但有的也需要具备多种特定的测量技术，如扫描测量机、多测头扫描测量机等。扫描测量机采用高性能的三维测量/扫描测头，利用高精度扫描技术，可检测零件的外形和轮廓，并与原始的 CAD 模型进行比较和最优化以确定偏差，特别适用于复杂形状零件的测量。测量机配置有专用的应用软件模块，通过精确的软件算法，能够完

图 12-13　三坐标测量机检测箱体零件

成对各种复杂形状的评价和分析。

在精度要求较高的情况下，高精度的坐标测量机作为计量检测设备，不但能够代替其他专用检测设备，如传统意义的形状检测仪、齿轮测量设备和凸轮轴检测设备，执行复杂几何形状检测工作，降低了企业完成计量检测任务所需设备投资，而且在节省企业计量费用、提高计量检测精度方面也发挥出重要作用。

3. 自由形状轮廓曲面检测

自由形状轮廓曲面（如模具、冲压件、塑料件和一些家电产品，如电话、手机、计算机键盘）和大型的自由曲面（如汽车车身、飞机的构件以及船体等）可以利用三坐标测量机进行检测，与箱体零件不同的是，该类零件的检测需要采集大量表面点的数据以确定其形状。

对于叶片或一些模具内腔的检测，可以采用相对简单的利用触发式测头进行点到点测量的方法，然后将它们与图纸或 CAD 模型进行比较，即可进行曲面的评定。如图 12-14 所示，测头由 A 向 B 移动，接触工件表面并读取坐标值后退后至 C，然后向前运动到 D，进行探测，再退至 E，如此往复。这种方法精度高，但速度较慢。

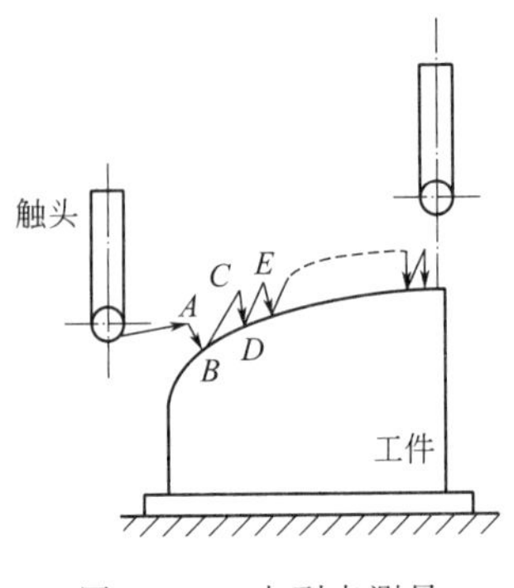

图 12-14　点到点测量

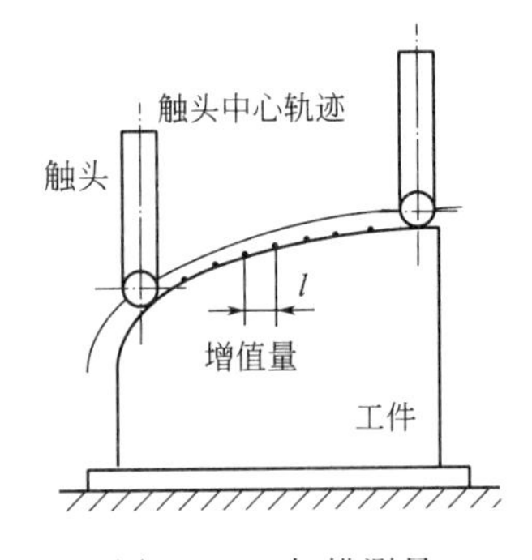

图 12-15　扫描测量

在需要大量数据点以反映工件表面特征时，点到点的测量方法相对就不太现实。在这种情况下，可以采用扫描法，见图 12-15。扫描法是一种快速测量大量点并同时精确定义尺寸、形状和位置的方法，配备模拟扫描测头的测量机，能够进行连续扫描测量，并且不间断地将大量测量数据反馈到计算机进行处理。通过先进的具备完善的数据分析和报告功能的计量软件，可以最大限度地发挥扫描的作用。

4. 自由曲面形状工件的逆向设计

逆向工程技术是 20 世纪 80 年代后期出现的新技术。它是首先从实体模型采集数据信息，然后利用 CAD 系统得到产品的 CAD 模型，再根据设计与制造的具体约束，最后生成出模型所定义的产品或新的产品，其具体过程见图 12-16。逆向工程技术为快速制造提供了很好的技术支持，它已经成为消化吸收和二次开发的重要途径之一。

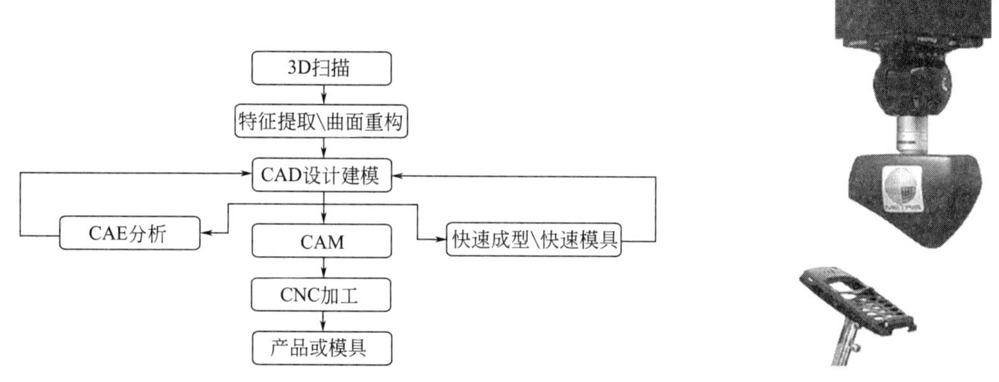

图 12-16　逆向工程流程图

图 12-17　用激光测头扫描手机外壳

三坐标测量机在逆向工程中的作用就是三维数据的采集，即反求测量。通过利用三坐标测量机，探测所需实现逆向工程设计的零件表面，利用专业软件对采集到的数据进行处理，生成该零件直观的图形化表示，进行有关设计更改，并经过性能模拟测试。这样，就大大缩短了设计时间，简化了零件的调整和评估时间。根据不同的应用，测量机可以配置触发测头或扫描测头，触发测头的通用性强，但扫描测头能在同样的时间内采集到更多的点，从而适合于需要采集大量点以确定其形状的复杂的逆向设计中。图 12-17 所示为用激光测头扫描手机外壳。当测头确定后，合适的测量机用软件能够加速地采集数据，并可方便地下载到 CAD/CAM 系统中。

第二节　圆度测量技术

一、概述

圆度仪是 20 世纪 50 年代发展起来的圆度误差检测专用精密仪器。它可测量各种规则、不规则环形工件的圆度、直线度、同心度、同轴度、平面度、平行度、垂直度、跳动量等误差，并能进行谐波分析、波高波宽分析，是机、光、电、气一体化的技术密集型高精度、高效率自动化检测设备，可广泛应用于航空航海、内燃机、军工、汽车、机床、精密仪器等行业工厂车间和计量部门。

目前世界上圆度仪的生产厂家主要有英国的泰勒公司、德国的马尔公司、日本的东京精密等。国内圆度仪的生产是从 20 世纪 60 年代初开始的。目前国内生产圆度仪的厂家主要有广州威尔信公司、中原量仪等。

二、圆度仪的工作原理

圆度误差的测量方法有半径法、直角坐标法和特征参数法。其中圆度仪是利用半径法进行圆度的测量，圆度仪以精密旋转轴作为测量基准，采用电感、压电等传感器接触测量被测件的径向形状变化量，并按圆度定义进行评定和记录的测量仪器，用于测回转体内、外圆的圆度、同轴度等。

圆度仪按照总体布局和回转方式可以分为两大类：转台回转式和测头回转式，即工件与转台一起回转和测头绕固定工件回转两种形式。

(1) 转台回转式　如图 12-18 所示，测量时，工件放在转台上并同转台一起转动，测头停留在被测截面处，转台旋转一周，即可获得圆度误差。如果测头沿工件做连续的上下运动，工件又不停地转，则测头在外表面上的轨迹为一条螺旋线，即获得零件圆柱度误差。也可以作截面法测量，即测头与工件表面接触，工件回转时测头不动，只是采集半径的变化量，采完一圈后，测头上升一个距离，工件继续转，测头再采集第二个截面的数据，以此循环下去，直到测完整个圆柱为止。

转台回转式圆度仪的优点是：不受实际高度或直径的限制；适用于形状难测的工件；便于移动，适用于车间使用。其缺点是：受轴向负载和偏心负载的限制；测很高的工件时有困难；测量内台阶需要专用的触针；难以在零件转动时定心。

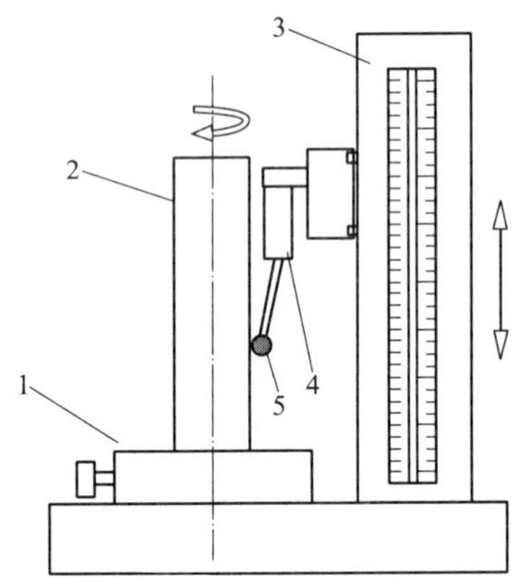

图 12-18　转台回转式圆度仪工作原理

1—转台；2—工件；3—立柱；4—传感器；5—测头

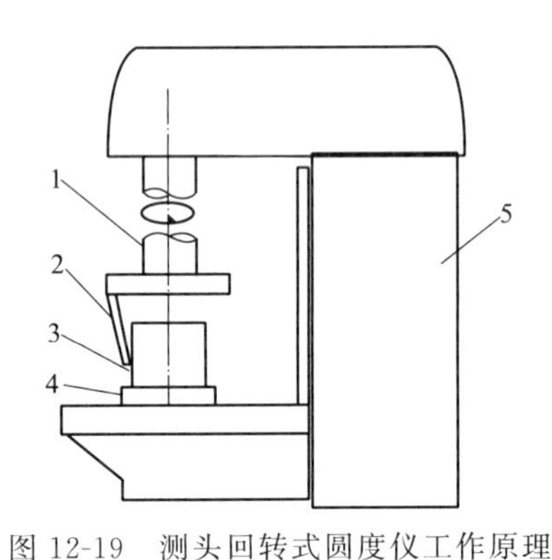

图 12-19　测头回转式圆度仪工作原理

1—转台精密主轴；2—传感器；3—工件；4—工作台；5—立柱

(2) 测头回转式　如图 12-19 所示，测量时，被测工件不动，测头随主轴一起转动，测头旋转一周，即可获得圆度误差。若测头能上下移动，则可实现圆柱度的测量。由于主轴精度很高，在理想情况下可认为它回转运动的轨迹是“真圆”。当被测件有圆度误差时，必定相对“真圆”产生径向偏离，该偏差值被测头感受并转换成电信号。载有被测件半径偏差信号的电信号，经电子放大、圆度滤波、圆柱度计算或经 A/D 转换及计算机处理，最后用数字显示出圆柱度误差值，或者用记录器记录下被测件的轮廓图形（径向偏离），还用计算机作误差分离、误差修正和控制测量。

测头回转式圆度仪的优点是：工件负载不受限制，也不需要带有 X 和 Y 定心调整机构的工作台；可以测定有偏心负载和需要外支承的不稳定工件；可在测头转动时定心。其缺点为：工件的高度和直径受到限制，对某些形状的工件要求配备很特殊的触针臂杆或特殊的测头安装设备。

三、圆度仪（圆柱度仪）的组成

圆度仪是以主轴（或转台）旋转轴线为基准，配备传感器、电子放大器、图形记录器和计算机等的一种高精度测量仪器。随着圆度仪立柱精度的不断提高，圆度仪逐渐发展为圆柱度仪。

圆柱度仪的总体布局有各种不同类型，具体结构各异，但其组成部分大同小异，主要是有底座、转台、调心台、传感器、测头、立柱、电气箱、微机和打印机等。此外，为实现其功能，必须有配套的软件和附件。图 12-20 为 CA90 系列圆度（圆柱度）仪总体布局和主要组成部分，该仪器属于转台式圆柱度仪，除机械系统、气路系统、电气系统外，还配有计算机和打印机，为用户测量、存储数据、输出报告提供了完整的配置。

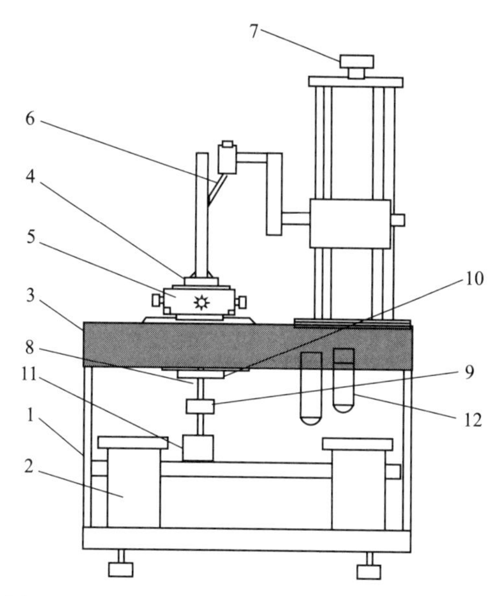

图 12-20　CA90 系列圆度（圆柱度）仪结构示意图

1—仪器架；2—过滤器；3—花岗岩；4—调偏心机构；5—工作台；6—传感器；7—立柱；8—主轴；9—挠性联轴器；10—圆光栅；11—电动机；12—油水分离器

(1) 机械系统　主要由基座、立柱、转台（工作台及主轴）、调偏心机构及传感器夹持架等部分组成。

① 基座。它是仪器的基础部分，机械部分的主要部件全部安装在上面，承载较大，所以要求刚性好，精度稳定。

② 立柱。其作用是带动测头在垂直方向做精密的直线运动，其直线精度是微米级的。由步进电动机驱动精密丝杠旋转进而驱动立柱进行升降运动，以保证测头做精密的垂直运动。对立柱的一般要求是：运动副的结构必须适用于高精度运动，必须保证极高的刚度并减少变形，精度稳定性好，主要零件耐磨性好并不易磨损。当进行截面测量时，测头做简谐运动；进行螺旋线测量时，测头做连续运动。

③ 转台。包括工作台及主轴。它在测量中的作用是完成被测件的旋转运动，是圆度仪的关键部件之一，径向和轴向精度决定于该部件，工件随它一起回转，所以承载能力要强，特别是承受偏载能力要强，其精度、性能、可靠性直接决定了整机的精度、性能及可靠性。对转台的基本要求是：回转精度高、刚性好、主轴系统的温升低、轴承耐磨性好和振动小、结构设计合理。

转台是由步进电动机驱动的，电动机通过挠性联轴器 9 与主轴连接并驱动主轴 8 和工作台 5 旋转，进而带动工件进行旋转。采用挠性联轴器的目的是避免主轴单向受力和电动机运行振动对主轴系统的影响，并获得较高的主轴回转精度。

④ 调偏心机构。主轴回转轴心在理想状态下是不变的，但由于轴径和轴承的加工和装配误差、温度变化、润滑剂的变化、磨损和弹性变形等因素的影响，使主轴在回转过程中，其回转轴心与理想轴线产生偏离，偏离的形式主要有主轴在径向上平行移动和偏一定角度的摆动。因此为了减小回转轴心与理想轴线的偏离，保证仪器的测量精度，需要通过调偏心机构来对装夹的工件进行调整。

(2) 气路系统　如图 12-21 所示，该仪器的气路系统主要由气源、油水分离器、调压器、过滤器、压力继电器等部分组成。它要求气源压力为 0.65MPa 以上，消耗气量为 $0.1m^3/min$ 以下。最好选用 0.3L/min 以上的空气压缩机。调试仪器时将调压器压力调到 0.3～0.45MPa。压力继电器用于在气压低于 0.3MPa 时切断电动机电源，防止损坏气浮主轴。过滤器下端均设有排水阀门，每个工作日结束时及时利用余气排水，以延长主轴的清洗周期和使用寿命。

(3) 电气系统　主要由步进电动机及驱动器、圆光栅、电感式传感器、Q放大器、电气箱、工控计算机及软件系统组成。其电气系统框图如图12-22所示。被测零件表面状态由电感传感器转变为电信号，经放大电路放大，根据信号的强弱由计算机控制，选择适当的放大倍数，再进行一级放大（量程分为8个挡，最大一挡为20万倍），最后经A/D转换，转变为数字信号，由计算机采集存档，按需要进行各项参数处理并按要求输出数据分析报告。

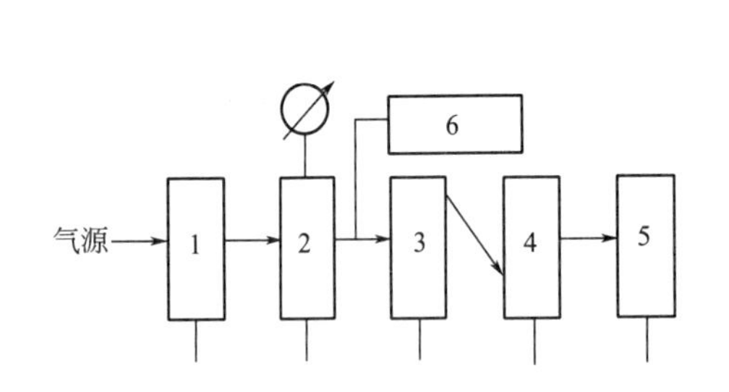

图12-21　CA90系列圆度（圆柱度）仪气路系统

1—油水分离器；2—调压器；3,4—过滤器；5—气浮主轴；6—压力继电器

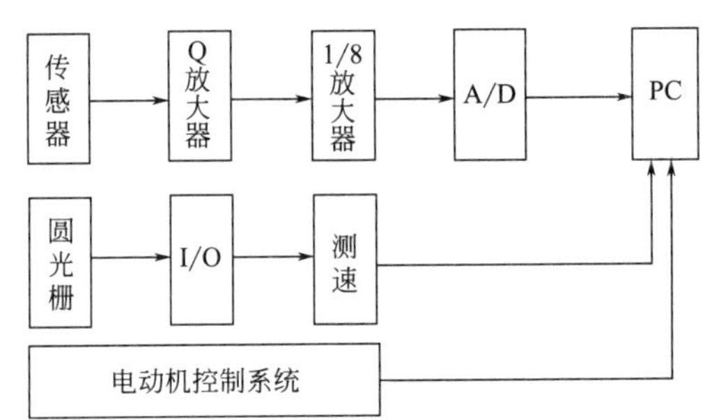

图12-22　CA90系列圆度（圆柱度）仪电气系统框图

四、圆度仪的应用

CA90系列圆度（圆柱度）仪可测量各种规则、不规则环形工件的圆度、圆柱度、直线度、同心度、同轴度、平面度、平行度、垂直度、表面波纹度、频谱分析、波高分析、偏心、轴弯曲度、间断表面测量、跳动量等参数。可广泛应用于机械加工（电动机轴、齿轮、曲轴、油泵油嘴、活塞、活塞销等）、精密五金、精密工具、模具、精密电子、压缩机、机电等行业。

1. 工件测量步骤

使用CA90系列圆度（圆柱度）仪进行工件圆度等参数测量时，一般按照下列步骤进行：

① 接通气源、电源，启动电脑，打开测量软件；

② 将待测工件清洗干净，放在工作台上；

③ 选择圆度测量，并进行相应参数的设置；

④ 利用调偏心机构对工件进行调整，使工件轴线与主轴轴线重合；

⑤ 对工件进行测量，保存测量数据；

⑥ 选择数据处理，打开数据文件名，对数据进行处理，并进行数据的输出打印。

2. 设备参数设置

在进入测量系统后，界面弹出“设备参数管理器”，如图12-23所示，选择要测量的项目，点击“保存退出”按钮。根据被测工件的工艺要求进行参数设置，如果选择圆柱度，则需要输入“测量轮廓总数”及“Z方向的起点/终点坐标”（此坐标参照立柱标尺）。

3. 工件偏心调整

单击“数据采集”进入“工件测量状态”界面，如图12-24所示。软件在调偏心界面下的传感器示值只有在工作台旋转时才能正确显示，因为调整时没有启动主轴电动机，则一定要手动轻转工作台，在调整水平或偏心时从软件界面上读取传感器示值。

将清洗干净的工件放到三维调整工作台中心位置，然后将传感器测头调整到工件所测部

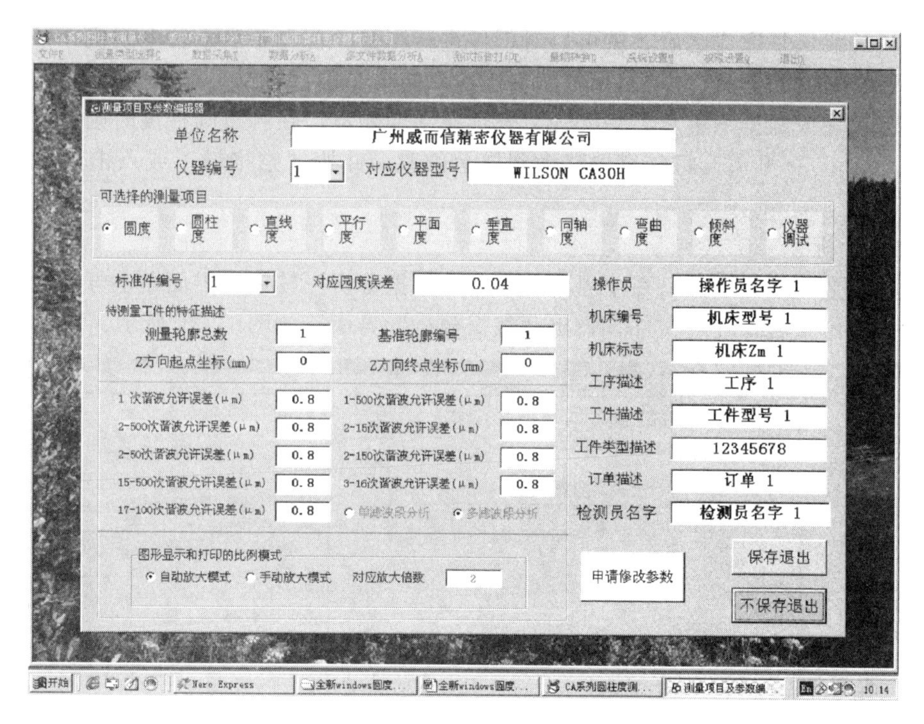

图 12-23 “设备参数管理器”界面

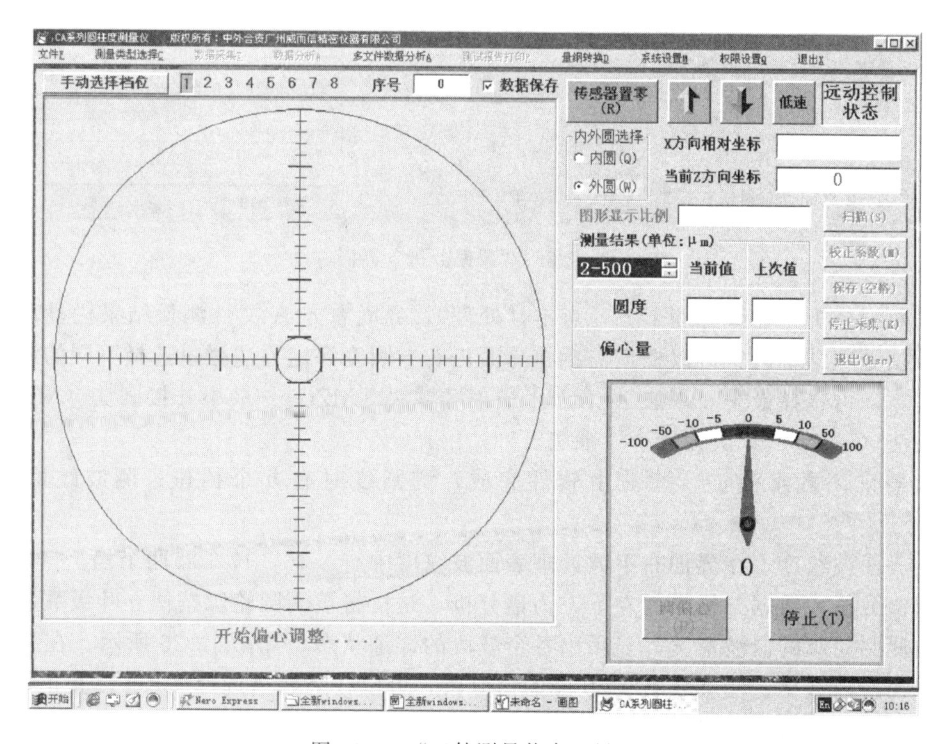

图 12-24 “工件测量状态”界面

位并进格传感器至量程范围之内，手动旋转三维工作台，先后调整两偏心，旋钮，使其分别在 180°对称位置的数值显示接近相等，则完成工件偏心的调整。

4. **工件圆度（圆柱度）测量**

在工件偏心调整完成之后，就可以对工件进行测量。首先开启主轴电动机，并拨动“手动/自动开关”选择手动或自动测量，然后点击“扫描”进行数据采集，如果选择自动测量，则仪器会自动完成数据采集及结果处理。若选择手动测量，在测量圆柱度时则需要每测量完一个轮廓用“上/下开关”将传感器移动到提示位置，并按“空格键”或点击“保存”按钮进行数据采集。

5. **数据分析**

当工件参数测量完成后，在主界面上单击“数据分析”按钮，界面左上方弹出打开文件的文本框。点击所需处理的文件，弹出“数据分析”界面，如图 12-25 所示。

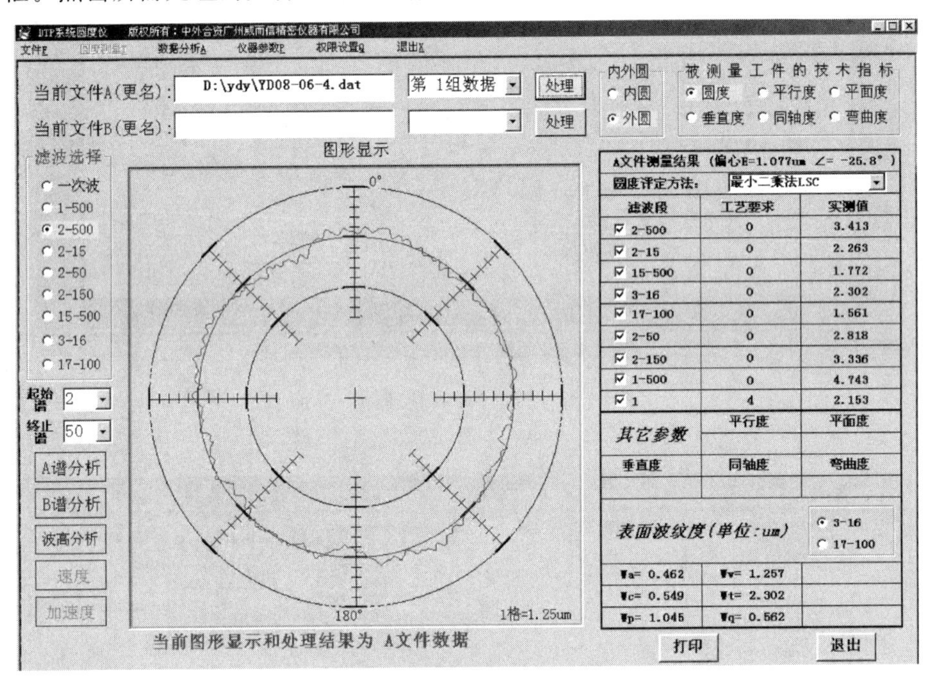

图 12-25 “数据分析”界面

（1）数据分析　在该界面上方，点击“处理”，界面右方 A 文件测量结果栏显示出各个波段的数据处理结果值。可以根据需要在界面正右方圆度评定方法栏里选择不同的评定方法进行处理，即可选择最小二乘法（LSC）、最小区域法（MZC）、最小外接圆法（MCC）、最大内切圆法（MIC），默认为最小二乘法。

本仪器采用数字滤波，滤波由软件完成，测圆度时有九个挡位；测波纹度有两个挡位。

（2）表面波纹度　在界面右下方处理表面波纹度中有 3-16，17-100 两个档。

（3）谱分析　数据分析界面左下方为谱分析，是指将被测圆轮廓按傅立叶级数展开，用于分析被测圆轮廓的谐波情况，显示出各个波段的详细状态，如图 12-26 所示。在起始谱和终止谱选择所需数据，例如要看 2-50 波的谱分析，可以在起始谱选择 2，在终止谱选择 50，点击下方“A 谱分析”即可显示出图形。

6. **输出打印**

CA90 系列圆度仪的软件系统提供以下三种打印报告输出格式：

（1）单图形报告打印　打印报告以最小二乘法为评定方法的评定结果，图形有两种选

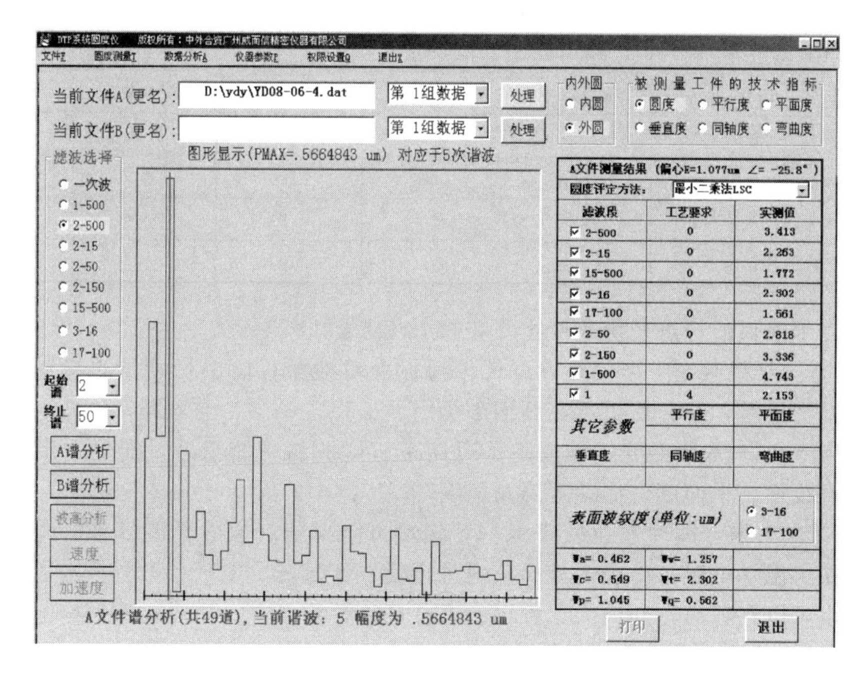

图 12-26　谱分析界面

择：标准打印机为极坐标、A4 打印输出格式，微型打印为热敏微型打印输出格式。

（2）多图形报告打印　打印报告输出一个文件的四个波段分析结果（包括图形和结果）的输出。

（3）直坐标系报告打印　为最小二乘法的评定结果，图形以直坐标、A4 打印输出格式。

第三节　双频激光测量技术

一、概述

20 世纪 60 年代初，激光的出现特别是 He-Ne 激光器的出现，使干涉技术得到迅速发展，在计量技术领域得到广泛应用。由于激光具有极好的时间相干性，其相干距离可以达到数公里，所以以激光为光源的激光干涉仪的应用范围不断扩展，激光干涉仪技术也不断发展，出现了各种形式的激光干涉仪。双频激光干涉仪是激光在计量领域中最成功的应用之一，是工业中最具权威的长度测量仪器。它广泛应用于精密长度、角度的测量，如线纹尺、光栅、量块和精密丝杠的检测；精密机床、大规模集成电路加工设备等的在线在位测量、误差修正和控制；微小尺寸的测量等。

双频激光干涉仪首先是由美国 HP 公司研制成功的 5500A，并于 1970 年投放市场，它的最大量程可达 61m，测量精度为 5×10^{-7}，测量速度可达 330mm/s。其后 HP 公司又研制出了其派生产品，如 5501A、5525A、5525B、5526A 等，其中以 5526A 性能最优越，它不仅可以测量长度，还能测速度、角度、平面度、直线度和垂直度，还可以用来测震及 X-Y 微动台的定位，用途极为广泛。

目前国外生产激光干涉仪的公司有美国 Agilent（前身为 HP）、ZYGO、英国 Renishaw 等，其产品各具特点，售价也都很昂贵。我国也从 20 世纪 70 年代开始研制双频激光干涉仪样机。国内外双频激光干涉仪产品技术指标对比见表 12-3。

表 12-3 国内外双频激光干涉仪产品技术指标对比

技术指标		Agilent	Renishaw	ZYGO		成都工具研究所
产生双频方法		塞曼效应	—	声光调制	塞曼效应	塞曼效应
最大频差/MHz		4	—	20	3.65	1.2
最高测速/(mm/s)		1000	4000	5100	500	300
数据电路板	最高测速下分辨率/nm	1.24	1	0.31	1.24	20
	最高测速下测量范围/m	40	80	40	40	20

双频激光干涉仪的特点及优越性主要有以下几点：

① 精度高：双频激光干涉仪是以波长作为标准对被测长度进行度量的仪器。即使不细分也可达到微米量级，细分后更可达到纳米量级。

② 应用范围广：双频激光干涉仪除了可用于长度的精密测量外，配上适当的附件还可测量角度、直线度、平面度、振动距离及速度等。

③ 环境适应力强：即使光强衰减 90%，仍然可以得到有效的干涉信号。所以双频激光干涉仪既可在恒温、恒湿、防震的计量室内进行量块、量杆、刻尺、微分校准器和坐标测量机的检定，也可以在普通车间内为大型机床进行刻度标定。

④ 实时动态测量，测速高：现代的双频激光干涉仪测速普遍达到 1m/s，适于高速动态测量。

⑤ 利用多普勒效应，计数器计频率差的变化，不受激光强度和磁场变化的影响。在光强衰减 90%时仍可得到满意的信号，这对于远距离测量是十分重要的，同时在近距离测量时又能简化调整工作。

二、双频激光干涉仪的工作原理

双频激光干涉仪采用外差干涉测量原理，克服了普通单频干涉仪测量信号直流漂移的问题，具有信号噪声小、抗环境干扰、允许光源多通道复用等诸多优点，使得干涉测长技术能真正用于实际生产。产生双频激光的方法主要是利用塞曼效应和声光调制。塞曼效应受频差闭锁现象影响，产生的双频频差一般较小，通常最大频差不超过 4MHz。声光调制方法得到的频差通常较大，一些产品双频激光频差达到 20MHz 以上。声光调制方法的频率稳定性非常好，可以利用锁相放大器处理信号，缺点是稳频、调制、合光等环节使得光学结构复杂，调整困难，成本偏高。

双频激光干涉仪是利用两个频率相差很小的光波干涉来工作的，其工作原理如图 12-27 所示。

全内腔激光器置于磁场中，Ne 原子的能级发生塞曼分裂，从氦氖激光器 1 输出一束含有频率为 f_1 的左旋圆偏振光及频率为 f_2 的右旋圆偏振光，它们的频率差大约为 1.5MHz。这束光经 1/4 波片 2 变为两束振动方向互相垂直的线偏振光。用分光镜 3 取出一小部分（约 4%），经检偏器 14 形成 f_1 和 f_2 的拍频信号，由光电接收器 17 接收作为参考信号 $\cos[2\pi(f_2-f_1)t]$。其余大部分经扩束器 4、5 进入干涉系统。偏振分光镜 6 将频率为 f_2 的线偏振光全部反射到固定棱镜 8 上，而频率为 f_1 的线偏振光全部透过，进入可动棱镜 7。这两束光分别经 7 和 8 反射回来，在偏振分光镜面会合。当可动棱镜移动时，f_1 变为 $f_1 \pm \Delta f$，它们经 1/4 波片 9 重新变为左、右旋圆偏振光，一部分透过分光镜 10，从转向棱镜 11 反射后，经检偏器 15 形成测量信号 $\cos[2\pi(f_2-f_1\mp\Delta f)t]$，并被光电接收器 18 接收。从分光镜 10 反射的一部分光束，经检偏器 16 形成另一测量信号 $\sin[2\pi(f_2-f_1\mp\Delta f)t]$，由

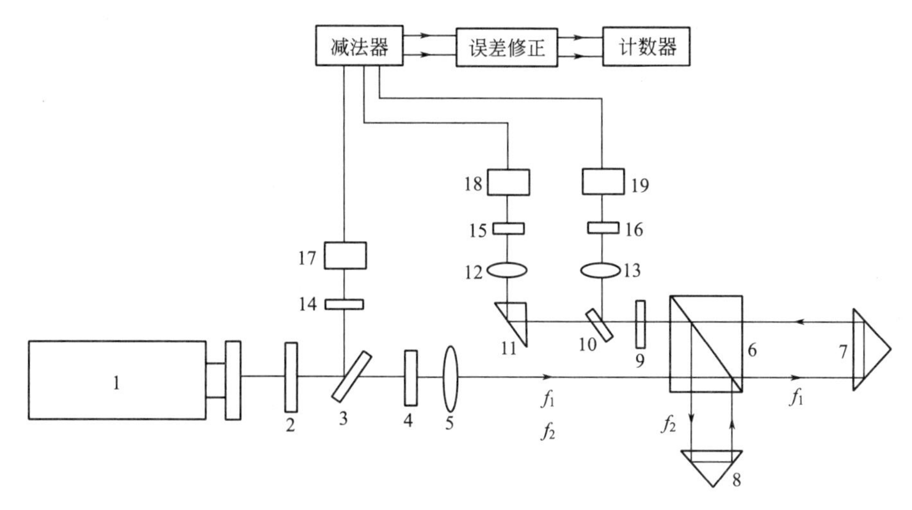

图 12-27　双频激光干涉系统的结构及工作原理

1—氦氖激光器；2,9—1/4 波片；3,10—分光镜；4,5—扩束器；6—偏振分光镜；7—可动棱镜；8—固定棱镜；11—转向棱镜；12,13—会聚透镜；14～16—检偏器；17～19—光电接收器

光电接收器 19 接收。将这两路信号送入减法器，同参考信号进行频率相减，得到多普勒频差 Δf，其中设可动棱镜的移动速度为 v，则光电接收器相对于光源的移动速度为 $2v$，则有：

$$\Delta f = f\ \frac{2v}{c}$$

又设可动棱镜在时间 t 内，移动距离 L（也即待测距离）。

由于 $\mathrm{d}L = v\mathrm{d}t$，且 $\lambda = c/f$ 得：

$$\mathrm{d}L = \frac{\lambda}{2}\Delta f\,\mathrm{d}t$$

此式两边积分就可以得到待测量的长度：

$$L = \int_0^t \frac{\lambda}{2}\Delta f\,\mathrm{d}t$$

而 $\int_0^t \Delta f\,\mathrm{d}t$ 为在时间 t 内计数器计得的脉冲数 N，因此可以得到双频激光干涉仪的测长公式：

$$L = \frac{\lambda}{2}N$$

在双频激光干涉仪中，干涉是两个光频率的“拍”，它的频差公式取如下形式：

$$(f_1 + \Delta f) - f_2 = (f_1 - f_2) + \Delta f$$

其中，$f_1 - f_2$ 是激光器由于塞曼效应而分裂的两个光频之差，这一差值与被测件移动与否无关，即使可动棱镜静止，这一差值仍然存在。也就是说，双频起了“载波”的作用，被测件的移动只是使这个频差增加或减少，即产生了调频。这样就可以采用倍数较大的交流放大器来放大信号，使在光强衰减 90％的情况下，干涉仪也能照常工作。

三、双频激光干涉仪的组件

双频激光干涉仪主要是由激光器、测量光学镜组及附件和测量软件组成，有的双频激光干涉仪还配备了环境补偿单元，用来补偿环境温、湿度的影响。XL-80 双频激光干涉仪的组成如图 12-28 所示。

1. 激光器

现代大多数的双频激光干涉仪使用的是 He-Ne 激光器，它是以氦、氖气体为工作物质，在激光管内充有压强为132Pa的氦气和压强为13.2Pa的氖气，在管的电极上加几千伏电压，使气体放电。在适当的放电条件下，氦、氖气体成为激活介质。通过氦原子的协助，使氖原子的两个能级实现粒子数反转。通过光学共振腔实现激光的产生。

氦-氖激光器的优点是单色性和相干性好，频率和输出幅度较稳定，结构简单，制造方便，造价低，输出可见光，因此在光电测试中应用较多；其缺点是效率低，输出功率小，与其他光源比，需要电压高，电源较复杂，体积较大。

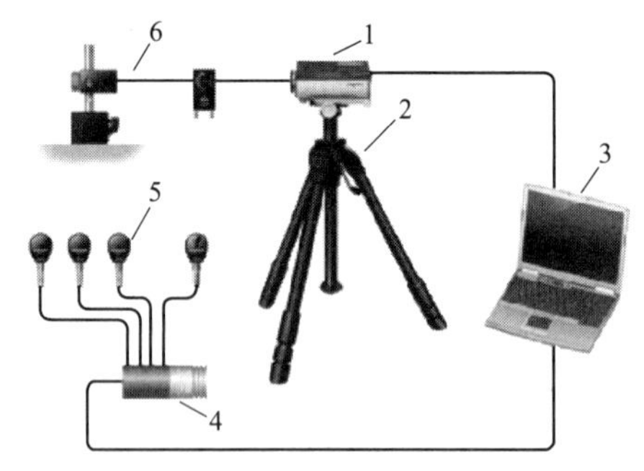

图 12-28 XL-80双频激光干涉仪的组件

1—XL-80激光器；2—三脚架；3—电脑及软件；4—XC-80补偿器；5—温度传感器；6—光学镜组

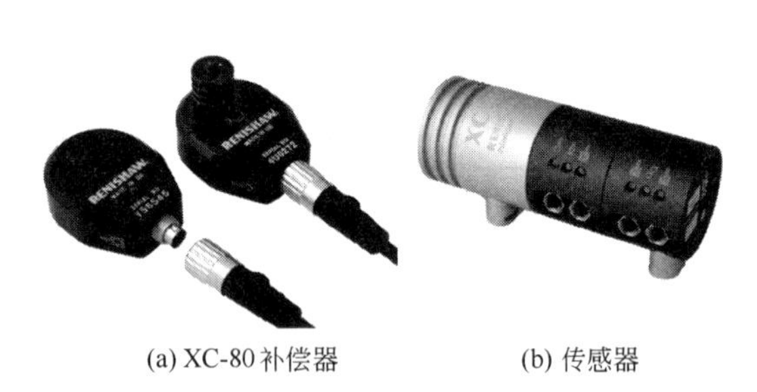

(a) XC-80补偿器 (b) 传感器

图 12-29 XC-80补偿器和传感器

2. 环境补偿单元

XL-80双频激光干涉仪采用XC-80补偿器和传感器进行波长补偿，如图12-29所示。XC补偿单元是XL系统测量精度的关键。通过对环境条件极为精密准确地测量，当气温、气压和相对湿度发生变化时，它可对激光光束波长进行补偿，基本上消除了由于这些变化而导致的测量误差。如果没有使用补偿，空气折射率的变化将导致极大的测量误差。

XC-80补偿器配置了材料温度传感器和空气温度传感器各一个，压力和湿度传感器固定在XC环境补偿单元内。XC补偿单元能够接收来自传感器的信号输入，若在校准软件中输入相应材料的线胀系数，则可以用XC补偿单元进行气温、气压和湿度测量，然后计算空气的折射率及激光波长。这样，激光读数自动得到调整，以补偿激光波长的变化。

3. 测量光学镜组及附件

双频激光干涉仪根据其测量项目的不同而配置了不同的测量光学镜组。XL-80双频激光干涉仪配备的常用光学镜组有线性测量镜组、角度测量镜组、直线度测量镜组、垂直度测量镜组和平面度测量镜组等。

（1）线性测量镜组 线性测量镜组可用于测量线性定位精度。镜组材料为轻型铝合金，可以降低床身下沉并最大限度减少热滞后，从而使镜组可以更快地稳定下来。线性测量镜组组件包括分光镜、两个线性反射镜和两个光靶，如图12-30所示。用一个分光镜和线性反射镜可以组合成为一个线性干涉镜，进行线性测量。

（2）角度测量镜组 角度测量镜组用于测量角度位移，尤其是机床各轴之间的俯仰和扭摆角度。角度测量镜组材料为轻型铝合金，以提高镜组使用的稳定速度。其组件包括角度干涉镜（角度分光镜）、角度反射镜和两个目标，如图12-31所示。与线性测量组件中的反射镜一样，角度反射镜内的光学元件是便于调整光学镜的反光镜。

（3）直线度测量镜组 直线度测量镜组可用来测量线性轴的直线度误差，该组件包括直线度干涉镜和直线度反射镜，如图12-32所示。直线度测量有两个镜组，测量短程从0.1～4m及测量长程从1～30m，直线度测量的量程都是±2.5mm。直线度干涉镜和直线度反射

图 12-30　线性测量镜组

1—线性反射镜；2—分光镜；3—线性反射镜；4—光靶

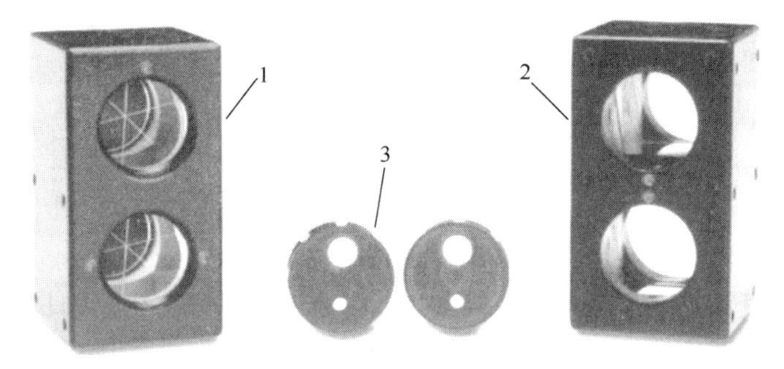

图 12-31　角度测量镜组

1—角度反射镜；2—角度干涉镜；3—目标

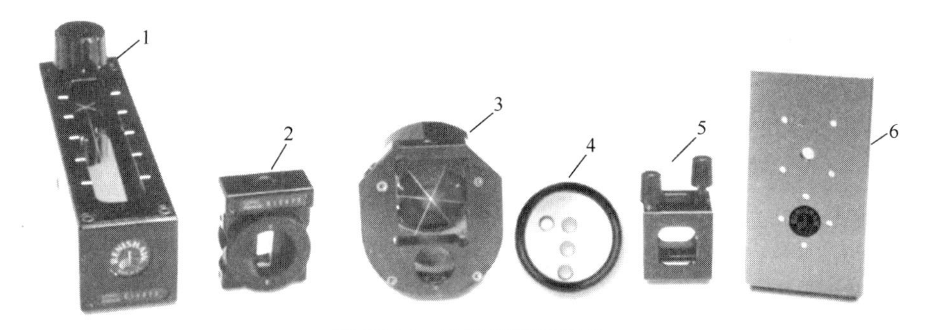

图 12-32　直线度测量镜组

1—直线度反射镜；2—直线度干涉镜；3—大型反光镜；4—直线度光闸；5—垂直转向镜；6　直线度底座

镜互相匹配成对，不能与其他直线度工具交换组件。

直线度干涉镜是一种棱镜，它可以将从 XL 激光器射出的光束分为两道分散的光束，从 XL 激光器射出的光束和从直线度反射镜返回的光束会通过直线度干涉镜的一个光孔，利用一个白色的圆形目标和小径光孔可以准确地进行光束准直。直线度反射镜会将两道分散光束返回直线度干涉镜。直线度反射镜是中心对称的，它要求垂直于测量轴准直光束。

直线度测量镜组还配备一些附件，包括大型反光镜、直线度光闸、垂直转向镜和直线度底座，它们是测量水平轴的垂直直线度、机床垂直轴的直线度时的必要工具。其中大型反光镜可使激光束反转通过一个相连接的直线度干涉镜，可用来测量垂直轴的直线度。直线度光闸是 XL 激光器的一个特殊光闸组件，当进行水平或垂直平面直线度测量时，通过配置镜组，使返回光束与输出光束位于相同的水平面。垂直转向镜用于沿垂直轴的直线度测量，也能用于某些水平轴的测量，转向镜会将线性光束偏向大约90°。直线度底座用于安装直线度反射镜和垂直旋转镜，进行垂直轴测量。

（4）垂直度测量镜组　垂直度测量镜组（图12-33）可用来测量轴的垂直度，但它必须与直线度测量镜组配合使用。该组件包括光学直角器和托架。光学直角器仅用于垂直度测量，是一种使光束准确偏向90°的设备。

图12-33　垂直度测量镜组

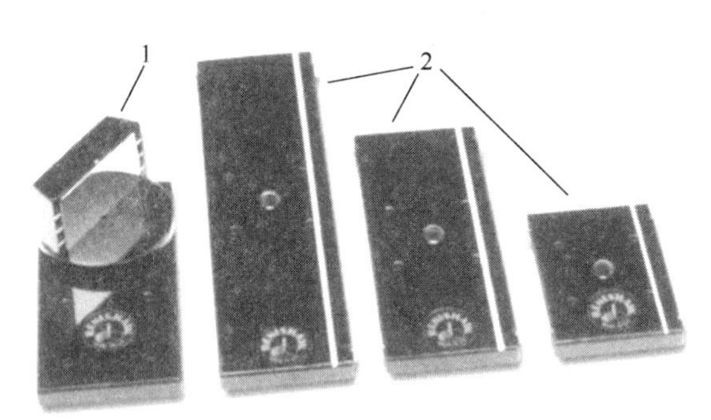

图12-34　平面度测量镜组

1—旋转镜；2—平面底座

（5）平面度测量镜组　平面度测量组件可用来测量表面平面及花岗岩平台的平面度，该组件包括两个转向镜和三个平面度底座，如图12-34所示。每一个平面度底座都有三个横截面为圆形的支脚，平面度底座的白色中线底下两个支脚中心距离可定义步距，包括50mm步距、100mm步距和150mm步距。平面度底座可利用测量软件提供的三种标准步距进行测量，所用底座的尺寸取决于待测表面的尺寸以及所需的测点数。平面度转向镜可以顺着垂直轴旋转，也可通过调整透镜后底板上的小螺纹使透镜倾斜，以满足任意方向测量。

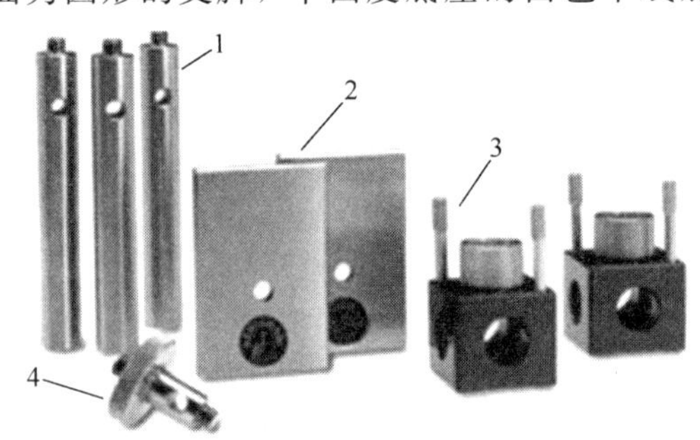

图12-35　镜组安装组件

1—安装杆；2—底板；3—安装块；4—M8适配器

双频激光干涉仪配备有镜组安装组件，它是用来将测量镜组安装到三坐标测量机或机床上，可以轻易地交换不同的测量镜组，不需要重新准直激光器。其组件包括三个安装杆、M8适配器、两个底板、两个安装块和安装螺钉等，如图12-35所示。安装组件的安装杆和底板都是磁性不锈钢所制，因此可以用磁性安装块来加以固定。

四、双频激光干涉仪的应用

双频激光干涉仪可以在恒温，恒湿，防震的计量室内进行量块、量杆、刻尺和坐标测量机等的检定，也可以在普通车间内进行大型机床的刻度标定；既可以对几十米的大量程进行精密测量，也可以对手表零件的微小运动进行精密测量；既可以对几何量如长度、角度、直线度、平行度、平面度、垂直度等进行测量，也可以用于特殊场合，诸如半导体光刻技术的微定位和计算机存储器上记录槽间距的测量等。双频激光干涉仪的发明使激光干涉仪最终摆脱了计量室的束缚，更为广泛地应用于工业生产和科学研究中。现以XL-80激光器为例介绍双频激光仪进行线性测量、角度测量、直线度测量、平面度测量、平行度测量和垂直度测量的具体运用。

1. 线性测量

线性测量是最普通的激光测量形式，激光系统通过将设备读数器上显示的位置与激光系统测量的真实位置相比较，测量线性定位精度和重复性。

在测量之前要对线性测量进行设定，将一个线性反射镜安装在分光镜上，这个组合装置称为“线性干涉镜”，它可以形成激光光束的参考光路。线性干涉镜放置在XL激光头和线性反射镜之间的光路上，如图12-36所示。在进行线性测量时，来自XL激光头的光束进入线性干涉镜被分成两束，一束光被引向固定在分光镜上的反射镜，形成固定长度参考光束；另一束光则穿过分光镜到达相对于分光镜移动的另一个反射镜，形成变化长度测量光束。然后，两束光都被反射回分光镜，并在嵌于激光头中的探测器中形成干涉光束。根据光的叠加和干涉原理，凡光程差等于波长整数倍的位置产生明条纹；凡光程差等于半波长奇数倍的位置产生暗条纹。因此把分光镜到激光发射器的距离作为参考值，当反射镜到激光发射器之间的距离发生变化时，激光发射器中条纹计数器的明条纹数值将会产生相应的变化，因此精确测定明条纹变化数 N，就可以算出测量镜的移动距离 L，从而获得了被测长度：$L=N\lambda/2$。

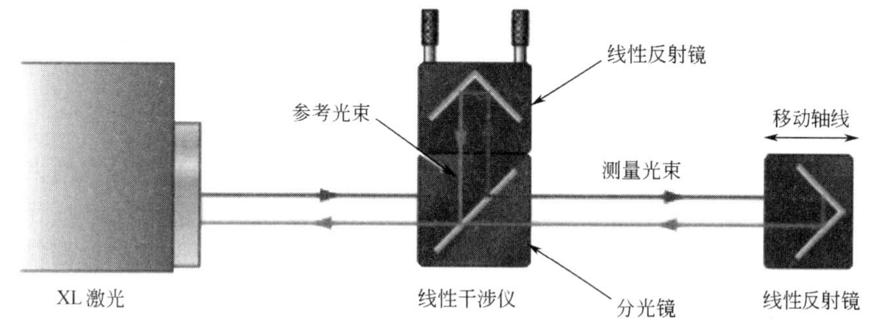

图12-36　线性测量原理

利用线性测量原理可以对数控机床、坐标测量机、印刷电路板钻床等设备的坐标轴定位精度进行测量。在对机床定位精度进行测量时，将干涉镜组固定在机床的工作台或床身上，将反射镜放在安装测头或刀具的位置上随机床移动。通过监测测量光束和参考光束之间的光路差的变化，获取定位精度测量值，并与被测机床的光栅读数相比较来确定定位精度和重复性误差。然后用补偿软件进行记录，可以获取坐标轴上多点测量的误差表，并将这些误差转译成补偿值，通过补偿值来消除设备定位系统中的误差，提高了设备精度。

另外利用线性测量原理也可以进行高精度传感器的校准和高精度机械元件的校准。

2. 角度测量

在进行角度测量时，将角度干涉镜放在激光头和角度反射镜之间的光路中，如图12-37所示。从激光头发出的激光束被角度干涉镜中的分光镜分为两部分，一部分光束（A_1）直

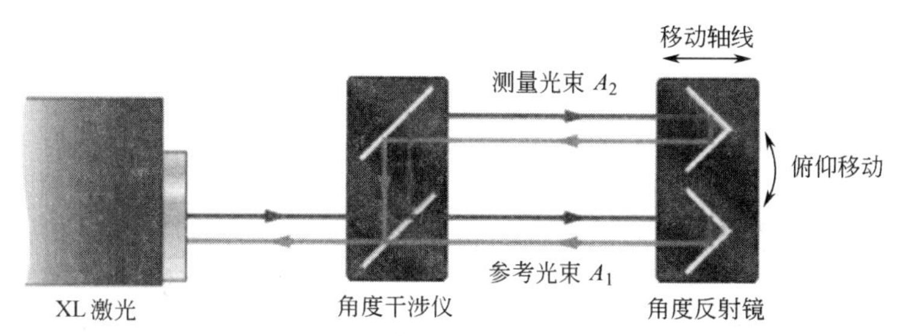

图12-37　角度测量原理

接通过干涉镜，并从角度反射镜反射回激光头。另一条光束（A_2）通过角度干涉镜的角度分光镜，传到角度反射镜的另一半，角度反射镜使光束通过干涉镜返回到激光头，这两束光叠加并彼此干涉。当角度反射镜相对于角度干涉镜发生角度变化时，光束 A_1 和 A_2 之间的光程差将发生变化，然后由 XL-80 激光系统中的条纹计数器来确定光程差变化值，并通过软件将光程差变化值转换成角度测量值或角度误差，以实现角度测量。

利用角度测量原理可以进行切片机/校正机等设备的倾斜工作台 / 准直平台测量、印刷电路板钻床、LCD 校正机等设备 *XY* 工作台的俯仰和扭摆误差的测量以及用已校准转台校准回转轴。

在用已校准转台校准回转轴时，将已校准回转轴工作台安装到被测回转轴上，并使两旋转轴同轴，将角度反射镜面对激光光束放在已校准工作台的中心位置，将角度干涉镜安装在激光头和角度反射镜之间的光路中。然后使测试轴旋转到第一个目标位置，并使已校准工作台反转，如果目标之间的角度大于 10°，则二者应保持相同转速，理论旋转角度正好等于目标角度间隔。利用这种方法，角度反射镜始终与激光束保持垂直，与角度干涉镜保持平行，激光干涉仪只需测量测试轴的角度定位误差。同理在第二个目标位置采集测试轴的角度定位误差，进而使回转轴得到校正。

3. 直线度测量

在进行直线度测量时，从激光头射出的光束穿过直线度干涉镜并被分成两束光，以小角度发散后直接射向直线度反射镜，见图 12-38。光束从直线度反射镜中反射，沿着新光路返回直线度干涉镜，两束光在直线度干涉镜中会合成一束光返回激光头的入射端口。返回直线度干涉镜，两束光在直线度干涉镜中会合成一束光返回激光头的入射端口。测量时以双频激光干涉仪发出的激光束作为基准直线，在干涉镜运动过程中，干涉镜和反射镜之间会产生相对横向位移，这个相对横向移动会引起光程差的变化，然后由 XL-80 激光系统中的条纹计数器来确定光程差变化值，并通过软件将光程差变化值转换成直线度误差，以实现水平方向直线度测量。若将直线度反射镜竖直放置，把直线度干涉镜旋转 90°，则可进行垂直方向直线度的测量。

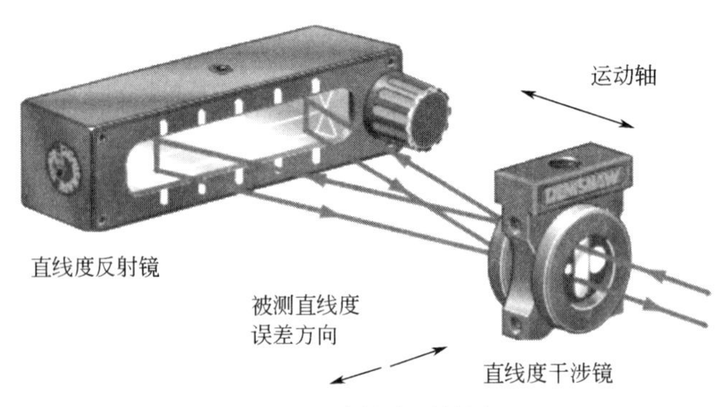

图 12-38 直线度测量原理

利用直线度测量原理可以进行数控机床、坐标测量机等机器轴直线度误差测量、机器轴/直线电动机导轨组件直线度的测量和机床工作台直线度测量。在进行机床工作台直线度测量时，将直线度反射镜安装在固定工件的移动工作台上，直线度干涉镜安装在刀具位置，直线度反射镜的中心线可以被近似认为是直尺。将机器移到校准的起始位置，沿着测试轴移到许多不同的位置，在每个位置暂停过程中测量和记录机器误差，分析测量结果就可得到直线度误差。

4. **垂直度测量**

垂直度测量的方法基于直线度测量，它是使用一个共同基准对两个相关的标称正交坐标轴中的每一个轴进行直线度测量，然后对两组直线度测量值进行比较，算出两个轴的垂直度。图 12-39 所示为水平轴和垂直轴之间的垂直度测量示意图，它以直线度反射镜的光学准直轴为共同参考基准，先测量垂直轴直线度，再测量水平轴的直线度，然后通过软件算出两个轴的垂直度。在两次直线度测量中，参考基准既不移动也不调整。

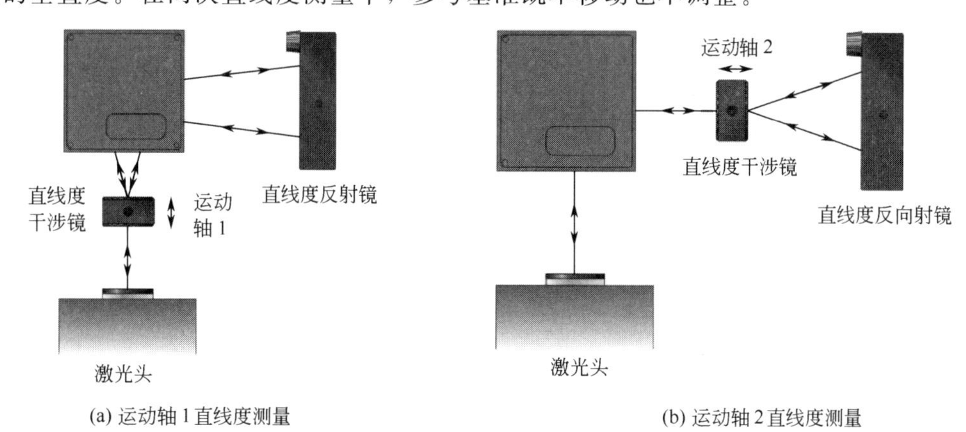

(a) 运动轴 1 直线度测量　　(b) 运动轴 2 直线度测量

图 12-39　水平轴和垂直轴之间的垂直度测量

利用垂直度测量原理可以进行数控机床与坐标测量机等机器轴垂直度误差测量，对于长度超过 1.5m 的机器轴，只能使用激光干涉仪进行测量，因为传统的实物基准，如直角尺（金属或大理石等）的长度一般局限于 1m 的范围内。还可以进行 XY 平台水平面垂直度测量和坐标测量机垂直轴与水平轴之间的垂直度测量。

5. **平行度测量**

平行度测量是通过用一个公共的直线反射镜基准进行的两组直线度测量来完成的。图 12-40 所示为线性平行度测量示意图，分别将激光头和直线度反射镜放置在两平行轴的两端，将直线度干涉镜先后安装在两轴上，以共同的直线度反射镜作为参考基准，先测量第一轴的直线度，再测量第二轴的直线度，在两次直线度测量中，参考基准既不移动也不调整。可由第一轴的直线度数据采集斜度（α）减去第二轴的直线度数据采集斜度（β），算出线性平行度。即：

$$线性平行度=\alpha-\beta$$

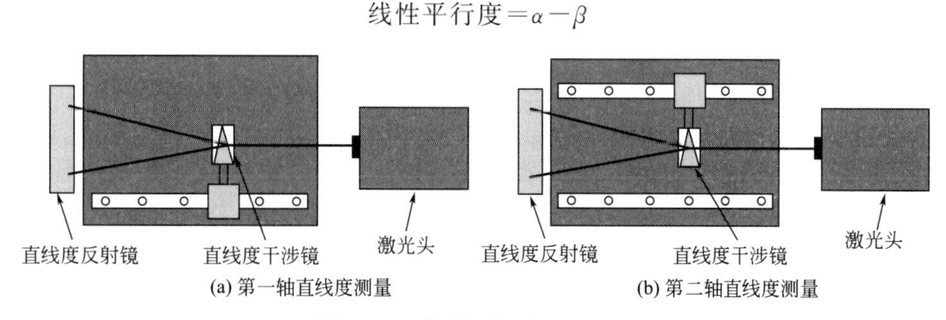

(a) 第一轴直线度测量　　(b) 第二轴直线度测量

图 12-40　线性平行度测量原理

利用平行度测量原理可以进行 XY 平台上的多导轨平行度和机床或坐标测量机导轨平行度的测量。在机床或坐标测量机上进行平行度测量的方法是：在两个相同的正交平面沿着每个要被比较的轴进行直线度测量，采集数据的步骤与直线度测量相同。

思考题与习题

12-1 三坐标测量机的测量原理是什么？可以用来检测零件哪些参数？

12-2 三坐标测量机由哪几部分组成？其中测头的作用是什么？

12-3 三坐标测量机按照结构形式可以分为几类？分别具有什么特点？

12-4 校正测头的目的是什么？在校正测针时应注意哪些问题？

12-5 三坐标测量机的坐标系分为几类？如何建立工件坐标系？

12-6 三坐标测量机检测工件参数的一般步骤是什么？

12-7 圆度误差的评定方法有哪些？最常用的评定方法是什么？

12-8 圆度仪的工作原理是什么？两种形式的圆度仪各有什么优缺点？

12-9 圆柱度仪可以检测零件哪些参数？其一般的操作步骤是什么？

12-10 激光产生的原理是什么？具有什么特点？

12-11 双频激光干涉仪的工作原理是什么？

12-12 XL-80 双频激光干涉仪由哪几部分组成？其中常用光学镜组有哪些？

12-13 双频激光干涉仪可以应用于哪些方面？进行线性测量的方法是什么？

参考文献

[1] 陈于萍，高晓康．互换性与测量技术．北京：高等教育出版社，2002.
[2] 甘永立．几何量公差与检测．第8版．上海：上海科学技术出版社，2008.
[3] 董燕．公差配合与测量技术．武汉：武汉理工大学出版社，2008.
[4] 赵美卿，王凤娟．公差配合与技术测量．北京：冶金工业出版社，2008.
[5] 冯丽萍．公差配合与测量技术．北京：机械工业出版社，2007.
[6] 陈舒拉．公差配合与检测技术．北京：人民邮电出版社，2007.
[7] 胡瑢华．公差配合与测量．北京：清华大学出版社，2010.
[8] 杨好学．互换性与技术测量．西安：西安电子科技大学出版社，2010.
[9] 杨练根．互换性与技术测量．武汉：华中科技大学出版社，2010.
[10] 孙玉芹，袁夫彩．机械精度设计基础．北京：科学出版社，2007.
[11] 张国雄．三坐标测量机．天津：天津大学出版社，1999.
[12] 海克斯康测量技术公司．实用坐标测量技术．北京：化学工业出版社，2008.
[13] 梁荣茗．三坐标测量机的设计、使用、维修与检定．北京：中国计量出版社，2001.
[14] 曹麟祥，王丙甲．圆度检测技术．北京：国防工业出版社，1998.
[15] 关信安，袁树忠，刘玉照．双频激光干涉仪．北京：中国计量出版社，1987.
[16] 赵兰苓．公差配合与测量技术．北京：中国传媒大学出版社，2007.